U0186398

计算机领域
本科教育教学改革试点
工作计划（"101 计划"）
研究成果

高等学校计算机类专业人才培养
战略研究报告暨核心课程体系

计算机领域本科教育教学改革试点
工作计划工作组　组编

胡振江　郭　耀　主编

中国教育出版传媒集团

高等教育出版社·北京

图书在版编目（CIP）数据

高等学校计算机类专业人才培养战略研究报告暨核心
课程体系／计算机领域本科教育教学改革试点工作计划
工作组组编；胡振江，郭耀主编. ––北京:高等教育出版社，2023.4
（2024.6 重印）
ISBN 978–7–04–059494–2

Ⅰ.①高… Ⅱ.①计… Ⅲ.①电子计算机 – 高等学校
– 人才培养 – 研究报告 – 中国②电子计算机 – 课程体系 –
教学研究 – 研究报告 – 高等学校 Ⅳ.① TP3–4

中国版本图书馆CIP数据核字（2022）第195547号

Gaodeng Xuexiao Jisuanjilei Zhuanye Rencai Peiyang Zhanlüe Yanjiu Baogao ji Hexin Kecheng Tixi

总策划	张 龙 文 娟 刘 茜				
策划编辑	刘 茜	责任编辑 刘 茜	封面设计 姜 磊	版式设计 徐艳妮
责任绘图	李沛蓉	责任校对 吕红颖	责任印制 赵义民	

出版发行	高等教育出版社	网 址	http://www.hep.edu.cn
社 址	北京市西城区德外大街 4 号		http://www.hep.com.cn
邮政编码	100120	网上订购	http://www.hepmall.com.cn
印 刷	北京中科印刷有限公司		http://www.hepmall.com
开 本	787mm×1092mm 1/16		http://www.hepmall.cn
印 张	31.25		
字 数	750千字	版 次	2023 年 4 月第 1 版
购书热线	010–58581118	印 次	2024 年 6 月第 3 次印刷
咨询电话	400–810–0598	定 价	98.00元

本书如有缺页、倒页、脱页等质量问题，请到所购图书销售部门联系调换
版权所有 侵权必究
物料号 59494–00

本书编委会

主　编：胡振江　郭　耀

编　委：（按姓氏笔画排序）

毛新军　王捍贫　刘卫东　刘　玲

边凯归　孙　华　孙玥玲　朱丽洁

佟　萌　吴　飞　吴建平　张　龙

张　莉　李文新　李晓明　杜小勇

杨朝晖　汪小林　陆俊林　陈向群

陈　钟　俞　勇　战德臣　胡振江

袁春风　郭　耀　董晓晖

高等学校计算机类专业
核心课程体系图谱

1 使用计算机访问网址：https://101.hep.com.cn。

2 单击"查看图谱"，进入12门核心课程知识体系，查阅每一门课程的知识模块、知识点及能力目标要求。

3 通过关键词搜索，查阅关键词所属核心课程、知识模块和关联的知识点。

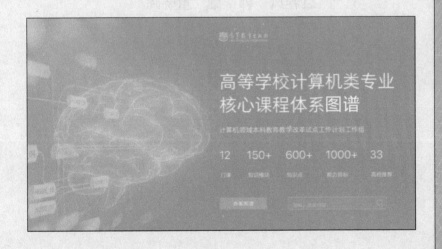

Preface

In December of 2021, China's Ministry of Education (MOE), started a pilot program for Undergraduate Education and Teaching Reform in the Computer Science Discipline (referred to as the "Proj. 101"). The program was focused on improving computer science education in China and making them world class.

MOE has assigned the pilot program to the 33 universities with top computer science programs in China. The program consists of two main components: to create the content for key computer science courses and to improve the teaching quality of faculty in the key courses.

The project has been led by Peking University, with former president Ping Hao and current president Qihuang Gong directly leading the efforts. They have designated Zhenjiang Hu, the dean of the School of Computer Science at PKU, to oversee the project. Each of the top universities designated an individual for their university's activity in the project.

The first component under the leadership of Yao Guo requested each of the 33 universities to identify the key undergraduate courses in computer science. Twelve courses were identified. Each course was assigned to a university which supplied a lead faculty member to develop the content. The lead faculty member then formed a team of approximately ten top faculty in China in the subject matter of the course. The team identified 50 or more topics the course should cover and each topic was developed by a subteam of the faculty.

This process has produced the material for a very high quality computer science curriculum. However, the intent is not to create a computer science curriculum but only to supply quality content and let individual faculty choose what they want to teach. The material to teach a quality course will be put on the Internet. This will allow faculty at 1 500 universities to use the material and improve their educational programs. Although books based on the web material will be published, the material on the web can be upgraded by adding topics as the field progresses. It will also be easy to add new courses as computer science changes over time.

The second component of improving teaching quality of faculty, under the leadership of Xiaoming Li, involves a faculty member sitting in on a lecture and observing how the students respond to what the faculty member teaching the course says. When the lecture is finished, the faculty member who sat in and the faculty member who gave the lecture have a discussion about how the lecture went. This technique came from a program to evaluate computer science programs at the top 50 universities in China.

When evaluating teaching, one learns information that can help the professor teaching the course improve their teaching. This is key. Let me illustrate by telling you what I learned in evaluating one class.

The faculty member was an outstanding young faculty and was teaching 30 students. When she started, every student was engaged, listening carefully, and taking notes. About 30 minutes into the lecture, half the students disengaged. I wondered why. The faculty member had just put up a mathematical theorem and then spent 20 minutes proving the theorem.

I talked to the faculty member after the lecture and told her what I had observed. We discussed it for a while and concluded that maybe the students did not understand what the formal mathematical theorem said and it might have been better if she had explained the theorem intuitively, why it was important, and how it would be used. She could have then engaged the class in converting the intuitive form of the theorem to the mathematical form. We also discussed whether it made sense to spend 20 minutes proving the theorem; perhaps just pointing out the key steps that would be needed. This led to determining what we would like the students to remember about the lecture six months from now. It was not the detailed formal proof!

This technique to improve teaching is being implemented at the top 33 computer science departments in China and is likely to have a significant impact on the quality of computer science education in China. In June 2022, a committee of about 20 Chinese faculty chaired by professor Huaimin Wang was added to the project to review the course content being prepared and making sure it is world class. If the project is successful and brings the quality of computer science education up to world standards, the strategy will be expanded to other disciplines such as mathematics, physics, chemistry, and biology. It may be a major step in making China the leading country in science.

John Hopcroft（约翰·霍普克罗夫特）
北京大学访问讲席教授、图灵奖获得者
August 2022

写作背景

2021 年 11 月，教育部决定在部分高校实施计算机领域本科教育教学改革试点工作计划（简称"101 计划"）。随即于 12 月 31 日在北京大学举行"101 计划"启动会，计划以 33 所计算机类基础学科拔尖学生培养基地建设高校作为"101 计划"的首批改革试点，后续在总结成效和经验的基础上，再向全国高校分类分步进行推广。2022 年 5 月 17 日，教育部办公厅正式发布《关于做好计算机领域本科教育教学改革试点工作的通知》。

"101 计划"的名称有多方面的含义：二进制数由"0"和"1"组成，是计算机语言的基础；十进制的"101"是由"0"和"1"组成的最小的素数；同时，在英语中"101"有基础的意思。"101 计划"名称的寓意为：在计算机领域，从本科学生着手，从教学教育的基本规律和基础要素着手，着力培养未来在基础研究和应用领域的创新型领军人才。

教育部领导在"101 计划"启动会上提到，在很多成熟的学科技术已经发展了 20 年、30 年之后，需要我们倾心倾力，针对计算机学科基础教育，用两年时间，完成若干计算机学科核心课程的建设，使其在未来成为中国学科建设和教育改革的一项品牌，该品牌的第一力量体现在名课、名师和名教材。

为此，"101 计划"就是希望以计算机科学与技术专业（简称计算机专业）教学改革为抓手，从本科学生出发，从教学教育的基本规律和基础要素着手，汇聚国内计算机领域具有丰富教学经验与学术水平的教师和专家团队，充分借鉴国际先进资源和经验，着力培养未来能够突破基础研究和应用的创新型领军人才，成为加强我国基础学科人才培养的突破口。"101 计划"的核心在于建立核心课程体系和核心教材体系，以提高课堂教学质量和效果为最终目标。具体地，在核心课程体系建设方面，"101 计划"要集中国内优势力量，建设好 12 门优秀课程，构建课程体系与知识图谱，并形成教学指导手册，搭建与课程和教材配套的实践平台；在核心教材体系建设方面，"101 计划"将基于核心课程体系的建设成果，建设一批"世界一流、中国特色、101 风格"的优秀教材；在课堂教学效果提升方面，通过现场课堂观察和研讨等课堂提升活动，在课堂教与学的质量效果上有可测量的、有显示度的提升，培养一批优秀的核心课程授课教师。

写作思路

本书是在教育部高等教育司的指导下,在"101 计划"工作组和秘书处的统一协调下,由 33 所参与高校、12 门课程建设组的 300 余位骨干教师共同完成的。一方面,本书是"101 计划"开展一年多来的建设成果的综合展示,可以从多个角度体现"101 计划"的总体思想和工作思路,并给出了 12 门核心课程的知识点体系;另一方面,本书可作为"101 计划"后续工作开展的"白皮书",特别是为课程体系与教材建设提供了较为全面的参考资料,也可以作为国内计算机相关高校、院系、教师与学生在专业建设和课程学习方面的参考书。

具体来说,本书的内容主要沿着如下思路展开:

(1) 从计算机本科教育教学需要解决的关键问题出发,以提升计算机本科教育教学质量为目标,对国内外计算机本科教育的现状进行调研、分析和总结。

(2) 针对"101 计划"的 12 门核心课程,厘清并凝练知识点、构建课程体系,并以此为底座向上支撑课堂教学与课程教材编写的工作。

(3) 汇集了 33 所拔尖计划高校的计算机本科专业培养方案,为其他相关院校制定教学计划提供有益的参考。

本书结构

本书共分为三个部分。

第 1 部分"高等学校计算机类专业人才培养战略研究报告":对国内外计算机本科教育教学的现状进行调研,较为系统地整理了国内外计算机学科布局、人才培养模式、人才需求和课程体系方面的现状,并进行了对比分析。在调研报告的基础上,全面介绍了"101 计划"的基本情况,包括组织架构、工作目标与重点、工作方式与计划等。

第 2 部分"高等学校计算机科学与技术专业核心课程体系":全面介绍了"101 计划"重点建设的 12 门核心课程的知识体系,对每门课程的教学内容、教学目标和教学安排进行了简要介绍,并详细罗列了每门课程包含的若干重要知识点,给出了每个知识点的内容和能力目标,并明确了知识点间的关联。

第 3 部分"高等学校计算机科学与技术专业人才培养方案":给出了教育部"拔尖计划 2.0"计算机科学基地的 33 所高校的计算机本科专业的培养方案和教学计划,其目的是促进 33 所参与高校之间的信息交流,以及供相关院校的教师和学生进行参考。

致谢

感谢教育部高等教育司领导的悉心指导,他们在本书从构思到完成整个过程中提供了及时的指导与支持。感谢 33 所参与"101 计划"的高校的大力支持,他们在提供各高校的计算机专业培养方案的同时,还对参与课程建设工作的教师给予了人力物力的支持。感谢北京大学郝平书记、龚旗煌校长和学校教务部、教师教学发展中心等相关部门对"101 计划"从酝酿、启动到建设全过程中给予的悉心指导和大力支持。特别感谢约翰·霍普克罗夫特教授,从"101 计划"的提议、规划到具体工作的开展都给了我们非常有启发的指导,虽然由于疫情原因暂时无法返回中国,约翰·霍普克罗夫特教授还是应我们的邀请欣然为本书写了序言。

感谢"101 计划"指导组和专家委员会的吴建平、姚期智、王怀民、吕建、吴朝晖等各位院士专家在"101 计划"初期工作开展过程中的指导与建议。感谢教育部高等学校计算机类专业教学指导委员会吴建平主任委员、武永卫秘书长、高小鹏副秘书长及各位委员对"101 计划"的支持和在课程体系建设方面提供的建议,特别是计算机类教指委在"系统能力培养"方面的研究成果为"101 计划"相关课程的建设提供了非常好的基础。

本书第 1 部分"计算机类专业人才培养战略研究报告"由秘书处边凯归、郭耀、陆俊林和孙玥玲执笔,郭耀负责修订。第 2 部分"核心课程体系"分别由 12 门课程建设组的负责人与参与建设的教师(名单见附录)共同完成,秘书处进行了整理和审核。第 3 部分"33 所高校培养方案"由孙玥玲和董晓晖负责收集和整理,并由郭耀和陆俊林进行了审核和修订。

感谢"101 计划"秘书处和北京大学工作组的各位老师在本书成书过程中参与讨论和提出宝贵的意见建议,他们是:北京大学计算机学院胡振江、郭耀、边凯归、李晓明、李文新、陈钟、陈向群、孙玥玲、杨朝晖,信息科学技术学院陆俊林、董晓晖,教师教学发展中心孙华、佟萌、刘玲。

最后要感谢高等教育出版社的张龙、刘茜和各位编辑老师,在白皮书的构想、内容、编辑、出版等方面给予了大力的支持。

由于内容较多,时间也比较紧,难免会有疏漏,敬请各位读者批评指正。

本书编写组
2023 年 1 月

目 录

CONTENTS

I

高等学校计算机类专业人才培养战略研究报告

第 1 部分分析了计算机类专业国内外学科布局、人才培养模式和人才需求，对比了计算机类专业国内外课程体系的差异，最后介绍了"101 计划"的建设目标和工作进展。

近 20 年来,随着计算机技术和产业的高速发展、国家政策的持续支持、资本市场的推波助澜,我国信息化发展依次进入了五个阶段,即信息化、移动互联网、大数据、人工智能以及后疫情时代的数字经济发展时代,这对我国高等学校计算机类专业人才培养不断提出了新的挑战。

2010 年之前,我国已逐步进入信息化社会。彼时,很多行业的信息化进程还处于探索阶段,也缺乏相关领域的信息化人才。例如,银行、金融等领域的信息化进程随着电子商务、电子支付手段等新业务的产生而悄然推进,然而高校并没有为这些新兴领域培养出相应的信息化人才,绝大多数计算机专业人才都在从事软件开发、互联网行业,很少涉足这些新兴领域[1]。因此,信息化时代巨大的人才缺口,为计算机类专业提出了"加速信息化人才培养"的要求。

2010 年至 2015 年,我国进入移动互联网时代。借助 3G/4G 移动宽带通信技术的支持,计算机、互联网相关的业务从线上数字世界全面延伸到线下物理世界。例如,通信、交通、餐饮、购物等诸多领域的格局发生了深刻的变革。国内一批计算机、互联网相关企业迅速成长为行业巨头,计算机类专业开始初步尝到政策改革与技术变革带来的红利。同时,国外移动互联网企业与国内企业也存在非常激烈的竞争[2],部分国内人才外流到国外企业,这一形势对国内计算机类专业人才培养提出了"提升人才培养国际化竞争力"的要求。

2015 年前后,移动互联网已经积累了足够多的数据,社会进入了大数据时代。人们开始思考如何更好地利用移动设备收集到的数据,同时确保数据安全与用户隐私。在一些综合类高校,计算机类专业已经开始尝试与其他学科(如社会科学、人文、经济管理类)进行交叉学科人才培养。然而,计算机类专业还未能就数据安全与治理等新方向,进行有针对性的人才培养。因此,全面推进计算机类专业与其他学科的交叉融合,即"开展交叉学科人才培养"被提上日程[3]。

2017 年前后,数据的极大丰富,直接推动了人工智能的新一轮技术革命。习近平总书记强调:"人工智能是新一轮科技革命和产业变革的重要驱动力量,加快发展新一代人工智能是事关我国能否抓住新一轮科技革命和产业变革机遇的战略问题"。国务院印发了《新一代人工智能发展规划》,国内很多高校相继开设人工智能专业,设立人工智能学院。随着一系列突破性事件的不断发酵(例如 AlphaGo、辅助 / 自动驾驶技术应用),社会对人工智能的关注不断提升,相关人工智能独角兽企业发展迅速,对人工智能人才的需求达到了新的高度。其所需人才往往是从业务到工程、再到算法都精通的复合型人才(例如算法工程师)[4],这一趋势对国内计算机专业人才培养提出了"打造复合型算法人才培养"的新目标。

2022 年初,习近平总书记在《求是》杂志发表重要文章《不断做强做优做大我国数字经济》,强调:"发展数字经济意义重大,是把握新一轮科技革命和产业变革新机遇的战略选择。"在后疫情时代,线下实体经济、传统产业的发展受到了限制,而我国适时大力发展数字经济,正是顺应了当前局势发展,充分发挥我国海量数据和丰富应用场景的优势,全面调动我国在信息化、移动互联网、大数据、人工智能四个阶段积累的技术力量,促进数字技术和实体经济深度融合,赋能传统产业转型升级,催生新产业新业态新模式[5]。为了迎接发展数字经济的重大机遇与挑战,高校计算机类专业人才培养必须在未来"聚焦数字经济人才培养"。

　　事实上,前述五个阶段是不断递进、不断深化的动态发展过程。后出现的发展阶段,相较于前一阶段,提出了更加细化的计算机类专业人才培养需求。针对这些需求,本报告从学科布局、培养模式、人才需求和课程体系这四个方面对国内外计算机专业人才培养展开充分调研,进行对比分析,总结优势和存在的问题,并探讨解决问题的途径。

1. 计算机类专业学科布局

计算机专业的本科生／研究生培养主要是在高校院系的课程体系和科研体系下完成的,而国内外高校的院系均按照学科方向进行设置。因此,我们有必要了解计算机专业国内外不同的学科布局。

1.1 国内学科布局

国内学科布局首先遵从的是教育部学科分类,该分类直接关系到高校的招生和院系设置。此外,还有两个不可忽略的指引性分类方法,即科研项目自主机构所设立的申报方向,以及学术组织的构成方向。例如,国家自然科学基金委员会的申报方向更新能够及时反映出计算机专业的发展方向和教学科研人员在研究生培养中关心的方向;计算机学术组织在不同方向上聚集了大量学术界和业界人士,对计算机学科的发展起到了促进作用。

1.1.1 教育部学科分类

我国高校专业设置按"学科门类""一级学科""二级学科"三个层次来设置。1990 年 10 月,国务院学位委员会和国家教育委员会(今教育部)联合发布《授予博士、硕士学位和培养研究生的学科、专业目录》,并于 2022 年发布修改版,包括 14 学科门类、117 个一级学科和 67 个专业学位类别[6]。

值得注意的是,我国博士学位和硕士学位的授予、人才培养和学科分类有着紧密的关系。一级学科下设若干二级学科,而博士、硕士学位按照二级学科授予。计算机科学与技术是一级学科,下设计算机系统结构、计算机软件与理论和计算机应用技术三个二级学科。之后,陆续增加了计算机相关的若干一级、二级学科。2012 年,新增"软件工程"一级学科。2015 年,新增"网络空间安全"一级学科。与计算机博士、硕士学位授予相关的一级学科、二级学科布局如表 1-1 所示。

表 1-1　国内计算机相关的一级学科、二级学科布局

一级学科	一级学科代码	二级学科	二级学科代码
计算机科学与技术	0812	计算机系统结构	081201
		计算机软件与理论	081202
		计算机应用技术	081203
软件工程	0835	软件工程理论与方法	083501
		软件工程技术	083502
		软件服务工程	083503
		领域软件工程	083504
网络空间安全	0839		

此外,普通高等学校本科专业目录中有 18 个计算机类的本科专业,如表 1-2 所示,其中,特设专业在专业代码后加 T 表示;国家控制布点专业在专业代码后加 K 表示。

表 1-2　计算机相关的普通高等学校本科专业目录

专业代码	专业名称
080901	计算机科学与技术
080902	软件工程
080903	网络工程
080904K	信息安全
080905	物联网工程
080906	数字媒体技术
080907	智能科学与技术
080908T	空间信息与数字技术
080909T	电子与计算机工程
080910T	数据科学与大数据技术
080911TK	网络空间安全
080912T	新媒体技术
080913T	电影制作
080914TK	保密技术
080915T	服务科学与工程
080916T	虚拟现实技术
080917T	区块链工程
080918TK	密码科学与技术

我国高校能否在某个一级、二级学科或专业下进行招生与人才培养,需要进行申报,并且得到国务院学位委员会、教育部等部门的批准。

1.1.2　国家自然科学基金学科分类目录

2022 年,国家自然科学基金申请指南中,申请方向分为四大板块,每个板块包含若干学部:基础科学板块(数学物理科学部、化学科学部、地球科学部),技术科学板块(工程与材料科学部、信息科学部),生命与医学板块(生命科学部、医学科学部),交叉融合板块(管理科学部、交叉科学部)[7]。其中技术科学板块的两个学部,交叉融合板块的交叉科学部是与计算机专业相关的方向。信息科学部与计算机相关的申请代码与申请方向如表 1-3 所示。

表 1-3　信息科学部与计算机相关的申请代码与方向

学科代码	学科方向	申请方向代码	申请方向
F02	计算机科学	F0201	计算机科学的基础理论
		F0202	系统软件、数据库与工业软件
		F0203	软件理论、软件工程与服务
		F0204	计算机系统结构与硬件技术
		F0205	网络与系统安全
		F0206	信息安全
		F0207	计算机网络
		F0208	物联网及其他新型网络
		F0209	计算机图形学与虚拟现实
		F0210	计算机图像视频处理与多媒体技术
		F0211	信息检索与社会计算
		F0212	数据科学与大数据计算
		F0213	生物信息计算与数字健康
		F0214	新型计算及其应用基础
		F0215	计算机与其他领域交叉
F06	人工智能	F0601	人工智能基础
		F0602	复杂性科学与人工智能理论
		F0603	机器学习
		F0604	机器感知与机器视觉
		F0605	模式识别与数据挖掘
		F0606	自然语言处理
		F0607	知识表示与处理
		F0608	智能系统与人工智能安全
		F0609	认知与神经科学启发的人工智能
		F0610	交叉学科中的人工智能问题
F07	交叉学科中的信息科学	F0701	教育信息科学与技术

　　信息科学部下的诸多申请方向,是大多数计算机专业教师直接从事的研究方向,在一定程度上代表了计算机专业二级学科下近年来的方向与分支发展。科研基金支持在很大程度上决定了研究生的人才培养方向和部分本科生的人才培养方向。

1.1.3　国内学术组织与专业委员会

与计算机专业人才直接相关的国内学术组织是中国计算机学会(China Computer Federation,CCF),而 2022 年也是中国计算机学会成立 60 周年。该学会是由从事计算机及相关科学技术领域的科研、教育、开发、生产、管理、应用和服务的个人及单位自愿结成、依法登记成立的全国性、学术性、非营利学术团体,是中国科学技术协会成员。学会下设 40 个专业委员会[8]。

中国计算机学会组织了两大学生竞赛活动,即全国青少年信息学奥林匹克竞赛和大学生计算机系统与程序设计竞赛(Collegiate Computer Systems & Programming Contest,CCSP),旨在向中学阶段学习的青少年普及计算机科学知识和通过竞赛和相关的活动培养和选拔优秀计算机人才。中国计算机学会组织教学改革交流活动、科研交流活动、学术会议,并在人才培养方面设置了诸多奖项,对高校计算机教育产生一定的促进作用。

中国科学技术协会下设的其他与计算机相关的学术组织还有:中国电子学会、中国人工智能学会、中国通信学会、中国自动化学会、中国图象图形学学会、中国密码学会、中国中文信息学会等[9]。

1.2　国外学科分类

相比之下,国外学科分类的界限并不明显。在部分国家,学科划分与高校招生权限并没有强相关性。我们通过国外学科划分体系、国外科研资金管理机构、国外学术组织三个方面对国外学科划分进行调研。

1.2.1　国外学科划分体系

从国外学科划分的实际情况来看,一般可划分为三个或四个不同层级。不同国家和国际组织对学科划分的层级略有不同,有的划分为三级(如联合国、欧盟、英国、美国、日本),有的划分为四级(如加拿大)。由高到低可以称为学科大类、一级学科、二级学科和科目(subject)。学科大类是学科划分中的最高层级,它不代表某一具体学科,只是为便于更高层次的数据呈现或分析,是对学科群的归类;一级学科则是具有共同理论基础或研究领域相对一致的学科集合;二级学科是组成一级学科的基本单元;科目则是二级学科下的更细分类,是具体的教学项目。

以美国教学计划分类(Classification of Instructional Programs,CIP)为例,该分类是美国和加拿大高等教育机构的学科分类[10]。CIP 最初由美国教育部国家教育统计中心于 1980 年发布,并于 1985 年、1990 年、2000 年、2010 年和 2020 年进行了修订。该分类一共分三级:50 个两位数代码分类、473 个四位数代码分类、2325 个六位数代码分类。其中,与计算机相关的学科分类包括 11 COMPUTER AND INFORMATION SCIENCES AND SUPPORT SERVICES,以及 14 ENGINEERING——14.09 Computer Engineering,General。

在部分国家,学科划分与高校招生权限并没有强相关性。例如,美国高校某个专业的招生由该高校自主决定,主要考虑因素是该校师资能否吸引到足够多的学生前来就读该专业。

1.2.2　国外科研资金管理机构

以美国国家科学基金会(NSF)为例,它有七大学部,分别是生物科学部、计算机与信息科学与工程学部、教育与人才资源学部、地学部、社会行为与经济科学部、工程科学部和数理科学部。其中,与计算机专业直接相关的是计算机与信息科学与工程学部,下设四大分部,分别是 Office of Advanced Cyberinfrastructure(OAC)、Computing and Communication Foundations(CCF)、Computer and Network Systems(CNS)、Information and Intelligent Systems(IIS),而每个分部下设若干核心项目进行研究资金的分配与管理。例如,CCF 下设 Algorithmic Foundations(AF)、Communications and Information Foundations(CIF)、Foundations of Emerging Technologies(FET)、Software and Hardware Foundations(SHF)四个核心项目;而 IIS 下设 Human-Centered Computing(HCC)、Information Integration and Informatics(III)、Robust Intelligence(RI)三个核心项目。相关研究领域的教师围绕这些学科从事科研与研究生培养工作。此外,自 2016 年以来,该基金会还陆续支持了众多计算机教育相关的项目[11]。

1.2.3　国外学术组织

国外学术组织中,与国内联系较为紧密的是美国计算机学会(ACM)以及电气电子工程师协会(IEEE)。ACM 和 IEEE 分别下设若干专委会。ACM 下设 SIGMOD(数据库)、SIGCOMM(网络通信)、SIGSAC(信息安全)等专委会[12]。IEEE 下设计算机协会(IEEE Computer Society)、通信协会(IEEE Communications Society)、车辆技术协会(IEEE Vehicular Technology Society)、信息理论协会(IEEE Information Theory Society)等专委会[13]。这些学术组织往往赞助国际顶级学术会议、编审学术期刊,已经形成成熟的学术生态和学术评价体系,且已被国内学术组织采纳(如被中国计算机学会列入推荐期刊与会议列表)。其他相关的学术组织还有美国人工智能协会、美国科学促进会、欧洲科学院等。

以美国计算机学会为例,该学会长期组织大学生编程竞赛(International Collegiate Programming Contest,ICPC),旨在展示大学生创新能力、团队精神和编写程序、分析解决问题的能力。该学会各个专委会组织各个领域的顶级学术会议,如 ACM SIGCOMM、ACM SIGMOD、ACM CCS 等。该学会也定期组织教学活动和教学会议,如 ACM SIGCSE,以及在该会议上完成计算机相关的课程体系规范编写组织工作,如 Computing Curricula 2020 (CC2020)。此外,该学会每年还会颁发若干奖励,其中最有名的当属 1966 年设立的"图灵奖",专门奖励对计算机事业做出重要贡献的个人。

1.3 国内外学科分类对比

如表1-4所示,国内学科划分粒度细致、界限较为清楚,且与高校的招生以及教师的研究经费关系较为紧密,较好地形成了学科分类、人才培养、研究资助、学术组织活动的有效闭环。

相对来讲,国外学科划分粒度比较粗,学科与学科之间的界限并不是很清晰。而且,博士和硕士项目招生由高校 / 教师自主决定。国外学术组织的学术标准,尤其是顶级期刊和会议,在国内有较强的影响力。

表 1-4 国内外学科分类对比

分布	分类粒度	分类界限	与高招生关系	与科研经费关系	学术组织影响力范围
国内	细致	较为清晰	紧密	紧密	国内
国外	粗略	不明显	独立	紧密	国际

2. 计算机类专业培养模式

计算机学科是在数学和电子科学基础上发展起来的一门新兴学科,它既注重数理基础和编程能力,同时强调前沿创新,是一门理论性和实践性都很强的学科。为了响应中央关于新时代做好人才工作的号召,抓紧落实教育部基础学科拔尖学生培养试验计划(简称"拔尖计划"),本报告主要关注面向计算机学科本科拔尖人才的培养模式。

2.1　拔尖人才培养模式

2.1.1　国内人才培养创新模式

1. 精英班模式

"清华学堂计算机科学实验班"又称为"姚班",由计算机科学家姚期智院士于 2005 年创办,以培养世界一流的拔尖创新计算机科学人才为目标[14]。2009 年 9 月,"姚班"被纳入清华大学"清华学堂拔尖创新人才培养计划"。姚期智院士为"姚班"首席教授。"姚班"设置阶梯式培养环节:前两年实施计算机科学基础知识强化训练,后两年实施各个方向的专业教育(如计算机理论、安全、系统、计算经济、计算生物、机器智能、网络科学等)。

"北大图灵班"是在图灵奖得主 John Hopcroft 教授受聘北大之后,在 2017 年正式成立的,主要目标是通过有针对性的实验班课程设置和科研轮转等环节,培养有志于科研和创新的未来领军人才[15]。当年,从 2016 年入学的大二学生中选拔了 30 名学生组成了首届图灵班。之后,选拔的方式和人数略有调整,目前主要是从大一新生中选拔竞赛生和在高考中名列前茅的考生,此外也有少数学生会在大二年级通过二次选拔进入图灵班。

"上海交通大学 ACM 班"于 2002 年 6 月正式成立,旨在培养计算机科学家和行业领袖,是中国第一个计算机特长班。"ACM 班"秉承着"先做人后做学问,在做学问中学做人"的育人理念,形成了"以育人·铸魂立志为红线,以专业·知行合一为核心,以科研·突破创新为基石,以传承·薪火接力为保障"的育人模式[16]。2011 年,上海交通大学聘请图灵奖得主 John Hopcroft 教授为"ACM 班"的首席科学家,引入了更多的全球资源,为"ACM 班"的全面国际化做出了重要的贡献。

"中国科学技术大学少年班"成立于 1978 年,不是针对某一个专业的"精英班"[17]。因为当时我国的科技人才出现了一定的断层,中国科学技术大学创建了少年班,招收和培养比普通大学生年纪小一些的学生。这些学生不用读完高三,可以更早一些进入大学。"少年班"最重要的理念是因材施教,给这些学生提供更适合他们的教育和发展机会,为他们提供个性化的培养方案。

近年来,其他高校也陆续建立了各种拔尖人才特长班。"浙江大学图灵班"是该校计算机科学基础学科拔尖人才实验班,依托竺可桢学院拔尖人才培养基地和教育教学改革试验平台,借助计算机学院雄厚的教学科研力量,围绕"全科式基础强化""全方位科研训练""全程化导师引领""全球化资源导入"和"专业化学科培养"的"四全一专"特色培养模式,实施计算机拔尖人才的培养方案,培养具备厚基础、高素养、深钻研、宽视野的高素质本科生。鼓励学生毕业后进入全球一流高校继续深造,以成为计算机领域未来的一流学科引领者和战略科学家。

2. 书院制、小班课

近年来,实施书院制教育成为中国高校教育改革的一种积极探索和有效尝试。书院制教育围绕立德树人,通过落实本科生导师制、加强通识教育课程和环境熏陶,拓展学术及文化活动,促进学生文理渗透、专业互补,鼓励不同专业背景的学生混合住宿、互相学习交流,建设学习生活社区,在传授专业知识的同时,打通中国传统文化中的文、史、哲,进而融汇人文科学和自然科学。

小班课是本科低年级优秀学生培养的一种机制。例如,在大一和大二学生中,开展以实验班课程为核心的普惠制培养机制,其中实验班课程是计算机学科所有专业基础课和专业核心课的加强版本。此外,多所高校在大一年级实施新生导师制,让所有低年级学生都有机会接触科研。

3. 本科生科研

从 2009 年拔尖计划正式实施以来,国内众多高校已经开展了初具规模的以科研为导向的拔尖学生培养机制,其目标是培养未来的科研领军人才,其主要选拔标准是关注学生本科前两年表现出的科研素质与潜力。根据学生在书院制、小班课中的表现,并综合推荐导师与新生导师的建议,由拔尖学生委员会面试,选拔少数优秀学生进行本科生科研培养。

本科生科研项目支持包括教育部拔尖计划研究课题以及省市政府、企业赞助的本科生科研项目,在高校的具体实施方式为将学分计入培养计划的本科生科研课程,往往在大二开始立项,在大四进行结题。近年来,国内本科生科研成果丰硕,包括发表上百篇中国计算机学会 A 类顶级期刊和会议论文。值得一提的是,在校生已经突破性地在计算机系统结构(ICCAD)、计算机编程语言(ACM PLDI)、计算机网络(ACM SIGCOMM、NSDI、SIGMETRICS)等计算机核心技术领域的国际顶级会议上发表第一作者论文,并荣获顶级会议最佳论文奖,如 ACM STOC 2020 最佳论文奖、SIGMOD 2017 最佳论文奖等。

2.1.2　国外的书院制、实习培训

国外高校(如英美高校)的计算机专业人才培养模式涵盖内容与国内类似,例如本科专业设置与专业修习计划、新生研讨课、通识课程、主修专业课程、住宿学院、实习与本科生科研等[18]。

国外高校拥有自主设置专业的权力,通过灵活的课程组合来设置和调整专业,其本科专业设置体现出了一定的多样性,有利于跨学科专业的开设,有助于培养全面发展的创新型本

科人才。此外,国外高校住宿书院、实习培训、本科生研究机会计划具有一定的特色,下面将逐一进行介绍。

住宿书院是一个高度组织化的系统,不仅为学生在课堂、实验室学习之外提供一个亲密的生活环境,还通过各种资源渠道为学生的学术成长服务。剑桥大学、牛津大学两家的书院制度较为相似,更像一个个独立的小大学,拥有更高的自主权,掌管自己的财政,管理学生的衣食住行并且和大学各个专业的教学部门合作管理学生的教学。在本科招生时,学院是独立招生并且面试的。相对于大学,学生们对于自己的学院更有归属感和认同感。

国外高校本科人才培养注重课外体验,其中,实习培训项目为学生提供了学以致用以及拓展职业路径的机会。例如,美国高校学生在本科期间可进行带薪实习课程。

本科生研究机会计划(Undergraduate Research Opportunity Program,UROP)为大学本科生提供多个不同的计划,通过与大学研究人员的合作来探索研究世界。该计划在美国高校已经顺利运行了 30 多年,专为大学一年级和二年级本科生设计,学生可以选择秋季或冬季学期加入该计划。参与该计划的学生被称为研究助理,并与教员、研究科学家或专业从业人员一起从事正在进行的或新的研究项目。

2.2　计算机类专业人才培养计划与项目支持

2.2.1　国内支持计划

基础学科拔尖学生培养试验计划(简称"珠峰计划"或"拔尖计划")是教育部为回应"钱学森之问"而出台的一项人才培养计划,由教育部联合中组部、财政部于 2009 年启动。教育部选择了 19 所大学的数学、物理、化学、生物和计算机 5 个学科率先进行试点,力求在创新人才培养方面有所突破。表 1.5 列出了入选拔尖计划 1.0 计算机科学基地的 10 所大学。

2018 年,教育部会同科技部等六部门在前期十年探索的基础上启动实施基础学科拔尖学生培养计划 2.0(以下简称"拔尖计划 2.0"),坚持"拓围、增量、提质、创新"总体思路,在基础理科、基础文科、基础医科领域建设一批基础学科拔尖学生培养基地,着力培养未来杰出的自然科学家、社会科学家和医学科学家,为把我国建成世界主要科学中心和创新高地奠定人才基础。拔尖计划 2.0 的实施范围拓展到数学、物理学、力学、化学、生物科学、计算机科学、天文学、地理科学、大气科学、海洋科学、地球物理学、地质学、心理学、哲学、经济学、中国语言文学、历史学、基础医学、基础药学、中药学等 20 个类别。

2019—2021 年,拔尖计划 2.0 基地名单相继公布[19]。表 1-5 列出了所有入选拔尖计划 2.0 的计算机科学基地的 33 所大学。

表 1–5　入选拔尖计划 1.0 和 2.0 计算机科学基地的高校名单

入选年份	批次	数量	高校名称
2009 年	拔尖计划 1.0	10	北京大学、清华大学、北京航空航天大学、哈尔滨工业大学、上海交通大学、南京大学、浙江大学、山东大学、四川大学、中国科学技术大学
2019 年	拔尖计划 2.0 第一批	12	北京大学、清华大学、北京航空航天大学、北京理工大学、哈尔滨工业大学、上海交通大学、南京大学、浙江大学、华中科技大学、电子科技大学、西安交通大学、国防科技大学
2020 年	拔尖计划 2.0 第二批	9	北京邮电大学、中国科学院大学、吉林大学、同济大学、中国科学技术大学、武汉大学、中南大学、西北工业大学、西安电子科技大学
2021 年	拔尖计划 2.0 第三批	12	中国人民大学、北京交通大学、天津大学、大连理工大学、复旦大学、东北师范大学、东南大学、山东大学、湖南大学、中山大学、华南理工大学、重庆大学

2.2.2　国外支持计划

充足的资金支持对本科生人才培养至关重要,而国外高校的本科生人才培养支持计划资金来源于科研资金管理机构(如美国国家科学基金会)或者民间基金会。例如,美国佐治亚理工大学 Mark Guzdial 就牵头 30 多个与计算机教育和人才培养相关的美国国家科学基金会项目[20];华盛顿大学每年有 7400 余名本科生参与科研训练,这些项目经费相当一部分来源于社会捐赠,例如玛丽 – 盖茨基金会、华盛顿研究基金会、美国宇航局等。

美国国家科学基金会的本科生研究经验(NSF Research Experiences for Undergraduates, REU)计划支持本科生参与国家科学基金会资助的研究。该计划有两种支持学生研究的机制:① REU sites,基于独立研究提案,发起新的本科生研究项目,可以是单一学科,也可以是多学科交叉研究;② REU Supplements,作为研究提案的一部分,扩展已有的基金项目研究内容,也可以作为正在进行的美国国家科学基金会项目的研究内容。

除了资金支持外,本科生科研平台也是人才培养体系的重要组成部分,包括专门的实验室 / 活动室,学习和研究的空间,满足本科生科研基本需求的机房 / 实验设备,可付费租用的仪器设备,图书馆资源,提供支持服务的行政和后勤人员等。

此外,国外高校往往有一套机制对接资本。企业会提供对创新创业教育的资助,例如美国著名的创业投资孵化器 Y Combinator 资助的 CodeHS 项目,了解到部分学校无法提供计算机科学课程,也没法雇佣具有计算机背景的教师,就创建了一个在线课程网站,提供从基础概念课程到大学计算机先修课等丰富资源,使任何教师都可以教授计算机。此外,企业或者资本也在持续支持其他在线大规模课程项目的建设(例如,MOOC 项目 Coursera)。

2.3　国内外人才培养模式对比

国内的人才培养模式类型非常丰富,每所高校都有一套自己独特的人才培养机制,在政府计划的支持下,在本科生中的覆盖面相对较广。而国外的人才培养模式较为自由,没有成规模的精英人才培养计划,缺乏大规模的政府引导计划,其资助方式主要有科研资金管理机构、民间基金会、研究机构、资本支持,以市场就业驱动为主。表 1-6 给出了国内外人才培养模式的简单对比。

表 1-6　国内外人才培养模式对比

分布	书院制	本科生科研	实习培训	支持计划	企业赞助、对接资本
国内	√	√	缺乏	政府主导	较少
国外	√	√	√	科研资金管理机构、研究机构、民间基金会	较多

3. 计算机类专业人才需求

3.1 国内计算机类专业人才需求

计算机类专业就业前景广阔,毕业生可在互联网企业、软件企业专业岗位任职,也可以在各大、中型企事业单位的信息技术部门、教育部门等单位从事计算机相关的技术开发、教学、科研及管理等工作,同时也可以进行自主创业。

3.1.1 国内高校就业

从部分专业统计机构的统计数据中可以发现,计算机类专业就业具有整体稳定、高位维持的特点。以本科就业为例,在 2015—2018 年这 4 年间,计算机类专业毕业生就业率在95% 左右,稳定地维持在一个高位[21]。同时,计算机类专业毕业生的薪资同样具有高度稳定且持续上升的良性发展趋势。

计算机类专业学生毕业后大多数从事与计算机软件开发相关的职业,例如软件工程师、系统工程师、游戏开发工程师等热门职业;同时,部分毕业生选择非开发岗位,例如项目经理、游戏策划、数据分析等岗位。目前,大数据、云计算、人工智能和 5G 等新兴产业进一步拓宽了计算机类专业毕业生的就业渠道与方式。

3.1.2 国内单位人才需求

2020—2021 届中国校园招聘需求量专业大类排名中,工商管理类需求仍是第一,但相较 2020 届需求占比出现下降,为 8.11%;计算机类、电子信息类以及机械类需求占比较2020 届增幅明显,其中计算机类 2021 届校招需求占比为 7.57%,电子信息类需求占比为6.53%,机械类需求占比为 6.4%。

信息化时代背景下,所有产业都在进行数字化转型。数字化技术包括传统的 IT 技术,和以人工智能、大数据、云计算为代表的新兴技术。疫情发生以来,数字经济助力我国经济提质增效,也将深刻影响着我国的就业形势。数字经济的蓬勃发展,促进新增市场主体快速成长,将创造大量就业岗位。数字产业化是数字经济发展的先导力量,以信息通信产业为主要内容,具体包括电子信息制造业、电信业、软件和信息技术服务业、互联网行业及其他新兴产业,这些产业对相关人才的需求将大规模提升。未来 10 年,是中国突破"卡脖子"核心技术的关键 10 年。为适应新的经济形态和新的技术浪潮,核心技术人员规模会逐渐扩大,预计到 2025 年规模将达到 3200 万人,人才需求量巨大。

3.2　国外计算机类专业人才需求

国外计算机类专业人才主要以互联网企业、软件企业专业岗位任职为主，也有一部分人进行自主创业，还有一小部分人在银行、教育、服务业等其他行业从事计算机相关的技术开发及管理等工作。

3.2.1　国外高校人才就业

美国高校计算机类专业毕业生就业平均薪酬最高，就业岗位最多。据统计，目前中国籍的留学生中，科学和工程领域留在国外的比例平均达 87%。从专业上来看，赴美留学生就业形势最好的是计算机专业，而其他受国内留学生欢迎的商科、法学、历史人文等专业，在国外当地的工作机会则较少。例如，在美国计算机专业毕业生之所以就业前景较好，是因为各大美国研究生院这类人才比较短缺，严重依赖于中国、印度等国家的留学生，同时美国的计算机行业就业市场非常大。类似地，在英国高校毕业生中，理工类人才缺口很大。英国为了吸引理工类人才重新修订了留学生转移民政策，比如调整放宽国际学生申请英国的工作签证，其雇主不必提供本地劳动力市场测试证明，即不需要证明某岗位因招聘不到本国籍雇员而不得不聘请外国人，该政策让留学生更容易获得工作签证。

中国经济正在积极寻求从出口导向型、低技术、劳动密集型向以科学、技术和创新为基础的新型经济转型。这种转型势必会增大对高科技人才的需求，中国政府比以往更加重视吸引海外高层次人才，陆续出台政策吸引中国海外人才和外国的技术人才。这些政策包括国家级人才计划、国家级青年人才计划等，对海外人才的工作、生活保障，如工作环境、住房、税收政策、医疗保健、对配偶和子女的支持，都是影响国家吸引海外人才的重要因素。这些政策和保障性措施的效果已经显现出来，正源源不断地吸引着海外高科技人才回国谋求职业发展。

3.2.2　国外单位人才需求

美国 STEM（科学、技术、工程及数学）人才紧缺，此类人才严重依赖技术移民。据统计，美国高校培养的科技类人才无法满足其计算机相关岗位的需求，像谷歌、苹果这样的大型科技企业一直雇用大量技术移民填补人才短缺。美国两党移民研究组织"新美国经济"（NAE）的报告显示[22]，2020 年美国就业市场中，每减少 1 个计算机或数学工作者，就会有超过 7 个计算机相关的岗位需求出现。因此，美国同时出现职位空缺与持续失业表明劳动力的需求与供应并不匹配。美国商会呼吁增加基于就业的移民人数，以解决美国的人力短缺问题。2019 年全美的计算机岗位劳动力中，移民占 25%。"新美国经济"的数据分析结果显示，全美雇主在 2020 年发布了 136 万个与计算机相关的空缺岗位。同时美国劳工部数据显示，2021 年计算机和数学相关岗位的失业人员仅有 17.7 万名。

3.3　国内外人才需求对比

　　如表 1–7 所示,国内外高校计算机专业就业情况良好,行业平均薪资在当地最高,同时计算机行业就业受疫情影响较小。值得注意的是,在国内就业市场中工商管理类人才需求量第一,而在美国等发达国家计算机类人才需求量第一;此外,美国等发达国家计算机人才严重依赖于外国人才和移民,而我国计算机人才都是以国内高校培养的人才为主。

表 1–7　国内外计算机类专业人才需求对比

分布	计算机人才需求量	人才依赖	行业平均薪资
国内	国内人才市场第二	国内人才	第一
美国	美国人才市场第一	外国人才、移民	第一

4. 计算机类专业课程体系

4.1 国内高校计算机类专业课程体系

国内各个高校立足于本校计算机专业发展,均已建成完备的计算机专业课程体系和培养方案。国内高校的课程体系和培养方案通常包括三部分课程:① 公共通识教育/平台课程;② 专业必修课程;③ 专业选修/实践课程。其中,第一部分课程可以拓宽学生的计算机相关专业基础,针对学生的不同基础和需求提供不同组合的课程培养方案;第二部分课程专注于计算机学科的核心课程建设;第三部分课程根据学生的兴趣和特点进行针对性培养[23]。

以北京大学计算机科学与技术专业课程体系为例,该课程体系通过通识与专业相结合的教育,使学生具备坚实的数学、物理、计算机、智能、电子等计算机软硬件基础知识,系统地掌握计算机科学的理论和方法,受到良好的科学思维与科学实践研究的训练,具有探索、发现、分析和解决问题的能力,以及知识自我更新和不断创新的能力,为引领计算机科学与技术发展奠定基础。该体系包括 50 学分公共基础课程、58 学分专业必修课程和 39 学分选修课程。同时,针对愿意充分发展个人兴趣、积极开阔国际视野,追求更高科学和工程学位或学习体验的学生,该专业提供了一个实验班和荣誉课程系列(Honor Track),完成"实验班"系列课程中规定课程的学习,并达到相应要求的学生,将获得学校统一颁发的荣誉证书。

4.2 国际 ACM/IEEE 计算课程体系规范

国际 ACM/IEEE 计算课程体系规范(Computing Curricula,CC)是美国计算机学会(ACM)和美国电气电子工程师协会 – 计算机协会(IEEE–CS)邀请多个国家的计算机教育专家共同拟定的计算机类专业课程体系规范,该规范已出版 CC1991、CC2001、CC2005 三个重要版本,是国内外一流高校计算机专业制定课程体系时的重要参考。我国教育部高等学校计算机类专业教指委和国内一流高校计算机专业教师也持续跟踪 CC 规范的更新。

历史上,CC 规范经历了若干阶段的演变历程[24]。IEEE–CS/ACM 发布的 Computing Curricula 1991(CC1991)是第一个较为系统的学科规范。然而,CC1991 及之后相继发布的 CC2001 和 CC2004,并没有对计算学科进行细致划分。自 CC2005 开始,CC 规范被划分为信息技术、计算机科学、计算机工程等各有侧重的分支,其目的是更好地适应社会发展过程中人才培养的需求。

1. 信息技术（IT）分支

ACM/IEEE 于 2008 年发布的信息技术学科规范（Information Technology 2008，IT2008），在学习计算机基础、数学等复杂理论之上，突出强调集成能力培养，例如 IT 应用教育相关的技术（网络维护、数据库调优等专项技能），适应了当时工业界对信息技术领域人才培养的客观需求。IT2017 引入了胜任力（Competency）模型，旨在为教育机构制定未来信息技术课程体系提供指南。IT2017 对信息技术学科的内涵以及融合知识、技能、性情的信息技术能力进行了定义，具体包括 10 个基本领域、9 个补充领域和其他选修领域组成的信息技术能力域。

2. 计算机科学（CS）分支

2013 年发布的计算机科学学科规范（Computing Science Curricula 2013，CS2013）进一步对计算机科学的知识体系进行了重新定义，并新增计算思维，特别强化系统基础。

3. 计算机工程（CE）分支

计算机工程学科规范（Computer Engineering Curricula 2016，CE2016）与 CE2004 相比，对计算机工程专业的知识体系、知识领域进行了重新梳理，更强调学习成效，近几年国内也逐步强调系统能力培养。此外，CE2016 重点描述了对毕业生职业素质和社会实践能力的要求和实现手段。

CC2020 是该课程体系规范的最新版本，通过研究当前计算领域的课程设计，提供教学指导方针，以应对未来计算教育面临的挑战。CC2020 项目组由 ACM 和 IEEE-CS 联合来自全球 20 个国家的 50 位相关领域专家组成，包括 15 位指导委员会成员和 35 位工作小组成员，其中有 5 位来自中国。

CC2020 提出了一种"能力本位教育"的概念，采纳了 IT2017 的胜任力模型，建议"计算"（Computing）一词作为计算机工程、计算机科学和信息技术等所有计算机领域的统一术语；同时采用"胜任力"一词来代表所有计算教育项目的基本主导思想。其目标就是从知识、技能和性情三方面使学生胜任未来计算相关工作内容。CC2020 是对近年来计算学科各领域规范的集成，强调元学科规范（Meta Curricula），加强了对职业素养、团队精神等方面的要求，鼓励各教学机构根据自己的定位设计具体培养方案。

4.3 国内外课程体系对比

国际 ACM/IEEE 计算课程体系规范的建设历程已逾 30 年，强调核心概念和模型，如 CC2020 提出的"能力本位教育"的概念以及相应的胜任力模型。

教育部高等学校计算机科学与技术教学指导委员会分别于 2006 年和 2008 年编制了《高等学校计算机科学与技术专业发展战略研究报告暨专业规范（试行）》和《高等学校计算机科学与技术专业实践教学体系与规范》。前者提出了以"培养规格分类"为核心思想的计算机专业发展的建议，给出了计算机科学、计算机工程、软件工程和信息技术四个专业方向的教学计划和培养方案，并明确了具体办学评估的程序和方案。后者阐述了计算机专业人才的能力培养要求，着重描述了一个涵盖课程实验、课程设计、专业实习和毕业设计的计算机专业课程实践教学体系，并且给出了详细规范和大纲示例。

然而,自该体系与规范出版已经过去十多年了。在这期间,计算机科学技术的迅猛发展以及广泛应用带来相关学科的交叉融合发展,在给社会带来革命性变化的同时,也给计算机科学技术人才的培养带来了挑战。为了面向计算机学科的未来,顺应计算机学科交叉融合的趋势,适应计算机学科高速发展的需求,培养未来计算机领域的领军人才,我们急需对已有的教学体系与规范进行更新。

5. "101 计划"简介与建设进展

我国高等教育已经完成了规模化的信息化人才培养目标,在国内外产业竞争中提供了足够多的有国际竞争力的人才,在交叉人才培养方面已经实现了初步探索,对复合型算法人才培养也形成了与国外并跑的局面。以上人才培养的基础与成功经验,必将对未来数字经济人才培养道路的探索提供明确的指引。

根据以上调研结果,我国高校计算机专业人才培养紧跟计算机专业各个方向的发展趋势,已经形成了成熟的学科分类体系,探索出各种人才培养模式以及完整的课程体系,基本满足计算机相关的产业人才需求。然而,经过对比分析,我们也认识到国内人才培养体系的一些不足:课程体系缺乏最新的较为统一的规范和核心理念/模型;高校或学术组织制定的课程体系、学术标准需要进一步提升其国际影响力;学科划分如何能持续更新,以适应计算机专业的快速发展,并且更好地支持本硕博一贯制人才培养;除了促成留学人才回流以外,如何能吸引更多的国际高层次人才;我们的人才培养模式如何能推广到其他国家。

这些正是我们要着力推行"101 计划"的动机和未来工作的方向。我们将通过"101 计划"建立一套完整的计算机专业课程体系规范,形成具有中国特色的人才培养核心理念与模型,制定核心课程的核心知识点以及知识点难度要求,建立课程教学质量评估体系,将"101 计划"的成果推广到其他国家,提升我国计算机学科的国际影响力,更好地支撑我国计算机相关产业和国民经济的发展。

5.1 建设目标

"101 计划"的总体目标为:汇聚国内计算机领域具有丰富教学经验与学术水平的教师和专家团队,充分借鉴国际先进资源和经验,用两年时间建设一批计算机领域的名课、名师、名教材,打造一批优秀的开放实践教学平台。

具体来讲,包括如下主要建设目标:

- 核心课程体系建设。集中国内优势力量,建设好 12 门核心优秀课程,形成完整的计算机核心课程体系,包括课程知识点建设、在线资源建设、实践平台建设等。
- 核心教材体系建设。基于核心课程体系的建设成果,建设一批"世界一流、中国特色、101 风格"的优秀核心教材,形成计算机核心教材体系。
- 课堂教学效果提升:通过现场听课和研讨等课堂提升活动,在课堂教与学的质量上有可测量的、有显示度的提升,培养一批优秀的核心课程授课教师。

5.2 组织架构

在教育部高等教育司的指导下,"101计划"确定了指导组领导下的专家委员会决策机制,由33所高校组成的工作组负责安排各单位具体任务、督促协调进度。在北京大学设立"101计划"秘书处,负责计划工作的日常管理和会议组织等工作。针对具体任务的实施需求,组建了课程建设组和课堂提升组,分别负责核心课程建设和课堂提升(课堂观察)工作。

具体的组织架构如图1-1所示。

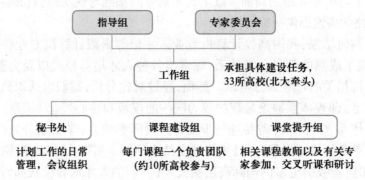

图1-1 "101计划"组织架构图

5.3 课程建设

通过专家委员会和33所参与高校的推荐,工作组确定了"101计划"建设的12门核心课程(如图1-2所示)。

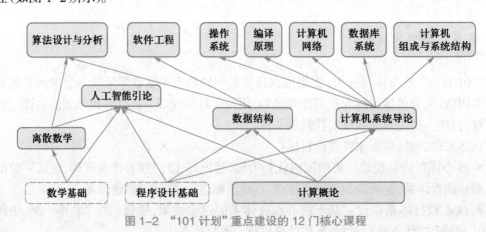

图1-2 "101计划"重点建设的12门核心课程

每门课程都组建了课程建设组,每个课程建设组有10余所高校参与,负责将每门课程分解成50个左右的关键知识点,完成每个知识点和具体讲授方式(教案)的整理,并在课程实践中进行迭代改进;组织撰写课程配套教材(包括电子版配套资源建设),并为课程建设配套的课程实践平台。

经过12门课程牵头高校的推荐,确定了课程建设高校分工方案(见表1-8)。

表1-8 课程建设高校分工方案

序号	课程名称	牵头单位	负责老师	参与建设学校
1	计算概论	哈尔滨工业大学	战德臣	北京大学、北京理工大学、上海交通大学、西安交通大学、北京邮电大学、中国科学院大学、中国科学技术大学、武汉大学、西北工业大学、东南大学、湖南大学
2	数据结构	上海交通大学	俞勇	北京大学、清华大学、哈尔滨工业大学、浙江大学、电子科技大学、吉林大学、北京交通大学、天津大学、复旦大学、北京理工大学、重庆大学
3	算法设计与分析	北京大学	汪小林	北京航空航天大学、哈尔滨工业大学、上海交通大学、南京大学、浙江大学、同济大学、武汉大学、中国人民大学、北京交通大学、天津大学、山东大学、华东师范大学
4	离散数学	北京大学	王捍贫	清华大学、北京航空航天大学、北京理工大学、哈尔滨工业大学、上海交通大学、南京大学、电子科技大学、吉林大学、中国科学技术大学、武汉大学、复旦大学、中山大学、华南理工大学
5	计算机系统导论	南京大学	袁春风	北京大学、清华大学、哈尔滨工业大学、上海交通大学、浙江大学、国防科技大学、中国科学技术大学、武汉大学、西北工业大学、中国人民大学、天津大学、山东大学、湖南大学
6	操作系统	北京大学	陈向群	清华大学、北京航空航天大学、北京理工大学、哈尔滨工业大学、上海交通大学、浙江大学、华中科技大学、电子科技大学、国防科技大学、北京邮电大学、中国科学院大学、武汉大学、中南大学、山东大学、中山大学
7	计算机组成与系统结构	清华大学	刘卫东	北京大学、北京航空航天大学、哈尔滨工业大学、南京大学、浙江大学、华中科技大学、电子科技大学、国防科技大学、中国科学院大学、同济大学、武汉大学、西北工业大学、天津大学、东南大学、中山大学
8	编译原理	北京航空航天大学	张莉	北京大学、清华大学、北京理工大学、哈尔滨工业大学、南京大学、电子科技大学、国防科技大学、中国科学技术大学、武汉大学、中南大学、大连理工大学、华东师范大学、山东大学
9	计算机网络	清华大学	吴建平	北京大学、北京航空航天大学、哈尔滨工业大学、上海交通大学、西安交通大学、北京邮电大学、吉林大学、西安电子科技大学、天津大学、大连理工大学、东南大学、山东大学、华南理工大学

续表

序号	课程名称	牵头单位	负责老师	参与建设学校
10	数据库系统	中国人民大学	杜小勇	北京大学、清华大学、哈尔滨工业大学、浙江大学、中国科学技术大学、武汉大学、西北工业大学、西安电子科技大学、北京交通大学、华东师范大学、东南大学、山东大学、中山大学
11	软件工程	国防科技大学	毛新军	北京大学、清华大学、北京航空航天大学、哈尔滨工业大学、上海交通大学、浙江大学、武汉大学、西安电子科技大学、中国人民大学、复旦大学、湖南大学、重庆大学
12	人工智能引论	浙江大学	吴飞	北京大学、清华大学、北京理工大学、哈尔滨工业大学、上海交通大学、华中科技大学、电子科技大学、西安交通大学、同济大学、武汉大学、西安电子科技大学、中国人民大学、复旦大学、湖南大学

课程建设的年度工作任务安排如下：

- 2022 年：① 将每门课程分解成 50 个左右的关键知识点，完成每个知识点和具体讲授方式的整理；② 为每个知识点撰写详细的教学内容，着重于教学手段与教学方法改进；③ 形成基本完整的知识点和教学手册；④ 在课程建设的同时，组织开展对应的教材撰写和课程实践平台建设。
- 2023 年：① 在工作组的 33 所高校进行试用，经过反馈迭代形成定稿的教学手册；② 完成课程对应教材的撰写工作；③ 完成课程实践平台建设。

5.4　教材建设

"101 计划"核心课程教材编写的总体目标为充分借鉴国际先进课程与教材建设资源和经验，汇聚国内计算机领域具有丰富教学经验与学术水平的教师，成立本土化核心课程建设及教材写作团队，用两年时间为每门课程打造 1~3 本"世界一流、中国特色、101 风格"的精品教材，在思政元素的原创性、知识体系的系统性、融合出版的创新性、能力提升的导向性、产学协同的实践性方面体现优势。

- 思政元素的原创性：系列教材将积极贯彻《习近平新时代中国特色社会主义思想进课程教材指南》，主动融入课程思政元素，内容编写体现爱国精神、科学精神和创新精神，强化历史思维和工程思维，落实立德树人根本任务。
- 知识体系的系统性：教材建设将通过计算机科学与技术专业发展的战略研究，构建专业课程体系知识图谱，系统规划 12 门核心课程教材的主要内容，为构建高质量教材体系提供路径示范。
- 融合出版的创新性：系列教材将规划"新形态教材＋网络资源＋实践平台＋教案库＋案例库"等立体呈现，推动纸质教材与数字教学资源的有机融合，拓展教材的呈现空间，适应专业知识的快速更新。

- 能力提升的导向性：教材和教案是教师通过课堂教学培养人才的主要剧本,课程是人才培养的核心要素。系列教材与配套教案将以提升专业教师教学能力为导向,借助虚拟教研室组织形式、导教班培训方式等,推进专业教师在教学理念、教学内容和教学手段方面的有效提升。
- 产学协同的实践性：系列教材将遴选一批领军企业参与,为教材编写提供前沿技术和行业典型案例素材,为教材编写注入新活力,为教材的实验环节提供技术支持。

工作方式："101 计划"核心课程教材计划由高等教育出版社牵头,机械工业出版社、清华大学出版社、北京大学出版社参与,共同完成系列教材出版任务,教材与教师课堂教案同步推进,使用"新形态教材 + 网络资源 + 实践平台 + 教案库 + 案例库"立体呈现,形成"活"的核心课程生态。

整体的工作计划如下：
- 2022 年第一季度,确定 12 门课程的教材出版规划,确定出版方案。
- 2022 年第二季度,各课程建设组落实教材编写和资源建设任务,其中包括配套精彩教案的交流。
- 2022 年下半年和 2023 年上半年,完成教材初版,组织试读使用以及专家审稿,征集教材修订意见。
- 2023 年 6 月份,将教材定稿交付到出版社。
- 2023 年底,教材正式出版。

5.5 课堂提升

经过各成员单位推荐,成立了由 300 余位专家组成的课堂提升组,各单位确定了课堂提升负责人,具体负责课堂提升的各项具体任务：
- 现场观察：由秘书处组织、各成员单位负责完成相关课程的现场观察。
- 教学研讨：由成员单位轮流组织关于教学研讨的会议和活动。
- 教师培训：组织专家团队对听课专家和教师进行培训。

通过 2022 年春季学期的课堂观察,共有 207 位老师(415 人次)进行了 117 门课的 210 场听课活动,共完成了 412 份听课记录表。由于疫情影响,大部分课堂观察活动在线上进行,虽然在一定程度上影响了课堂观察的效果,但是课堂提升组的专家依然克服了重重困难,积极参与课堂观察与分组研讨,圆满完成了第一个学期的课堂观察任务。

5.6 小结

"101 计划"的目标是以计算机专业的核心课程体系为抓手,研究探索从课程体系建设、教材建设、课堂提升、实践平台等方面全面提升高校计算机教育教学水平的方式和方法。本书主要包括在"101 计划"建设过程中形成的 12 门课程知识点体系,一方面可以作为后续计划建设活动的参考,另一方面也会在计划建设过程进一步修订和完善。

"101 计划"是一个探索性的计划,期望通过两年的探索,形成一套行之有效的教育教学改革机制和实践方案,然后将探索得到的经验从入选拔尖计划 2.0 计算机科学基地的 33 所高校向全国高校进行推广;并且期望从计算机专业得到的教育教学改革实践经验,也可以作为其他专业进行教育教学改革的借鉴。

高等学校计算机科学与技术专业核心课程体系

第 2 部分包括计算机科学与技术专业的 12 门核心课程及其知识体系，从课程定位、课程目标、课程设计、课程知识点和课程英文摘要 5 个方面对每一门课程进行描述，明确了计算机科学与技术专业的核心教学内容及专业建设内涵。12 门核心课程名称如下：

- 计算概论
- 数据结构
- 算法设计与分析
- 离散数学
- 计算机系统导论
- 操作系统
- 计算机组成与系统结构
- 编译原理
- 计算机网络
- 数据库系统
- 软件工程
- 人工智能引论

计算概论 (Introduction to Computing)

一、计算概论课程定位

计算概论,又可称为计算机科学导论、计算思维导论、计算思维与计算系统导论等,是计算机类专业的一门纲领性课程,是面向大学一年级学生开设的第一门专业核心课程。它强调培养学生的科学与工程思维——计算思维,从思维层面理解完整的计算系统,培养学生的系统观、大思维观。本课程既不是计算机基础知识与相关术语的堆积,也不是各门核心课程绪论的堆积,更不是简单的计算机语言程序设计,而是强调将学生领进计算之门的"导"。课程不仅聚焦问题求解思维(程序思维与算法思维),还包含互联网+思维、大数据思维和人工智能+思维等,强调计算思维对学生未来创新思维的促进作用,强调提升学生基于计算系统理解真实世界的能力。

二、计算概论课程目标

培养学生的科学与工程思维——计算思维(包括计算+思维、互联网+思维、大数据思维和人工智能+思维),促进学生从思维层面深入理解计算与计算机的本质,理解计算系统的构成与特征,理解问题求解与算法思维,理解数据处理、机器网络、机器智能的本质,理解大数据计算、互联网思维、人工智能对社会发展的影响和促进作用,理解计算学科的研究对象、研究方法及核心课程体系,为学生今后深入学习设计、构造和应用各种计算系统求解学科问题奠定思维基础。

三、计算概论课程设计

课程强调从思维层面理解完整的计算系统,进而理解计算学科对社会发展的促进作用。课程从"计算"开始,讲解计算与计算机的本质——"符号化—计算化—自动化思维"、编码与存储思维、程序与递归思维;进一步讲解"机器自动计算"的系统思维,理解程序是如何被机器自动执行的,理解通用计算系统由硬件到软件、由单机系统到并行分布系统再到云计算系统的演化;然后讲解利用计算手段求解社会/自然问题的算法思维,强调算法思维的本质包括枚举、计算、验证和优化等特征,精确解算法的优化思路是减少无效计算量,而难解性问题求解算法的优化思路是求近似解以降低枚举空间;在此基础上,进一步讲解计算与社会的融合思维,理解机器网络、信息网络和网络化社会的形成机理、计算模式与社会影响(互联网+思维),理解数据管理与数据处理的基本手段,理解数据库和大数据的计算模式与社会

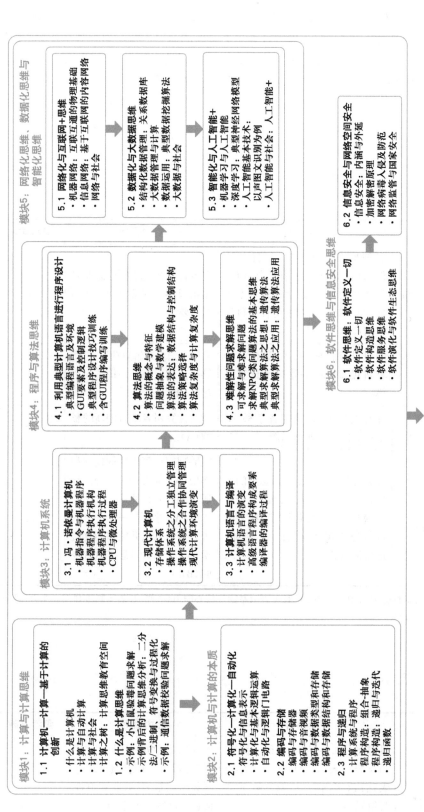

模块5：网络化思维、数据化思维与智能化思维

5.1 网络化与互联网+思维：互联互通的物理基础
- 机器网络：互联网的物理基础
- 信息网络：基于互联网内的内容网络
- 网络与社会

5.2 数据化与大数据思维
- 结构化数据管理：关系类数据库
- 大数据管理与计算
- 数据运用：典型数据挖掘算法
- 大数据与社会

5.3 智能化与人工智能+
- 机器学习与人工智能：深度学习：典型神经网络模型
- 人工智能应用：以声图文识别为例
- 人工智能与社会：人工智能+

模块4：程序与算法思维

4.1 利用典型计算机语言进行程序设计
- 典型编程语言及环境
- GUI要素与控制逻辑
- 典型程序设计技巧训练
- 含GUI程序编写训练

4.2 算法思维
- 问题的概念与表达：算法的概念与特征
- 问题抽象与数学建模
- 算法设计与数据结构
- 算法策略选择
- 算法复杂度与计算思维

4.3 难解性问题求解与理解思维
- 可求解与难求解问题
- 求解NPC类问题算法的基本思维：遗传算法
- 典型求解算法之思想：数据结构与控制结构
- 典型求解算法之应用：遗传演化与软件生态复杂度

模块3：计算机系统

3.1 冯·诺依曼型计算机
- 机器指令序列执行机构
- 机器程序序执行过程
- CPU与微处理器

3.2 现代计算机
- 存储体系
- 操作系统之分工独立管理
- 操作系统之合作协同管理
- 现代计算机计算环境演变

3.3 计算机语言与编译
- 高级语言程序构成及要素
- 现代语言程序的编译过程
- 编译器程序构成与编译过程

模块6：软件思维与信息安全思维

6.1 软件思维：软件定义一切
- 软件定义一切
- 软件构造思维
- 软件服务思维
- 软件演化与软件生态思维

6.2 信息安全与网络空间安全
- 信息安全：内涵与外延
- 加密解密原理
- 网络病毒入侵及防范
- 网络监管与国家安全

模块7：学科与专业

7.1 计算机类学科及其对象与研究方法
- 基本研究问题与研究对象
- 学科划分与主要研究方向

7.2 计算机类专业课程体系及其作用
- 计算机类专业的划分及其知识结构
- 计算机类专业知识体系
- 计算机类12门专业核心课程简介

模块1：计算与计算思维

1.1 计算机—计算—基于计算机的创新
- 什么是计算机
- 计算与自动计算
- 计算与社会
- 计算之树：计算思维教育空间

1.2 什么是计算思维
- 示例：小白鼠验毒问题求解
- 示例问题背后的计算思维分析：二分法二进制，符号变换与过程求解
- 示例：通信数据校验问题求解
- 示例：通信数据校验问题求解

模块2：计算机与计算的本质

2.1 符号化—计算化—自动化
- 符号化与信息表示
- 符号化与基本逻辑运算
- 自动化与基本逻辑门电路

2.2 编码与存储
- 编码与存储器
- 编码与音视频
- 编码与数据类型和存储
- 编码与数据结构和存储

2.3 程序与程序
- 程序与自动化
- 程序构造：组合—抽象
- 程序构造：递归与迭代
- 递归函数

图2-1 计算概论课程知识模块关系图

影响(大数据思维),理解机器如何具有学习能力的思维模式,了解人工智能的技术发展(人工智能+思维),理解软件思维与安全思维,理解计算机类学科的研究对象与研究方法及核心课程体系,从而为学生今后深入学习设计、构造和应用各种计算系统求解学科问题奠定思维基础。

本课程包含 7 个知识模块,主要模块之间的关系如图 2-1 所示。

四、计算概论课程知识点

模块 1:计算与计算思维(Computing and Computational Thinking)

知识点	主要内容	能力目标	参考学时
1. 计算与自动计算 (Computing and Automatic Computing)	多种形态的计算机;硬件与软件;计算机的发展;什么是计算,怎样自动计算,自动计算基本要素;自动计算的探索历程与科学家精神	了解计算机的不同形态及基本组成(A);理解自动计算的基本要素(A)	1
2. 计算机模型 (Computer Model)	图灵计算机模型;冯·诺依曼计算机模型;非冯·诺依曼计算机模型	从研究角度理解自动计算,能够运用图灵机模型构造一个计算(B)	1
3. 计算与社会 (Computing and Society)	计算的发展,计算与各学科,基于计算的创新典型示例	理解计算对各学科创新的影响(A)	0.5
4. 计算思维 (Computational Thinking)	什么是计算思维;计算思维的作用;二分法与二进制;编码;符号变换思维;过程化思维;典型的计算思维包括哪些;十六进制;进位制及转换	能够理解计算思维的概念和作用(A);能够理解二分法和通过编码并行使用二分法的思维(A);掌握二—十—十六进制表示方法并能够相互转换(A);了解计算思维教育空间(B)	1.5

说明:知识点的能力目标分为 A、B、C 三级,其中 A 表示基础和核心能力(必修),B 表示高级和综合能力(限选),C 表示扩展和前沿能力(选修)。

模块 2:计算机与计算的本质(The Essence of Computer and Computing)

知识点	主要内容	能力目标	参考学时
1. 符号化与信息表示 (Symbolization and Information Representation)	机器数:机器字长、原码、补码;西文符号表达:ASCII;中文符号表达:汉字内码;图像的数字化与编码:位图	理解万事万物都可用"0""1"表达:数值性信息通过二进制和机器数表达,非数值性信息通过编码表达(A)	1

续表

知识点	主要内容	能力目标	参考学时
2. 计算化与基本逻辑运算（Calculation and Basic Logic Operation）	基本逻辑运算（与、或、非、异或、位运算）；利用基本逻辑运算实现加法；利用补码将减法变为加法来实现；乘法器（加法、移位的组合）；布尔代数简介	体验用逻辑实现典型运算（A）；理解利用补码将减法转变为加法实现的原理（A）；理解计算化就是变换，变换的基本手段就是逻辑与组合（A）	1
3. 自动化与逻辑门电路（Automation and Logic Gate Circuit）	"0""1"与电信号，逻辑门电路（与、或、非、异或、位运算）及其符号表达，利用基本门电路的组合实现复杂的逻辑电路（如一位加法器、多位加法器、4-10译码器）；集成电路与大规模/超大规模集成电路；摩尔定律；体验符号化—计算化—自动化的过程	理解门电路实现逻辑运算的过程（A）；运用门电路及组合，体验加法器乃至运算器（算术逻辑部件）的基本实现思维，本质还是逻辑（B）	1
4. 编码、数据类型与存储器（Encoding, Data Type and Memory）	存储器；存储单元与地址；地址编码与存储单元数量；字长；地址行列译码与地址控制、存储矩阵；存储器的扩展与地址编码；数据类型—编码—存储器的关系；整数类型与存储；浮点类型；浮点数精度、范围与机器字长、编码的关系；溢出；IEEE标准浮点格式；字符编码及其存储	理解存储器的作用，理解地址编码与地址控制，分析存储扩展中的地址编码（A）；了解整数、浮点数据类型及其存储，解释整数溢出与浮点计算精度问题（A）；理解数据结构与字节编码的关系（B）	1
5. 编码与音视频（Audio/Video and Encoding）	等长编码；不等长编码（哈夫曼编码）；数据量化采样与二进制编码；音频编码；图像编码；无损压缩编码；有损压缩编码；信息熵	理解采样—量化—编码过程（A）；运用采样原理评估采样质量（B）；理解图像编码与压缩编码（B）；运用概率与编码的关系设计编码（A）；了解音视频编码发展前沿（C）	1
6. 计算系统与程序构造（Computing System and Program Construction）	计算系统由逻辑运算到算术运算，再到各种复杂计算的抽象与构造思维；计算系统的构成：基本动作、指令、程序执行机构和程序；利用运算组合式，通过嵌套组合和命名抽象来构造程序：嵌套组合、命名计算对象、命名运算符（新函数）；程序执行机构：替换—执行机制	理解计算系统的概念性构成，重点是理解程序执行机构的功能和作用（A）；理解程序构造原理，理解组合（嵌套）与抽象（命名），理解程序的构造—替换—执行机理（A）	1

续表

知识点	主要内容	能力目标	参考学时
7. 程序构造与递归函数（Recursive Function for Program Construction）	典型递归函数；带有重复性的自相似计算结构；迭代（时间层叠）与递归（空间层叠）；用递归定义（表达），用递归构造；机器完成递归／迭代计算的两种机制：函数与堆栈机制和循环机制；原始递归函数，起点（初始函数、后继函数、投影函数）；复合函数：构造新函数的手段；原始递归（递归步骤）：构造一系列函数的手段；递归函数与计算机	理解递归是表达无限多自相似组合的表达手段，模拟机器体验典型递归函数进行计算的过程（A）；体验机器完成递归／迭代计算的两种机制：函数与堆栈机制和循环机制（A）；初步理解递归函数，理解递归函数是构造一系列函数的手段，理解递归函数与计算机的关系（C）	1

模块 3：计算机系统（Computer System）

知识点	主要内容	能力目标	参考学时
1. 机器指令与机器程序（Machine Instructions and Machine Programs）	机器指令：操作码和地址码，直接寻址和间接寻址（扩展）；数据寄存器和存储器；机器级算法转换为机器程序；机器程序和数据在存储器中的存储	体验机器指令与机器程序（A）	1
2. 机器程序执行机构与执行过程（Machine and Process for Executing Machine Program）	冯·诺依曼计算机：运算器、控制器、存储器；机器指令的执行过程模拟；指令的信号分解与节拍控制；取指令和执行指令；PC 控制程序执行顺序	理解 CPU 的基本构成及与存储器的关系（A）；体验机器程序执行过程（A）	1.5
3. CPU 与微处理器（CPU and Microprocessor）	CPU 与微处理器；多核微处理器；（扩展）指令／数据的预取与多级 Cache；典型的国产微处理器简介（如鲲鹏、升腾等）	理解微处理器可包括多个 CPU，可并行执行程序（B）	0.5
4. 存储体系与计算环境（Memory/Storage System and Computing Environment）	内存—按地址访问；外存—按磁盘块访问；外存—内存—CPU 存储体系—多性能资源组合运用以空间换时间达成不同资源的匹配运行；存储体系的自动化管理者——操作系统；外存—内存—多级 Cache—CPU（扩展）；各级存储访问时间的差异；程序局部性原理；单 CPU 单存储（单机）；多 CPU 多存储（并行—分布）；大数量 CPU 与大数量存储（虚拟化）；IAAS—PAAS—SAAS—云计算与云服务；典型的国产操作系统简介（如 OpenEuler）	理解多性能资源组合优化运用的基本思想（A）；理解自动化管理存储体系的问题及解决思路（A）；能理解现代计算环境，尤其是云计算环境（C）	1

续表

知识点	主要内容	能力目标	参考学时
5. 操作系统：管理存储体系与计算环境（Operating System：Management and Coordination of Memory/Storage Systems and Computing Environments）	操作系统如何独立地管理各类计算资源；以一类资源为例（如外存管理）理解操作系统管理资源的思路，即化整为零如何实现——FAT表—文件夹—磁盘块的作用；概述其他类资源的管理问题（如内存管理、CPU管理）；操作系统如何通过合作协同管理实现外存中的程序被装载入内存，进而被CPU执行的过程；进程；线程；进程与线程的区别	理解化整为零的管理思想及其基本实现方案，进而能理解典型操作系统在外存管理方面的差异（A）；能表述相关的合作协同过程及主要解决的问题（A）；思维层面而非程序细节层面理解进程和线程的差别（A）	2
6. 计算机语言的演变（Evolution of Computer Language）	高级语言：源程序、编译程序、目标程序；汇编语言：源程序、汇编程序；机器语言：机器程序；分层（高级—汇编—机器）、抽象（计算机语言）与自动化（编译器和汇编器）机制；计算机语言的发展与提出新语言；编程效率与执行效率	理解计算机语言是如何发展起来的以及怎样才能提出新的计算机语言：语言的表达与编译器（A）	0.5
7. 高级语言程序构成要素（Basic Elements of High Level Language Program）	常量与变量；算术表达式、比较表达式与逻辑表达式；赋值语句；分支控制与循环控制语句；函数的定义与函数的调用；不同高级语言对程序要素的表达方式比较；典型程序设计示例	能够理解高级语言程序构成要素，能够用典型语言编写一般性的程序（A）	2
8. 计算机语言的编译器（Compiler for Computer Language）	简单高级语言语句编译成汇编指令的过程示意：语言要素（不变的保留字与可变的标识符）；语句模式的识别；基本语句的模式化指令构造；指令次序调整与标识符到存储单元的映射	能够通过简单语句编译过程示意，理解高级语言程序编译成汇编语句的典型思维（C）	0.5

模块4：程序与算法思维（Program and Algorithms Thinking）

知识点	主要内容	能力目标	参考学时
1. 典型编程语言及编程环境（Typical Programming Language and Programming Environment）	典型编程语言语法表达；典型编程环境（安装、配置、使用）；类库资源及程序调用方法；程序编写、调试与运行；图形用户界面（GUI）；GUI组成要素：窗口、各类控件（标签、文本框、按钮等）；各类控件的属性控制（界面形式控制及与程序对控件的读写控制）；控件的事件及事件驱动程序；消息循环	能够安装典型编程环境，能够运用典型高级语言编程与调试程序（A）；理解API、GUI相关API，以及程序类库对API的封装（A）；理解事件与事件驱动程序（A）；理解应用程序到窗口到控件的消息传递机制与消息循环（C）	1

续表

知识点	主要内容	能力目标	参考学时
2. 典型程序设计技巧训练（Typical Programming Skills）	典型程序设计示例：体验循环、多重循环、函数等的运用技巧；典型示例如"猴子选大王"	能够综合运用程序要素完成问题求解程序的编写（A）	2
3. 含 GUI 程序编写训练（Programming Including GUI）	典型含 GUI 的大程序设计示例：图形界面输入输出，数据结构应用，程序逻辑控制，人机键盘交互和鼠标交互，函数定义和调用；典型示例如"纸牌 24 点计算游戏""数独游戏""跳马游戏"等	能够编写含 GUI 的典型程序，体验界面的呈现、人机交互和基本算法的应用（B）	2
4. 算法的概念、特征与表达（Concept, Characteristics and Expression of Algorithm）	算法的定义；算法的 5 大特征：有穷性、确定性、输入、输出、能行性；数据结构（数据的逻辑结构与存储结构）；控制结构的种类：顺序、分支、循环；控制结构描述方法：流程图和伪代码	理解算法，尤其是算法的能行性含义（A）；能够用典型数据结构表达数据，用流程图表达典型算法（A）	1
5. 问题抽象、数学建模与算法策略（Problem Abstraction, Mathematical Modeling and Algorithm Strategy）	问题抽象的概念与方法；数学建模的四要素：输入、输出、约束、目标；典型问题建模示例，如"最大子序列和"问题；算法策略的目标——减少非必要计算；几种典型算法策略介绍；算法策略选择示例：用多种不同算法策略求解同一典型问题示例，以反映算法复杂度的变化，例如由 $O(n^3)$ 降为 $O(n^2)$，再降为 $O(n*\log n)$，再降为 $O(n)$ 等；典型示例如"最大子序列和"问题	理解问题数学建模的思路和方向（A）；理解算法策略选择对问题求解的重要性（A）；理解算法的设计方向之一是去掉无效计算量（A）	2
6. 算法复杂度与计算复杂度（Algorithm Complexity and Computational Complexity）	算法复杂度；计算复杂度；求解典型问题的不同算法的算法复杂度分析，该典型问题的计算复杂度；典型示例"最大子序列和"问题求解的算法复杂度分析和计算复杂度分析	理解算法复杂度是衡量算法执行时间与所需存储空间的方法（A）；理解不同算法复杂度时间量级上的差异（B）	1
7. 可求解与难求解问题（Solvable and Hard-Solvable Problem）	计算复杂度；问题的划分：P 类问题、NP 类问题、NPC 类问题；NPC 类问题难以求解的内在原因分析；关于解的概念：可能解、可行解、近似解、满意解、精确解；穷举法求解 NPC 问题的不可行性；以组合与随机为基础的 NPC 类问题求解思维	能够结合典型问题，理解 P 类问题、NP 类问题和 NPC 类问题（A）；理解 NPC 类问题求解的基本思想（A）	1

续表

知识点	主要内容	能力目标	参考学时
8. 典型求解算法之思想—遗传算法（Ideas of a Typical Algorithm for NP-Hard Problems，Such as Genetic Algorithm）	类比生物遗传与进化过程，理解典型求解算法—遗传算法：初始解集，复制、交叉、变异等产生新可能解的手段，适应度的概念和用途，遗传算法的基本框架；用遗传算法求解典型问题的完整示例；典型问题示例如集合覆盖问题；面向典型问题求解的遗传算法设计技巧（如解的编码设计，交叉、变异组合策略设计，随机性设计，终止条件设计等）	理解一种典型的 NPC 类问题求解算法框架（A）	1

模块 5：网络化思维、数据化思维与智能化思维（Internet+，Big Data，and AI Related Thinking）

知识点	主要内容	能力目标	参考学时
1. 机器网络：互联互通的物理基础（Computer Network：The Physical Foundation of Interconnection）	分层—协议—广义编解码器——一种抽象与自动化机制；网络通信、局域网、广域网、互联网、因特网、物联网的典型特征、关键设备及信息传输与控制机制	理解分层—协议—广义编解码器是不同于计算机语言——编译器的另一种抽象与自动化机制（A）；理解不同类型网络的构建原理（A）；理解信息经不同层次协议 / 设备传输的封装与解封过程以及不同层次设备及其地址的作用（C）	1
2. 信息网络：基于互联网的内容网络（Information Network：Internet Based Content Network）	标记语言——内容网络构建基础；标记语言及其解析器 / 执行器；超文本标记语言与浏览器及搜索引擎；互联网思维（Web1.0：信息共享，Web2.0：互动，Web3.0：去中心化）；互联网思维示例：用户创造内容、平台即服务	理解并能运用标记语言（A）；理解典型的互联网思维（A）	1
3. 网络与社会（Internet+ and Society）	未来互联网：物联网、知识网、社交网和服务网；社会 / 自然网络与互联网融合的信息物理融合网络；互联网 + 思维：各行各业基于互联网的创新思维；网络问题抽象与研究方法；互联网对社会的影响	理解互联网的未来形态变化（A）；理解互联网 + 创新思维（A）；理解网络问题的抽象与基于图的典型研究方法（C）	1

续表

知识点	主要内容	能力目标	参考学时
4. 结构化数据管理：关系数据库（Structured Data Management：Relational Database）	结构化数据管理—关系数据库的基本思维：表／关系；关系操作与典型 SQL 语句（SELECT–FROM–WHERE）；典型 SQL 语句（SELECT FROM–WHERE）的应用；数据库、数据库管理系统、数据库系统的关系	理解数据库管理系统的基本思维（A）；能够运用数据库语言表达基本的查询需求（A）；进一步使学生理解"抽象、理论和设计"等学科基本的研究方法（C）	1
5. 大数据管理与计算（Big Data Management and Computing）	大数据的产生、特征及重要性；存储与管理：分布式管理和半结构化非结构化数据管理；大数据处理方法（如 MapReduce 等）；典型的大数据思维：非全局、非因果等	理解大数据的基本管理模式，理解大数据的基本计算模式等（A）；理解大数据的运用思维（A）	1
6. 大数据与社会（Big Data and Society）	以典型示例介绍一种数据挖掘算法，以呈现数据运用的价值；典型示例如超市数据、Web 数据等；典型算法如关联规则挖掘算法；以典型示例理解大数据对社会的影响；典型示例如生物基因大数据、疫情流调大数据、互联网新闻大数据、社交网络大数据等	理解大数据是可以深度挖掘其价值的（A）；既要理解大数据对社会的深刻影响，也要理解大数据运用、管理和隐私保护的关系（A）	1
7. 机器学习与人工智能（Machine Learning and Artificial Intelligence）	机器学习，机器学习过程及其中的概念：样本与标签、模型与参数、训练、验证与测试，线性回归与逻辑回归等；分类问题与聚类问题；监督学习、无监督学习和强化学习；深度学习—机器学习—人工智能之关系，人工智能的内涵与外延（计算智能、感知智能、认知智能；基于符号推理的智能、基于大数据的智能；类脑智能与脑机接口等）	理解"机器是怎样学习的"基本思维，进而理解分类与聚类，有监督学习、无监督学习和强化学习（A）	1
8. 深度学习：典型神经网络模型（A Typical Neural Network Model for Deep Learning）	生物神经元与人工神经元；多层感知器；非线性激活函数、前向传播与反向传播；卷积的概念与计算过程；卷积的运用示例；卷积神经网络的基本结构与工作过程；输入层、卷积层、池化层、分类层的内涵；时序建模使用的循环神经网络与注意力机制模型	理解"深度神经网络是怎样学习的"基本思维（A）	1

续表

知识点	主要内容	能力目标	参考学时
9．人工智能与社会（Artificial Intelligence and Society）	以示例介绍自然语言处理、语音识别、文字识别、图像识别、视频识别的基本任务、典型思维及应用场景；以典型示例介绍人工智能+，典型示例如智能交通、智能家居、智能城市等；人工智能和社会的关系	了解人工智能的相关技术（A）；了解智能+，引导学生从伦理的角度思考人工智能对社会的正反作用，建立正确的"智能+"思维（A）	1

模块6：软件思维与信息安全思维（Software Thinking and Information Security Thinking）

知识点	主要内容	能力目标	参考学时
1．软件定义一切与软件服务思维（Software-Defined Everything and Software as a Service）	软硬件逻辑等效性（软件灵活性、兼容性、可移植性）；系统软件与应用软件；人—机—物三元融合泛在系统；软件化与软件基础设施化；服务计算与软件服务化；平台即服务（PaaS）和软件即服务（SaaS）；以用户为中心的设计思维	理解计算机系统中软硬件关系（A）；了解三元融合的发展趋势，建立应用软件解决社会问题的思维（C）；理解软件的服务化本质（A）；能够从用户需求和软件价值的视角理解软件服务思维（A）	1.5
2．软件构造与软件生态思维（Software Construction and Software Ecosystem Thinking）	软件系统和软件工程；软件系统架构；结构化软件设计；对象化软件设计；软件过程和生命周期；软件开发质量与效率；软件的工程化管理与经济思维；软件网络化（从分布式对象到"云化"软件）；软件平台化；群智化开发与开源思维；软件生态化；智能化软件工程	理解软件设计与软件系统架构之间的关联关系（A）；理解互联网环境下软件的支撑平台和形态的演变（A）；理解系统性构造软件的思维（A）；理解面向过程的软件演化思维（A）；理解成本效益估算为核心的经济思维（C）；了解群智化开发与开源思维（A）；了解生态思维与智能化软件工程（C）	1.5
3．加密解密（Encryption and Decryption）	加密/解密基本模型；加解密的基本思维模式：密钥，同密钥变换（对称密钥），双密钥（非对称密钥—公钥与私钥）；防篡改与数字签名的基本思维，机密性、完整性保护等网络环境密码应用的典型场景	理解加密解密基本原理，理解加解密的典型思维模式（A）	1

续表

知识点	主要内容	能力目标	参考学时
4. 网络安全威胁及防范（Network Security Threats and Prevention）	典型网络病毒的攻击机理及防范措施；典型网络入侵的机理及防范措施；黑客文化与系统安全	理解几种典型的网络病毒/网络入侵模式（A）；掌握防范恶意软件和系统入侵的基本原理，建立信息安全防范意识（A）	1
5. 网络监管与国家安全（Network Supervision and National Security）	信息的安全属性：机密性、完整性、可用性、可控性、不可否认性；信息安全与网络安全的关系；由通信安全到信息安全到网络空间安全的安全观；安全威胁、安全服务和安全机制、安全保障的概念；网络安全与国家安全的关系；网络空间主权：管辖权、独立权、防卫权和平等权；社会工程学与防范电信诈骗；网络安全法律法规：义务与责任；网络监管与网络空间治理	理解信息安全的内涵与外延，理解信息安全观（A）；理解信息安全、信息安全保障到网络空间安全保障的安全思维发展（A）；理解网络安全与国家安全的关系，建立网络空间安全法律意识，建立自觉维护国家空间主权的意识（A）	1

模块 7：学科与专业（Disciplines and Specialties）

知识点	主要内容	能力目标	参考学时
1. 基本研究问题与研究对象（Basic Research Problems and Research Objects）	计算系统与计算过程的正确性、有效性、实用性；格雷 12 问题；三类研究对象与领域：计算机理论，研究抽象计算机的能力与局限；计算机系统，研究真实计算机的构造与特征；计算机应用，研究科学计算、企业计算、个人计算三大类应用及其基准；网络智能应用系统的历史进步、当前水平与未来趋势	能够理解学科的基本研究问题，激励学生探索学科本质、探索未知、勇于创新（A）	1.5
2. 学科划分与主要研究方向（Discipline Division and Main Research Directions）	学科研究方法的三大特色：以比特精准的正确性为特征的逻辑思维，复杂度驱动的算法思维，以抽象栈为特征的量化体系结构系统思维；计算机类学科进化树；计算机系统结构、计算机软件与理论、计算机应用技术、软件工程、人工智能等学科的研究内容及其面临的典型挑战，如智能问题的可计算性与复杂度、人机物融合的智能万物互联、高效体系结构设计、自主软件设计及生态建设、新型计算机（如生物计算机、量子计算机等）	理解国家关于计算机、软件工程、人工智能学科划分及各学科典型研究方向与发展（A）	1.5

续表

知识点	主要内容	能力目标	参考学时
3. 计算机类专业划分及其知识结构（Division of Computing Related Specialties and Its Knowledge Structure）	计算机类专业的划分：计算机科学、计算机工程、软件工程、信息技术、信息系统、人工智能；高校的计算机类专业划分；各专业的知识结构特点	了解计算机类各专业划分及知识结构（A）	1
4. 计算机类专业知识体系（Curriculum System of Computer Related Specialties）	计算机数学理论类知识体系；计算机硬件类知识体系；计算机软件类知识体系；人工智能类知识体系；软件工程类知识体系；以计算机科学与技术和软件工程两个专业为例，介绍知识体系指导下的课程体系与专业能力要求；简介计算机类12门专业核心课程	了解计算机类各专业知识体系，以及知识体系指导下的课程体系，明确专业所需要的基本能力（A）；了解计算机类专业12门核心课程（A）	1

五、计算概论课程英文摘要

1. Introduction

Introduction to Computing, also known as Introduction to Computer Science, Introduction to Computational Thinking, etc, is a thinking–training course for computer related majors, and is also the first professional core course for freshmen. The course seeks to cultivate students' scientific and engineering thinking–Computational Thinking, which includes Computing+、Internet+、Big Data and AI+ related thinking. The course starts from "what is computing", and then guides students to understand the essential thinking of computing and computer, such as "Symbolization (Abstraction), Calculation and Automation", "Encoding and Memory", "Program and Recursion", furthermore guides students to understand "How are machine programs executed", "How to execute programs under the coordination of Operating System in complex computing environment", "How are high–level language programs compiled and executed", then guides students to understand how to solve problems by the algorithm, the internet and Internet+, Big data and AI related thinking. Finally, the computer related disciplines and core curriculum are introduced.

2. Goals

Can understand the essence of computing and computer, the composition and characteristics of computing system, and the typical computational thinking for construction of computing system and for the problem solving, can understand internet & Internet+, Big data, Machine learning & AI, and also can understand the research objects, research methods and core curriculum of computer related majors, so as to lay the thinking foundation for students to learn related courses of designing, constructing and applying various computing systems in the future.

3. Covered Topics

Modules	List of Topics	Suggested Hours
1. Computing and Computational Thinking	Computing and Automatic Computing (1), Computer Model (1), Computing and Society (0.5), Computational Thinking (1.5)	4
2. The Essence of Computer and Computing	Symbolization and Information Representation (1), Calculation and Basic Logic Operation (1), Automation and Logic Gate Circuit (1), Encoding, Data Type and Memory (1), Audio/Video and Encoding (1), Computing System and Program Construction (1), Recursive Function for Program Construction (1)	7
3. Computer System	Machine Instructions and Machine Programs (1), Machine and Process for Executing Machine Program (1.5), CPU and Microprocessor (0.5), Memory/Storage System and Computing Environment (1), Operating System: Management and Coordination of Memory/Storage Systems and Computing Environments (2), Evolution of Computer Language (0.5), Basic Elements of High Level Language Program (2), Compiler for Computer Language (0.5)	9
4. Program and Algorithms Thinking	Typical Programming Language and Programming Environment (1), Typical Programming Skills (2), Programming Including GUI (2), Concept, Characteristics and Expression of Algorithm (1), Problem Abstraction, Mathematical Modeling and Algorithm Strategy (2), Algorithm Complexity and Computational Complexity (1), Solvable and Hard-Solvable Problem (1), Ideas of a Typical Algorithm for NP-Hard Problems, Such as Genetic Algorithm (1)	11
5. Internet+, Big Data, and AI Related Thinking	Computer Network: The Physical Foundation of Interconnection (1), Information Network: Internet Based Content Network (1), Internet+and Society (1), Structured Data Management: Relational Database (1), Big Data Management and Computing (1), Big Data and Society (1), Machine Learning and Artificial Intelligence (1), A Typical Neural Network Model for Deep Learning (1), Artificial Intelligence and Society (1)	9
6. Software Thinking and Information Security Thinking	Software-Defined Everything and Software as a Service (1.5), Software Construction and Software Ecosystem Thinking (1.5), Encryption and Decryption (1), Network Security Threats and Prevention (1), Network Supervision and National Security (1)	6
7. Disciplines and Specialties	Basic Research Problems and Research Objects (1.5), Discipline Division and Main Research Directions (1.5), Division of Computing Related Specialties and Its Knowledge Structure (1), Curriculum System of Computer Related Specialties (1)	5
Total	45	51

数据结构（Data Structure）

一、数据结构课程定位

本课程是计算机类专业的核心课程之一，也是计算机类专业的基础课程。数据结构既是一门理论性很强的课程，又是一门实践性很强的课程。通过课程学习掌握问题抽象、数据抽象、算法抽象等问题分析和建模方法，具备针对实际问题选择合适的数据结构组织数据、设计高效算法、编写高质量程序的能力，提高运用计算技术有效地解决实际问题的能力。课程内容包括算法的空间复杂度和时间复杂度分析的基本方法，线性结构、树形结构、图形结构、集合等数据结构，以及排序和查找等算法的实现与分析。

二、数据结构课程目标

本课程以培养学生"灵活应用数据结构为求解经典和实际问题设计并实现正确有效的算法（工具）"的能力为主要目标，具体包括：

（1）理解数据结构的基本概念，掌握常用基本数据结构（线性结构、树形结构、图形结构及集合）的逻辑结构、存储结构及其操作实现。

（2）掌握常用的查找和排序算法，并能够理解不同算法的适用场景。

（3）能够针对实际问题进行数据对象的抽象、分析、建模，并选择、构建合适的数据结构。

（4）能够在软件开发过程中，针对特定需求综合应用数据结构、算法复杂性分析等知识设计有效算法。

三、数据结构课程设计

设计总则：本课程采用"问题引入、场景应用、拓展延伸"的方式展开，使读者能更好地理解知识点、运用知识点、拓展知识点。

模块1（基本概念）：① 阐述数据结构的重要性，介绍数据结构的定义、数据的逻辑结构及运算、存储实现。② 介绍时间复杂度的概念，算法运算量的计算，渐进时间复杂度，时间复杂度的计算，算法的优化，空间复杂度等。

模块2（线性结构）：介绍线性表、栈及队列、字符串的逻辑结构与存储实现、应用及拓展。

模块3（树形结构）：① 介绍树与二叉树的定义、性质、基本运算与存储实现，以及二叉树的遍历。介绍计算表达式、哈夫曼树与编码、树与森林等。② 介绍基于树的优先级队列（二叉堆）的存储实现、归并优先级队列及优先级队列的应用。

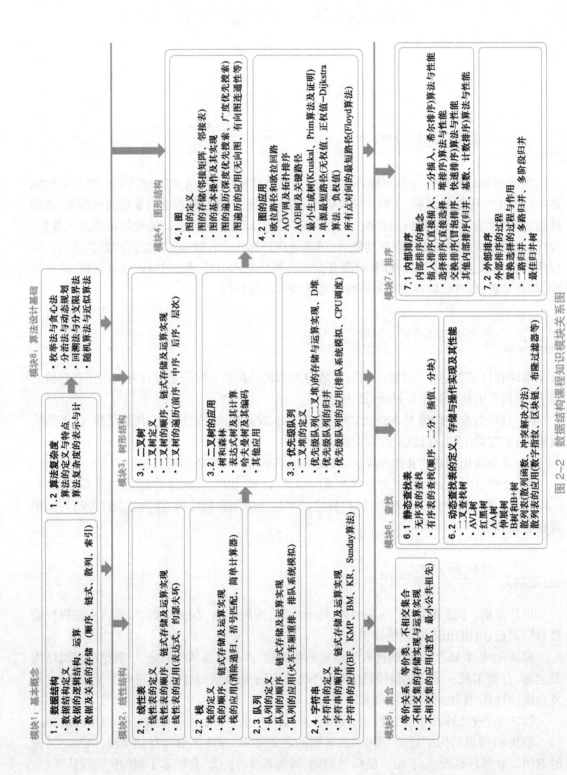

图 2-2　数据结构课程知识模块关系图

模块1：基本概念

1.1 数据结构
- 数据结构的定义、运算
- 数据的逻辑关系及存储
- 数据结构及其关系的存储（顺序、链式、散列、索引）

1.2 算法复杂度
- 算法的定义与特点
- 算法复杂度的表示与计算

模块8：算法设计基础
- 枚举法与贪心法
- 分治法与动态规划法
- 回溯法与分支限界法
- 随机算法与近似算法

模块2：线性结构

2.1 线性表
- 线性表的定义
- 线性表的顺序、链式存储及运算实现（表达式、约瑟夫环）
- 线性表的应用

2.2 栈
- 栈的定义
- 栈的顺序、链式存储及运算实现
- 栈的应用（消除递归、括号匹配、简单计算器）

2.3 队列
- 队列的定义
- 队列的顺序、链式存储及运算实现
- 队列的应用（火车车厢重排、排队系统模拟）

2.4 字符串
- 字符串的定义
- 字符串的顺序、链式存储及运算实现
- 字符串的应用（BF、KMP、BM、KR、Sunday算法）

模块3：树形结构

3.1 二叉树
- 二叉树的定义
- 二叉树的顺序、链式存储及运算实现
- 二叉树的遍历（前序、中序、后序、层次）

3.2 二叉树的应用
- 树和森林
- 表达式树及其计算
- 哈夫曼树及其编码
- 其他应用

3.3 优先级队列
- 优先级队列的定义
- 优先级队列（二叉堆）的存储与运算实现、D堆
- 优先级队列的应用（排队系统模拟、CPU调度）

模块4：图形结构

4.1 图
- 图的定义
- 图的存储（邻接矩阵、邻接表）
- 图的基本操作及其实现
- 图的遍历（深度优先搜索、广度优先搜索）
- 图遍历的应用（无向图、有向图连通性等）

4.2 图的应用
- 欧拉路径和哈密拉回路
- AOV网及拓扑排序
- AOE网及关键路径
- 最小生成树（Kruskal、Prim算法及证明）
- 单源最短路径（无权值、正权值-Dijkstra算法、负权值）
- 所有点对间的最短路径（Floyd算法）

模块5：集合
- 等价关系、等价类、不相交集合
- 不相交集的存储及运算实现
- 不相交集的应用（迷宫、最小公共祖先）

模块6：查找

6.1 静态查找表
- 无序表的查找
- 有序表的查找（顺序、二分、插值、分块）

6.2 动态查找表
- 动态查找表的定义、存储实现及其性能
- 二叉查找树
- AVL树
- 红黑树
- AA树
- 伸展树
- B树和B+树
- 散列表（散列函数、冲突解决方法、区块链、布隆过滤器等）
- 散列表的应用（数字指纹）

模块7：排序

7.1 内部排序
- 内部排序的概念
- 插入排序（直接插入、二分插入、希尔排序）算法与性能
- 选择排序（直接选择、堆排序）算法与性能
- 交换排序（冒泡排序、快速排序）算法与性能
- 其他内部排序（归并、基数、计数排序）算法与性能

7.2 外部排序
- 外部排序的过程与作用
- 置换选择排序（归并、多路归并、最佳归并树）
- 二路归并、多路归并
- 最佳归并树

模块 4(图形结构): ① 介绍图的基本概念,包括图与图的存储、图的遍历及应用。② 介绍图的应用,包括欧拉回路、拓扑排序、关键路径、最小生成树、最短路径等。

模块 5(集合): 介绍不相交集的定义、实现及应用。

模块 6(查找): ① 介绍静态查找,包括无序表的查找、有序表的查找。② 介绍动态查找,包括二叉查找树、AVL 树、红黑树、AA 树、伸展树、B 树与 B+ 树、散列(又称哈希)表及其应用等。

模块 7(排序): ① 介绍内排序,包括插入排序、选择排序、交换排序及其他排序算法。② 介绍外排序,包括置换选择、外部归并等。

模块 8(算法设计基础): 介绍一些常用算法,包括枚举法、贪心法、分治法、动态规划、回溯法、分支限界法、随机算法、近似算法等。

本课程包含 8 个知识模块,主要模块之间的关系如图 2-2 所示。

四、数据结构课程知识点

模块 1: 基本概念(Introduction)

知识点	主要内容	能力目标	参考学时
1. 数据结构及其存储实现 (Data Structures and Storage Implementation)	数据结构的定义;数据的逻辑结构及运算;存储实现(顺序存储,链接存储,散列存储,索引存储)	理解数据结构相关的基本概念(A);理解存储实现方法(A)	1
2. 算法复杂度分析及优化 (Algorithm Complexity Analysis and Optimization)	时间复杂度的概念;算法运算量的计算;渐进时间复杂度;时间复杂度的计算;算法的优化;空间复杂度	理解算法复杂度相关的基本概念(A);熟练运用渐近表达算法的时间复杂度(A)	1
3. 拓展内容(Extensions)	摊还分析;递归函数时间复杂度的计算;主定理	理解摊还分析的基本概念与分析方法,其与最坏复杂度、平均复杂度的关系(C);理解摊还分析的基本概念与分析方法,其与最坏复杂度、平均复杂度的关系(C)	1

模块 2: 线性结构(Linear Structure)

知识点	主要内容	能力目标	参考学时
1. 线性表逻辑结构与存储实现 (Logic Structures and Implementation of Lists)	线性表的定义及基本运算;线性表的顺序实现(顺序表的存储实现,运算实现,性能);线性表的链接实现(单链表,双链表,循环链表,性能)	理解线性表的基本概念(A);熟练掌握线性表的顺序实现和链接实现(A)	0.5

续表

知识点	主要内容	能力目标	参考学时
2. 线性表应用 （Applications of Lists）	大整数处理；多项式求和；约瑟夫环；动态内存管理	灵活运用线性表求解经典问题（B）	1.5
3. 线性表拓展 （Extensions of Lists）	广义表；十字链表；判断链表回路；跳表	理解广义表的基本概念（B）；了解十字链表与跳表（C）；灵活运用快慢指针法求解链表回路相关问题（B）	2
4. 栈逻辑结构与存储实现 （Logic Structures and Implementation of Stacks）	栈的定义及基本运算；栈的顺序实现（顺序栈的存储实现，运算实现，性能）；栈的链接实现（链接栈的存储实现，运算实现，性能）	理解栈的基本概念（A）；熟练掌握栈的顺序实现和链接实现（A）	0.5
5. 栈应用（Applications of Stacks）	递归消除；括号配对；简单计算器	灵活运用栈求解经典问题（B）	1.5
6. 栈拓展（Extensions of Stacks）	单调栈	灵活运用单调栈求解问题（B）	0.5
7. 队列逻辑结构与存储实现 （Logic Structures and Implementation of Queues）	队列的定义及基本运算；队列的顺序实现（顺序队列的存储实现，循环队列的运算实现，性能）；队列的链接实现（链接队列的存储实现，运算实现，性能）	理解队列的基本概念（A）；熟练掌握队列的顺序实现和链接实现（A）	1
8. 队列应用 （Applications of Queues）	火车车厢重排问题；排队系统的模拟	灵活运用队列求解经典问题（B）	1
9. 队列拓展 （Extensions of Queues）	单调队列	了解单调队列的实现方法及应用（B）	0.5
10. 字符串逻辑结构与存储实现 （Logic Structures and Implementation of Strings）	字符串的定义及基本运算；字符串的顺序实现（顺序字符串的存储实现，运算实现，性能）；字符串的链接实现（链接字符串的存储实现，运算实现，性能）	理解字符串的基本概念（A）；熟练掌握字符串的顺序实现和链接实现（A）	1
11. 字符串匹配 （String Matching）	KMP 算法；BM 算法；Sunday 算法；KR 算法	运用字符串求解经典问题（B）	2
12. 字符串拓展 （Extensions of Strings）	带通配符的字符串匹配算法	了解正则表达式定义（C）；了解有穷自动机的思想（C）；能用动态规划法实现"?""*"的简单通配（C）	1

模块 3 ：树形结构（Trees）

知识点	主要内容	能力目标	参考学时
1. 树与二叉树 （Tree，Binary Tree）	树的定义；二叉树的定义、性质、基本运算、顺序实现、链接实现；二叉树的遍历	理解树与二叉树的基本概念（A）；了解二叉树的顺序实现，熟练掌握二叉树的链接实现（A）；熟练掌握完全二叉树的顺序实现（A）；掌握二叉树的遍历（A）	2
2. 计算表达式 （Expression Evaluation）	表达式树；表达式树计算	灵活运用二叉树解决计算机中的表达式处理问题（B）	1
3. 哈夫曼树与编码 （Huffman Tree and Coding）	前缀编码；哈夫曼算法及优化	灵活运用二叉树解决数据压缩问题（B）	1
4. 树与森林 （Tree and Forest）	树的存储实现；树的遍历；树、森林与二叉树的转换	理解树与森林（A）；熟练掌握树、森林与二叉树的转换（A）	1
5. 二叉树拓展 （Extensions of Binary Tree）	二叉树的重构；二叉树的中序线索化和遍历	掌握重构（A）；了解线索化和线索树的遍历（B）	1
6. 树拓展 （Extensions of Tree）	前缀树与后缀树	了解前缀树与后缀树（C）	1
7. 二叉堆 （Heap）	二叉堆（基于树的优先级队列）的存储实现、运算实现，D 堆	熟练掌握二叉堆的实现（A）；了解 D 堆的概念（B）	1
8. 归并优先级队列 （Merging Priority Queue）	左堆；斜堆；二项堆；对顶堆	理解归并优先级队列（B）	1
9. 优先级队列的应用 （Applications of Priority Queue）	排队系统模拟；CPU 调度等	运用优先级队列求解经典问题（A）	1

模块 4 ：图形结构（Graph）

知识点	主要内容	能力目标	参考学时
1. 图与图的存储 （Graph and Its Storage）	图的定义（基本术语，基本运算）；图的存储（邻接矩阵表示法，邻接表表示法）	理解图的定义（A）；熟练掌握图的存储（A）	1
2. 图的遍历 （Traversal of Graph）	图的遍历（深度优先搜索，广度优先搜索）	熟练掌握图的遍历（A）	1

续表

知识点	主要内容	能力目标	参考学时
3. 图的遍历应用 (Application of Graph Traversal)	无向图的连通性；有向图的连通性	掌握无向图的连通性(A)；理解有向图的连通性(B)	1
4. 欧拉回路 (Euler Circuit)	欧拉路径；欧拉回路	理解欧拉回路存在的判定条件(B)；了解寻找欧拉回路的算法(B)	1
5. 拓扑排序 (Topological Sorting)	结点活动网(AOV 网络)；拓扑排序及其实现	掌握拓扑排序算法(B)	0.5
6. 关键路径 (Critical Path)	边活动网(AOE 网络)；关键路径；关键活动	理解关键路径用途(C)	0.5
7. 最小生成树 (Minimum Span Tree)	生成树与最小生成树；Kruskal 算法；Prim 算法；算法正确性证明	理解生成树与最小生成树(A)；掌握 Kruskal 算法和 Prim 算法(B)	2
8. 最短路径问题 (Shortest Path)	单源最短路径(非加权图的最短路径，加权图的最短路径 Dijkstra 算法，带有负权值的图，DAG 图)；所有结点对的最短路径 Floyd 算法	理解单源最短路径算法(B)；了解所有结点对的最短路径算法(C)	3
9. 图拓展 (Extensions of Graph)	网络流问题建模	了解网络流问题的应用与建模(C)	0.5

模块 5：集合(Disjoint Set)

知识点	主要内容	能力目标	参考学时
1. 不相交集实现 (Disjoint Set Implementation)	等价关系与等价类；不相交集；不相交集实现(存储实现，运算实现)；并查集与路径压缩	理解等价关系与等价类(B)；掌握不相交集及其实现(B)	0.5
2. 不相交集应用 (Disjoint Set Applications)	生成迷宫；最近的共同祖先问题	运用不相交集的并查操作求解经典问题(B)	1
3. 集合拓展 (Extensions of Sets)	位向量表示的集合以及相关的应用	了解位向量集合的属于、并、交、差等运算实现，集合在问题求解中的应用(C)	1

模块 6：查找（Search）

知识点	主要内容	能力目标	参考学时
1. 无序表的查找（Search in Unordered Table）	集合的定义；查找的基本概念；静态查找表；无序表的查找（顺序查找及其时间复杂度）	理解集合、查找的基本概念(A)；了解静态查找表(A)；熟练掌握顺序查找(A)	0.5
2. 有序表的查找（Search in Ordered Table）	有序表查找；顺序查找；二分查找；插值查找；分块查找	理解有序表查找(A)；熟练掌握二分查找(A)；了解顺序查找、插值查找和分块查找(A)	1
3. 静态查找表拓展（Extensions）	静态 KDTree	了解静态 KDTree 的生成与查找(C)	1
4. 二叉查找树（Binary Search Tree）	动态查找表；二叉查找树(定义,存储实现,运算实现,性能)	理解动态查找表(A)；熟练掌握二叉查找树(A)	1
5. AVL 树（AVL Tree）	平衡树的定义；AVL 树(定义,存储实现,运算实现,性能)	理解平衡树(A)；掌握 AVL 树(A)	2
6. 红黑树（Red–Black Tree）	红黑树(定义,存储实现,运算实现,性能)	了解红黑树(C)	1.5
7. AA 树（AA Tree）	AA 树(定义,存储实现,运算实现,性能)	了解 AA 树(C)	1
8. 伸展树（Splay Tree）	伸展树(定义,伸展操作,实现,性能)	了解伸展树(C)	0.5
9. B 树和 B+ 树（B Tree,B+ Tree）	外存储操作与内存储操作；B 树(定义,查找,插入,删除,性能)；B+ 树(定义,查找,插入,删除,性能)	了解外存操作与内存操作的区别(B)；理解 B 树(B)；理解 B+ 树(B)	1.5
10. 散列表（Hash Table）	散列表概念；常见的散列方法(直接定址法,除留取余法,数字分析法,平方取中法,折叠法,平方散列法,乘法散列法,斐波那契散列法)；散列冲突解决方法(线性探测法,二次探测法,再散列法,开散列法)	理解散列表概念(A)；掌握常见的散列方法(A)；熟练掌握散列冲突解决方法(A)	1.5
11. 散列表应用（Applications of Hash Table）	数字指纹；区块链；布隆过滤器	运用散列表求解经典问题(B)	2
12. 动态查找表拓展（Extensions of Dynamic Search Table）	无序表快速查找；树堆	理解快速查找及其平均时间复杂度分析(C)；了解树堆(C)	1

模块 7：排序（Sort）

知识点	主要内容	能力目标	参考学时
1. 插入排序（Insertion Sort）	排序的基本概念；插入排序（直接插入排序，二分插入排序，希尔排序）及性能	熟练掌握并灵活运用插入排序算法（A）	1
2. 选择排序（Selection Sort）	选择排序（直接选择排序，堆排序）及性能	熟练掌握并灵活运用选择排序算法（A）	1
3. 交换排序（Switch Sort）	交换排序（冒泡排序，快速排序）及性能	熟练掌握并灵活运用交换排序算法（A）	1
4. 其他内排序（Other Internal Sort）	归并排序；基数排序；计数排序；桶排序等；各类排序算法性能及稳定性比较	掌握并运用常用排序算法（B）；理解各类排序算法性能及稳定性比较（A）	1
5. 内排序拓展（Extensions of Sort）	排序算法的拓展应用	熟悉地址排序、归并排序求逆序对、分治法求中位数等拓展应用（B）	0.5
6. 置换选择（Replacement Selection）	外排序过程；置换选择的作用及过程	了解外排序过程、置换选择的原理（C）	1
7. 外部归并（External Merge）	二路归并；多路归并；多阶段归并	了解外部归并的方法（C）	1
8. 外排序拓展（Extensions of External Sort）	最佳归并树	了解最佳归并树（B）	1

模块 8：算法设计基础（Algorithm Design Fundamentals）

知识点	主要内容	能力目标	参考学时
1. 枚举法、贪心法（Enumeration，Greedy）	枚举法简介及应用；贪心法简介及应用	理解枚举法（B）；理解贪心法（B）	0.5
2. 分治法、动态规划（Divide-and-Conquer，Dynamic Programming）	分治法简介及应用；动态规划简介及应用；两者比较	理解分治法（B）；理解动态规划（B）	0.5
3. 回溯法、分支限界法（Back Track Method，Branch and Bound Method）	回溯法简介及应用；分支限界法简介及应用；两者比较	理解回溯法（B）；理解分支限界法（B）	0.5

续表

知识点	主要内容	能力目标	参考学时
4. 随机算法 （Randomized Algorithm）	随机算法简介及应用	理解随机算法（B）	0.5
5. 近似算法 （Approximation Algorithm）	近似算法简介及应用	理解近似算法（B）	0.5
6. 拓展内容 （Extensions）	搜索算法简介及应用	了解 A* 搜索，极大极小搜索与 alpha-beta 剪枝等搜索方法（C）	0.5

五、数据结构课程英文摘要

1. Introduction

Data structure is one of the core fundamental courses for computer science. It is both a theoretical course and a practical course. Through this course, students will master the analytical and modeling methods of problem abstraction, data abstraction and algorithm abstraction, and acquire the ability to choose the appropriate data structure to organize data, design efficient algorithms and write high-quality programs for practical problems, and improve the ability to use computing technology to solve practical problems effectively. This course includes the basic methods of analyzing the space complexity and time complexity of algorithms, data structures such as linear structures, tree structures, graph structures, sets, and the implementation and analysis of algorithms such as sort and search.

2. Goals

This course aims to develop students' ability to design and implement correct and effective algorithms for solving classical and practical problems through flexibly applying data structures. More specifically, it includes understanding the basic concepts of data structures, mastering the logical structure of basic data structures (linear structures, tree structures, graph structures and sets), storage structures and their implementations; mastering commonly used search and sort algorithms and being able to understand the applicable scenarios of different algorithms; being able to abstract, analyze and model data objects for practical problems, and select and construct suitable data structures; applying data structures, algorithmic complexity analysis and other knowledge in the process of software development to design effective algorithms for specific needs.

3. Covered Topics

Modules	List of Topics	Suggested Hours
1. Introduction	Data Structures and Storage Implementation (1), Algorithm Complexity Analysis and Optimization (1), Extensions (1)	3
2. Linear Structure	Logic Structures and Implementation of Lists (0.5), Applications of Lists (1.5), Extensions of Lists (2), Logic Structures and Implementation of Stacks (0.5), Applications of Stacks(1.5), Extensions of Stacks (0.5), Logic Structures and Implementation of Queues(1), Applications of Queues(1), Extensions of Queues(0.5), Logic Structures and Implementation of Strings(1), String Matching(2), Extensions of Strings(1)	13
3. Trees	Tree, Binary Tree(2), Expression Evaluation(1), Huffman Tree and Coding(1), Tree and Forest (1), Extensions of Binary Tree(1), Extensions of Tree(1), Heap(1), Merging Priority Queue(1), Applications of Priority Queue(1)	10
4. Graph	Graph and Its Storage(1), Traversal of Graph(1), Application of Graph Traversal(1), Euler Circuit(1), Topological Sorting(0.5), Critical Path(0.5), Minimum Span Tree(2), Shortest Path(3), Extensions of Graph(0.5)	10.5
5. Disjoint Set	Disjoint Set Implementation(0.5), Disjoint Set Applications(1), Extensions of Sets(1)	2.5
6. Search	Search in Unordered Table(0.5), Search in Ordered Table(1), Extensions(1), Binary Search Tree(1), AVL Tree(2), Red–Black Tree(1.5), AA Tree(1), Splay Tree(0.5), B Tree, B+Tree(1.5), Hash Table(1.5), Applications of Hash Table(2), Extensions of Dynamic Search Table(1)	14.5
7. Sort	Insertion Sort(1), Selection Sort(1), Switch Sort(1), Other Internal Sort(1), Extensions of Sort(0.5), Replacement Selection(1), External Merge(1), Extensions of External Sort(1)	7.5
8. Algorithm Design Fundamentals	Enumeration, Greedy(0.5), Divide–and–Conquer, Dynamic Programming(0.5), Back Track Method, Branch and Bound Method(0.5), Randomized Algorithm(0.5), Approximation Algorithm(0.5), Extensions(0.5)	3
Total	62	64

算法设计与分析（Algorithm Design and Analysis）

一、算法设计与分析课程定位

算法设计与分析是面向计算机专业本科生开设的一门专业基础课程，先修课程包括离散数学、数据结构以及程序设计基础等。与程序设计和数据结构等课程的教学注重实际编程能力的培养不同，算法设计与分析课程强调引导学生深入理解问题本质、探索最佳求解算法、证明算法的正确性、分析算法的复杂度、认识问题的难易性质、掌握常用的算法设计方法。课程以算法设计方法为主线，以具体问题为线索，辅以算法分析证明方法，系统性地讲授如何设计正确高效的算法求解各类实际问题。

二、算法设计与分析课程目标

算法设计与分析课程以培养学生的算法思维，提升学生设计正确高效的算法求解实际问题的能力为目标。课程主要内容包括算法分析基础、典型的算法设计方法、问题复杂性与NP 完全性理论，线性规划和网络流的相关算法与应用，以及近似算法、随机算法、在线算法等内容。通过本课程的学习，学生不仅要掌握大量经典问题的经典求解算法，并要由此贯通掌握各种常用的算法设计方法和分析方法，理解难解问题以及处理难解问题的常用方法，进而提升处理实际问题的能力。

三、算法设计与分析课程设计

算法设计与分析课程的主要内容包括：算法分析基础、典型的算法设计方法、问题复杂性与NP 完全性理论，线性规划和网络流的相关算法与应用，以及近似算法、随机算法、在线算法等内容。

在算法分析基础方面，重点讲解以渐近界为基础的算法复杂性度量方法，以递推方程求解、均摊代价分析等为主要内容的算法复杂性分析方法，以数学归纳法、循环不变量为基础的算法正确性证明方法。培养并提高学生分析算法时间和空间效率的能力，以及判断和证明算法正确性的能力，使学生在面对求解问题的算法时，不仅理解算法是怎么运作的，而且清楚算法的性能如何、是否正确。

在算法设计方法方面，详细讲解分治策略、动态规划、贪心算法三种经典的算法设计方法，以及回溯和分支限界这种系统搜索解空间的通用算法设计方法。培养学生从问题本身的性质出发深入分析问题并探索求解问题的高效算法，证明算法的正确性并分析算法的效率。

在问题复杂性和 NP 完全性理论方面，讲解基于决策树模型和对手论证模型的问题复杂性下界分析方法,使学生基本具备分析问题计算复杂性下界的能力;介绍 NP 完全性和多项式时间归约的基本概念,详细讲解限制法、局部替换法和构件设计法等 NP 完全性证明方法,培养学生在研究和思考问题过程中思维方法的系统性、发散性、关联性。

在线性规划和网络流方面,在介绍它们的基本概念、性质和经典算法的基础上,着重讲解应用这两种数学模型对具体问题进行建模的方法和技巧,使学生熟练掌握应用线性规划模型和网络流模型求解具体问题,培养学生对问题进行抽象和建模的能力。

在近似算法、随机算法、在线算法等方面,在介绍这些类型算法的基本概念和典型问题经典算法的基础上,重点介绍这些算法的特点以及它们与传统算法的对比和差异,开拓学生求解问题的思路。

本课程包含 13 个知识模块,主要模块之间的关系如图 2-3 所示。

算法分析

模块1:算法分析基础
- 计算复杂性与渐进分析
- 递推方程
- 主定理
- 算法正确性证明

模块6:均摊分析
- 均摊分析的基本想法
- 均摊分析常用方法(记账、势函数)
- 均摊分析实例(动态数组)

算法设计方法

模块2:分治策略
- 分治算法的内容
- 分析分治算法复杂性的基本方法
- 典型示例(二分、归并、快排等)
- 分治算法优化
- 卷积与快速傅里叶变换

模块3:动态规划
- 动态规划基
- 动态、规划实现
- 经典问题的经典算法
- 动态规划的深度优化

模块4:贪心算法
- 优化问题的描述
- 贪心算法正确性证明
- 典型示例(哈夫曼编码、最小生成树)
- 拟阵理论
- 贪心算法的适用条件

模块5:回溯与分支限界
- 回溯相关基本概念
- 搜索方法与效率分析
- 典型示例(N皇后问题、迷宫问题)
- 回溯求最优解
- 典型示例(0—1背包问题、着色问题)
- 分支限界求最优解
- 典型示例(背包问题、货郎问题)

建模求解问题

模块7:线性规划
- 线性规划的概念与性质
- 单纯形法
- 对偶
- 整数线性规划问题求解

模块8:网络流
- 最大流的概念与性质
- Ford-Fulkerson算法及其正确性证明
- Edmonds-Karp算法、Dinic算法、Push-Relabel算法和Hopcroft-Karp算法及其复杂度分析
- 二分图的最大匹配
- 匈牙利算法
- 最小费用流

复杂性理论

模块9:问题的复杂性
- 问题复杂性基础
- 决策树
- 对手论证
- 归约

模块10:NP完全性
- P类与NP类
- 多项式时间归约
- NP完全性证明

高级算法

模块11:近似算法
- 近似算法的基本概念
- 调度问题的近似算法
- 旅行商问题的近似算法
- 背包问题的近似算法

模块12:随机算法
- 概率论基础
- 球与盒子
- 拉斯韦加斯型随机算法
- 蒙特卡罗型随机算法

模块13:在线算法
- 在线算法的基本概念
- 在线缓存置换算法
- 最小集合覆盖问题
- 在线计算模型的扩展

图 2-3　算法设计与分析课程知识模块关系图

四、算法设计与分析课程知识点

模块 1：算法分析基础（Introduction to Algorithm Analysis）

知识点	主要内容	能力目标	参考学时
1. 计算复杂性与渐近分析（Computational Complexity and Asymptotic Analysis）	可计算性理论简介；计算复杂性理论简介；算法的定义；算法的伪码描述；解析法（操作计数）；算法的空间和时间复杂性的概念（最好最坏情形、平均情形）；渐近界的定义、记号（O、Ω、o、ω、Θ）与性质	理解算法和算法计算复杂性相关的基本概念（A）；理解为什么使用渐进分析（A）；熟练运用渐近界表达算法的计算复杂度（A）	1
2. 递推方程（Recurrence Equation）	递推方程的定义；递推方程的一般求解方法：迭代、换元迭代、差消迭代、递归树、猜测法；递推方程渐近解的证明方法——数学归纳法；证明过程中归纳假设的合理选取的技巧	熟练应用迭代、递归树求解常见递推方程（A）；掌握证明递推方程渐近解的基本方法（B）	1
3. 生成函数（Generation Function）	常规生成函数和指数生成函数的定义；基本常规／指数生成函数示例；常规／指数生成函数的运算；生成函数求解递推方程的一般方法；求解高阶递推方程的一般方法	理解生成函数与递推方程间的内在联系（C）；掌握生成函数求解递推方程的一般方法（C）	1
4. 主定理（Master Theorem）	主定理的内容；通过主定理递推式的递归树展开理解主定理的三种情况；主定理的非严格证明（当 $n=b^k$ 时）；主定理的三种情形的应用示例；不适用的主定理的示例	理解并掌握主定理正确性的证明推导过程（A）；熟练应用主定理推导常见递推方程的解（A）	1
5. 算法正确性证明（Algorithm Proof）	算法正确性的概念；基于循环不变量的类似数学归纳法的算法正确性证明方法；递归算法的正确性证明；典型例题：冒泡排序、归并排序	理解算法过程中循环不变量的提炼技巧（B）；熟练掌握一般算法正确性证明的方法（A）	0.5

模块 2：分治策略（Divide-and-Conquer Strategy）

知识点	主要内容	能力目标	参考学时
1. 分治策略基础（Introduction to Divide-and-Conquer Strategy）	分治策略的基本概念；分治算法的设计思想及适用条件；分治算法复杂性的基本分析方法；典型例题：二分搜索、归并排序、快速排序、求幂（整数/矩阵）、平面点集的闭包、芯片测试	灵活应用分治策略设计分治算法求解问题（A）；熟练掌握分治算法的复杂性分析方法（A）	2
2. 分治策略优化（Optimization of Divide-and-Conquer Strategy）	通过更好地划分子问题优化分治算法（例：线性时间的选择算法）；通过减少子问题的数量优化分治算法（例：大整数乘法/大矩阵乘法）；通过预处理减少递归内的重复计算（例：平面最近点对问题）	掌握优化分治算法的一般途径和技巧（B）	1
3. 卷积与快速傅里叶变换（Convolution and FFT）	卷积的概念与应用背景；卷积与多项式乘法间的关系；多项式的系数表示法与点表示法的各自优势和不足；计算多项式关于 1 的 $2n$ 次根的值的奇偶分治算法；反向 FFT 的分治算法；FFT 应用于求解大整数乘法	理解 FFT 分治算法的核心思想（C）；了解 FFT 在求解大整数乘法等问题中的优势（C）	1

模块 3：动态规划（Dynamic Programming）

知识点	主要内容	能力目标	参考学时
1. 动态规划基础（Introduction to Dynamic Programming）	子问题抽象；最优性原理（最优子结构）；优化函数（递推方程）；标记函数；经典例题（矩阵链乘法、最长公共子序列、投资问题、0-1 背包问题）	准确抽象子问题，建立动态规划递推关系（A）；熟练掌握确定初始条件、定义标记函数、分析算法复杂性的方法（A）	1
2. 动态规划实现（Implementation of Dynamic Programming）	递归实现；递归实现的重叠子问题；元组法实现	掌握动态规划的递归实现和元组法实现方法（A）	1
3. 经典问题的经典算法（Classical Algorithms for Classical Problems）	讲解经典问题的经典算法的动态规划设计思想：最大子段和/最大子矩阵和；RNA 二级结构；单源最短路径（有负权边）/Bellman-Ford 算法；所有点对间的最短路径/Floyd 算法	理解并掌握经典问题的经典算法（B）	2

续表

知识点	主要内容	能力目标	参考学时
4. 动态规划的深度优化（Optimization of Dynamic Programming）	讲解一些可以进一步优化的动态规划算法，主要例子包括：最长上升子序列 $O(n\log k)$ 的算法；最优二分检索树 $O(n^2)$ 的算法；编辑距离 $O(n)$ 空间 $O(n^2)$ 时间的算法	了解动态规划算法的优化的思路和方法（B）；掌握分治与动态规划结合优化空间复杂性的编辑距离算法（C）	1

模块 4：贪心算法（Greedy Algorithms）

知识点	主要内容	能力目标	参考学时
1. 贪心算法基础（Introduction to Greedy Algorithms）	优化问题的描述（优化解、约束条件、目标函数）、优化问题和 NP 难度问题；贪心的例子：活动安排问题；贪心算法正确性证明（数学归纳法／交换论证法）：装载问题、最小延迟调度问题；经典例题（哈夫曼编码、最小生成树（Prim/Kruskal）、单源最短路径（Dijkstra））	熟练应用数学归纳法和交换论证法证明贪心算法的正确性（A）；理解经典贪心算法的设计思想（A）；掌握经典贪心算法的正确性证明（A）	2
2. 拟阵与贪心算法（Matroids and Greedy Methods）	拟阵的概念及性质；带权拟阵上的贪心算法及其正确性证明；最小生成树的拟阵算法；最小延迟惩罚调度问题的拟阵算法及其优化	理解拟阵的概念和性质（C）；掌握拟阵上的贪心算法设计方法（C）	2
3. 进阶问题（Advanced Topics on Greedy Methods）	零钱问题（最少钱币数量／最少钱币重量），探讨贪心策略的适用条件及适用条件判断方法；最优高速缓存问题（正确性证明技巧）；最小费用有向树（多阶段贪心算法）	理解贪心算法在一些问题上的适用条件（C）；理解一些贪心算法正确性的复杂证明方法（C）	2

模块 5：回溯与分支限界（Backtracking/Branch-and-Bound）

知识点	主要内容	能力目标	参考学时
1. 回溯求可行解（All Valid Solutions by Backtracking）	解向量、约束条件、可行解的基本概念；搜索空间；多米诺性质；搜索方法和策略；效率分析；经典例题（N 皇后问题、迷宫问题）	熟练掌握回溯法求问题所有可行解的一般方法（A）	1

续表

知识点	主要内容	能力目标	参考学时
2. 回溯求最优解（Optimal Solution by Backtracking）	组合优化问题的最优解；目标函数极大化或极小化；代价函数（界）；经典例题（0-1 背包问题、最大团问题、货郎问题、圆排列问题、图的着色问题、连续邮资问题）	掌握回溯法求最优解的一般方法（A）；掌握分析回溯法复杂性的方法（A）；了解回溯法与动态规划、贪心等算法的联系（B）	2
3. 分支限界（Branch-and-Bound Methods）	组合优化问题的最优解；目标函数；代价函数；优先队列；剪枝；典型例题（背包问题、任务安排、货郎问题）	了解分支限界法求解的优化问题一般方法（B）	2

模块 6：均摊分析（Amortized Analysis）

知识点	主要内容	能力目标	参考学时
均摊分析（Amortized Analysis）	均摊分析的基本想法；进行均摊分析的常见方法（例如记账法与势函数法）；均摊分析经典实例（例如动态数组、二进制计数器）；均摊分析进阶实例（例如并查集的性能分析）	理解均摊分析的基本想法以及进行均摊分析的常见方法（A）；能够运用均摊分析对实际数据结构或算法的性能进行分析（B）	2

模块 7：线性规划（Linear Programming）

知识点	主要内容	能力目标	参考学时
1. 线性规划的概念与性质（Basics of Linear Programming）	线性规划的概念；线性约束和目标函数；可行解和可行域；线性规划的标准型；流问题和零和游戏的线性规划描述	掌握使用线性规划描述各种计算问题（A）	0.5
2. 单纯形法（Simplex Method）	单纯形法的描述和几何直观：顶点的概念；可行解的改进方法；最优解判别准则；初始解的选取；退化情况的处理	基本掌握单纯形法的算法实现（A）；了解它能得到最优解的原因 - 可行域的凸性（A）；了解单纯形法的时间复杂度（A）	1
3. 对偶（Duality）	对偶的直观含义；如何寻找线性规划的对偶规划；线性规划的对偶定理；对偶定理的应用，包括零和游戏里的最大最小定理	了解研究线性规划对偶提出来的动机（A）；学会计算对偶规划（A）；了解弱对偶定理与强对偶定理的陈述与直观含义（A）；掌握弱对偶定理的证明（B）；学会使用对偶定理解释一些现象（B）	1.5

续表

知识点	主要内容	能力目标	参考学时
4. 整数线性规划问题求解（Integer Linear Programming）	整数线性规划的定义与求解方法（基于分支限界法）	了解整数线性规划与线性规划的关系，能够为一些常见问题建模（C）	0.5

模块 8：网络流（Network Flow）

知识点	主要内容	能力目标	参考学时
1. 最大流的概念和性质（The Concept and Nature of Maximal Flow）	最大流问题的应用背景：货物运输、信息通过网络传播等，多源多汇最大流问题的转化；概念：流网络，流函数；流函数的性质：容量约束、流守恒性；流的大小的定义	根据实际问题，熟练地建立流网络模型（A）；理解容量和流的意义（A）；掌握流的性质，会计算流的大小（A）	0.5
2. Ford-Fulkerson 算法（Ford Fulkerson Algorithms）	剩余网络的概率及计算、增广路的概念及计算；Ford-Fulkerson 算法的流程和具体实例运行	给定流网络，能用 Ford-Fulkerson 正确计算最大流（A）	0.5
3. Ford-Fulkerson 算法的正确性证明（The Correctness Proof of the Ford Fulkerson Algorithm）	剩余网络的流与原网络流的合并的 3 个引理；割的容量定义，穿过割的流的定义；穿过割的流、流的大小、割的容量之间关系的 2 个引理；最大流最小割定理	理解概念和相关引理（A）；掌握最大流 - 最小割定理、能独立证明（A）；能找到最小割（A）	0.5
4. Edmonds-Karp 算法（Edmonds-Karp Algorithms）	Ford-Fulkerson 算法的缺陷；Edmonds-Karp 算法及其时间复杂度分析	掌握并运用 Edmonds-Karp 算法（A）；理解其时间复杂度的证明（A）	0.5
5. Dinic 算法（Dinic Algorithms）	Dinic 算法的过程和实例求解；Dinic 算法的时间复杂度分析	能运用 Dinic 算法求解最大流（B）；掌握 Dinic 算法的时间复杂度证明（B）	1
6. Push-Relabel 算法（Push-Relabel Algorithms）	Push-Relabel 算法的流程，Push-Relabel 算法的正确性和时间复杂度证明	会运用 Push-Relabel 算法（C）；理解 Push-Relabel 算法的正确性和时间复杂度（C）	2
7. 二分图的最大匹配（Maximum Matching of Bipartite Graph）	匹配、最大匹配的概念，基于最大流的最大匹配算法及其正确性；整流定理	掌握匹配、最大匹配的概念（A）；能用最大流方法求解二分图的最大匹配（A）；了解整流定理（A）	0.5

续表

知识点	主要内容	能力目标	参考学时
8. 匈牙利算法（Hungarian Algorithms）	M- 交错路，M- 增广路，Berge 定理，匈牙利算法	掌握 M- 交错路，M- 增广路（B）；理解 Berge 定理（B）；会运用匈牙利算法求解二分图的最大匹配（B）	0.5
9. Hopcroft–Karp 算法（Hopcroft–Karp Algorithms）	增广路、对称差；Hopcroft–Karp 算法的流程及时间复杂度证明	理解增广路、对称差的概念（C）；会运用 Hopcroft–Karp 算法（C）；理解其时间复杂度分析（C）	0.5
10. 最小费用流（Mininum–Cost Flow）	最小费用流问题的定义，最小费用流的线性规划、对偶规划、互补松紧条件，最小费用短路算法的流程及实例	掌握最小费用流问题的定义，最小费用流的线性规划、对偶规划、互补松紧条件（B）；能运用最小费用短路算法求解最小费用流（B）	0.5

模块 9：问题复杂性（Complexity of Problem）

知识点	主要内容	能力目标	参考学时
1. 问题复杂性基础（Introduction to Complexity of Problem）	问题复杂性的基本概念，算法的复杂性是问题复杂性的上界；探索最优算法的基本途径；平凡下界的概念和求解方法	理解问题复杂性的概念（A）；理解最优算法与问题复杂性间的关系（A）；掌握平凡下界的求解方法（A）	0.5
2. 决策树（Decision Tree）	决策树的基本概念和构造方法；通过顺序表上的检索、基于比较的排序、基于比较的元素唯一性等问题的算法为例来讲解；重点理解决策树的叶结点对应算法的一类输入，叶结点数量决定决策树深度即问题复杂度下界	理解拟阵的概念和性质（C）；掌握拟阵上的贪心算法设计方法（C）	1.5
3. 对手论证（Adversary Argument）	对手论证证明问题复杂性下界的基本原理；通过基于比较的选择问题（最大最小元素、第二大元素、中位数）的计算复杂性下界证明来讲解	理解对手论证证明问题复杂性下界的原理和方法（B）；掌握例题中的对手论证证明方法（B）	1.5
4. 归约（Reduction）	通过归约确认问题复杂性的方法，理解线性时间归约的概念；典型例题：最邻近点对、最小生成树等	能够运用归约的方法证明典型问题的计算复杂度下界（B）	0.5

模块 10：NP 完全性（NP Completeness）

知识点	主要内容	能力目标	参考学时
1. P 类与 NP 类（P Class and NP Class）	判定问题；确定性图灵机；非确定性图灵机；P 类基本概念及性质；NP 类基本概念及性质；P 类与 NP 类基本关系	掌握判定问题的基本概念（A）；理解确定性图灵机和非确定性图灵机模型（A）；掌握 P 类和 NP 类的基本概念（A）；了解 P 类和 NP 类基本关系（A）	1
2. 多项式时间归约与 NP 完全性（Polynomial-Time Reduction and NP-Completeness）	多项式时间归约的概念；多项式时间归约的性质；NP 完全性的定义，NP 完全性的性质，问题的 NP 完全性证明	理解多项式时间归约的基本概念以及 NP 完全性的基本概念（A）；掌握使用多项式时间归约方法证明问题是 NP 完全问题（A）	1
3. NP 完全性证明（Proof of NP-Completeness）	NP 完全问题证明的基本条件；问题等价性的定义和判定方法；证明 NP 完全性的三种基本方法：应用限制法、局部替换法和构件设计法；典型例题：AX-SAT、3SAT、哈密尔顿回路、货郎问题、恰好覆盖、子集和、背包、装箱、双机调度、整数线性规划	理解 NP 完全问题证明的条件和步骤（B）；理解问题等价性的定义和判断方法（B）；掌握限制法、局部替换法和构件设计法来证明一些经典问题是 NP 完全问题（B）	2

模块 11：近似算法（Approximation Algorithms）

知识点	主要内容	能力目标	参考学时
1. 近似算法的基本概念（Basics of Approximation Algorithms）	组合优化问题介绍；近似算法的引入（与最优算法、启发式算法的区别）；近似算法的评价（近似比；渐近近似比；多项式近似方案；绝对近似算法；难近似性）；近似性能分析的一般方法；简单分析最小顶点覆盖问题的贪心算法和 2-近似算法；介绍最小集合覆盖问题	了解组合优化的研究框架（A）；深刻理解计算效率与计算性能的平衡（A）；掌握组合优化问题近似性能评价体系及基本证明方法（A）	2
2. 调度问题的近似算法（Approximation Algorithms for Parallel Machine Scheduling）	调度问题的基本模型；负载均衡问题；NP-困难性证明；整数间隙；列表调度（贪心）算法（List Scheduling）及其近似比分析；改进后的 LPT 算法的性能分析；最新研究进展	初步掌握具体问题近似算法的分析方法（A）；理解和掌握极小化问题最优解下界的方法（A）；能用线性规划松弛设计和分析近似算法（C）；了解信息对算法设计的影响（C）	2

续表

知识点	主要内容	能力目标	参考学时
3. 旅行商问题的近似算法（Approximation Algorithms for the Traveling Salesman Problem［TSP］）	介绍哈密顿回路问题和欧拉回路问题；拓展介绍中国邮路问题；旅行商问题（TSP）的引入；通过一般情形下 TSP 不可近似性的结论（证明）引入度量空间下的 TSP 问题；介绍 Christofides 算法及其分析；最新研究进展	深刻掌握哈密顿回路问题与欧拉回路问题的本质区别（B）；掌握困难问题松弛方法的设计和分析思想（B）	2
4. 背包问题的近似方案（Approximation Schemes for Knapsack Problem）	背包问题及其线性整数规划模型；贪心算法的改进；依赖于动态规划的完全多项式近似方案；模型拓展	再次加深对线性规划松弛和整数间隙的理解（A）；基本掌握多项式近似方案的设计方法（A）；理解"抓主要矛盾"在近似算法设计中的作用（B）	2

模块 12：随机算法（Randomized Algorithms）

知识点	主要内容	能力目标	参考学时
1. 概率论预备知识（Introduction to Probability Theory）	概率与随机变量的概念；随机变量的期望与方差的概念与基本性质；指示器随机变量的概念与基本性质；马尔可夫不等式、切比雪夫不等式、切诺夫界及其应用；区分概率分析与随机算法、平均复杂度与期望复杂度	了解概率、随机变量等基础概念（A）；理解马尔可夫不等式，切比雪夫不等式，切诺夫界的证明与概率意义（A）；理解随机算法与输入分布随机性的区别（A）	1.5
2. 球与盒子（Balls and Boxes）	球与盒子模型的定义；球与盒子模型的相关性质与推导	了解球与盒子模型的定义（A）；理解球与盒子模型的结论推导（C）	1
3. 拉斯韦加斯型随机算法（Las Vegas Algorithms）	拉斯韦加斯型随机算法的概念；随机化快速排序的实现与分析；期望线性时间选择算法的实现与分析	理解拉斯韦加斯型随机算法的概念（A）；理解随机化快速排序的实现与分析（B）；理解期望线性时间选择算法的实现与分析（B）	2
4. 蒙特卡罗型随机算法（Monte Carlo Algorithms）	理解蒙特卡罗型随机算法的概念；分析使用蒙特卡罗算法估计 π 的 (ε,δ) 估计证明；米勒罗宾素性测试，多项式恒等测试，求解 max–3–SAT 问题	理解蒙特卡罗算法的概念（A）；掌握 (ε,δ) 估计的基本证明方法（B）；理解多项式恒等测试的蒙特卡罗算法（B）；理解其他蒙特卡罗算法例子（C）	2

模块 13：在线算法(Online Algorithms)

知识点	主要内容	能力目标	参考学时
1. 在线算法的基本概念(Basics of Online Algorithms)	在线算法的引入(与近似算法的区别、相关概念如动态算法和数据流算法的对比);在线算法的评价方法(竞争比的概念,如何理解随机算法的竞争比,与近似比的比较);典型问题介绍:滑雪租赁问题的 2- 竞争算法,1.58- 竞争的随机算法	了解在线算法的研究框架(A);深刻理解竞争比的概念,以及在线算法中(未知)未来信息的重要性(A);明确在线算法与近似算法的本质区别(A);掌握在线优化问题上下界的基本证明方法(A);初步理解随机性在在线算法设计中的作用(B)	2
2. 在线缓存置换算法(Online Algorithms for Cache Replacement)	在线缓存置换问题的模型;LRU 算法的定义,与离线最优策略的类比;LRU 算法的 $O(k)$ 竞争比的分析;针对确定性算法的 $O(k)$ 的竞争比下界;Marking 算法的定义和 $O(\log k)$ 竞争比的分析;相关扩展和最新研究进展介绍:带权缓存置换,K-Server 问题	初步掌握具体问题在线算法的分析方法(A);初步掌握确定性在线算法下界的分析方法(B);能利用随机方法设计和分析在线算法(C)	2
3. 最小集合覆盖问题的在线算法(Online Algorithms for Set Cover)	最小集合覆盖的在线问题定义;离线情况下的最小集合覆盖问题的原始 - 对偶算法;针对在线最小集合覆盖问题的分数解的原始 - 对偶算法;将几何覆盖问题分数解转化成整数解的在线算法;原始 - 对偶方法的其他应用/扩展	了解原始 - 对偶方法的算法框架(A);初步掌握原始 - 对偶方法的设计和分析思想(B);能利用原始 - 对偶方法针对其他相关问题设计在线算法(C)	2
4. 在线计算模型的扩展(Variants of Models for Online Computation)	随机顺序模型(秘书问题的设定和最优在线算法);带丢弃操作的模型(0/1 背包问题在带丢弃操作的模型下的 2- 竞争在线算法);资源扩充模型(资源扩充模型的背景和应用,在线缓存置换问题的 LRU 算法的资源扩充性能分析)	了解几种在线计算模型的异同、特点(A);初步掌握在各个不同模型下的典型在线算法设计分析技术(B)	2

五、算法设计与分析课程英文摘要

1. Introduction

The course Algorithm Design and Analysis aims at cultivating students' ability of computational thinking and improving students' ability to design correct and efficient algorithms for problem solving.

The main content includes the basics of algorithm analysis, typical algorithm design methods, the computational complexity of problems and the theory of NP–completeness, algorithms and applications of linear programming and network flow, and introductions to approximation algorithms, randomized algorithms, and online algorithms, etc.

On the topic of the basis of algorithm analysis, we focus on asymptotic analysis on computational complexity, the estimation of computational complexity based on solving recurrence equations and amortized analysis; and the proof of the correctness of algorithms with methods such as induction and invariant. We also guide students to know not only how an algorithm works to solve a problem, but also the analysis of whether it is correct and how efficient it is.

On the topic of algorithm design, we guide students in solving topical problems by applying classical design patterns: divide–and–conquer, dynamic programming, and greedy methods. Backtracking and branch–and–bound methods are introduced as a general method to solve problems by searching the solution space systematically. We cultivate students' ability to deeply comprehend the characteristic of problems to find out effective algorithms, prove their correctness and analyze their performance.

On the topic of the computational complexity of problem, we focus on the decision tree method and the adversary argument method for exploring the lower bound of the complexity of an ordinary problem, so that students may know whether an algorithm is (asymptotic) optimal or not.

On the topic of the theory of NP–completeness, we focus on the concept of polynomial transformations, which is a way of saying one problem is easier than another, and three typical techniques of proving NP–completeness: restriction, local replacement, and component design.

On the topics of linear programming and network flow, in addition to introducing basic concepts and typical algorithms, we also focus on how to model a problem as a linear programming problem or a network flow problem.

On the topics of approximation algorithms, randomized algorithms, and online algorithms, in addition to introducing basic concepts and typical algorithms of classical problems, we focus on the characteristics of these algorithms and their differences from traditional algorithms, so as to broaden the horizon of students' ideas for solving problems.

2. Goals

Improve the ability of solving problems with efficient algorithms. Can estimate the running time of an algorithm in the worst case and in the average case with asymptotic analysis. Can proficiently apply divide-and-conquer, dynamic programming, greedy strategy, branch-and-bound in problem solving and algorithm design. Can model problems with linear programming and network flow. Understand the computational complexity of problems and NP completeness. Understand the use of randomized algorithms, approximation algorithms, online algorithms in solving problems.

3. Covered Topics

Modules	List of Topics	Suggested Hours
1. Introduction to Algorithm Analysis	Computational Complexity and Asymptotic Analysis (1), Recurrence Equation (1), Generation Function (1), Master Theorem (1), Algorithm Proof (0.5)	4.5
2. Divide–and–Conquer Strategy	Introduction to Divide–and–Conquer Strategy (2), Optimization of Divide–and–Conquer Strategy (1), Convolution and FFT (1)	4
3. Dynamic Programming	Introduction to Dynamic Programming (1), Implementation of Dynamic Programming (1), Classical Algorithms for Classical Problems (2), Optimization of Dynamic Programming (1)	5
4. Greedy Algorithms	Introduction to Greedy Algorithms (2), Matroids and Greedy Methods (2), Advanced Topics on Greedy Methods (2)	6
5. Backtracking/Branch–and–Bound	All Valid Solutions by Backtracking (1), Optimal Solution by Backtracking (2), Branch–and–Bound Methods (2)	5
6. Amortized Analysis	Amortized Analysis (2)	2
7. Linear Programming	Basics of Linear Programming (0.5), Simplex Method (1), Duality (1.5), Integer Linear Programming (0.5)	3.5
8. Network Flow	The Concept and Nature of Maximal Flow (0.5), Ford–Fulkerson Algorithms (0.5), The Correctness Proof of the Ford Fulkerson Algorithm (0.5), Edmonds–Karp Algorithms (0.5), Dinic Algorithms (1), Push–Relabel Algorithms (2), Maximum Matching of Bipartite Graph (0.5), Hungarian Algorithms (0.5), Hopcroft–Karp Algorithms (0.5), Minimum–Cost Flow (0.5)	7
9. Complexity of Problem	Introduction to Complexity of Problem (0.5), Decision Tree (1.5), Adversary Argument (1.5), Reduction (0.5)	4
10. NP Completeness	P Class and NP Class (1), Polynomial–Time Reduction and NP–Completeness (1), Proof of NP–Completeness (2)	4
11. Approximation Algorithms	Basics of Approximation Algorithms (2), Approximation Algorithms for Parallel Machine Scheduling (2), Approximation Algorithms for the Traveling Salesman Problem (TSP) (2), Approximation Schemes for Knapsack Problem (2)	8
12. Randomized Algorithms	Introduction to Probability Theory (1.5), Balls and Boxes (1), Las Vegas Algorithms (2), Monte Carlo Algorithms (2)	6.5
13. Online Algorithms	Basics of Online Algorithms (2), Online Algorithms for Cache Replacement (2), Online Algorithms for Set Cover (2), Variants of Models for Online Computation (2)	8
Total	52	67.5

离散数学（Discrete Mathematics）

一、离散数学课程定位

理论上来说，计算机所能表示的量都是离散的，数学中研究离散量及其结构的各分支构成了离散数学的主要内容，为计算机科学与技术提供工具和方法，所以离散数学是计算机科学与技术的基础，其重要性就像微积分对于工程技术的重要性一样。

离散数学课程为计算机相关专业不同年级学生介绍为期 1—3 学期不同难度的内容，该课程不仅介绍解决计算机问题的工具和方法，也提供提高抽象思维能力和严密的逻辑推理能力的手段，为描述计算机现象、计算机建模、人工智能方法等复杂问题的解决奠定坚实基础。

二、离散数学课程目标

（1）深刻理解离散数学的基本概念、方法和基本原理。

（2）能够应用离散数学的方法和原理解决计算机科学中的各种问题，如计算机行为描述、算法设计与分析。

（3）深刻理解计算机系统的行为，如计算能力、程序性质的描述及其性质证明。

（4）培养学生的抽象思维能力、发现问题和解决问题的能力。

三、离散数学课程设计

离散数学由研究离散量的多个分支构成，各分支之间虽然有联系，但并不像其他课程那样紧密、层层递进、环环相扣，有的模块甚至能独立于其他模块，其特点之一就是"离"。但这样"离"的各模块之间联系也并非杂乱无章，我们在介绍各模块内容的同时，也着力挖掘模块之间的内在思想的一致性、概念的相似性等联系，如子结构，结构的同态、同构的概念，闭包，结构分解和"综合"的思想等。离散数学的另一个特点是"散"，其覆盖范围广，内容深度的跨度大，有的模块在数学专业中都是独立的课程。例如，概念上来说，离散概率也属于离散数学范畴，但通常把离散概率归于概率论课程。为避免重复，本课程不包含离散概率内容。

本课程设计中，在"为计算机科学服务"的原则下，兼顾内容广度、深度和学生抽象能力、数学成熟度和计算思维的培养。内容方面包括集合论、图论、初等数论、代数结构、组合数学、数理逻辑、文法和自动机 7 大模块，兼顾基础知识、进阶知识和面向信息科学

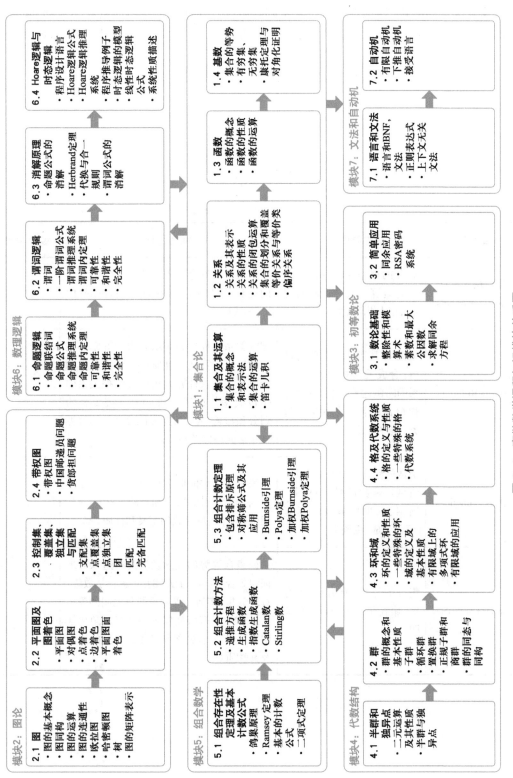

图2-4 离散数学课程知识模块关系图

模块2：图论

2.1 图
- 图的基本概念
- 图同构
- 图的运算
- 图的连通性
- 欧拉图
- 哈密顿图
- 树
- 图的矩阵表示

2.2 平面图及图着色
- 平面图
- 对偶图
- 点着色
- 边着色
- 平面图面着色

2.3 控制集、覆盖集、独立集与匹配
- 支配集
- 点覆盖集
- 点独立集
- 团
- 匹配
- 完备匹配

2.4 带权图
- 带权图
- 中国邮递员问题
- 货郎担问题

模块6：数理逻辑

6.1 命题逻辑
- 命题联结词
- 命题公式
- 命题推理系统
- 可靠性
- 和谐性
- 完全性

6.2 谓词逻辑
- 谓词
- 一阶谓词公式
- 谓词推理系统
- 谓词内定理
- 可靠性
- 和谐性
- 完全性

6.3 消解原理
- 消解
- Herbrand定理
- 代换与合一
- 规则
- 谓词公式的消解

6.4 Hoare逻辑与时态逻辑
- 程序设计语言
- Hoare逻辑公式
- Hoare逻辑推理系统
- 程序推导例子
- 时态逻辑的模型
- 线性时态逻辑公式
- 系统性质描述

模块1：集合论

1.1 集合及其运算
- 集合的概念和表示法
- 集合的运算
- 笛卡儿积

1.2 关系
- 关系及其表示
- 关系的表示法
- 关系的闭包运算
- 集合的划分和覆盖
- 等价关系与等价类
- 偏序关系

1.3 函数
- 函数的概念
- 函数的性质
- 函数的运算

1.4 基数
- 集合的等势
- 有穷集、无穷集
- 康托尔定理与对角化证明

模块7：文法和自动机

7.1 语言和文法
- 语言和BNF
- 正则表达式
- 上下文无关文法

7.2 自动机
- 有限自动机
- 下推自动机
- 接受语言

模块5：组合数学

5.1 组合存在性定理及计数公式
- 鸽巢原理
- Ramsey定理
- 基本的计数公式
- 二项式定理

5.2 组合计数方法
- 递推方程
- 生成函数
- 指数生成函数
- Catalan数
- Stirling数

5.3 组合计数定理
- 包含排斥原理
- 对称筛公式及其应用
- Burnside引理
- Pólya定理
- 加权Burnside引理
- 加权Pólya定理

模块3：初等数论

3.1 数论基础
- 整除性和同余
- 算术
- 素数和最大公因数
- 求解同余方程

3.2 简单应用
- 同余应用
- RSA密码系统

模块4：代数结构

4.1 半群和独异点及其性质
- 二元运算及其性质
- 半群与独异点

4.2 群
- 群的概念和基本性质
- 子群
- 循环群
- 置换群
- 正规子群和商群
- 群的同态与同构

4.3 环和域
- 环的定义和性质
- 一些特殊的环
- 域的定义及基本性质
- 有限域上的多项式环
- 有限域的应用

4.4 格及代数系统
- 格的定义与性质
- 一些特殊的格
- 代数系统

技术的应用,为计算机相关专业程序设计语言、数据结构、操作系统、编译技术、人工智能、数据库、算法设计与分析、理论计算机科学基础等后续专业课程的学习储备数学基础,同时培养和提高学生的抽象思维能力和严密的逻辑推理能力,为将来参与创新性研究和开发工作打下坚实的基础。

本课程包含 7 个知识模块,主要模块之间的关系如图 2-4 所示。

四、离散数学课程知识点

模块 1: 集合论(Set Theory)

知识点	主要内容	能力目标	参考学时
1. 集合及其运算(Operations of Sets)	集合的概念和表示法,集合的运算(交、并、差、对称差),笛卡儿积(幂)	理解集合的概念和表示法(A);掌握集合的运算、幂集(A);掌握证明集合相等的方法(A)	2
2. 关系(Relations)	关系及其表示;关系的性质;合成关系和逆关系;关系的闭包运算;集合的划分和覆盖;等价关系与等价类;偏序关系	理解关系的性质和表示方法(A);掌握关系的复合运算及其性质(A);掌握关系的合成及逆关系计算方法(A);掌握关系的闭包概念与构造方法(A);掌握集合的划分和覆盖(A);掌握等价关系与等价类(A);掌握偏序关系(A)	4
3. 函数(Functions)	函数的概念(单值、定义域、值域);函数的性质(单射、满射、双射);函数的运算(函数合成、反函数)	熟练掌握函数的概念和记号(A);掌握单射、满射、双射的概念和判断方法(A);掌握函数合成、反函数的定义和性质(A)	1
4. 基数(Cardinality)	集合的等势;有穷集、无穷集;康托尔定理与对角化证明	掌握集合等势的概念及通过构造双射来证明集合等势的方法(B);了解自然数集、有理数集、实数集等常见数集之间的等势关系(B);了解康托尔定理及其对角化证明方法(C);了解有穷集和无穷集的概念及其性质(C)	1

模块 2: 图论（Graph Theory）

知识点	主要内容	能力目标	参考学时
1. 图的基本概念（Basic Concepts of Graphs）	图的基本概念（无向图、有向图、n 阶图、有限图、零图、平凡图、空图；相邻、邻接、关联；环、孤立点、平行边；邻域、闭邻域；顶点的度、最大度、最小度）；图同构；特殊的图类（简单图、$k-$ 正则图、彼得森图、完全图、有向完全图、竞赛图、二部图、$k-$立方体图）；图的运算（子图、母图、真子图、生成子图、导出子图；补图；删除、收缩、加新边、不交、并图、交图、差图、图的环和、联图、积图）；图的连通性（通路、回路；初级通路、初级回路；简单通路、简单回路；扩大路径法；连通关系、连通图、连通分支；弱连通、单向连通、强连通）	熟练掌握图的基本概念(A)；熟练掌握图论基本定理及其推论(B)；掌握图同构的概念(B)；了解各种特殊的图类(C)；了解各种图运算(C)；熟练掌握通路与回路的定义(A)；掌握扩大路径法(B)；掌握无向连通图的性质、定义和成立条件(B)；理解有向图中各种连通分支和连通图的概念(B)；了解强连通图和单向连通图的判定条件(C)	4
2. 欧拉图和哈密顿图（Eulerian Graph and Hamiltonian Graph）	欧拉回路；欧拉通路；欧拉图；半欧拉图；有向欧拉图；有向半欧拉图；哈密顿回路；哈密顿通路；哈密顿图；半哈密顿图	熟练掌握欧拉回路、欧拉通路、欧拉图、半欧拉图的概念(A)；掌握欧拉图、半欧拉图的充要条件(B)；了解求欧拉回路的算法(C)；熟练掌握哈密顿图、半哈密顿图的概念(A)；掌握哈密顿图、半哈密顿图的必要条件和充分条件(B)	2
3. 树（Tree）	树；树叶；分支点；生成树	熟练掌握树的定义及等价条件(A)；掌握生成树的概念(B)	1
4. 图的矩阵表示（Matrix Representations of Graphs）	关联矩阵；邻接矩阵；相邻矩阵	掌握关联矩阵的概念(B)；掌握邻接矩阵和相邻矩阵的概念(B)；了解用邻接矩阵和相邻矩阵的幂求不同长度通路（回路）总数的方法(C)	1
5. 平面图（Planar Graph）	平面图；对偶图；平面表示、球面表示、外部面、内部面、面的次数；欧拉公式；库拉图斯基定理	掌握平面图和对偶图的概念(A)；了解平面表示、外部面、内部面、面的次数的概念(B)；了解欧拉公式和用欧拉公式的推论作为判断平面图的必要条件(C)；掌握判断平面图的充要条件（库拉图斯基定理）(B)	2

续表

知识点	主要内容	能力目标	参考学时
6. 图着色（Graph Coloring）	点着色、边着色、平面图面着色	掌握点着色、边着色的概念（A）；了解平面图面着色的概念（B）	1
7. 控制集（Dominating Set）	支配集；极小（最小）支配集	掌握支配集、极小（最小）支配集的概念（B）；对于给定图，能够求解支配集（C）	0.5
8. 覆盖集（Covering Set）	点覆盖集；极小（最小）点覆盖集	掌握点覆盖集、极小（最小）点覆盖集的定义（B）；对于给定图，能够求解点覆盖集（C）	0.5
9. 独立集（Independent Set）	点独立集；极大（最大）点独立集；点独立数；团；极大（最大）团	掌握点独立集、极大（最大）点独立集、团、极大（最大）团的定义（B）；对于给定图，能够求解点独立集以及团（C）	1
10. 匹配（Matching）	匹配、最大匹配、完美匹配；交错路径、可增广路径；二部图的匹配、完备匹配；霍尔条件	掌握匹配、最大匹配、完美匹配的概念（B）；了解最大匹配的充要条件（无可增广路径）（C）；掌握二部图完备匹配的概念（B）；了解二部图完备匹配的充要条件（霍尔条件）（C）	1
11. 带权图（Weighted Graph）	带权图；中国邮递员问题；货郎担问题	掌握带权图的定义与应用（B）；了解中国邮递员问题的定义和多项式时间算法（C）；了解货郎担问题的定义和近似算法（C）	2

模块 3：初等数论（Elementary Number Theory）

知识点	主要内容	能力目标	参考学时
1. 整除性和模算术（Divisibility and Modular Arithmetic）	整除、带余除法、模算术性质	熟练掌握整除和带余除法的相关概念（A）；理解整数间的同余关系及模算术的性质（A）	1
2. 素数和最大公因数（Prime and the Greatest Common Factor）	素数、算术基本定理、试除法 / 厄拉多塞筛法、素数分布、最大公因数、最小公倍数、欧几里得算法、最大公因数的线性组合表示	熟练掌握素数和合数的定义及判定方法、最大公因数和最小公倍数的定义与算法（A）；理解欧几里得算法、Bazout 定理等相关结果（A）；了解筛法及素数的分布（B）	1

续表

知识点	主要内容	能力目标	参考学时
3. 求解同余方程（Solving Congruence Equations）	线性 / 一次同余方程、中国剩余定理；欧拉函数、欧拉定理、费马小定理、伪素数	熟练掌握同余方程的定义和中国剩余定理（A）；掌握欧拉定理、费马小定理的证明与应用（A）	2
4. 简单应用（Application Examples）	同余应用；RSA 密码系统	了解 Hash 函数，伪随机数，校验码等相关内容（B）；了解 RSA 加密算法的相关内容（B）	2

模块 4：代数结构（Algebraic Structures）

知识点	主要内容	能力目标	参考学时
1. 半群和独异点（Semigroup and Monoid）	二元运算及其性质；半群与独异点	了解二元运算相关的单位元，零元，结合律等（A）；掌握半群、独异点、子半群，子独异点，最小子半群，最小子独异点等概念及一些具体例子（A）	2
2. 群的概念和基本性质（Concept and Basic Properties of Groups）	群的定义；Abel 群、有限群、无限群；n 次幂及运算性质、群的阶；群的直积	熟练掌握群、Abel 群的定义与判定（A）；理解群的阶、直积等概念（A）；了解群的一些具体例子（A）	2
3. 子群（Subgroup）	子群定义、真子群、平凡子群；3 个判定定理、生成的子群、共轭子群	熟练掌握子群及相关概念的定义与判定（A）；一些子群的具体例子（A）	1
4. 循环群（Cyclic Group）	循环群定义、生成元；无限阶循环群结构、有限阶循环群结构	掌握循环群与生成元的定义（A）；理解循环群的结构（A）	1
5. 置换群（Permutation Group）	置换、n 元置换群；轮换、轮换表示、轮换指数、奇置换、偶置换	掌握置换的相关定义、性质、运算规则（A）；了解置换群的定义及其结构（A）	2
6. 正规子群和商群（Normal Subgroup and Quotient Group）	陪集概念及性质；Lagrange 定理；正规子群及判定、商群概念	掌握陪集、正规子群与商群的概念（A）；掌握正规子群的一些例子与判定方法（A）；理解 Lagrange 定理（A）	2
7. 群的同态与同构（Homomorphism and Isomorphism of Groups）	同态定义；凯莱定理；同态核、同态基本定理	理解群同态、同态核定义（A）；掌握凯莱定理和同态基本定理的应用（A）	2

续表

知识点	主要内容	能力目标	参考学时
8. 环的定义和性质（Definition and Properties of Rings）	环的定义和性质；子环、理想、商环和环同态	理解环的定义，熟练掌握环的性质（A）；理解子环、理想和商环的定义掌握并综合运用相关定理（A）；了解环同态的定义（A）	2
9. 一些特殊的环（Some Special Rings）	整环；唯一分解环；欧氏环；多项式环	理解整环、唯一分解环、欧氏环以及多项式环等特殊环的定义并掌握它们的判定方式（A）	2
10. 域的定义及基本性质（Definition and Basic Properties of Fields）	域的特征；素域；域的扩张；有限域的结构及刻画	掌握域的特征，了解素域相关概念（A）；掌握 n 次扩域的定义与结构（A）；理解有限域的结构及刻画（A）	1
11. 有限域上的多项式环（Polynomial Rings over Finite Fields）	多项式的阶；本原多项式；不可约多项式；不可约多项式的根；单位根与分圆多项式	理解多项式的阶、本原多项式和不可约多项式的定义（A）；掌握不可约多项式根的计算方法（A）；了解单位根与分圆多项式的概念（B）	2
12. 有限域的应用（Application of Finite Fields）	伪随机序列；代数编码	了解伪随机序列和代数编码的相关知识（B）	2
13. 格的定义与性质（Definition and Properties of Lattices）	格的两个等价定义、对偶原理、格的直积、子格、格同态、完备格、Taski 不动点定理	理解格的两个等价定义（A）；掌握对偶原理的应用和格的直积的计算（A）；理解子格、格同态和完备格的定义（A）；熟练掌握 Taski 不动点定理的应用（A）	2
14. 一些特殊的格（Some Special Lattices）	模格、分配格、有补格、布尔代数概念；同构、有限布尔代数的表示定理	理解模格、分配格、有补格、布尔代数的定义（A）；了解同构关系和有限布尔代数的表示定理（B）	2
15. 代数系统（Algebraic Systems）	代数系统、子代数和积代数；代数系统的同态与同构；同余关系和商代数	理解代数系统、子代数和积代数的概念（A）；了解代数系统的同态、同构和同余关系的定义与判定（B）；了解商代数的结构（B）	2

模块 5: 组合数学（Combinatorics）

知识点	主要内容	能力目标	参考学时
1. 鸽巢原理 （Pigeonhole Principle）	鸽巢原理的简单形式、一般形式、算数平均形式、函数形式	理解鸽巢原理(A)；掌握鸽巢原理的各种形式(A)；会利用鸽巢原理解决简单的实际问题(A)	1
2. Ramsey 定理 （Ramsey Theorem）	Ramsey 定理的简单形式；Ramsey 数；Ramsey 定理的推广形式；Ramsey 定理的应用	理解 Ramsey 定理的基本原理(A)；掌握 Ramsey 定理的两种形式(A)；会简单应用 Ramsey 定理(A)	1.5
3. 基本的计数公式 （Basic Counting Formula）	两个计数原则；排列和组合；多重集的排列和组合	熟练掌握基本的排列组合公式(A)；熟练掌握多重集的排列组合求解方法(A)	2
4. 二项式定理 （Binomial Theorem）	二项式定理与组合恒等式；多项式定理	熟练掌握二项式定理(A)；熟练掌握多项式定理(A)	1.5
5. 递推方程 （Recurrence Equation）	递推方程的公式解法；递推方程的换元法、迭代归纳法、差消法、尝试法等其他解法	掌握递推方程的多种求解方法(A)	2
6. 生成函数 （Generating Function）	生成函数的定义和性质；生成函数与组合计数	理解生成函数基本原理和定义(A)；会利用生成函数求解计数问题(A)	2
7. 指数生成函数 （Exponential Generating Function）	指数生成函数与多重集的排列问题	理解指数生成函数的基本原理和定义(A)；会利用指数生成函数求解排列问题(A)	2
8. Catalan 数与 Stirling 数（Catalan Number and Stirling Numbers）	Catalan 数；第一类 Stirling 数；第二类 Stirling 数的定义；性质及应用	理解 Catalan 数和两类 Stirling 数的递推方程(A)；掌握其定义和性质(A)；了解两类 Stirling 数间的关系(A)	2
9. 包含排斥原理 （Inclusion–Exclusion Principle）	包含排斥原理；对称筛公式及其应用	理解包含排斥原理(A)；会应用对称筛公式求解问题(A)	2
10. Polya 定理 （Polya Theorem）	Burnside 引理；Polya 定理；加权 Burnside 引理及加权 Polya 定理	理解 Burnside 引理和 Polya 定理基本原理，掌握其在计数中的应用(A)；了解加权 Burnside 引理及加权 Polya 定理(B)	2

模块 6: 数理逻辑（Mathematical Logic）

知识点	主要内容	能力目标	参考学时
1. 命题联结词（Proposition Connectives）	合取、析取、非、蕴含、等价；真值函数	掌握联结词的定义（A）	2
2. 命题公式（Formular）	命题公式的递归定义、BNF 定义、真值	掌握命题公式的定义及分类（A）	1
3. 命题推理系统（Inference System）	命题逻辑的自然推理系统	掌握命题逻辑的自然推理系统中的公理和规则（A）	1
4. 命题内定理（Inner Theorem）	交换律、结合律、德摩根率、幂等律、吸收率、同一率等、范式	综合运用推理方法（A）	2
5. 可靠性与和谐性（Soundness and Consistency）	可靠性和谐性的证明	掌握可靠性与和谐性（A）	1
6. 完全性（Completeness）	完全性的证明	掌握完全性（A）	2
7. 谓词（Predict）	谓词、函词、量词和个体	掌握谓词、量词、个体，理解函词（A）	2
8. 一阶谓词公式（First-Order Formular）	命题公式的定义、约束与自由变元、解释和赋值、真值	熟练掌握一阶谓词公式的构成（A）	2
9. 谓词推理系统（Predict Inference System）	谓词逻辑的 Hilbert 推理系统	熟练掌握谓词逻辑的推理规则（B）	1
10. 谓词内定理（Predict Inner Theorem）	量词辖域的收缩与扩充、换名等	综合运用推理方法（B）	2
11. 命题公式的消解（Resolution for Propositional Formulars）	命题公式消解规则	理解命题公式消解规则，熟练掌握消解规则（B）	2
12. Herbrand 定理（Herbrand Theorem）	Herbrand 定理的证明及其应用	理解 Herbrand 定理的证明（B）	2
13. 代换与和合一（Substitution and Unify）	代换与和合一规则	理解代换与和合一规则（C）	2
14. 谓词公式的消解（Resolution for Predict Formulars）	命题公式消解规则	理解谓词公式消解规则，熟练掌握消解规则（C）	2
15. 程序设计语言（Programming Language）	一个命令式程序设计语言核心	理解程序设计语言（B）	1

续表

知识点	主要内容	能力目标	参考学时
16. 霍尔逻辑公式 (Hoare Formular)	断言语言(一阶公式); 霍尔三元组	理解霍尔逻辑公式构成, 理解部分正确性(B)	1
17. 霍尔逻辑推理系统 (Hoare Inference System)	赋值语句规则、循环语句规则等; 循环不变量	掌握霍尔逻辑推理方法(B)	2
18. 程序推导例子 (Deduction Examples)	推导实例(阶乘程序)	掌握程序推导的过程、技巧, 简写方法(B)	2
19. 时态逻辑的模型 (Model of Temporal Logic)	Kripke 模型; 程序运行模型	了解时态逻辑的通用模型(C)	2
20. 线性时态逻辑公式 (Formular of Linear Temporal Logic)	线性时态逻辑公式的定义及其语义	理解线性时态逻辑公式的构造及其语义(C)	1
21. 系统性质描述 (Description with Linear Temporal Logic)	对弹簧系统、交通信号灯系统的描述	能应用时态逻辑公式描述系统性质(C)	1

模块 7: 文法和自动机（Grammar and Automaton）

知识点	主要内容	能力目标	参考学时
1. 语言和文法 (Language and Grammar)	语言和 BNF、文法和正则表达式	了解语言和文法及其分类(B)	2
2. 有限自动机 (Finite Automaton)	有限自动机及其运行、接受语言	了解有限自动机的定义(B)	2
3. 上下文无关文法 (Context-Free Grammar)	上下文无关文法定义	了解上下文无关文法(C)	2
4. 下推自动机 (Pushdown Automaton)	下推自动机及其运行、接受语言	了解下推自动机(C)	2

五、离散数学课程英文摘要

1. Introduction

Discrete Mathematics serves as the basis of computer science, just as Calculus for engineering. It consists of those discrete mathematical structures or objects that can be used to construct, prove or explain the behaviors of computing systems, including hardware and software.

Discrete Mathematics is a required course for one or two-year students in computer science and related majors. This is normally a 4-6 credit (64-120 hours) course, with emphasis on basic concepts, methods, skills, and fundamental principles of the above mathematical structures or objects. The course is not only going to provide students tools to solve problems encountered in computer systems, but also to improve their ability of abstract thinking.

2. Goals

- Understand the basic concepts, methods, skills, and fundamental principles of discrete mathematical structures.
- Apply the above methods to solve problems in computer science, such as counting, designing and analyzing algorithms, and formally describing and proving programs and their properties.
- Think the observations of computer systems on high levels, such as modeling computer systems and reasoning about programs.

3. Covered Topics

Modules	List of Topics	Suggested Hours
1. Set Theory	Operations of Sets(2), Relations(4), Functions(1), Cardinality(1)	8
2. Graph Theory	Basic Concepts of Graphs(4), Eulerian Graph and Hamiltonian Graph(2), Tree(1), Matrix Representations of Graphs(1), Planar Graph(2), Graph Coloring(1), Dominating Set(0.5), Covering Set(0.5), Independent Set(1), Matching(1), Weighted Graph(2)	16
3. Elementary Number Theory	Divisibility and Modular Arithmetic (1), Prime and the Greatest Common Factor (1), Solving Congruence Equations (2), Application Examples (2)	6
4. Algebraic Structures	Semigroup and Monoid (2), Concept and Basic Properties of Groups (2), Subgroup (1), Cyclic Group (1), Permutation Group (2), Normal Subgroup and Quotient Group (2), Homomorphism and Isomorphism of Groups (2), Definition and Properties of Rings (2), Some Special Rings (2), Definition and Basic Properties of Fields (1), Polynomial Rings over Finite Fields (2), Application of Finite Fields (2), Definition and Properties of Lattices (2), Some Special Lattices (2), Algebraic Systems (2)	27

续表

Modules	List of Topics	Suggested Hours
5. Combinatorics	Pigeonhole Principle (1), Ramsey Theorem (1.5), Basic Counting Formula (2), Binomial Theorem (1.5), Recurrence Equation (2), Generating Function (2), Exponential Generating Function (2), Catalan Number and Stirling Numbers (2), Inclusion–Exclusion Principle (2), Polya Theorem (2)	18
6. Mathematical Logic	Proposition Connectives(2), Formular(1), Inference System(1), Inner Theorem(2), Soundness and Consistency(1), Completeness(2), Predict (2), First–Order Formular(2), Predict Inference System(1), Predict Inner Theorem(2), Resolution for Propositional Formulars(2), Herbrand Theorem(2), Substitution and Unify(2), Resolution for Predict Formulars(2), Programming Language(1), Hoare Formular(1), Hoare Inference System(2), Deduction Examples(2), Model of Temporal Logic(2), Formular of Linear Temporal Logic(1), Description with Linear Temporal Logic(1)	34
7. Grammar and Automaton	Language and Grammar(2), Finite Automaton(2), Context–Free Grammar(2), Pushdown Automaton(2)	8
Total	69	117

计算机系统导论(Introduction to Computer Systems)

一、计算机系统导论课程定位

计算机系统导论作为计算机专业系统能力培养课程体系中的关键课程,主要用于将计算机系统抽象层中高级语言程序和数字逻辑电路之间所有相关的知识点有机地关联起来,通过该课程的教学,为学生构造出完整的计算机系统基本框架,让学生能够很好地建立计算机系统整机概念,强化学生的"系统思维"。因此,计算机系统导论课程是计算机科学与技术专业重要的专业基础课。

二、计算机系统导论课程目标

通过本课程的学习,使学生能从程序员角度认识计算机系统,能够建立高级语言程序、操作系统、编译器、链接器、指令集系统结构和微架构等计算机系统核心层内容之间的关联关系,从而增强学生在程序调试、程序性能提升、程序移植和程序健壮性等程序设计和开发方面的能力,并为后续的计算机组成与系统结构、操作系统、编译技术等课程的学习打下坚实的基础。

三、计算机系统导论课程设计

本课程从程序员视角出发,基于一个特定的单处理器计算机系统平台(如 IA-32/x86-64+Linux、RISC-V+Linux 或者 ARMv8+Linux 等),通过介绍在特定平台上相应的应用程序开发过程中涉及的各抽象层之间的关联关系,以可执行文件的生成和加载、进程的正常执行和异常处理、应用程序中 I/O 操作的底层实现机制为线索,重点构建高级语言程序到功能部件之间的系统级关联知识体系。

如图 2-5 所示,本课程的基础内容主要从程序的生成和程序的执行两个方面展开。程序的生成过程主要包括预处理、编译、汇编和链接 4 个步骤,预处理阶段与计算机系统底层关系不大,本课程主要关注与编译、汇编和链接三个阶段相关的计算机系统层面的内容。其中,编译和汇编两个阶段涉及信息的表示与处理、程序的机器级表示,链接阶段涉及目标文件格式和多个程序模块合并时的符号解析和重定位,以及动态链接等相关概念。程序的执行过程主要包括在系统中加载程序并在硬件上启动执行的过程,涉及在处理器中执行指令的过程,包含指令和数据的存储器访问,以及程序执行过程中硬件和操作系统之间的协同,这种协同反映在虚拟存储管理、进程上下文切换、异常和中断处理机制和 I/O 操作中的软硬件协同。本课程的高阶内容主要从程序的性能优化和程序间通信两个方面展开。程序的性能优化又分程序本身的优化和编译优化两类；程序间通信主要包括网络编程和并发编程两个方面的内容。

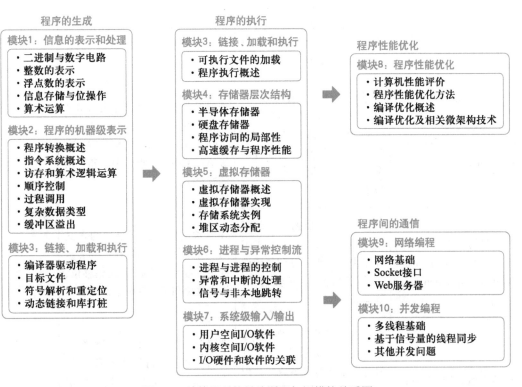

图 2-5　计算机系统导论课程知识模块关系图

四、计算机系统导论课程知识点

模块 1：信息的表示和处理（Representing and Manipulating Information）

知识点	主要内容	能力目标	参考学时
1. 二进制和数字电路概述（Binary and Digital Circuit Overview）	进位计数制；二进制数与其他进位计数制数之间的转换；布尔代数简介；逻辑门的基本概念；加法器的实现	掌握二进制数与十进制、十六进制数之间的转换（A）；理解如何基于二值逻辑运算实现基本的加法运算（A）	2

续表

知识点	主要内容	能力目标	参考学时
2. 整数的表示 （Integer Representations）	定点数的编码（原码、补码、移码）表示；带符号整数的表示；无符号整数的表示；C 语言中的整数类型及其数据之间的转换和比较	掌握补码表示方法（A）；理解计算机的模运算系统特征（A）；理解原码和移码表示方法（B）；掌握 C 语言程序中整型数据之间的转换和比较操作（A）	2
3. 浮点数的表示 （Representation of Floating Point Numbers）	科学记数法与浮点数表示；浮点数表示的范围和精度；浮点数的规格化；IEEE 754 浮点数表示标准；附加位和舍入方式；C 语言中的浮点数类型	理解浮点数格式及其与表示精度和范围之间的关系（B）；能运用 IEEE 754 标准规定解释和解决高级语言编程中浮点数表示和转换问题（B）	1
4. 信息的存储和位操作 （Information Storage and Bit-Level Operation）	位、字节、字；数据大小的表示单位；大端 / 小端方式；C 程序中的逻辑运算和位操作（按位逻辑操作、移位、扩展等运算）	理解常用数据长度单位的含义（A）；理解大端和小端方式（A）；掌握定点数的按位运算、逻辑移位、算术移位和扩展等操作方式（A）	1
5. 算术运算（Arithmetic Operation）	补码加 / 减运算部件；加减运算生成的标志信息；带符号整数和无符号整数的乘积之间的关系；整数乘运算的溢出问题；常量的乘除运算；浮点数运算的精度问题和异常处理	理解带符号整数和无符号整数在机器中如何进行加减运算、如何产生标志信息（A）；能运用所学知识解释高级语言程序中各种类型数据的运算结果和程序执行结果（A）	2

模块 2：程序的机器级表示（Machine-Level Representation of Programs）

知识点	主要内容	能力目标	参考学时
1. 程序转换概述 （Program Transformation Overview）	冯·诺依曼结构和存储程序工作方式；程序和指令的基本执行过程；从源程序到可执行文件的转换过程；计算机系统层次结构；高级语言程序与机器级代码的对应关系；机器语言和汇编语言；汇编指令	理解基本工作原理（A）；理解程序和指令间的关系（A）；理解系统层次结构（A）；理解可执行文件生成的基本过程（A）；理解高级语言程序、汇编指令、机器指令之间的关系（A）	2

续表

知识点	主要内容	能力目标	参考学时
2. 指令系统概述 (Instruction Set Architecture Overview)	指令集体系结构(ISA)规定的主要内容；具体指令架构中的指令格式、寄存器组织、数据格式、寻址方式、汇编指令形式，以及常用指令类型及其功能	理解指令系统约定要义(A)；理解具体指令系统中的指令格式、通用寄存器组织、数据格式、寻址方式、汇编指令形式(A)	2
3. 访存和算术逻辑运算 (Access and Arithmetic/ Logical Operation)	传送指令；访存指令；存储器操作数的寻址方式；有效地址加载指令；定点运算指令；按位运算指令；移位指令；运算结果和标志位的关系	能够运用所学内容写出 C 程序中包含的各种算术运算的表达式及其赋值语句、关系表达式等对应的机器级代码(A)；理解标志位的含义和处理方式(A)	2
4. 执行顺序控制 (Control of Program Execution Sequence)	条件码与条件转移指令；无条件转移指令；条件设置指令；各种选择语句的机器级表示；各种循环结构的机器级表示	理解各类选择和循环语句对应的机器级代码结构(A)；能够运用所学内容写出 C 程序中选择语句、循环语句对应的机器级代码(A)	1
5. 过程调用 (Procedure Call)	调用指令；返回指令；栈区访问指令；过程调用对应的机器级代码结构；ABI 规范；程序的存储空间划分；栈帧结构和寄存器使用约定；按值传参和按地址传参；递归过程调用；非静态局部变量的存储分配	理解过程调用对应的机器级代码结构(A)；理解程序代码、数据、栈和堆所在存储区的划分(A)；理解栈帧生长与释放过程(A)；理解按值传参和按地址传参的本质差别(A)；能够运用所学内容写出 C 程序中过程调用对应的机器级代码(A)；理解递归调用的额外时间和空间开销(A)；理解非静态局部变量的存储分配和编译优化、未定义行为等概念之间的关系(A)	4
6. 复杂数据类型 (Complex Data Type)	指针的运算；数组的分配和访问；结构体和联合体数据的分配和访问；链表的构建和操作；数据的对齐方式	理解指针运算规则(A)；理解数组元素的访问和循环语句及变址寻址的关系(A)；理解结构体和联合体内数据的访问方式(A)；能够运用所学知识构建链表及其对应的操作(A)；理解为何要数据对齐及其与 ISA、编译器之间的关系(A)	1

续表

知识点	主要内容	能力目标	参考学时
7. 缓冲区溢出（Buffer Overflow）	通过指针和数组访问存储器；存储器越界引用；越界访问和缓冲区溢出的关系；缓冲区溢出攻击举例；缓冲区溢出攻击的几种防范措施	能够在机器级代码层面解释访问越界引起的漏洞（A）；能够解释如何利用缓冲区溢出进行攻击（A）；能够运用所学知识构造缓冲区溢出攻击代码（A）；理解缓冲区溢出攻击的基本防范措施（A）	2

模块 3：链接、加载和执行（Linking, Loading and Execution of Program）

知识点	主要内容	能力目标	参考学时
1. 编译器驱动程序（Compiler Drivers）	预处理、编译和汇编；反汇编；汇编指示符；链接的基本过程；静态库的生成；静态链接器的功能和静态链接过程	理解编译器驱动程序包含的基本功能模块（A）；能够运用编译器驱动程序（如 GCC）进行预处理、编译、汇编、链接等操作（A）；理解反汇编形式和常用汇编指示符的含义（A）；理解静态库的生成过程（A）；理解通过静态链接方式生成可执行目标文件的过程（A）	1
2. 目标文件（Object Files）	ELF 目标文件格式；可重定位目标文件；可执行目标文件；可执行目标文件的存储器映像	理解目标文件基本格式（A）；理解 ELF 可重定位和可执行两种目标文件间的差别（A）；理解可执行目标文件中只读代码段和可读写数据段的组成（A）；能够使用 readelf 命令显示需要的信息（A）；理解可执行文件和虚拟地址空间之间的对应关系（A）	1
3. 符号解析和重定位（Symbol Resolution and Relocation）	全局符号、外部符号和本地符号的含义；符号表的数据结构；全局符号的强、弱特性；符号解析过程；与静态库的链接；重定位的概念；重定位节和重定位信息；重定位类型（PC 相对地址、绝对地址）；重定位过程	理解符号表中符号定义（A）；理解符号解析的目的以及符号解析过程（A）；理解全局符号强弱性以及多重符号处理方式（A）；能够运用多重符号定义规则对执行结果进行分析（A）；理解静态库的生成和静态链接时的符号解析过程（A）；理解重定位的目的（A）；理解重定位节中重定位信息的含义（A）；理解两种基本重定位类型的重定位过程（A）	2

续表

知识点	主要内容	能力目标	参考学时
4. 动态链接和库打桩 （Dynamic Linking and Library Interpositioning）	动态链接库；加载时的动态链接；运行时的动态链接；位置无关代码的生成（模块内过程调用和跳转、模块内数据引用、模块间数据引用、模块间过程调用和跳转）；编译时打桩；链接时打桩；运行时打桩	理解动态链接的概念和基本特性（B）；理解程序加载时和运行时的动态链接过程（B）；理解位置无关代码的各种生成方式（B）；理解编译时、链接时、运行时打桩的基本概念和过程（B）	2
5. 可执行目标文件的加载 （Loading of Executable Object File）	可执行文件的启动和加载过程；可执行文件的存储器映像；程序在运行时的逻辑地址空间	理解可执行文件的启动和加载过程（A）；理解程序执行时代码和数据所在的存储地址空间（A）；理解为何程序执行时指令和数据所在的地址为逻辑地址而不是主存物理地址（A）	1
6. 程序执行概述 （Program Execution Overview）	程序和指令的执行过程；CPU 的基本功能和组成；在给定的简化模型机上执行一个简单程序的过程；指令执行过程中的异常情况	理解程序和指令的大致执行过程（A）；理解 CPU 的基本功能和基本组成（A）；理解指令和 CPU 组成之间的关系（A）；理解指令正常执行过程中可能发生的各种异常情况（A）	1

模块 4：存储器层次结构（Memory Hierarchy）

知识点	主要内容	能力目标	参考学时
1. 半导体存储器 （Random Access Memory）	SRAM 和 DRAM 的特点；存储器芯片和内存条；CPU 与主存（内存条）的连接及其存储访问过程；非易失性存储器	理解 SRAM 和 DRAM 存储器的基本特点（A）；理解内存条中存储芯片组织和 CPU 读写主存的过程（A）；理解 ROM 存储器的特点（A）	2
2. 硬盘存储器 （Disk Storage）	磁盘驱动器的物理结构；磁盘驱动器的内部逻辑结构和磁盘访问过程；磁道记录格式；磁盘存储器的性能指标；磁盘与 CPU、主存之间的连接；固态硬盘	理解磁盘存储器的基本结构和工作原理（A）；理解磁盘存储器的性能指标（A）；理解固态硬盘的特点和基本工作原理（A）	2

续表

知识点	主要内容	能力目标	参考学时
3. 程序访问的局部性（Locality）	程序访问的局部性特点；时间局部性；空间局部性；各类存储器的特点；如何构建存储器层次结构	理解何为程序访问的局部性特点(A)；理解为何要按层次结构构建存储器系统(A)；理解程序访问局部性与存储器层次结构之间的关系(A)	1
4. 高速缓存与程序性能（Cache and Program Performance）	主存块和 Cache 行之间的关系；Cache 和主存之间的映射方式；带 Cache 的 CPU 的访存过程；Cache 中主存块的替换算法；Cache 的写策略；Cache-主存层次的平均访问时间；影响 Cache 性能的因素；Cache 对程序性能的影响；Cache 结构举例	理解 Cache 基本原理(A)；理解 3 种映射方式的实现及其不同的特点(A)；理解 CPU 访存过程(A)；能够综合运用映射方式、替换算法和写策略等计算 Cache 命中率和平均访问时间(A)；能够综合运用 Cache 相关知识针对具体程序进行性能分析(A)	3

模块 5：虚拟存储器（Virtual Memory）

知识点	主要内容	能力目标	参考学时
1. 虚拟存储器概述（Virtual Memory Overview）	虚拟存储器的起源；虚拟存储器相关基本概念；进程的虚拟地址空间；进程描述符中的存储区域的描述；虚拟存储器与可执行目标文件、链接器、操作系统和硬件之间的关联关系	理解虚拟地址和物理地址的基本概念(A)；理解进程的虚拟地址空间划分和进程描述符的关系(A)；理解如何由可执行文件构建虚拟地址空间(A)	1
2. 虚拟存储器实现（Virtual Memory Implementation）	按需调页；页式虚拟存储器的实现；页表和页表项；地址转换过程；TLB；段式和段页式虚拟存储器的实现；CPU 访存的完整过程（包含对 TLB、页表、Cache 和主存的访问）；TLB 缺失、Cache 缺失和缺页情况下 CPU 对应的处理；存储保护和特权模式；特权指令；访管（陷阱）指令；用户态和内核态之间的转换；地址越界、访问越级、访问越权	理解按需调页思想(A)；理解页式虚拟存储器的实现机制(A)；理解段式和段页式虚拟存储器实现的基本思想(A)；理解 CPU 对存储系统完整的访问过程(A)；理解存储保护的实现机制及其与特权模式之间的关系(A)	3

续表

知识点	主要内容	能力目标	参考学时
3. 存储系统实例(Case Study:Memory System)	层次化存储系统结构;Linux 虚拟存储系统(虚拟地址空间划分;页故障处理);段页式虚拟存储管理机制(包括段表项、页目录项和页表项等);地址转换过程(逻辑地址转换为线性地址、线性地址转换为物理地址);存储保护机制	通过"Intel Corei7+Linux"或"RV+Linux"等具体平台中存储系统的实现,综合理解层次结构存储器系统全貌及其软硬件协同关系(B);理解 IA-32/x86-64+Linux 系统平台的地址转换过程和存储保护机制(B)	3
4. 堆区动态分配(Dynamic Allocation)	malloc 和 free 函数;动态内存分配的基本概念;内部碎片和外部碎片;显式分配器的设计和实现;隐式空闲链表;空闲块的分割与合并;显式空闲链表;分离空闲链表;垃圾收集器的基本概念;Mark&Sweep 垃圾收集器;C 程序的 Mark&Sweep 垃圾收集器	理解 malloc 和 free 函数的功能(C);理解堆区碎片形成原因(C);掌握显式分配器的设计和实现方法(C);理解垃圾收集和垃圾收集器的相关概念(C);理解 Mark&Sweep 垃圾收集器的基本实现思路(C)	2
5. C 程序中常见的与存储访问有关的错误(Common Memory-Related Bugs in C Programs)	间接引用坏指针;读未初始化的内存;允许栈缓冲区溢出;假设指针与其指向的对象大小相同;错位错误;引用指针而不是其指向的对象;误解指针运算;引用不存在的变量;引用堆中空闲块;内存泄漏等	能够运用所学知识对 C 程序中常见的与存储访问有关的错误进行调试和分析,编写出高可靠性的程序(C)	1

模块 6：进程与异常控制流(Processes and Exceptional Control Flow)

知识点	主要内容	能力目标	参考学时
1. 进程和进程控制(Processes and Process Control)	程序和进程的基本概念;进程的逻辑控制流;进程的上下文切换;进程的存储器映射;可执行文件的加载;进程用户空间的初始化;共享对象构建;进程的创建和终止;进程的回收和休眠	理解进程的逻辑控制流(A);理解进程上下文信息(A);理解用户进程空间的初始化过程和共享对象的构建(A);理解进程的创建、终止、回收和休眠等进程控制过程(B)	2

续表

知识点	主要内容	能力目标	参考学时
2. 异常和中断（Exception and Interrupt）	异常和中断的基本概念；异常的分类（故障、陷阱、终止）；中断的分类（可屏蔽中断、不可屏蔽中断）；异常和中断的响应过程；异常和中断的软硬件协同处理过程	理解常见故障/陷阱类型（A）；理解异常和中断的异同（A）；理解可屏蔽中断和不可屏蔽中断的基本概念（A）；理解异常和中断的响应过程和处理过程（A）	2
3. 信号与非本地跳转（Signals and Nonlocal Jumps）	Linux 中的信号处理机制；信号处理过程；信号的发送和接收；信号处理程序；非本地跳转处理	理解信号机制的本质（B）；理解 Linux 系统中常用信号对应事件及其处理（B）；理解信号处理过程以及常用函数（B）；能够使用非本地跳转实现信号处理（B）	2
4. 特定架构中的异常/中断机制（Case Study：Exception and Interrupt）	某个特定架构（如 IA-32 或 RISC-V）的异常/中断机制，包括中断向量表（中断描述符表）、异常/中断相关处理指令、控制/状态寄存器、异常/中断过程等	理解一个指令集架构对于异常/中断机制必须规定的内容（B）	2
5. Linux 中的异常/中断处理（Linux Exception and Interrupt）	Linux 对异常和中断的处理；Linux 中的系统调用	理解 Linux 如何对 ISA 规定的异常/中断机制进行封装（B）；理解 Linux 对异常、中断的不同处理方式（B）；理解 Linux 中系统调用的实现原理（B）	2

模块 7：系统级输入/输出（System-Level I/O）

知识点	主要内容	能力目标	参考学时
1. 用户空间 I/O 软件（I/O Software in User Space）	从用户程序 I/O 请求到 I/O 设备输入/输出操作的转换过程；操作系统在 I/O 子系统中的作用；I/O 子系统的特性；系统调用封装函数对应的机器级代码；用户程序中的 I/O 函数；文件及文件操作；系统级 I/O 函数；C 标准 I/O 库函数；输入/输出流缓冲区；用户程序中的 I/O 请求	理解从用户程序中的 I/O 请求到 I/O 设备输入/输出操作之间的转换过程（A）；理解 C 程序中 I/O 库函数到内核中相关系统调用服务例程之间的调用路径（A）；理解系统调用封装函数对应的机器级代码结构（A）；理解用户程序、C 标准函数库和内核之间的关系（A）；理解文件与 I/O 设备、I/O 操作之间的关系（A）；理解如何利用流缓冲区来减少系统调用次数（A）；理解为何要尽量减少系统调用次数（A）	3

续表

知识点	主要内容	能力目标	参考学时
2. I/O 硬件概述(I/O Hardware Overview)	I/O 设备概述;外部设备通用结构;外设与主机的互连;总线;I/O 接口(设备控制器)的通用结构;I/O 端口的编址方式	理解如何进行总线互连(A);理解 I/O 接口功能和结构(A);理解 I/O 端口两种编址方式各自的特点(A)	1
3. I/O 控制方式(I/O Control Methods)	程序查询方式;中断 I/O 方式;中断控制器;中断请求与中断查询;中断响应和中断处理;DMA 方式	理解 3 种 I/O 控制方式各自的特点和适用场合(A);理解程序查询方式的特点和工作流程(A);理解中断 I/O 方式的特点和工作过程(A);理解 DMA 方式的特点和工作过程(A)	3
4. 内核空间 I/O 软件概述(Overview of I/O Software in Kernel Space)	设备无关 I/O 软件层;设备驱动程序层;中断服务程序层	理解内核空间 I/O 软件的基本层次结构(A);理解驱动程序与 I/O 控制方式之间的关系(A);理解驱动程序和中断服务程序之间的关系(A)	1

模块 8：程序性能优化(Optimizing Program Performance)

知识点	主要内容	能力目标	参考学时
1. 计算机性能评价(Computer Performance Evaluation)	计算机性能评价的基本概念;CPI;CPU 时钟周期;CPU 执行时间;基准程序;代码剖析程序;Amdahl 定律	理解什么是计算机性能(B);能运用所学知识对计算机系统性能进行测量和评价(B);能运用 Amdahl 定律解释计算机系统性能优化问题(B)	1
2. 程序性能优化方法(Methods of Program Optimization)	减少循环内不必要的操作;减少过程调用;消除不必要的内存引用等	能够运用所学方法进行程序性能优化(B)	1
3. 编译优化概述(Compilation Optimization Overview)	编译优化级别及其选项设置;编译器与微架构、ISA、ABI 规范、操作系统、高级程序设计语言标准之间的关系;编译优化的依据以及必须考虑的问题;编译优化的局限性	了解编译优化级别及其选项设置方式(C);理解编译器与微架构、ISA、ABI 规范、操作系统、高级程序设计语言标准之间的密切关联关系(C);理解影响编译优化的因素以及编译优化的局限性(C)	1
4. 与编译优化相关的微架构技术(Microarchitecture Technology Related to Compilation Optimization)	指令流水线技术;静态多发射流水线;超标量和乱序执行;分支预测和投机执行;高速缓存机制	了解各种微架构技术的基本思想(C);理解机器级目标代码在相应微架构中的执行过程(C)	2

续表

知识点	主要内容	能力目标	参考学时
5. 与微架构相关的编译优化（Compilation Optimization Related to Microarchitecture）	循环展开；用移位指令替换乘除指令；选择 CPI 更小的指令；用数据级并行（SIMD）指令进行优化；理解存储访问对程序性能的影响；利用程序访问的局部性进行优化等	理解各种编译优化的基本原理（C）；能够运用所学知识进行用户程序的优化（C）；能够运用所学知识进行编译器优化设计（C）	1

模块 9：网络编程（Network Programming）

知识点	主要内容	能力目标	参考学时
1. 网络基础（Networks Basics）	网络硬件；TCP/IP 协议栈；客户端 - 服务器编程模型；IP 地址；因特网域名；因特网连接	理解与网络相关的基本概念（C）	2
2. Socket 接口（The Socket Interface）	套接字地址结构；socket 函数；connect 函数；bind 函数；listen 函数；accept 函数；主机和服务的转换；套接字接口的辅助函数	理解 Socket 接口相关的函数功能和调用方法（C）	2
3. Web 服务器（Web Servers）	Web 基础；Web 内容；HTTP 事务；服务动态内容；Web Servers 实例	能够运用所学知识实现一个简单的 Web 服务器（C）	2

模块 10：并发编程（Concurrent Programming）

知识点	主要内容	能力目标	参考学时
1. 多线程基础（Multithreading Basics）	线程与进程的区别；线程执行模型；Pthreads 多线程编程接口；多线程中的共享变量	理解与多线程编程相关的基本概念（C）；理解 Pthreads 多线程编程接口中基本函数的功能和调用方法（C）	2
2. 基于信号量的线程同步（Synchronizing Threads with Semaphores）	线程同步的基本概念；进度图；信号量的基本概念；使用信号量实现互斥和共享资源调度；基于预线程化的并发服务器	理解多线程同步的基本概念（C）；理解多线程并发编程的基本思路和方法（C）	2

续表

知识点	主要内容	能力目标	参考学时
3. 其他并发问题（Other Concurrency Issues）	使用线程提高并行性；线程安全；可重入函数；竞争；死锁	能够运用多线程提高程序的并行性(C)；了解多线程并发编程中的线程安全、可重入性、竞争和死锁等问题的基本概念和基本处理方式(C)	2

五、计算机系统导论课程英文摘要

1. Introduction

Introduction to Computer Systems is a core course in the curriculum system of computer system capability training for CS majors. A computer system consists of hardware and systems software that work together to run application programs. This course mainly introduces the relationship between related concepts which exist in computer system abstraction layers. Through this course, the students are guided to establish a comprehensive understanding of the basic framework of computer systems, and to cultivate and strengthen their ability of systematic thinking.

This course focuses on building systematic knowledge from programmer's perspective, based on a single processor computer system. The contents are organized in order of generation and loading of an executable object file, process execution and exception handling, I/O operations and its underlying implementation mechanism. The main contents of the course include representing and manipulating information, machine–level representation of programs, linking, loading and execution, memory hierarchy, cache, virtual memory, exceptions and interrupt, I/O operation mechanism, optimization of program performance, network programming and concurrent programming, etc.

There are three types of programming assignments in this course.(1) Basic programming and debugging to observe the program execution;(2) Some programming exercises around certain topics (such as bit operation, binary bomb, buffer overflow);(3) A full–system emulator project to build a computer system which can run small operation system and applications.

2. Goals

To help students understand how the computer system works and how those components of computer system affect the correctness and performance of programs.

To help students understand association relationship across high level language programs, operating system (OS), compiler, linker, instruction set architecture (ISA) and microarchitecture.

To help students improve their practical skills in program debugging, performance optimizing, etc.

To build a solid foundation for the subsequent courses of "computer organization and architecture", "operating system", "compilation principle" and "computer networking".

3. Covered Topics

Modules	List of Topics	Suggested Hours
1. Representing and Manipulating Information	Binary and Digital Circuit Overview (2), Integer Representations (2), Representation of Floating Point Numbers (1), Information Storage and Bit-Level Operation (1), Arithmetic Operation (2)	8
2. Machine-Level Representation of Programs	Program Transformation Overview (2), Instruction Set Architecture Overview (2), Access and Arithmetic/Logical Operation (2), Control of Program Execution Sequence (1), Procedure Call (4), Complex Data Type (1), Buffer Overflew (2)	14
3. Linking, Loading and Execution of Program	Compiler Drivers (1), Object Files (1), Symbol Resolution and Relocation (2), Dynamic Linking and Library Interpositioning (2), Loading of Executable Object File (1), Program Execution Overview (1)	8
4. Memory Hierarchy	Random Access Memory (2), Disk Storage (2), Locality (1), Cache and Program Performance (3)	8
5. Virtual Memory	Virtual Memory Overview (1), Virtual Memory Implementation (3), Case Study: Memory System (3), Dynamic Allocation (2), Common Memory-Related Bugs in C Programs (1)	10
6. Processes and Exceptional Control Flow	Processes and Process Control (2), Exception and Interrupt (2), Signals and Nonlocal Jumps (2), Case Study: Exception and Interrupt (2), Linux Exception and Interrupt (2)	10
7. System-Level I/O	I/O Software in User Space (3), I/O Hardware Overview (1), I/O Control Methods (3), Overview of I/O Software in Kernel Space (1)	8
8. Optimizing of Program Performance	Computer Performance Evaluation (1), Methods of Program Optimization (1), Compilation Optimization Overview (1), Microarchitecture Technology Related to Compilation Optimization (2), Compilation Optimization Related to Microarchitecture (1)	6
9. Network Programming	Networks Basics (2), The Socket Interface (2), Web Servers (2)	6
10. Concurrent Programming	Multithreading Basics (2), Synchronizing Threads with Semaphores (2), Other Concurrency Issues (2)	6
Total	47	84

操作系统（Operating Systems）

一、操作系统课程定位

本课程在先修课程基础上，系统介绍操作系统的基础理论、设计思路和实现方法。要求学生了解操作系统的内部工作方式，掌握操作系统的基本概念、功能组成、系统结构及运行环境；掌握操作系统实现涉及的数据结构和算法，熟悉并运用操作系统工作原理、设计方法和实现技术；了解设计、开发操作系统过程中的问题、解决方案和折中权衡，培养学生发现问题、界定问题、解决问题、评估结果的基本能力；了解操作系统的演化过程、发展研究动向、前沿技术以及新思想，理解各种有代表性的、典型的操作系统实例，掌握操作系统中的典型技术及应用，具备针对特定体系结构完成一个小型操作系统的能力。为学生学习后续课程打下良好基础，也为其后续发展奠定基石。

二、操作系统课程目标

（1）了解操作系统的地位、作用和特点，熟悉典型的操作系统实例。

（2）了解操作系统运行流程，掌握操作系统实现涉及的数据结构和算法。

（3）熟悉操作系统工作原理、设计方法和实现技术，并能运用于特定体系结构。

（4）掌握特定体系结构的中断/异常机制，设计系统调用接口。

（5）理解进程对处理器的抽象方式，掌握进程/线程模型的建立和运作过程，理解如何以进程/线程运行全过程为主线，形成独立逻辑控制流和私有地址空间，以及进程/线程上下文。

（6）理解地址空间对内存的抽象方式，掌握虚拟内存机制的工作流程，理解虚拟内存如何将硬件异常机制、硬件地址转换、内存、磁盘文件和内核功能完美交互。

（7）理解文件管理对磁盘的抽象方式，掌握文件系统的设计思路、典型文件系统的设计布局和进程/线程运行过程中的内核支持。

（8）掌握输入/输出（I/O）控制流程，了解 I/O 与其他系统概念之间的关联关系。

（9）了解系统运行时的并发控制问题，掌握进程/线程间同步互斥机制、通信机制，理解死锁等问题的产生原因及解决方案。

（10）综合相关概念并运用于设计、实现或完善一个小型的操作系统或者内核的典型功能。

三、操作系统课程设计

课程讲授知识点方式：从基本概念切入，围绕操作系统引导以及支持程序运行的全过程，分别讲解内核的几大功能模块及其内在关联；同时兼顾基础知识、进阶知识和前沿技术内容的讲解，使学习者能更好地理解知识点、运用知识点。

如图 2-6 所示，本课程主要包括 4 部分内容。

基础部分：首先从操作系统启动和引导出发，围绕一个程序的典型执行流程，引入操作系统涉及的主要概念。接着通过介绍操作系统的结构设计，围绕典型操作系统的体系结构，引入操作系统的各大功能。最后概括总结操作系统的定义、作用和特征，介绍操作系统的演化历史和分类。

内核主要功能部分：针对下述主要功能，介绍其基本概念、工作原理、实现技术和方法，以及典型实例。

① 系统运行环境和运行机制。

② 进程 / 线程模型与进程 / 线程调度。

③ 内存管理。

④ 文件系统。

⑤ 输入 / 输出系统。

⑥ 并发控制机制。

⑦ 死锁。

进阶部分：介绍公平分享调度算法、保证调度算法、读写锁、自旋锁、RCU、彩票调度算法虚存性能影响因素、内存映射文件技术、写时复制技术、页缓冲技术、虚拟文件系统、文件共享和保护以及文件系统挂载。

前沿技术部分：帮助学生了解当前学术前沿的新技术，主要介绍虚拟化与容器技术、分布式与云计算操作系统、新设备与操作系统、系统性能评价以及安全与保护技术。

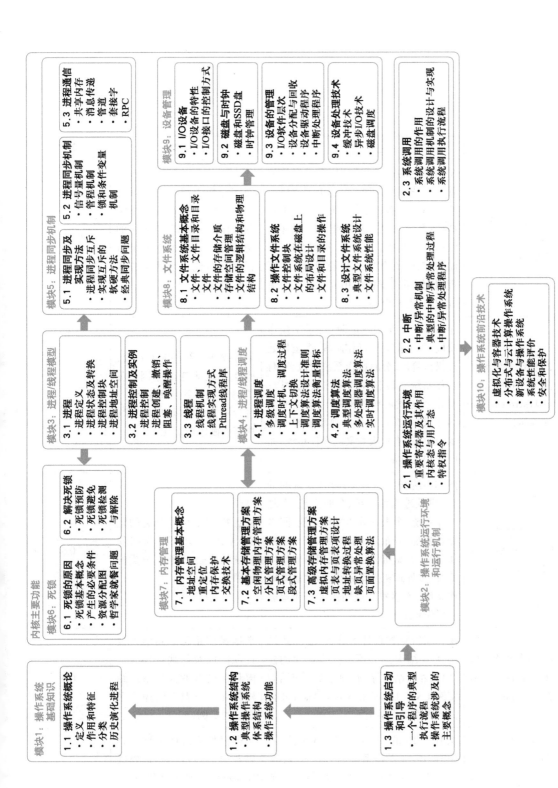

图 2-6　操作系统课程知识模块关系图

四、操作系统课程知识点

模块 1：操作系统基础知识（Basic Knowledge of Operating Systems）

知识点	主要内容	能力目标	参考学时
1. 操作系统定义（Operating Systems Definition）	操作系统的定义和作用：系统资源的管理者、资源的调度者、向上层提供方便易用的服务；操作系统的 4 个主要特征：并发、共享、虚拟和异步；操作系统提供的 5 个主要功能：进程管理、存储管理、设备管理、文件管理和作业管理；操作系统支持应用程序运行的流程：用户态和核心态	理解操作系统的定义及其在计算机中的定位（A）；掌握操作系统的特征、提供的功能（A）；掌握操作系统对程序运行流程时的系统状态转换（A）	1
2. 操作系统历史演化（Historical Evolution of Operating Systems）	操作系统的历史发展阶段：手工操作阶段、单道批处理操作阶段、多道批处理操作阶段、分时操作系统阶段、实时操作系统阶段和现代操作系统阶段；操作系统发展阶段对操作系统设计的要求；各阶段出现的典型软硬件技术；历史上有代表意义的操作系统，如 Linux、Windows 等	掌握操作系统的演变过程，操作系统演变的原因（A）；了解代表性操作系统演变过程中出现的软硬件技术、典型的操作系统（C）	1
3. 操作系统分类（Operating Systems Classification）	操作系统分类的定义；操作系统的种类：批处理操作系统、分时系统、实时操作系统、个人计算机操作系统、网络操作系统、分布式操作系统、嵌入式操作系统、大型机操作系统、服务器操作系统、多处理机操作系统、移动计算操作系统、传感器结点操作系统和智能卡操作系统等	掌握操作系统的分类的定义（A）；了解不同类型操作系统的代表，了解其分类的原因（C）	0.5
4. 操作系统结构（Operating Systems Architecture）	操作系统结构设计的分类：整体式结构、分层结构、客户服务器结构、微内核结构、外核结构等；典型操作系统结构实例：UNIX、Linux、Windows、Android 和国产麒麟操作系统等	掌握操作系统不同结构设计原因以及优缺点（A）；了解目前已有的操作系统结构（A）；了解典型的操作系统结构实例（A）	0.5
5. 操作系统启动和引导（Operating Systems Startup and Boot）	操作系统的引导方式：BIOS 引导、UEIF 引导；操作系统的引导过程；操作系统的启动机制；初始化模块；加载方式	掌握操作系统的引导方式以及引导过程（A）；掌握操作系统的启动机制和原理，如何加载系统（A）	1

模块 2 : 操作系统运行环境和运行机制（Runtime Environment and Operating Mechanism of Operating Systems）

知识点	主要内容	能力目标	参考学时
1. 操作系统运行环境（Runtime Environment of Operating Systems）	计算机硬件系统对操作系统的支持：计算机系统组成、寄存器、高速缓存、特权指令与非特权指令、内核态与用户态；重要寄存器的作用	理解与操作系统相关的计算机硬件系统基本概念、内核态与用户态的区别（A）；掌握重要寄存器的作用（A）	1
2. 中断的基本知识（Introduction to Interrupt）	中断 / 异常的概念；中断的设置；中断 / 异常分类；中断 / 异常处理过程	理解中断 / 异常的概念和分类（A）；掌握中断 / 异常处理过程（A）	0.5
3. 中断机制实现（Implementation of Interrupt Mechanism）	中断 / 异常机制工作原理：中断向量表；中断响应过程；中断处理程序；特定体系结构的中断机制	熟练掌握中断响应过程和中断处理程序工作过程（A）；能够分析特定体系结构的中断响应过程（A）	1.5
4. 系统调用（System Call）	系统调用的作用；典型系统调用举例；系统调用与库函数或 API 的关系；系统调用机制的设计及实现：访管指令、系统调用号、参数传递；系统调用表；系统调用内核实现函数	能够分析特定操作系统下系统调用的工作过程（B）；能够运用典型系统调用进程编程（A）	1
5. 操作界面（Operation Interface）	操作界面的作用；常见系统命令；命令解释器及其处理流程；命令的后台执行；实用程序与系统调用的关系；窗口界面引入；窗口界面实现原理	熟练使用 shell 命令，能够理解命令解释器程序工作过程（A）；了解窗口界面（B）	1

模块 3 : 进程 / 线程模型（Process/Thread Models）

知识点	主要内容	能力目标	参考学时
1. 进程（Process）	进程定义；进程控制块；进程状态及状态转换；进程队列；进程地址空间	掌握进程定义（A）；掌握 PCB 组成（B）；熟练应用进程状态转换关系（A）；了解进程地址空间（B）	1.5
2. 进程控制及实例（Process Control and Examples）	进程创建；进程撤销；进程阻塞；进程唤醒；进程控制命令和 API 实例（Linux/Windows/iOS/Android）	掌握进程创建、撤销、阻塞和唤醒的机制（A）；运用 fork/exec 创建进程（B）；理解父子进程 wait 关系（B）；了解 Windows/Linux 进程控制命令（C）；了解 iOS/Android 进程模型（C）	2
3. 线程（Thread）	为什么引入线程；线程的组成；线程与进程的关系	理解资源分配单位和调度执行单位（B）；掌握线程的组成部分（A）；熟练掌握线程和进程的关系（A）	1
4. 线程的实现和实例（Thread Implementation and Examples）	线程的实现方式：用户级线程、内核级线程、混合方式；Pthread 线程库示例	理解线程的不同实现方式（A）；运用 Pthread API 管理线程（B）	1.5

模块 4：进程 / 线程调度（Process/Tread Scheduling）

知识点	主要内容	能力目标	参考学时
1. 进程调度的基本概念（Basic Concepts of Scheduling）	多级调度；引发调度的原因；调度过程的实现；上下文切换及开销	理解进程调度相关的基本概念（A）；熟练掌握进程调度过程的实现过程（A）	1
2. 进程调度算法的设计思路（Principles for Designing a Scheduling Algorithm）	不同操作系统追求的目标；调度算法设计准则；抢占式和非抢占式；调度算法衡量指标；优先级	理解进程调度算法的设计准则（A）；掌握进行进程调度算法设计的基本技术（B）	1.5
3. 经典进程调度算法（Classical Scheduling Algorithm）	先来先服务；最短作业优先；最短剩余时间优先；最高相应比优先；轮转调度；优先级调度；多级队列；多级反馈队列	熟练掌握并运用经典的进程调度算法（A）	1.5
4. 其他进程调度算法（Other Scheduling Algorithms）	公平共享调度；保证调度；彩票调度	了解其他进程调度算法（C）	0.5
5. 操作系统调度算法实例（Scheduling Algorithms Instance of Operating Systems）	UNIX 动态优先数法；5.3BSD 多级反馈队列法；Windows 基于优先级的抢占式多任务调度；Linux 抢占式调度；Solaris 综合调度算法	熟练掌握并运用不同操作系统的进程调度算法（A）	1.5
6. 多处理器调度算法（Scheduling Algorithms for Multiprocessor）	多处理器架构；处理器的亲和性；同构多处理器任务调度算法；异构多处理器任务调度算法	理解多处理器调度算法的相关基本概念（A）；掌握典型的多处理器调度算法（B）	1
7. 实时调度算法（Real Time Scheduling Algorithms）	实时任务的分类；轮转抢占式调度；优先级驱动非抢占式调度；基于优先级的固定点抢占调度；基于优先级的立即抢占调度	理解实时调度算法的相关基本概念（A）；掌握典型的实时调度算法（B）	1

模块 5：进程同步机制（Process Synchronization）

知识点	主要内容	能力目标	参考学时
1. 同步的基本概念（Basic Concepts of Synchronization）	进程互斥的概念、问题示例和竞态条件；进程同步的概念；临界区的概念和进入区、退出区；原子操作的概念	理解进程互斥、进程同步要解决的基本问题（B）；理解临界区的相关概念（B）	1

续表

知识点	主要内容	能力目标	参考学时
2. 基本实现方法（Basic Solutions）	软件方法：Peterson 算法；硬件方法：关闭中断；硬件方法：TestAndSet 指令和 Swap 指令；各种方法在多处理器环境下的问题	理解 Peterson 算法、关中断方法和特殊原子指令的原理及其在多处理器环境下的问题(B)	1
3. 信号量（Semaphores）	信号量的定义；P、V 操作；信号量的实现方法；利用信号量解决互斥问题和同步问题	理解信号量的概念和实现方法(A)；熟练运用信号量解决互斥和同步问题(A)	2
4. 锁和条件变量（Locks and Condition Variables）	锁的作用；锁的实现；条件变量的作用；条件变量的实现；锁和条件变量的应用	理解锁和条件变量的概念和实现方法(A)；熟练运用锁和条件变量解决互斥和同步问题(A)	2
5. 其他相关问题（Other Related Issues）	多处理器环境下的问题和自旋锁原理；排号自旋锁；可重入问题的含义和分析方法	理解自旋锁的背景和原理(C)；掌握可重入问题的概念和分析方法(C)	1
6. 经典同步问题（Classic Problems of Synchronization）	生产者消费者问题；读者写者问题；哲学家进餐问题；睡眠理发师问题	熟练掌握生产者消费者问题、读者写者问题、哲学家进餐问题、睡眠理发师问题的解决方法(A)	2
7. 进程通信机制（Interprocess Communication）	消息传递；共享内存；管道；远程过程调用；套接字	理解各种进程通信机制的原理和区别(B)；体验各种进程通信机制(C)	2

模块 6：死锁（Deadlock）

知识点	主要内容	能力目标	参考学时
1. 死锁的基本概念（Concepts of Deadlock）	死锁的定义；死锁产生原因；死锁产生的必要条件；资源分配图	理解死锁的定义及死锁产生的原因(A)；熟练掌握死锁产生的必要条件(A)；掌握资源分配图(A)	0.5
2. 解决死锁的典型方法（Methods for Solving Deadlock）	死锁预防(破坏死锁产生的 4 个必要条件)、死锁避免(银行家算法)、死锁检测(化简资源分配图)、死锁解除	理解死锁预防方法(A)；掌握基于银行家算法的死锁避免方法(A)；掌握基于资源图化简的死锁检测方法(A)；了解死锁解除方法(A)	2.5
3. 哲学家就餐问题（Dining-Philosophers Problem）	通过哲学家就餐问题进一步理解死锁，包括：哲学家就餐问题如何导致死锁，如何通过典型方法解决哲学家就餐问题存在的死锁	理解死锁的概念，分析死锁现象(A)；运用死锁的解决方法处理哲学家就餐问题(B)；设计一种方法能够解决哲学家就餐问题存在的死锁(C)	0.5

模块 7：内存管理（Memory Management）

知识点	主要内容	能力目标	参考学时
1. 内存管理基本概念（Basic Concepts of Memory Management）	地址空间；重定位；覆盖技术；交换技术；内存共享；内存保护	理解存储层次、内存、外存、地址空间的基本概念和主要技术方法（A）	0.5
2. 基本内存管理方案（Basic Memory Management Solutions）	分区管理方案；段式管理方案；页式管理方案、段页式管理方案	掌握段式 / 页式管理的硬件设计、软硬件协同设计和运行机制（A）	0.5
3. 虚拟页式内存管理（Virtual Page Memory Management）	页表的设计；地址转换过程；缺页异常；快表 TLB 的作用；多级页表、反置页表；地址转换实现	掌握处理器的虚实地址转换和查找的执行过程，理解缺页异常的执行过程，理解多级页表、反置页表、多级页表的组织方式和查表执行过程（A）；掌握地址转换相关的操作系统实现机制（A）	1.5
4. 页面置换算法（Page Replacement Algorithm）	最优算法、最近未使用、先进先出、第二次机会、时钟算法、最近最少使用、最不经常使用、老化算法；工作集；范围分类：局部置换、全局置换；算法分类：栈式算法；现象：belady 异常现象	掌握各种页面置换算法的设计思路和优缺点、可行性（A）；理解局部置换和全局置换的区别（A）；理解 belady 异常和栈式算法的关系（B）	2
5. 虚存性能的影响因素（Impact Factors of Virtual Memory Performance）	进程数量，进程对内存的消耗、页面大小	理解虚存性能的影响因素（B）	0.5
6. 虚存相关技术（Virtual Memory Related Technologies）	内存映射文件；写时复制技术；页缓冲技术；按需分配页	掌握内存映射文件、写时复制技术、页缓冲技术的设计思路（A）	0.5

模块 8：文件系统（File Systems）

知识点	主要内容	能力目标	参考学时
1. 文件管理基本概念（Basic Concepts of File Management）	文件、文件的元数据、目录和文件系统概念简介；文件管理的主要目标是实现按名存取；分析文件集合的组织结构及其检索方法	理解操作系统提供了信息存储的统一逻辑视图，以及对存储设备的物理属性抽象（A）；掌握目录最基本的功能（A）；了解文件系统的基本功能（A）	0.5
2. 文件的组织（File Organizations）	文件的逻辑结构与物理结构简介；分析文件在用户角度所呈现的结构特征；分析文件在文件物理存储器上的结构特征；文件存储空间的管理介绍	理解文件与物理存储器之间的关系（A）；掌握逻辑文件的典型结构（A）；掌握文件存储空间分配策略（A）；掌握空闲空间管理方法（B）	1
3. 文件目录（Directory）	介绍目录结构；讲解文件目录的操作；分析文件目录的实现	理解目录的层次结构、目录项、绝对路径和相对路径等（A）；理解创建、删除、打开、关闭、读取、重命名、链接和解除连接等目录操作（A）；理解文件属性的存储、长文件名和目录搜索等目录实现技术（B）	0.5
4. 文件操作（File Operations）	介绍文件创建、删除、打开、关闭、读、写等操作	理解对文件的主要操作语义，以及在文件系统上实现时的基本原理（A）；用户编程接口和使用接口的设计，以及主要参数含义（B）	0.5
5. 文件共享和保护（File Sharing and Protection）	简介软连接；硬链接；讲解文件存取权限控制	理解文件共享和保护的基本概念（A）；理解软连接、硬链接的区别和实现方式（B）；理解文件存取权限的含义及设置方法（B）	0.5
6. 文件系统挂载（File System Mounting）	文件系统挂载的概念简介；分析 Linux 系统中挂载和卸载的方式	理解文件系统挂载的概念（A）；了解 Linux 系统中挂载和卸载的方式（C）	0.5
7. 典型文件系统（Typical File Systems）	分析 UNIX 文件系统的实现；分析 FAT 文件系统的实现	了解 UNIX 文件系统的实现方式（B）；了解 FAT 文件系统的实现方式（B）	1
8. 文件系统性能（File System Performance）	介绍文件系统缓存的作用；缓冲区缓存、页面缓存以及统一缓冲区缓存的结构及其特点；文件系统的随后释放和预取技术	理解文件系统缓冲区的结构及其特点（B）；理解文件系统的随后释放和预取技术（B）	0.5

续表

知识点	主要内容	能力目标	参考学时
9. 虚拟文件系统（Virtual File System）	介绍 VFS 的功能及作用；VFS 的接口；VFS 的对象	理解 VFS 在文件系统中的作用（B）；掌握 VFS 的接口及对象的定义和实现方法（B）	0.5

模块 9：设备管理（Device Management）

知识点	主要内容	能力目标	参考学时
1. 设备管理基本概念（Device Management Concepts）	I/O 设备；输入 / 输出；I/O 接口；I/O 端口；I/O 控制方式	理解设备和设备管理的基本概念（A）；掌握输入 / 输出过程的控制方式（A）	2
2. 硬盘（Hard Disk）	温氏硬盘；固态硬盘；分区；格式化，磁盘调度	了解温氏硬盘、固态硬盘的结构（B）；了解磁盘调度的算法（B）；掌握分区、格式化的原理和方法（A）	1.5
3. 时钟（Clock）	时钟硬件，备份时钟，系统时钟，时钟中断，虚拟时钟，软定时器	理解时钟硬件原理（A）；掌握系统时钟和时钟中断的概念（A）；能够运用虚拟时钟和软定时器解决实际问题（C）	1
4. I/O 系统架构（I/O System Architecture）	中断处理程序；驱动程序；设备独立内核软件；输入 / 输出程序库；API 接口；系统调用接口（"一切皆文件"，网络接口）；驱动程序接口	掌握中断处理程序、驱动程序、设备独立内核软件、输入 / 输出程序库的基本概念及其之间的关系（A）；综合运用 I/O 系统中各种层次的接口解决实际问题（C）	2
5. 设备驱动程序（Device Drivers）	设备依赖性；驱动程序框架（字符设备，块设备，网络设备）；驱动程序安装 / 卸载	理解设备驱动程序的基本架构（A）；熟练运用驱动程序安装 / 卸载方法（B）	1.5
6. 中断处理程序（Interrupt Handlers）	上下文保护 / 恢复；中断嵌套；中断处理程序与驱动程序的关系；上半部与下半部机制	掌握中断处理程序、上下文保护 / 恢复、中断嵌套的基本概念（A）；能够分析、评价上半部与下半部机制（C）	1.5
7. 设备独立内核软件（Device-Independent Kernel Software）	缓冲技术；高速缓存；异步 I/O；SPOOLing 技术；设备分配与回收；保护；错误处理	掌握缓冲技术、高速缓存、异步 I/O、SPOOLing 技术的概念和实现机制（A）；理解保护、错误处理的一般方法（B）	2

模块 10：操作系统前沿技术（Advanced Technology of Operating Systems）

知识点	主要内容	能力目标	参考学时
1. 虚拟化与容器技术（Virtualization and Containers）	虚拟化背景介绍；全虚拟化、半虚拟化和硬件虚拟化；X86 虚拟化之特权指令和敏感指令；虚拟机双层调度；内存虚拟化（影子页表和 Intel EPT&AMD NPT）；I/O 虚拟化；Xen 和 KVM；容器背景介绍；cgroup 与 namespace；虚拟机与容器对比	了解虚拟化技术的背景、基本技术发展历程和操作系统架构的区别，以及额外增加功能的动机和基本原理（C）	1
2. 分布式系统与云计算系统（Distributed Systems and Cloud Computing Systems）	云计算背景及发展趋势；云计算技术栈及演化；Serverless Computing；云原生系统栈及代表性系统软件；分布式资源调度；分布式内存（DSM）；分布式一致性协议；CAP 理论；分布式数据处理框架；分布式存储	了解分布式系统及云计算系统的背景、基本技术发展历程、分布式系统基本理论以及知名的分布式系统框架等（C）；了解分布式系统资源管理与单机操作系统资源管理的异同（C）	1
3. 新设备与操作系统（Operating System with Emerging Hardware）	新型非易失性存储器件（相变存储器、阻变存储器，3DxPoint 等）及特性，包括性能、寻址方式、持久性等；持久化内存及其特性；DAX 技术；用户态 I/O 栈和用户态驱动	了解新型非易失性存储器件的基本概念、类别和性能、访问及持久性等特征（C）；了解新型非易失性存储器件给操作系统、I/O 栈等带来的影响（C）；了解面向新型非易失性存储器件的相关技术（C）	1
4. 操作系统性能评价（Operating System Performance Evaluation）	常见的操作系统性能评价指标，包括 IPC、FLOPS、LLC miss rate、IOPS、带宽、平均延迟和尾延迟等；常见的操作系统评价方法和工具	了解和操作系统相关的性能评价方法及其指标，掌握部分评价工具（C）	0.5
5. 安全和保护（Security and Protection）	数据完整性、保密性、可用性；常见保护机制认证、授权和访问控制；常见的攻击手段	了解操作系统安全和保护的基本概念，了解完整性、保密性和可用性的概念和区别（C）；了解认证、授权和访问控制的概念和作用（C）；了解一些常见的攻击手段（C）	0.5

五、操作系统课程英文摘要

1. Introduction

Operating Systems is a required course for third-year students in computer science and related majors. It builds on the basic system knowledge learned from courses such as "Introduction to Computing" and "Introduction to Computer Systems". Students are required to master at least one programming language before taking the "Operating Systems" course. The language is preferably C/C++, which is still the most used language in system programming.

This is normally a 3-4 credit (48-64 hours) course, with emphasis on learning the fundamental principles of implementation techniques of widely used operating systems such as Linux and Windows. Programming projects are required, in order to help students understand how to build an operating system from scratch, and how each key component work in a typical operating system.

2. Goals

Understand the fundamental principles and implementation techniques of operating systems. Topics include Hardware support, Processes and Threads, Memory Management, File System, Input/Output System, Deadlock, Operating System Design, and Advanced Topics.

Understand operating system design principles by hacking the source code fragments in Linux and/or XV6-mainly concerning processes, threads, synchronization, scheduling, memory management, virtual memory, file system and so on.

Build an operating system (e. g., Nachos) from scratch or implement various operating system modules (e. g., JOS) to improve its functionality and performance. Topics include thread mechanism, synchronization, multiprogramming, system calls, virtual memory, software-managed TLB, file system, network protocols, etc.

3. Covered Topics

Modules	List of Topics	Suggested Hours
1. Basic Knowledge of Operating Systems	Operating Systems Definition (1), Historical Evolution of Operating Systems (1), Operating Systems Classification (0.5), Operating Systems Architecture (0.5), Operating Systems Startup and Boot (1)	4
2. Runtime Environment and Operating Mechanism of Operating Systems	Runtime Environment of Operating Systems (1), Introduction to Interrupt (0.5), Implementation of Interrupt Mechanism (1.5), System Call (1), Operation Interface (1)	5
3. Process/Thread Models	Process (1.5), Process Control and Examples (2), Thread (1), Thread Implementation and Examples (1.5)	6

续表

Modules	List of Topics	Suggested Hours
4. Process/Thread Scheduling	Basic Concepts of Scheduling (1), Principles for Designing a Scheduling Algorithm (1.5), Classical Scheduling Algorithm (1.5), Other Scheduling Algorithms (0.5), Scheduling Algorithms Instance of Operating Systems (1.5), Scheduling Algorithms for Multiprocessor (1), Real Time Scheduling Algorithms (1)	8
5. Process Synchronization	Basic Concepts of Synchronization (1), Basic Solutions (1), Semaphores (2), Locks and Condition Variables (2), Other Related Issues (1), Classic Problems of Synchronization (2), Interprocess Communication (2)	11
6. Deadlock	Concepts of Deadlock (0.5), Methods for Solving Deadlock (2.5), Dining-Philosophers Problem (0.5)	3.5
7. Memory Management	Basic Concepts of Memory Management (0.5), Basic Memory Management Solutions (0.5), Virtual Page Memory Management (1.5), Page Replacement Algorithm (2), Impact Factors of Virtual Memory Performance (0.5), Virtual Memory Related Technologies (0.5)	5.5
8. File Systems	Basic Concepts of File Management (0.5), File Organizations (1), Directory (0.5), File Operations (0.5), File Sharing and Protection (0.5), File System Mounting (0.5), Typical File Systems (1), File System Performance (0.5), Virtual File System (0.5)	5.5
9. Device Management	Device Management Concepts (2), Hard Disk (1.5), Clock (1), I/O System Architecture (2), Device Drivers (1.5), Interrupt Handlers (1.5), Device-Independent Kernel Software (2)	11.5
10. Advanced Technology of Operating Systems	Virtualization and Containers (1), Distributed Systems and Cloud Computing Systems (1), Operating System with Emerging Hardware (1), Operating System Performance Evaluation (0.5), Security and Protection (0.5)	4
Total	58	64

计算机组成与系统结构
(Computer Organization and Architecture)

一、计算机组成与系统结构课程定位

本课程从程序运行对硬件的基本要求出发,讲解现代计算机基本硬件组成、各部件工作原理及其与软件的协同运行机制,以及提高计算机性能的基本方法,建立计算机整机系统的概念,为学生学习后续计算机专业课程提供扎实基础。教学内容包括数据通路、指令系统、控制器设计、指令流水、指令并行、高速缓冲存储器和虚拟存储器、总线和外部设备等基本部件的组成和工作原理,以及各部件协同完成指令功能的运行机制,并体现设计计算机时在成本、性能和复杂性之间的权衡。

二、计算机组成与系统结构课程目标

本课程以培养学生"全面系统掌握现代计算机系统的基本组成和内部运行机制,具备设计和实现简单计算机系统,并使用计算机系统高效解决实际问题的能力"为主要目标。

掌握单处理器计算机系统中各部件的内部工作原理、组成结构以及相互连接方式,具有完整的计算机系统的整机概念。

理解计算机系统层次化结构概念,熟悉硬件与软件之间的界面,掌握指令集体系结构的基本知识和基本实现方法。

能够运用计算机组成的基本理论、基本知识和基本方法,对有关计算机硬件系统中的理论和实际问题进行计算、分析,并能设计实现一台硬软件齐全的完整计算机。

三、计算机组成与系统结构课程设计

基础知识和技能:介绍计算机系统的基础知识,如基本数字电路和部件的功能、数据在计算机内的表示方法等,并介绍 FPGA 的基本原理和硬件描述语言的基础知识,为后续理论学习和实践打好基础;

计算机组成:从计算机指令集的概念开始,讲解计算机系统的设计方法。包括冯·诺依曼结构是计算机的基本结构,指令和指令集的作用和地位,基本数据通路设计和实现,单周期、多周期、指令流水 CPU 的设计和实现,中断概念及其实现,层次存储器系统的基本原理,虚拟存储器及其对操作系统的支持,输入 / 输出系统和总线等,要求学生完成一个简单计算机系统的设计和实现;

基础知识

模块1：数字系统基础和布尔代数

1.1 数字电路基础
- 逻辑门原理与结构
- 集电极开路及高阻态
- 延迟和功耗

1.2 组合逻辑
- 译码器
- 多路选择器
- 加法器

1.3 时序逻辑
- 触发器
- 寄存器
- 状态机

1.4 布尔代数

1.5 FPGA与HDL
- 可编程器件
- 设计流程
- Verilog简介

模块2：数据编码及检错纠错

2.1 数据表示
- 逻辑型数据、字符型、整数、浮点数的表示方法

2.2 数据存放
- 数据存放方式
- 高级语言的数据结构的存储

2.3 检错纠错码
- 概念及应用
- 串行校验和并行校验
- 校验能力和校验位
- 奇偶校验、海明校验和循环冗余校验

模块3：数据运算

3.1 数据运算及其电路实现
- 定点数补码算术运算
- 浮点数运算规则

3.2 运算器功能及控制方式
- 运算器功能要求
- 内部组成和设计

计算机系统

模块5：处理器设计及实现

5.1 指令集分析及数据通路设计
- 数据通路设计
- 指令步骤划分
- 寻址方式的实现
- 性能指标
- 单周期、多周期、指令流水概念

5.2 单周期CPU设计
- 控制器功能和组成
- 组合逻辑控制器和微程序控制器
- 控制器设计
- 性能分析

5.3 多周期CPU设计
- 指令执行步骤划分
- 数据通路设计
- 控制器设计
- 时序设计和性能分析

5.4 指令流水CPU设计
- 指令流水基本概念
- 数据通路设计
- 冲突的概念及处理
- 性能分析

5.5 指令执行中的异常和中断处理
- 概念
- 一般流程
- 精确异常
- 异常响应和处理的实现

5.6 支持操作系统的CPU设计
- 操作系统基本功能
- 进程管理概念
- 虚拟存储管理

模块4：指令集体系结构和汇编语言

4.1 指令集体系结构定义和作用
- 冯·诺依曼结构
- 基本概念

4.2 机器语言程序的执行
- 指令执行过程
- 指令格式、寻址
- 指令集完备性
- 二进制表示
- RISC、CISC
- 主流指令集简介

4.3 汇编语言
- 基本流程
- 工具链
- 汇编指令与机器指令

模块6：层次存储器系统

6.1 层次存储器
- 概念和原理
- 程序局部性原理
- 一致性和包含性

6.2 存储原理
- 常用存储介质原理及特性、在层次存储系统的作用和地位

6.3 高速缓存
- 概念和结构
- 地址映射
- 替换策略
- 性能
- 写策略
- 一致性

6.4 虚拟存储器
- 概念、管理方式
- 段表和页表
- 虚实地址转换
- TLB
- MMU
- 交互机制

模块7：输入/输出系统

7.1 输入/输出方式
- 作用和功能
- 交互方式
- 设计原则

7.2 总线
- 概念及作用
- 总线定义
- 总线事务

7.3 接口和设备
- 接口的作用
- 可编程接口
- 外部设备

模块8：并行技术

指令级并行

8.1 硬件方法
- 基本概念
- 记分牌算法
- tomasulo算法
- 动态分支预测

8.2 软件方法
- 指令调度和循环展开
- 踪迹调度和超块调度
- 静态多发射
- 显式并行指令计算
- 循环级并行

数据级并行

8.3 SIMD/GPU/脉冲阵列
- SIMD原理
- GPU架构及应用
- 脉动阵列原理架构及应用

8.4 向量处理机
- 处理方式
- 结构
- 性能提高方法
- 性能评价

8.5 多处理器计算机
- 结构分类
- 设计中的挑战问题
- Cache一致性
- 监听协议和目录协议
- 同步机制
- 硬件原语及同步例程

图2-7　计算机组成与系统结构课程知识模块关系图

计算机系统结构：介绍如何通过并行方法提高计算机系统性能，指令的并行执行带来的问题及相关解决方法，计算机系统性能评价等。

本课程包含 8 个知识模块，主要模块之间的关系如图 2-7 所示。

四、计算机组成与系统结构课程知识点

模块 1 : 数字系统基础和布尔代数（Fundamental of Digital System and Boolean Algebra）

知识点	主要内容	能力目标	参考学时
1. 数字电路基础（Fundamental of Digital Circuit）	数字系统的起源及发展历程；半导体、晶体管的工作原理和电路实现方法；与非门等基本逻辑门的结构及其工作原理；集电极开路及高阻态；晶体管电路延迟和功耗产生的原因	了解数字系统的起源及发展历程（A）；掌握半导体、晶体管的工作原理，理解 MOS 晶体管的电路实现方法（A）；掌握与非门等基本逻辑门的结构及其工作原理，了解其外部特性与级联（A）；了解集电极开路及高阻态（A）；理解晶体管电路延迟和功耗产生的原因（A）	1
2. 基本组合逻辑器件（Basic Combinational Building Blocks）	译码器、多路选择器、加法器的功能和电路特点	熟练应用组合逻辑部件解决实际问题（A）；理解和掌握电路延迟的基本分析方法（A）	1
3. 基本时序逻辑器件和电路（Basic Sequential Building Blocks）	触发器、寄存器等时序电路的基本结构和功能；有限状态机概念和实现	掌握基本时序逻辑电路的结构和原理，并能在实际问题中加以运用（A）	1
4. 布尔代数（Boolean Algebra）	布尔代数的定义和基本运算规则	理解布尔代数表达式和逻辑电路的对应关系（A）；熟练掌握布尔代数运算规则（A）	0.5
5. FPGA 设计和硬件描述语言（Design of FPGA and VHDL）	可编程逻辑门阵列的概念和实现原理；基于硬件描述语言的数字系统的设计流程；硬件描述语言 Verilog	理解 FPGA 的原理和基本结构（B）；熟练掌握 Verilog 语言（B）	1

模块 2：数据编码及检错纠错(Data Encoding, Error Detecting and Correcting Codes)

知识点	主要内容	能力目标	参考学时
1. 数据在计算机内部的表示(Number Systems and Data Encoding)	逻辑型数据、字符型、整数、浮点数在计算机内的表示方法	掌握字符型数据在计算机内部的表示,了解不同字符集(ASCII、Unicode、UTF-8)标准对于字符的定义,以及字符占用的空间大小等(A);掌握数制系统的基本概念和特点,包括表示范围、表示精度、溢出(上溢/下溢)等(A);了解码制的基本概念和常用的码制(如 8421 码、格雷码)(A);掌握整数数据真值、原码、反码、补码的基本概念,理解它们的相同和不同点,可熟练进行不同编码的转换,以及补码的算术运算(A);掌握 IEEE754 浮点数标准,熟练进行浮点数真值和计算机内部表示的转换,熟悉浮点数算术运算规则及算法(A)	3
2. 数据在计算机存放(Data Representation in the Memory)	数据在计算机内部的存放方式;常用高级语言的数据结构在计算机内的存储	明确高级语言中使用的数据类型在计算机内部的表示方法(A);说明计算机内部数据表示的局限性和计算机算术运算与数学中算术运算的不同点并讨论其影响(A);大端和小端的概念(A)	1
3. 检错纠错码(Error Detecting and Correcting Codes)	检错纠错码的概念及应用背景;串行校验和并行校验;校验能力和校验位;奇偶校验和海明校验的实现	解释检错纠错码的基本工作原理(A);说明串行检错纠错和并行检错纠错的不同,并比较奇偶校验码、海明校验码及循环冗余校验码(A);掌握奇偶校验、海明校验、循环冗余校验的电路实现(B)	2

模块 3：数据运算(Data Operations)

知识点	主要内容	能力目标	参考学时
1. 数据运算及其电路实现(Data Operation and Its Implementation)	定点数补码算术运算的实现;浮点数运算规则	掌握定点补码算术运算的基本实现方法,包括加法、减法和补码一位乘法,并能给出电路的实现,并特别注意结果标志位的实现(A);掌握定点数原码乘、除法的实现方法(A);描述浮点数的加法、减法、乘法和除法的基本运算算法(A);理解布思(Booth)算法(B)	2

续表

知识点	主要内容	能力目标	参考学时
2. 运算器功能及控制方式（Function and Control of Datapath）	运算器功能要求，简单运算器的内部组成和设计	熟悉运算器(数据通路)的基本功能和组成，能使用基本的逻辑器件构造运算器(A)；讨论处理器中算术运算部件会如何影响计算机整体性能(A)；描述如何在计算机系统中进行多精度算术运算(C)；描述更复杂功能的实现算法，如平方根、超越函数(C)	2

模块 4：指令集体系结构和汇编语言（Instruction Set Architecture and Assembly Language）

知识点	主要内容	能力目标	参考学时
1. 指令集体系结构定义和作用（Definition and Role of ISA）	冯·诺依曼结构计算机的基本组成及其主要功能部件；计算机指令系统的概念，影响指令系统的因素，指令集结构、运行时环境、存储管理机制、运行级别控制的概念及作用	解释说明冯·诺依曼结构计算机的基本组成及其主要功能部件(A)；解释计算机指令系统的概念，说明影响指令系统的因素，以及指令系统中指令集结构、运行时环境、存储管理机制、运行级别控制的作用(A)	3
2. 机器语言程序的执行（Execution of a Machine Level Program）	指令执行的基本过程；指令格式、寻址方式的定义；指令集完备性概念；机器级操作的二进制表示以及对应的汇编级符号表示之间的关系；精简指令集计算机(RISC)和复杂指令集计算机(CISC)两种架构的特点；X86、ARM、RISC-V 等主流指令集体系结构	掌握计算机从存储器中取指令、对指令进行译码和执行的过程(A)；说明指令格式、寻址方式的定义(A)；描述计算机的主要指令类型、操作数类型和寻址方式(A)；解释说明机器级操作的二进制表示以及对应的汇编级符号表示之间的关系(A)；描述精简指令集计算机(RISC)和复杂指令集计算机(CISC)两种架构的特点，并说明它们对计算机系统发展带来的影响(A)；了解 X86、ARM、RISC-V 等主流指令集体系结构，比较它们的特点(A)	3
3. 汇编语言（Assembly Language）	汇编语言程序设计基本流程；相关工具链和环境的运用；汇编语言指令与机器语言指令的对应关系	理解并掌握 MIPS 或 RISC-V 等主流指令系统的主要指令，包括指令格式、寻址方式等，能使用这些指令编程(A)；掌握 MIPS 或 RISC-V 指令系统的运行时环境、存储管理机制、运行级别控制的实现方式(B)；熟悉汇编程序设计：堆栈、数组、转移、指针、函数、查表等(C)；熟悉 C 语言的编译、链接、反汇编、程序加载等操作(B)	3

模块 5：处理器设计及实现(Design and Implementation of CPU)

知识点	主要内容	能力目标	参考学时
1. 指令集体系结构分析及数据通路设计 (Analysis of the ISA and Datapath Design)	讲解指令集体系结构和实现该指令集功能的数据通路设计；指令执行步骤划分；不同寻址方式在数据通路上的实现；评价计算机性能的指标；单周期、多周期、指令流水的概念	掌握计算机指令集体系结构和数据通路设计的一般方法,理解寻址方式对数据通路和指令执行步骤的影响(A)；掌握单周期、多周期、指令流水的概念,并能对计算机性能进行分析(A)；可根据给定的指令集,设计出实现该指令集功能的数据通路(A)；说明常用计算机性能指标(如:时钟频率、MIPS、CPI、吞吐率、带宽)的定义及其局限性(A)	3
2. 单周期 CPU 设计 (Design of Single Cycle CPU)	控制器基本功能和组成；组合逻辑控制器和微程序控制器的实现原理及特点；单周期 CPU 控制器设计；单周期 CPU 性能分析	掌握单周期 CPU 数据通路设计方法(A)；掌握单周期 CPU 控制器设计思路(A)；分析单周期 CPU 性能瓶颈(A)	2
3. 多周期 CPU 设计 (Design of Multi−Cycle CPU)	指令执行步骤划分；多周期 CPU 数据通路设计；多周期 CPU 控制器设计和实现(微程序和组合逻辑)；多周期 CPU 时序设计和性能分析	掌握多周期 CPU 数据通路设计方法(A)；掌握多周期 CPU 控制器设计方法(A)；对于给定的指令集,设计和实现多周期 CPU,并分析性能(B)	3
4. 指令流水 CPU 设计 (Design of Pipeline CPU)	指令流水执行的基本概念；支持指令流水的数据通路设计；结构冲突、数据冲突、控制冲突的概念及对应的处理办法；性能分析	熟练设计流水线 CPU 数据通路(A)；分析流水线 CPU 中各类冲突现象并给出解决方案(A)；进行流水线 CPU 性能分析(A)；对于给定的指令集,设计和实现流水线 CPU,并分析性能(B)	4
5. 指令执行中的异常和中断处理(Interrupt and Exception)	异常和中断的概念；中断(异常)响应和处理的一般流程；精确异常的定义；单周期、多周期、指令流水 CPU 中,异常响应和处理的实现	理解异常和中断的概念,并掌握其在计算机系统中的重要作用(A)；结合实例详细论述中断和异常响应的过程,明确优先级、嵌套等复杂情形的实现细节(B)；设计可以支持中断(异常)的 CPU(B)	3
6. 支持操作系统的 CPU 设计 (Design of CPU to Support OS)	操作系统的地位和作用,操作系统基本功能,进程管理概念,虚拟存储管理	说明中断在进程切换过程中的作用,虚实地址转换中硬软件协同工作的机制(B)；在自己设计的 CPU 上支持教学操作系统的运行(C)	2

模块 6：层次存储器系统（Hierarchical Memory）

知识点	主要内容	能力目标	参考学时
1. 层次存储器基本概念（Concepts of Hierarchical Memory）	讲解层次存储器系统的概念和一般性原理，程序局部性原理，一致性和包含性	理解层次存储器的概念(A)；说明程序局部性原理，并解释层次存储器系统能提高存储器访问性能的原因(A)；理解层次存储器中一致性和包含性的要求(A)；讨论存储器性能对计算机系统性能的影响(B)	1
2. 不同存储介质的存储原理（Storage Principles of Different Storage Media）	讲解常用存储介质，如 SRAM、DRAM、Flash、磁盘的基本存储原理以及存储特性，分析它们在层次存储器系统的作用和地位	理解不同存储介质的存储原理，以及由此产生的不同的存储特点(A)；掌握 SRAM 访问时序(A)；了解提高 DRAM 访问性能的一般方法(A)；说明 RAID 盘的构成及其提高可靠性的原因(A)	3
3. 高速缓冲存储器（Cache）	Cache 的基本概念和结构；地址映射关系；替换策略；影响 Cache 性能的因素；写策略；一致性保证策略	熟练运用相关概念设计 Cache 结构，分析 Cache 运行过程(A)；分析 Cache 性能和对系统性能的影响(A)；掌握单核环境下常用一致性保证策略(B)	3
4. 虚拟存储器（Virtual Memory）	虚拟存储器概念，虚拟存储器管理方式；段表和页表的结构；不同管理方式下虚实地址转换；TLB 的作用；MMU 功能和实现过程；存储管理中操作系统和硬件的交互机制	理解虚拟存储器概念，掌握虚实地址转换方法(A)；掌握 TLB 的结构以及 TLB 缺失时的处理过程(A)；结合操作系统功能，详细说明虚页装入内存页帧的过程(B)；设计实现支持 MMU 的 CPU，并运行简单操作系统(C)	3

模块 7：输入 / 输出系统（Input/Output System）

知识点	主要内容	能力目标	参考学时
1. 输入 / 输出方式（Input/Output Mode of Transfer）	输入 / 输出系统作用和功能；CPU 和外部设备的交互方式；输入 / 输出系统设计中的重要原则，如抽象、分治、标准等	理解输入 / 输出系统的重要性(A)；说明处理器如何与输入 / 输出设备交互，包括 I/O 地址空间的编址(独立、存储器映射)、握手协议和缓冲技术(A)；分析不同输入 / 输出方式的特点和适用场景(A)；设计和实现中断方式、DMA 方式(B)	2

续表

知识点	主要内容	能力目标	参考学时
2. 总线(Bus)	总线概念及作用;总线事务、主从设备、总线仲裁、总线定时、同步/异步总线等的定义;完整的总线事务的过程	掌握总线的基本概念和特点(A);根据应用场景的要求选择合适的总线(A);详细描述总线传输过程(A);使用某种总线协议(如AXI)搭建简单的计算机系统(C)	2
3. 接口和设备(Computer Interface and Peripheral Device)	接口的作用;通用可编程接口的实现;常用外部设备的工作原理	掌握计算机接口的功能和作用(A);了解其实现机制(A);了解常见外部设备的工作原理(A);实现简单接口功能(B)	3

模块8:并行技术(Parallel Technologies)

知识点	主要内容	能力目标	参考学时
1. 指令级并行——硬件方法(Instruction Level Parallelism-Hardware Method)	指令集并行的基本概念;记分牌算法,Tomasulo算法;动态分支预测	掌握指令级并行的概念(B);掌握Tomasulo算法(B);掌握动态分支预测技术(B);熟悉多指令流出技术(B)	3
2. 指令级并行——软件方法(Instruction Level Parallelism-Software Method)	基本指令调度和循环;踪迹调度和超块调度;静态多发射技术;显式并行指令计算技术;循环级并行的技术	掌握基本指令调度和循环展开(B);掌握踪迹调度和超块调度这两种全局指令调度技术(B);掌握静态多发射技术(B);掌握显式并行指令计算技术(B);掌握开发循环级并行的技术(B)	3
3. 数据级并行——SIMD/GPU/脉动阵列(Data Level Parallelism-SIMD,GPU,Systolic Array)	SIMD计算机的基本原理;GPU架构以及应用模式;脉动阵列的原理、架构以及在TPU上的应用	掌握SIMD计算机的基本原理(B);掌握GPU架构以及应用模式(B);掌握脉动阵列的原理、了解架构以及在TPU上的应用(B)	3
4. 数据级并行——向量处理机(Data Level Parallelism-Vector Processor)	向量的三种处理方式;向量处理机的结构;提高向量处理机性能的常用技术;向量处理机的性能评价方法	掌握向量的三种处理方式(B);掌握向量处理机的结构(B);掌握提高向量处理机性能的常用技术(B);掌握向量处理机的性能评价方法(B)	3
5. 多处理器计算机(Multi-Processor)	多处理器计算机设计的结构分类及面临的挑战问题;Cache一致性协议:监听协议和目录协议;同步机制基础:硬件原语以及基本的同步例程,memory-consistency模型	掌握多处理器计算机设计的结构分类(B);了解多处理器计算机设计的挑战问题(B);了解Cache一致性协议:监听协议和目录协议(B);掌握同步机制基础:硬件原语以及基本的同步例程,memory-consistency模型(B)	3

五、计算机组成与系统结构课程英文摘要

1. Introduction

Computer Organization and Architecture is a required course in computer science program; meanwhile, it could also be two courses such as Computer Organization and Computer Architecture in many universities. This course focuses on the structure, design principles, and other key concepts in computer architecture, especially the execution mechanisms of a single processor computer.

This is normally a 4–7 credit (64–144 hours) course, students are required to build their own computer on FPGA-based board in the course lab. Different programs, from a monitor program (typically no more than 1 000 assembly instructions) to an operating system kernel for teaching (such as Ucore), are used to evaluated the student's learning outcomes.

2. Goals

– Understand the components of Von Neumann computers and their functions, know how the programming runs on the hardware, and understand the interaction between hardware and software and the methods to improve hardware utilization.

– Understand the technologies to improve the performance of computer, describe the details about memory hierarchy, pipeline, and parallel technologies.

– Build a RISC CPU based on FPGA board, to run a program such as monitor or teaching operating system kernel.

3. Covered Topics

Modules	List of Topics	Suggested Hours
1. Fundamental of Digital System and Boolean Algebra	Fundamental of Digital Circuit (1), Basic Combinational Building Blocks (1), Basic Sequential Building Blocks (1), Boolean Algebra (0.5), Design of FPGA and VHDL (1)	4.5
2. Data Encoding, Error Detecting and Correcting Codes	Number Systems and Data Encoding (3), Data Representation in the Memory (1), Error Detecting and Correcting Codes (2)	6
3. Data Operations	Data Operation and Its Implementation (2), Function and Control of Datapath (2)	4
4. Instruction Set Architecture and Assembly Language	Definition and Role of ISA (3), Execution of a Machine Level Program (3), Assembly Language (3)	9
5. Design and Implementation of CPU	Analysis of the ISA and Datapath Design (3), Design of Single Cycle CPU (2), Design of Multi-Cycle CPU (3), Design of Pipeline CPU (4), Interrupt and Exception (3), Design of CPU to Support OS (2)	17

续表

Modules	List of Topics	Suggested Hours
6. Hierarchical Memory	Concepts of Hierarchical Memory (1), Storage Principles of Different Storage Media (3), Cache (3), Virtual Memory (3)	10
7. Input/Output System	Input/Output Mode of Transfer (2), Bus (2), Computer Interface and Peripheral Device (3)	7
8. Parallel Technologies	Instruction Level Parallelism–Hardware Method (3), Instruction Level Parallelism–Software Method (3), Data Level Parallelism–SIMD, GPU, Systolic Array (3), Data Level Parallelism–Vector Processor (3), Multi–Processor (3)	15
Total	31	72.5

编译原理(Compiler Principle)

一、编译原理课程定位

编译原理课程是计算机科学与技术、软件工程专业,以及计算机系统安全有关专业的核心基础课程,也是培养学生解决复杂软件问题能力的重要课程之一。

本课程是理解程序设计语言运行机理的重要课程。编译系统将源语言程序转换为目标语言程序,因此它桥接了软件和硬件平台,是建立硬件系统软件生态的核心,也是程序安全的核心,是安全领域面临的"卡脖子"问题之一。

本课程在简介程序设计语言的基础上,系统讨论编译系统的理论基础、构造方法和实现技术。要求学生掌握编译的基本概念、编译器实现的原理和常用的方法,了解编译过程及编译系统的构造(机理和结构),了解编译技术的最新进展,掌握面向特定体系架构的目标代码生成和优化技术,并具备独立编写一个小型编译系统的能力,从而理解高级程序设计语言的运行机理,掌握软件领域重要的程序(模型)等价转换技术和程序(模型)优化技术。

本课程是一门理论和实践要求都很高的课程,通过引导学生独立完成一个小型语言的编译系统,加深对理论知识的理解,掌握从理论到实际的实践方法,培养学生综合运用数据结构、算法、计算机组成原理、软件工程、编译原理等知识,设计开发一个复杂软件系统(编译系统)的能力。通过引入开放性任务,突出开放性和挑战性,给"学有余力"的学生提供"跳一跳"的空间,培养学生勇于挑战的精神。

课程满足目前大部分研究型大学的本科培养需求,也可供研究生或者计算机系统软件研发人员参考。

二、编译原理课程目标

(1) 了解现代编程语言的特点和主流编译技术,知晓开源编译有关系统。

(2) 掌握编译系统的功能、原理和构造方法(不局限于特定的程序设计语言和目标机);理解高级程序设计语言的运行机理。

(3) 能够使用将一种程序设计语言程序等价转换到另一种程序的理论和方法,设计、实现并测试完整的小型编译系统,能够分析程序的安全漏洞。

(4) 能够使用主流编译优化技术,针对特定硬件平台进行编译优化。

(5) 能够用形式语言描述程序设计语言的词法和文法。

(6) 理解自动机理论在编译器前端自动生成中的应用;能够利用相关工具自动生成编

译器的词法分析和语法分析模块，并理解不同工具的局限性。

三、编译原理课程设计

本课程包含以下 4 部分内容。

（1）"编译基础"：介绍从源代码到中间代码一个完整的翻译过程。从一个完整的编译过程以及该过程中涉及的编译技术入手，在其基础上介绍相关的理论和方法，以便学生深刻理解高级程序语言的运行机理，理解一个完整地将高级程序设计语言编写的程序翻译为低级语言程序的过程。

（2）"编译优化"：重点介绍编译优化与代码生成技术和实例，提高目标程序的运行效率，培养学生针对特定硬件平台进行编译优化的能力，理解程序的安全问题。

（3）"自动生成"：主要介绍语法分析和词法分析的自动生成技术和工具，让学生掌握形式语言以及自动机理论在编译器前端自动生成中的应用，并能理解不同方法和工具的作用和局限性。

（4）"进阶内容"：介绍高级编译技术，以及其他语言特征的编译技术，可作为选修内容，或供研究生课程选用。

编译原理课程包含 11 个知识模块，主要模块之间的关系如图 2-8 所示。

语言和文法基础

模块1：编译概论
- 程序设计语言发展
- 编译过程和编译程序结构
- 程序设计语言
- 开源编译器

模块2：程序语言基础
- 语言的定义
- 文法
- 句子的分析、推导和语法树
- 语言的设计实例

编译过程

模块3：词法分析
- 词法分析器的功能及其构造

模块4：语法分析
- 自顶向下分析方法
- 递归下降分析法
- 自底向上分析法
- 算符优先分析法

模块5：符号表管理和错误处理
- 符号表管理和名字作用域
- 错误处理概述

模块6：运行时的存储组织与管理
- 存储组织与管理概述
- 静态存储分配
- 动态存储分配(活动记录)
- 垃圾回收

模块7：语法制导翻译技术
- 翻译文法和语法制导翻译
- 属性翻译方法
- 自顶向下的语法制导翻译
- 自底向上的语法制导翻译

模块8：语义分析和中间代码生成
- 语义分析的概念
- 中间表示
- 声明语句的处理
- 表达式和赋值语句的处理
- 控制语句、过程调用和返回的处理
- 类型和范围
- 类型检查

编译器的自动生成

模块3：词法分析
- 词法分析程序的自动生成

模块4：语法分析
- LL分析法及LL分析器的自动生成
- LR分析法及LR分析器的自动生成
- 语法分析程序的自动生成工具Yacc、JavaCC
- 开源语法分析器ANTLR

编译优化

模块9：代码优化
- 优化的基本概念
- 局部优化
- 数据流分析：到达-定义分析
- 数据流分析：活跃变量分析
- 全局优化：死代码删除、全局常量传播
- 循环优化
- SSA的构建和应用
- 可用表达式

模块10：面向特定目标体系结构的代码生成技术及优化技术
- 特定目标体系结构介绍
- 特定目标体系结构的运行时存储
- 寄存器分配
- 指令选择(树重写等)

进阶内容

模块11：高级编译技术
- 并行编译技术
- 编译技术与深度学习
- 面向对象编译技术
- 可信编译
- 函数式语言编译技术
- 新型编译语言的编译技术

图 2-8 编译原理课程知识模块关系图

四、编译原理知识点

模块 1：编译概论（Introduction to Compiler）

知识点	主要内容	能力目标	参考学时
1. 程序设计语言发展（Programming Language Development）	程序设计语言的发展历史及其与编译程序的关系；编译器、解释器等基础概念	了解程序设计语言的发展历史与特点、理解编译器的作用（A）	1
2. 编译过程和编译程序结构（Compilation Process and Compiler Structure）	编译过程及每阶段的功能；编译程序逻辑结构，前端和后端，编译程序的前后处理器	了解编译器的典型结构和工作流程，了解编译器各阶段的功能、输入与输出（A）	1
3. 新一代编程语言（Next Generation Programming Languages）	程序设计语言的定义方法；程序设计语言发展与新一代编程语言；程序设计语言的处理系统	了解新一代编程语言（B）	2
4. 开源编译器（Open-Source Compiler）	开源编译器类别；LLVM Clang；GCC 和 OPEN64	知晓开源编译有关系统（B）	2

模块 2：程序语言基础（Programming Language Fundamentals）

知识点	主要内容	能力目标	参考学时
1. 语言的定义（Definition of Language）	语法和语义；语法规则；识别图；语义的作用	掌握语言的定义方法，语法和语义的概念及定义方法（A）	1
2. 文法（Grammar）	概念；形式化定义；分类	掌握文法的概念和形式化定义方法，以及文法的常用表示方法，了解文法和分类（A）	1
3. 句子的分析、推导和语法树（Parsing, Derivation and Syntax Trees of Sentences）	文法产生的语言；推导、规约及语法树等内容	理解文法产生的语言概念，掌握句型、句子、语言的关系（A）；掌握推导、规约的概念以及具备利用语法树表示推导规约过程的能力（A）	2
4. 语言的设计实例（Examples of Language Design）	表达式、语句、程序单元等的设计原则和语言设计实例	了解设计语言的过程和方法，理解字母表和词法规则定义（C）；了解表达式、语句、程序单元的设计过程（C）；了解语言设计实例和设计准则（C）	2

模块 3：词法分析（Lexical Analysis）

知识点	主要内容	能力目标	参考学时
1. 词法分析器的功能及其构造（Function and Construction of Lexer）	单词的概念和表示；词法分析的任务、正则文法；基于状态转换图构造词法分析程序	掌握词法分析的基本概念（A）；具备编写词法分析程序的能力（A）	2
2. 词法分析程序的自动生成（Lexical-Analyzer Generator）	词法分析程序自动生成的原理；确定有穷自动机（DFA）；非确定有限自动机；有穷自动机与正则文法、正则表达式之间的相互转换；有穷自动机的确定化和最小化；词法分析器自动生成系统LEX	掌握有穷自动机的形式化定义，理解正则文法、正则表达式与有穷状态自动机之间的等价性，并具备将其中一种转化为另外两种表达形式的能力（A）；了解解释词法分析器自动产生器 LEX 的工作原理（A）；能够设计 LEX 源程序（B）	3

模块 4：语法分析（Syntax Analysis）

知识点	主要内容	能力目标	参考学时
1. 自顶向下分析法（Top-Down Parsing）	自顶向下分析法的一般过程和问题；消除左递归和回溯的方法；回溯分析法	理解自顶向下分析的一般过程和面临的问题（A）；具备消除左递归和回溯的能力（A）	1
2. 递归下降分析法（Recursive Descent Parsing）	递归下降分析法及其必要条件	能够设计递归下降分析程序（A）	1
3. LL 分析法（LL Parsing）	LL(1)分析法的原理和分析过程；LL(1)分析表的构造（FIRST 和 FOLLOW 集）；LL(1) 文法的充分必要条件	能够判断一个文法是否是 LL(1) 文法（A）；能够采用 LL(1) 分析法进行语法分析（A）；能够构造 LL(1) 分析器（A）	2
4. 自底向上分析法（Bottom-Up Parsing）	自底向上分析法的一般过程和问题；句柄的概念	理解自底向上分析法的一般过程和面临的问题（A）	1
5. 算符优先分析法（Operator Priority Analysis）	算符文法、算符优先文法、算符优先分析法的原理和分析过程；算符优先分析表的构造（firstvt 集、lastvt 集以及素短语等）	能够判断算符文法和算符优先文法（B）；能够采用算符优先文法分析法进行语法分析（B）；能够构造算符优先关系表（B）	2
6. LR 分析法（LR Parsing）	LR 分析法的原理和分析过程；LR(0) 项目集规范族的构造；LR(0)分析表的构造；SLR(k)分析表构造方法；LALR、LR(k)分析表构造方法、识别程序的自动构造	能够采用 LR 分析法进行语法分析（A）；能够构造 SLR 分析表（A）；能够构造 LALR、LR(k) 分析表（B）	3

续表

知识点	主要内容	能力目标	参考学时
7. 语法分析程序的自动生成工具 Yacc（A Tool for Automatic Generation of Parser Yacc）	Yacc 的工作原理；Yacc 工具的使用	了解语法分析器自动产生器 YACC 的工作原理（B）	1

模块 5：符号表管理和编译错误处理（Symbol Table Management and Compiler Error Handling）

知识点	主要内容	能力目标	参考学时
1. 符号表管理和名字作用域（Symbol Table Management and Name Scope）	符号表的作用、内容和组织管理；名字作用域的处理（非分程序结构语言和分程序结构语言的符号表组织）	理解符号表的作用（A）；掌握名字作用域的常用处理方法（A）；掌握栈式符号表（A）；具备设计并实现符号表的能力（A）	1
2. 编译错误处理概述（Compiler Error Handling Overview）	概述；错误分类；错误的诊断和报告；错误处理技术	理解错误处理的必要性（A）；具备在编译器的各阶段设计实现错误处理程序的基本能力（A）	1

模块 6：运行时的存储组织与管理（Storage Organization and Memory Management at Runtime）

知识点	主要内容	能力目标	参考学时
1. 存储组织与管理概述（Overview of Memory Management）	静态和动态存储分配及其使用条件	了解运行环境的相关问题，理解存储分配策略（A）	0.5
2. 静态存储分配（Static Storage Allocation）	分配策略；展示 FORTRAN 子程序的完整数据区	掌握静态存储分配方案（A）	0.5
3. 动态存储分配（活动记录）（Dynamic Storage Allocation）	活动记录；建造 display 区的规则；运行时的地址计算	掌握动态存储分配方案（A）；能根据一段程序，画出运行栈（A）	0.5
4. 垃圾回收（Garbage Collection）	引用计数算法；标记-清除算法；复制算法；分代收集算法；实用垃圾收集算法	能够描述和解释堆式动态存储分配方法（A）；能够解释内存回收实现机制（A）	0.5

模块 7 : 语法制导翻译技术（Syntax-directed Translation）

知识点	主要内容	能力目标	参考学时
1. 翻译文法和语法制导翻译（Translation Grammar and Syntax-Directed Translation）	输入文法和翻译文法的概念；活动序列、符号串翻译文法和语法制导翻译	理解语法制导的翻译过程（A）；能够根据需求构造简单的翻译文法（A）	0.5
2. 属性翻译文法（Attribute Translation Grammar）	综合属性和继承属性；属性翻译文法	区分综合属性和继承属性（A）；属性翻译文法的概念和属性的正确使用（A）	0.5
3. 自顶向下的语法制导翻译（Top-down Syntax-Directed Translation）	继承属性和综合属性的处理；过程调用语句的实参；关于属性名的约定；实例讲解	掌握属性翻译文法的自顶向下翻译方法（A）	0.5
4. 自底向上的语法制导翻译（Bottom-up Syntax-Directed Translation）	LR 文法的语法制导翻译	掌握属性翻译文法的自底向上翻译方法（B）	0.5

模块 8 : 语义分析和中间代码生成（Semantic Analysis and Intermediate Representation Generation）

知识点	主要内容	能力目标	参考学时
1. 语义分析的概念（Concept of Semantic Analysis）	语义分析在编译程序中的任务	掌握语义分析的概念（A）	0.5
2. 中间表示（Intermediate Representation）	波兰表示（栈式虚拟机字节码）、N- 元表示、抽象语法树、LLVM IR、三地址代码等常见中间代码表示；介绍多级中间表示、有向无环图（DAG）、现代编译系统中的若干中间表示	能够列举常用图表示和三地址代码等中间语言（A）；能够将程序语句翻译成中间语言（A）	0.5
3. 声明语句的处理（Handling of Declaration Statements）	声明语句的翻译方法；包括数组的处理	能够构造声明语句的属性翻译文法（A）	1
4. 表达式和赋值语句的处理（Handling of Expressions and Assignment Statements）	表达式语句、赋值语句（含布尔表达式、数组元素、结构体的域等）的翻译方法	能够构造表达式和赋值语句的属性翻译文法（A）；能够构造一遍扫描的翻译程序（A）	2

续表

知识点	主要内容	能力目标	参考学时
5. 控制语句、过程调用和返回的处理（Handling of Control Statements, Calling and Return）	控制流语句（if 语句、while 语句、switch 语句等）翻译方法；函数 / 过程申明语句和调用语句的翻译方法：参数的传递、返回的处理	能够构造控制语句的属性翻译文法（A）；能够构造过程调用 / 申明 / 返回的属性文法（A）；能够构造一遍扫描的翻译程序（A）	2
6. 类型和作用域（Type and Scope）	类型在程序设计语言中的作用；类型系统的形式化定义；描述类型系统的语言	解释和定义程序设计语言的类型和类型系统（A）；了解描述类型系统的语言（B）	1
7. 类型检查（Type Checking）	类型检查的实现方法；类型表达式的等价（名字等价、结构等价）	能够根据类型系统实现类型检查和类型转换（B）	1

模块 9：代码优化（Code Optimization）

知识点	主要内容	能力目标	参考学时
1. 优化的基本概念（Basic Concepts of Optimization）	编译优化的基本概念；代码优化不同分类（局部优化、全局优化；目标机有关和无关优化等）	能够列举并解释优化的原则和常见的优化措施（A）	0.5
2. 局部优化（Local Optimization）	基本块的概念和划分算法；流图的概念和构建方法；利用 DAG 图消除公共子表达式（主要算法）；基本块内的其他优化方法：代数变换、常数合并和传播、删除冗余代码、窥孔优化等	掌握基本块和流图的定义（A）；能够正确划分基本块，能够构建流图（A）；能够利用 DAG 图消除公共子表达式（A）；了解基本块内的其他优化方法基本原理（A）	2
3. 数据流分析：到达 - 定义分析（Data Flow Analysis: Reaching-Definition Analysis）	数据流方程；到达定义分析算法；通过到达定义分析建立定义 - 使用链和网	理解数据流分析的基本原理（A）；能进行到达 - 定义分析（A）	2
4. 数据流分析：活跃变量分析（Data Flow Analysis: Live Variable Analysis）	活跃变量分析的数据流方程；活跃变量分析算法；冲突图；通过活跃变量分析建立冲突图	掌握活跃变量分析算法（A）；能通过活跃变量分析建立冲突图（A）	2
5. 全局优化：死代码删除、全局常量传播（Global Optimization: Dead Code Elimination, Global Constant Propagation）	全局优化的基本概念；全局数据流分析的基本概念和基本方程；全局死代码删除、全局常量传播等	掌握全局优化的基本概念（A）；理解相关方法（B）	1

续表

知识点	主要内容	能力目标	参考学时
6. 循环优化（Cycle Optimization）	支配结点和支配结点树；自然循环；强度削弱；循环不变表达式；循环展开	理解循环优化的重要性和条件（B）；能够理解并执行代码外提、强度消弱和变换循环控制条件等优化算法（B）	1
7. SSA 的构建和应用（Construction and Application of SSA）	从中间表示转换为静态单赋值（SSA）表示；基于 SSA 的优化；从 SSA 转换为中间表示	能对比 SSA 和非 SSA 形式的内存占用差别（B）；能够将中间表示转换为 SSA 形式（B）；能利用 SSA 形式实现数据流优化算法（B）	2
8. 可用表达式（Available Expressions）	可用表达式及其计算	掌握可用表达式（B）	0.5

模块 10：面向特定目标体系结构的代码生成及优化技术（Code Generation and Optimization Techniques for Target-Specific Micro Architectures）

知识点	主要内容	能力目标	参考学时
1. 特定目标体系结构介绍（Introduction to Target-Specific Micro Architectures）	微处理器体系结构简介	能够解释目标机器模型的结构和指令系统（A）；理解现代体系结构的特点（A）	0.5
2. 特定目标体系结构的运行时存储（Runtime Storage for Specific Target Micro Architectures）	目标代码地址空间的实际划分	能够列举并解释常见的存储层次优化方法（A）	0.5
3. 寄存器分配（Register Allocation）	全局寄存器分配及其图着色算法；临时寄存器的使用和分配方法	理解寄存器分配的原则（A）；设计和实现寄存器分配算法（A）；能够处理在过程调用规范下有调用者保存和被调用者保存寄存器的情况（A）；能够处理寄存器传参、寄存器传返回地址、寄存器传返回值的情况（A）	2
4. 指令选择（树重写等）（Instruction Selection〔Tree Rewriting, etc.〕）	指令系统；指令调度；指令代价；指令选择；计算次序的选择；调用惯例等	能够针对特定优化需求进行指令选择（C）	1

模块 11：高级编译技术（Modern Compiler Techniques）

知识点	主要内容	能力目标	参考学时
1. 并行编译技术（Parallel Compiler Techniques）	串行程序并行化技术；并行语言处理技术；并行程序处理技术；向量语言编译器；共享存储器并行机并行编译器	掌握串行程序并行化的常用技术（C）；了解并行编程语言及并行程序处理技术（C）	8
2. 面向对象编译技术（Object-Oriented Compiler Techniques）	面向对象程序设计语言的编译技术：如何处理面向对象语言中的继承、封装、多态等要素；异常处理机制；采用面向对象方法实现编译器	能够理解分析面向过程语言和面向对象语言的不同带来的编译系统实现的差别（C）；掌握单继承和多继承的实现机制、对象数据布局与方法调用机制（C）；理解异常处理机制及其实现方法（C）	4
3. 函数式语言编译技术（Functional Language Compiler Techniques）	函数式程序设计语言的概念；lambda 演算；闭包及惰性求值等	理解函数式编程的理论基础—lambda 演算（C）；能结合实例分析函数作为参数、函数作为返回值引起的实现上存在的问题（C）；闭包在处理高阶函数时的作用以及闭包的实现机制（C）	2
4. 新型编程语言的编译技术（Compiler Techniques for New Programming Languages）	国内外编译技术的动向；案例分析比如 Python、Go 语言、RUST 语言等	了解新型编译程序的编译技术（B）	4
5. 可信编译（Trusted Compiler）	如何利用形式化方法或软件测试技术，验证编译的结果满足语言的规格说明	理解编译器测试的基本概念和方法，了解编译器测试的发展现状与典型工具（C）；理解编译器形式化验证的基本概念与方法，了解典型的经过形式化验证的可信编译器结构与构造思想（C）	4

续表

知识点	主要内容	能力目标	参考学时
6. 编译技术与深度学习（Compiler Techniques and Deep Learning）	深度学习框架概述；Compiler for AI：面向 DNN 编程的领域特定语言（DSL）简介，例如 TensorFlow，PyTorch 等；计算图和算子的概念；深度学习编译器的中间表示，例如 MLIR Dialect、TVM Relay、Halide IR 等；深度学习模型的编译与运行时优化；基于多面体模型的优化；AI for Compiler：基于 AI 的编译优化技术简介，例如利用 DNN 对传统编译器和深度学习编译器的代码优化和代码生成进行"基于统计而非启发式的"调优；展望基于 DNN 的自动编程和自动编译技术	理解深度学习编程语言及编译器的特点，与传统编程语言和编译器的相似和不同（C）；理解利用 DNN 可以对传统编译器和深度学习编译器的优化和代码生成阶段进行"基于统计而非启发式的"调优（C）；理解 DNN 对编程和编译技术未来的发展可能带来的机遇与挑战（C）	4

五、编译原理课程英文摘要

1. Introduction

Compiler Principle is a core basic course for computer science and technology, software engineering, and computer system security related majors, and it is also one of the important courses for cultivating students' ability to solve complex software problems.

Compiler Principle is a course about the implementation of advanced programming language, which is an important course to understand the operation mechanism of programming language. The compiler system converts high-level programming languages into computer-executable programs, and it bridges the software and hardware platforms. The compiler system is the core of establishing the software ecology of hardware systems, as well as the core of program security, which is one of the "stuck neck" problems faced by the security field.

Based on the introduction of programming languages, this course systematically discusses the theoretical basis, construction methods and implementation techniques of compiler systems. Students are required to master the basic concepts of compilation, the principles and common methods of compiler implementation, understand the compilation process and the construction of compiler systems (mechanism and structure), understand the latest advances in compilation technology, master the generation and optimization techniques of target code for a specific architecture, and can write a small compiler system independently. This will lead to the understanding of the operation mechanism of high-level programming languages and the mastery of important program (model) equivalence conversion techniques and program (model) optimization techniques in the software field.

This course is a theoretically and practically demanding course. It guides students to independently complete a compiler system for a small language, deepens their understanding of theoretical knowledge, guides students to master practical methods from theory to practice, and trains students to design and develop a complex software system (compiler system) by synthesizing the knowledge of data structures, algorithms, computer composition principles, software engineering, compilation principles and so on. By introducing open tasks, the course highlights openness and challenge, providing space for "jumping" for students who "have the ability to learn more", and cultivating students' spirit of challenge.

The course meets the needs of undergraduate training at most research universities, and can also be used as a reference for graduate courses or computer system software developers.

2. Goals

– Understand the characteristics of modern programming languages and mainstream compiler technology, and know the open source compiler related system.

– Understand the functionalities, theories and construction methodologies of typical modern compiler systems, not limited to specified programming languages or target machines. Understand the operating mechanism of high-level programming language.

– Design, implement and test a complete small compiler system using theories and methods of equivalent transformation from one programming language program to another. Analyze the security vulnerabilities of programs.

– Understand compiler optimizations for specific hardware platforms using mainstream compiler optimization techniques.

– Describe the lexical principles and grammar of programming languages in a formal language.

– Understand the application of automata theory in the automatic generation of compiler front ends. Use relevant tools to automatically generate lexical and syntax analysis modules for compilers, and understand the functions and limitations of different methods and tools.

3. Covered Topics

Modules	List of Topics	Suggested Hours
1. Introduction to Compiler	Programming Language Development (1), Compilation Process and Compiler Structure (1), Next Generation Programming Languages (2), Open-Source Compiler (2)	6
2. Programming Language Fundamentals	Definition of Language (1), Grammar (1), Parsing, Derivation and Syntax Trees of Sentences (2), Examples of Language Design (2)	6
3. Lexical Analysis	Function and Construction of Lexer (2), Lexical-Analyzer Generator (3)	5

Modules	List of Topics	Suggested Hours
4. Syntax Analysis	Top-Down Parsing(1), Recursive Descent Parsing(1), LL Parsing(2), Bottom-Up Parsing(1), Operator Priority Analysis(2), LR Parsing(3), A Tool for Automatic Generation of Parser Yacc(1)	11
5. Symbol Table Management and Compilation Error Handling	Symbol Table Management and Name Scope(1), Compilation Error Handling Overview(1)	2
6. Storage Organization and Memory Management at Runtime	Overview of Memory Management(0.5), Static Storage Allocation(0.5), Dynamic Storage Allocation(0.5), Garbage Collection(0.5)	2
7. Syntax-directed Translation	Translation Grammar and Syntax-directed Translation(0.5), Attribute Translation Grammar(0.5), Top-down Syntax-directed Translation(0.5), Bottom-up Syntax-directed Translation(0.5)	2
8. Semantic Analysis and Intermediate Representation Generation	Concept of Semantic Analysis(0.5), Intermediate Representation(0.5), Handling of Declaration Statements(1), Handling of Expressions and Assignment Statements(2), Handling of Control Statements, Calling and Return(2), Type and Scope(1), Type Checking(1)	8
9. Code Optimization	Basic Concepts of Optimization(0.5), Local Optimization(2), Data Flow Analysis: Reaching-Definition Analysis(2), Data Flow Analysis: Live Variable Analysis(2), Global Optimization: Dead Code Elimination, Global Constant Propagation(1), Cycle Optimization(1), Construction and Application of SSA(2), Available Expressions(0.5)	11
10. Code Generation and Optimization Techniques for Target-Specific Micro Architectures	Introduction to Ttarget-Specific Micro Architectures(0.5), Runtime Storage for Specific Target Micro Architectures(0.5), Register Allocation(2), Instruction Selection(Tree Rewriting, etc.)(1)	4
11. Modern Compiler Techniques	Parallel Compiler Techniques(8), Object-Oriented Compiler Techniques(4), Functional Language Compiler Techniques(2), Compiler Techniques for New Programming Languages(4), Trusted Compiler(4), Compiler Techniques and Deep Learning(4)	26
Total	52	83

计算机网络（Computer Networks）

一、计算机网络课程定位

本课程是面向计算机专业本科生开设的专业课程，紧扣"计算机—网络—原理"，注重互联网体系结构及其运行机理。课程通过强化体系结构的概念和互联网设计原则，增强计算机网络知识点之间的整体性，凸显各个协议的创新设计思路。

本课程作为计算机专业核心课程，注重学生系统能力的培养。通过全面讲授计算机网络的相关知识，培养学生完整解决真实网络问题的系统能力。课程注重知识体系的建设，除了高屋建瓴地引导学生学习计算机网络的基本原理外，还加强计算机网络前沿知识的传授，不断完善教学结构。与此同时，本课程将思政教育和民族精神融入课堂教学中，强化学生的家国情怀和社会责任。

二、计算机网络课程目标

计算机网络已经成为信息社会的基础设施，掌握计算机网络的基本原理是对计算机专业学生的基本要求。计算机网络课程一直都是国内外大学计算机专业的主干课程。本课程培养学生掌握计算机网络的工作原理，了解典型网络协议及其核心技术，为使用和优化计算机网络及网络应用奠定基础。

本课程主要介绍计算机网络的概念、原理和体系结构，着重讲述物理层、数据链路层、介质访问控制、网络层、传送层和应用层的基本原理和协议。

三、计算机网络课程设计

计算机网络课程从网络的基本方法和原理入手，首先介绍计算机网络的基本概念、计算机网络历史和分类，其次介绍计算机网络的体系结构，主要包含计算机网络的功能和构成、计算机网络体系结构组成、参考模型和标准化组织。接下来按照互联网体系结构分层原则以及功能，依次重点讲述物理层和数据通信基本原理、数据链路层和点到点无差错传输、局域网和介质访问控制、网络层和路由控制、传送层和端到端传输、应用层、网络基础设施管理和安全等内容。通过本课程学习，学生应掌握计算机网络的基本概念、计算机网络的体系结构和参考模型、典型计算机网络（Internet）各层协议的基本工作原理及其所采用的技术和计算机网络的基本设计方法等。

本课程设置实验环节，典型实验包括：典型协议分析、网络模拟器、交换机与路由器配置组网、套接字编程等。通过课程实验,进一步掌握并理解计算机网络主要技术。

　　本课程以完善学生的知识体系、培养学生的分析能力、拓展学生的思维为目标,鼓励学生理论与实践相结合,为后续计算机网络及其应用的专题学习和研究奠定基础。

　　本课程共分 9 个模块,56 个知识点,共 64 学时。知识点逻辑关系及核心知识点如图 2-9 所示。

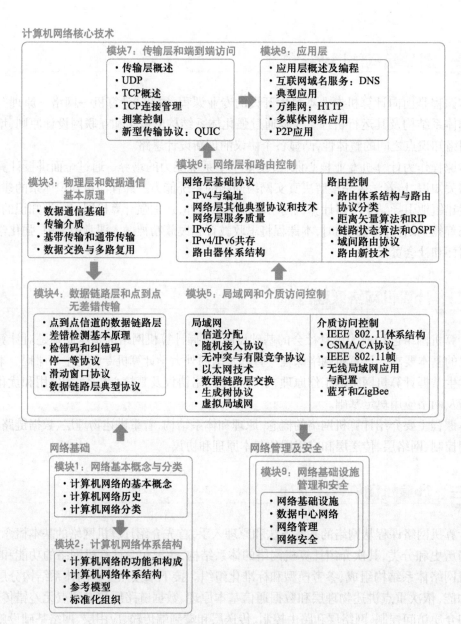

图 2-9　计算机网络课程知识模块关系图

四、计算机网络课程知识点

模块 1：网络基本概念和分类（Basic Network Concepts and Classification）

知识点	主要内容	能力目标	参考学时
1. 计算机网络的基本概念（Introduction to Computer Networks）	计算机网络现状；计算机网络、互联网以及网络空间的定义和重要性	了解计算机网络、互联网以及网络空间的概念及其相互区别（A）；理解计算机网络的重要性（B）	0.5
2. 计算机网络历史（History of Computer Networks）	计算机网络和互联网的发展史，中国计算机网络发展历史	了解计算机网络的发展历史、互联网历史以及中国计算机网络发展历史（C）	1
3. 计算机网络分类（Classification of Computer Networks）	典型网络实例（个域网、局域网、城域网、广域网等）	了解计算机网络的分类（B）	0.5

模块 2：计算机网络体系结构（Computer Network Architecture）

知识点	主要内容	能力目标	参考学时
1. 计算机网络的功能和构成（Function and Composition of Computer Networks）	网络功能：功能分层，协议和协议的分层；边缘网络和核心网络（用户子网和资源子网）	理解网络的功能（A）；掌握计算机网络构成（A）	1
2. 计算机网络体系结构（分层模型）（Computer Network Architecture）	体系结构的设计目标和原则；协议与分层结构；服务与服务原语；服务与协议的关系；面向连接和无连接等概念	掌握体系结构的设计目标和原则（A）；掌握网络的分层模型（A）；掌握协议与接口、面向连接和无连接等概念，理解其含义（A）	1.5
3. 参考模型（Reference Model）	OSI 参考模型；TCP/IP 参考模型；OSI 模型与 TCP/IP 模型的对比；端到端原则	理解 OSI 参考模型（A）；熟悉 TCP/IP 参考模型（A）；掌握端到端原则（B）	1
4. 标准化组织（Standardization）	IETF（重点）和其他国际标准组织（ISO、ITU、IEEE）；我国相关标准组织 CCSA	了解制定网络协议的标准化组织（C）	0.5

模块 3：物理层和数据通信基本原理（Physical Layer and The Principle of Data Communication）

知识点	主要内容	能力目标	参考学时
1. 数据通信理论基础（The Theoretical Basis for Data Communication）	数据通信理论基础：傅里叶分析和有限带宽信号、信道的最大传输速率（奈奎斯特定理、香农定理）；传输方式：数字通信和模拟通信、串行传输和并行传输、点到点和点到多点，单工、半双工和全双工	掌握数据通信的基本术语、不同传输方式的特点（A）	1
2. 传输介质（Transmission Media）	引导性介质：双绞线、同轴电缆、光纤等；非引导性介质：短波传输、地面微波、卫星微波和光波传输等	理解不同传输介质的特点（B）；熟悉双绞线、光纤和无线电等传输介质的重要特征和应用场合（A）	1
3. 基带传输和通带传输（Baseband Transmission and Passband Transmission）	基带传输和通带传输的概念；基带传输编码技术：不归零制编码（NRZ）、曼彻斯特码、差分曼彻斯特码、逢 1/0 变化的 NRZ；通带传输的三种调制技术：调幅、调频和调相	掌握基带传输和通带传输的概念（A）；理解编码和调制的基本方法（A）	1
4. 数据交换与多路复用（Data Switching and Multiplexing）	电路交换；频分复用（波分复用）和时分复用；报文交换、分组交换与统计时分复用；码分复用；正交频分多路复用、密集波分复用等	掌握不同多路复用技术的基本原理和特点（B）；理解电路交换、报文交换和分组交换的差异（B）	1

模块 4：数据链路层和点到点无差错传输（Data Link Layer and Point-to-Point Error-Free Transmission）

知识点	主要内容	能力目标	参考学时
1. 点到点信道的数据链路层（Data Link Layer for Point-to-Point Channel）	数据链路层概述；成帧的概念及方法	了解数据链路层在网络体系结构中的位置及基本功能和服务（B）；熟悉成帧方法（A）	1
2. 差错检测基本原理（The Basis of Error Detection）	差错控制的概念；海明距离、错误处理分类等	理解差错控制的基本概念（B）；掌握差错检测的基本原理（A）	1
3. 检错码和纠错码（Error-Detecting Code and Error-Correcting Code）	典型检错码：奇偶校验、校验和、循环冗余校验；典型纠错码：海明纠错码等	熟悉使用奇偶校验、校验和方法进行检错的方法（A）；掌握 CRC 方法检测差错的方法（A）；掌握海明纠错码的原理（A）	1
4. 停－等协议（Stop-and-Wait Protocol）	乌托邦式单工协议；无差错信道上的停等协议；有错信道上的单工停等协议	掌握停－等协议工作原理（A）	1

续表

知识点	主要内容	能力目标	参考学时
5. 滑动窗口协议 (Sliding Window Protocol)	滑动窗口协议基本思想；1 比特滑动窗口协议原理；回退 N 帧协议原理；选择重传协议原理	掌握 1 比特滑动窗口协议、回退 N 帧协议的工作原理及过程(A)；掌握选择重传协议的工作原理及过程(A)	1.5
6. 数据链路层典型协议 (Typical Protocols in Data Link Layer)	HDLC 协议；PPP 协议	了解数据链路层典型协议(C)	0.5

模块 5：局域网和介质访问控制（Local Area Network and The Medium Access Control）

知识点	主要内容	能力目标	参考学时
1. 信道分配 (Channel Allocation)	静态信道分配的性能分析及特点；动态信道分配的假设	理解信道分配的问题(A)	0.5
2. 随机接入协议 (Random Access Protocol)	ALOHA：纯 ALOHA 和分槽 ALOHA 协议的工作原理；CSMA：坚持、非坚持和 P 坚持 CSMA 协议的工作原理(不含 CSMA/CD 和 CSMA/CA)	理解纯 ALOHA 和分槽 ALOHA 的原理和性能(A)；掌握 CSMA 工作原理(A)	0.5
3. 无冲突与有限竞争协议 (Collision-Free Protocol and Limited-Contention Protocol)	无冲突协议：位图协议、令牌传递、二进制倒计数；有限竞争协议：自适应树遍历协议	理解受控访问协议(A)；掌握令牌传递协议(A)；理解有限竞争协议(B)	0.5
4. 以太网技术 (Ethernet Technology)	MAC 地址；帧结构；CSMA/CD；二进制指数后退的以太网性能；以太网技术标准演进	熟悉 MAC 地址和以太网帧结构(A)；掌握 CSMA/CD 工作原理(A)；理解以太网技术标准(C)	1.5
5. 数据链路层交换 (Data Link Layer Switching)	数据链路层交换原理：转发/泛洪/过滤算法、逆向地址学习、MAC 寻址；交换机的三种转发模式：存储转发、直通模式、无碎片模式	熟悉交换机的转发、过滤和自学习工作原理(A)	1.5
6. 生成树协议 (Spanning-Tree Protocol)	生成树协议的原理以及选举过程	理解交换机生成树协议(A)	0.5
7. 虚拟局域网 (Virtual LANs)	VLAN 的概念；VLAN 的类型；VLAN 帧标记	理解 VLAN 工作原理(A)	0.5
8. IEEE 802.11 体系结构 (The 802.11 Architecture)	IEEE 802.11 体系结构：有架构模式、自组织模式；IEEE 802.11 协议栈	熟悉 IEEE 802.11 体系结构和基本构件(B)	0.5

续表

知识点	主要内容	能力目标	参考学时
9. CSMA/CA 协议（CSMA/CA Protocol）	CSMA/CA 协议的基本流程；基于帧间间隔的优先级控制；隐藏终端问题、暴露终端问题	掌握 CSMA/CA 协议工作过程（A）；掌握 CSMA/CA 的主要问题及应对方案（B）	0.5
10. IEEE 802.11 帧（The 802.11 Frame Structure）	IEEE 802.11 数据帧格式；主要域段含义；地址域段的使用；主要管理帧、控制帧和数据帧的格式及使用	了解帧结构和不同类型帧的主要功能（B）	0.5
11. 无线局域网应用与配置（WLAN Application and Configuration）	无线局域网应用；家庭无线局域网的配置管理	了解无线局域网的应用（C）；掌握无线局域网的配置（A）	0.5
12. 蓝牙和 ZigBee（Bluetooth and ZigBee）	蓝牙协议栈、帧结构及工作原理；ZigBee 工作原理	理解蓝牙和 ZigBee 工作原理（C）	0.5

模块 6：网络层和路由控制（Network Layer and Routing Control）

知识点	主要内容	能力目标	参考学时
1. IPv4 与编址（IPv4 and Addressing）	IPv4 数据报格式、分类编址、子网编址、CIDR、特殊 IP 地址（单播、组播、广播概念及地址）；路由表与路由聚合、最长前缀匹配	熟悉 IP 报文格式（A）；掌握 IP 编址的基本方法（B）；重点掌握 CIDR 方法（A）	2.5
2. 网络层其他典型协议和技术（Other Typical Network-Layer Protocols and Technologies）	DHCP、ARP、NAT、ICMP 的相关原理及工作过程	熟悉 NAT 基本工作原理（A）；掌握 DHCP、ARP 工作原理（A）；熟悉 ICMP 工作过程（A）	2.5
3. 网络层服务质量（Quality of Service at Network Layer）	服务质量概述；流量整形概念及算法；综合服务和区分服务的概念及工作模式	了解网络层服务质量控制方法（B）	0.5
4. IPv6（IPv6）	IPv6 分组格式；IPv6 编址；IPv6 扩展头	熟悉 IPv6 报文格式、编址方法，理解 IPv6 主要扩展头的使用方法（A）	1
5. IPv4/IPv6 共存（IPv4/IPv6 Coexistence）	IPv4/IPv6 共存的需求和现状；隧道技术；翻译技术	了解 IPv4/IPv6 共存的长期性和复杂性（B）；掌握 IPv4 和 IPv6 共存的两类技术思路（A）	0.5

续表

知识点	主要内容	能力目标	参考学时
6. 路由器体系结构（Router Architecture）	路由器体系结构:路由器控制面、路由器数据面;高速路由查找	熟悉路由器体系结构和组成以及路由器的基本工作原理(A);了解路由器高速路由查找技术(B)	0.5
7. 路由体系结构与路由协议分类（Routing Architecture and Routing-Protocol Classification）	异构网络互联的方法;路由协议的基本需求及作用;路由协议的分类;路由管理等	理解异构网络互联的一般方法(A);理解路由协议作用和路由选择协议分类方法(B)	0.5
8. 距离矢量算法和 RIP（Distance Vector Algorithm and RIP）	距离矢量算法的基本思想及工作过程;RIP 协议的基本思想及工作流程	掌握距离矢量算法和 RIP 协议的工作过程(A)	1
9. 链路状态算法和 OSPF（Link State Algorithm and OSFP）	最短路径算法的原理及工作过程;链路状态算法的工作流程;OSPF 协议的基本思想及工作过程	掌握链路状态算法和 OSFP 协议的工作过程(A)	1.5
10. 域间路由协议 BGP（BGP Protocol）	域间路由协议的相关概念;BGP 的功能;BGP 协议思想及工作过程	理解域间路由协议 BGP 的工作过程(A)	1.5
11. 路由新技术（New Routing Technology）	软件定义网络,包括 SDN 控制面和数据面;段路由与 SRv6	了解 SDN 和 SRv6 等新技术的工作原理(C)	1

模块 7:传输层和端到端访问（Transport Layer and End-to-End Access）

知识点	主要内容	能力目标	参考学时
1. 传输层概述（Introduction of Transport Layer）	端口、进程的概念及标识;传送协议的要素;多路复用/分用;传送层协议概述	掌握传输层端口、进程的相关概念(A);掌握多路复用/分用的作用(A)	0.5
2. UDP（User Datagram Protocol）	UDP 的概念及特点;UDP 报文格式;远程过程调用原理及流程;实时传输协议	掌握 UDP 的报文格式和工作过程(A)	1
3. TCP 概述（Introduction to TCP）	TCP 的概念及特点;TCP 服务模型;TCP 的报文格式;TCP 可靠传输机制(含包序号);TCP 滑动窗口机制、流量控制算法	熟悉 TCP 报文段结构(A);掌握 TCP 可靠传输机制和流量控制算法(B)	2
4. TCP 连接管理（TCP Connection Management）	TCP 连接建立、连接释放;TCP 连接管理状态机、计时器管理	掌握 TCP 连接管理过程(A);掌握 TCP 计时器管理(B)	1.5

续表

知识点	主要内容	能力目标	参考学时
5. 拥塞控制（Congestion Control）	拥塞控制原理；TCP 拥塞控制机制；TCP 的公平性和友好性	理解拥塞控制的基本概念和一般方法（B）；了解网络拥塞的成因及危害（B）；掌握 TCP 的基本拥塞控制机制，包括慢启动和 AIMD 算法（A）；理解 TCP 的公平性和友好性的含义（B）	2
6. 新型传输协议：QUIC（A New Transport Protocol：QUIC）	TCP 协议面临的主要技术问题；连接建立优化机制；RTT 计算方法；无队头阻塞的多流复用；QUIC 的发展历程	理解 TCP 面临的主要技术问题（A）；了解 QUIC 优化思路（C）	1

模块 8：应用层（Application Layer）

知识点	主要内容	能力目标	参考学时
1. 应用层概述及编程（Introduction to Application Layer and Programming）	应用进程通信方式；服务器进程工作方式；套接字的原语及含义；基于 TCP 的套接字通信流程；基于 UDP 的套接字通信流程	理解应用层 C/S 模型（A）；理解套接字概念，能够基于套接字编程（B）	2
2. 互联网域名服务：DNS（Internet Domain Service：DNS）	域名系统概述；域名系统名字空间和层次结构；域名服务器及解析过程；域名系统高速缓存技术	掌握 DNS 工作过程（B）；理解域名的层次结构和域名服务器的解析过程（A）	2
3. 万维网：HTTP（World Wide Web：HTTP）	WWW 体系结构概述；静态 Web 和动态 Web；HTTP 协议；Web 缓存技术与 Web 代理；Web 安全及隐私	掌握万维网的工作原理和超文本传输协议 HTTP（A）；理解 Web 缓存技术（B）	2
4. 多媒体网络应用（Multimedia Network Applications）	流媒体概述；数字音视频与编码；流式存储媒体；直播与实时音视频；流媒体动态自适应传输；内容分发网络 CDN	了解流媒体基本概念、数字音视频与编码、流式存储媒体、直播与实时音视频、流媒体动态自适应传输等（C）；了解内容分发背景及内容分发网络（B）	3
5. P2P 应用（P2P Applications）	P2P 应用系统体系结构；P2P 应用工作机制；分布式散列表工作原理	了解 P2P 网络的工作机制（C）；理解 P2P 应用系统的体系结构和分布式散列表工作原理（B）	1
6. 其他典型应用（Other Typical Applications）	FTP、Telnet、电子邮件等应用	掌握 FTP、Telnet、电子邮件等应用层协议的工作原理（A）	2

模块 9：网络基础设施管理和安全（Network Infrastructure Management and Security）

知识点	主要内容	能力目标	参考学时
1. 网络基础设施（Network Infrastructure）	网络基础设施的构成	了解网络基础设施涵盖的范畴和重要性（A）	0.5
2. 数据中心网络（Data Center Network）	数据中心网络拓扑、ECMP 协议、DCTCP 协议等	了解数据中心网络的拓扑结构（B）；掌握主流的数据中心路由协议和传输协议（A）	2
3. 网络管理（Network Management）	网络管理的五大功能；SNMP 协议的工作原理	掌握基本网络配置（A）；了解网络故障处理、性能提升等网络管理基本技术（B）；理解 SNMP 协议的工作流程（A）	1.5
4. 网络安全（Network Security）	互联网典型安全协议（PKI、IPSec 和 SSL 等），防火墙和入侵检测	了解互联网安全协议 PKI、IPSec 和 SSL，防火墙和入侵检测的基本技术（B）	3

五、计算机网络课程英文摘要

1. Introduction

Computer Networks is a required course for undergraduate students in computer science and related majors. It builds on the basic system knowledge learned from courses such as "Principles of Computer Systems". This is normally a 3-credit (64 hours) course, with emphasis on learning the fundamental principles of implementation techniques of computer networks, for example, packet switching, layering, encapsulation and protocols; and learning how applications, such as the DNS, world-wide-web, video streaming and P2P, use the network to communicate. Course projects are required, in order to help students to understand how each key component works in computer networks and how to communicate from one host to another.

2. Goals

– Understand the structure and components of computer networks. Topics include the classification of computer networks, the function and composition of computer networks, computer network architecture, reference model, standardization and so on.

– Understand the fundamental principles and implementation techniques of computer networks. Topics include the principle of data communication, point-to-point error-free transmission, medium access control, network layer and routing control, end-to-end transport control, typical applications, network infrastructure management and security.

– Build some course projects with network programming to understand various aspects of computer networks.

3. Covered Topics

Modules	List of Topics	Suggested Hours
1. Basic Network Concepts and Classification	Introduction to Computer Networks (0.5), History of Computer Networks (1), Classification of Computer Networks (0.5)	2
2. Computer Network Architecture	Function and Composition of Computer Networks (1), Computer Network Architecture (1.5), Reference Model (1), Standardization (0.5)	4
3. Physical Layer and The Principle of Data Communication	The Theoretical Basis for Data Communication (1), Transmission Media (1), Baseband Transmission and Passband Transmission (1), Data Switching and Multiplexing (1)	4
4. Data Link Layer and Point–to–Point Error–Free Transmission	Data Link Layer for Point–to–Point Channel (1), The Basis of Error Detection (1), Error–Detecting Code and Error–Correcting Code (1), Stop–and–Wait Protocol (1), Sliding Window Protocol (1.5), Typical Protocols in Data Link Layer (0.5)	6
5. Local Area Network and The Medium Access Control	Channel Allocation (0.5), Random Access Protocol (0.5), Collision–Free Protocol and Limited–Contention Protocol (0.5), Ethernet Technology (1.5), Data Link Layer Switching (1.5), Spanning–Tree Protocol (0.5), Virtual LANs (0.5), The 802.11 Architecture (0.5), CSMA/CA Protocol (0.5), The 802.11 Frame Structure (0.5), WLAN Application and Configuration (0.5), Bluetooth and ZigBee (0.5)	8
6. Network Layer and Routing Control	IPv4 and Addressing (2.5), Other Typical Network–Layer Protocols and Technologies (2.5), Quality of Service at Network Layer (0.5), IPv6 (1), IPv4/IPv6 Coexistence (0.5), Router Architecture (0.5), Routing Architecture and Routing–Protocol Classification (0.5), Distance Vector Algorithm and RIP (1), Link State Algorithm and OSPF (1.5), BGP Protocol (1.5), New Routing Technology (1)	13
7. Transport Layer and End–to–End Access	Introduction of Transport Layer (0.5), User Datagram Protocol (1), Introduction to TCP (2), TCP Connection Management (1.5), Congestion Control (2), A New Transport Protocol: QUIC (1)	8
8. Application Layer	Introduction to Application Layer and Programming (2), Internet Domain Service: DNS (2), World Wide Web: HTTP (2), Multimedia Network Applications (3), P2P Applications (1), Other Typical Applications (2)	12
9. Network Infrastructure Management and Security	Network Infrastructure (0.5), Data Center Network (2), Network Management (1.5), Network Security (3)	7
Total	56	64

数据库系统（Introduction to Database Systems）

一、数据库系统课程定位

本课程是计算机专业本科生的必修课。该课程适用于已修过数据结构、算法、离散数学和操作系统等先修课程，或至少对代数表达式和定律、逻辑、基本数据结构等内容有初步了解的学生。在学习本课程之前，学生至少要掌握一种编程语言，包括但不限于 C/C++（首选）、Java、Python 等。

二、数据库系统课程目标

完成课程学习后，学生应具备以下能力：
（1）使用 SQL 和关系代数来表示数据库查询。
（2）设计数据库模式，使用函数依赖和范式进行定量评价与优化。
（3）理解典型关系数据库管理系统（RDBMS）的基本原理和方法。
（4）实现数据库存储管理器、查询处理器、并发控制算法和数据库恢复算法。
（5）了解数据库系统的新技术。

三、数据库系统教学设计

本课程系统全面地介绍数据库系统的基本概念、基本理论、基本技术和基本方法。课程内容组织成以下五个模块：
（1）数据库系统基础模块，包括数据库概述、关系数据模型、SQL 和高级 SQL 四个知识点。
（2）数据库设计与开发模块，介绍了关系数据理论、关系数据库设计以及数据库应用程序开发三个知识点。
（3）RDBMS 原理模块，包括查询处理和优化、事务管理、并发控制和故障恢复四个知识点。
（4）RDBMS 内核实现技术模块，帮助学生理解如何从头开始构建 RDBMS，或者数据库核心组件如何在主流的 RDBMS 中工作。该模块包括存储管理、索引、查询处理与优化及执行引擎、并发控制算法和恢复算法的实现技术。
（5）新技术模块是帮助学生了解当前学术前沿的新技术。该模块包括数据库系统的新模型、新架构和新应用三个知识点。
以上 5 个知识模块之间的关系如图 2-10 所示。

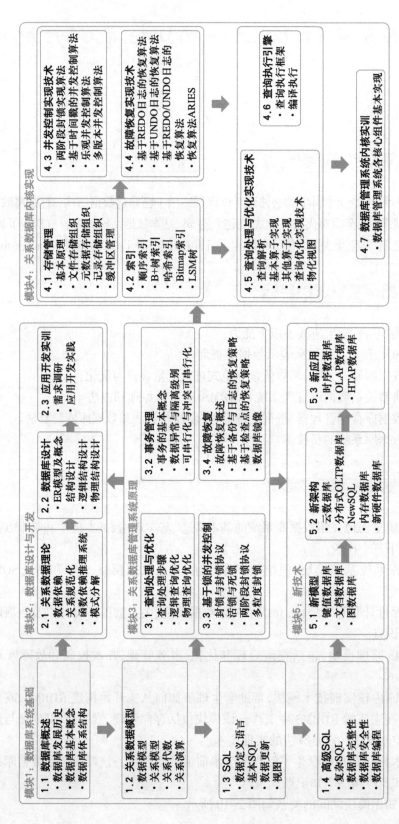

图 2-10 数据库系统课程知识模块关系图

136

四、数据库系统课程知识点

模块1:数据库系统基础(Foundation of Database Systems)

知识点	主要内容	能力目标	参考学时
1. 数据库发展历史(History of Database Development)	数据管理技术的产生和发展,国际和国内数据库发展情况	了解数据库发展历史和主要人物(B);系统了解国际和中国数据库发展的情况(B)	1
2. 数据库基本概念(Basic Concepts of Database)	数据,数据库,数据库管理系统,数据库系统,数据库系统的模式结构,数据库物理独立性,数据库逻辑独立性	理解数据库基本概念(A)	0.5
3. 数据库体系结构(Database Architecture)	集中式数据库,客户-服务器数据库,并行数据库,分布式数据库,云数据库	理解数据库体系结构(A)	0.5
4. 数据模型(Data Model)	数据模型的组成,层次数据模型、网状数据模型、面向对象数据模型、XML数据模型等	理解数据模型的作用(A);了解层次和网状模型,以及其他模型(A)	0.5
5. 关系模型(Relational Model)	关系模型的数据结构,关系操作,关系的完整性约束	理解并能熟练掌握关系模型(A)	0.5
6. 关系代数(Relational Algebra)	关系代数的基本概念,选择,投影,集合并,集合差,笛卡儿积,集合交,自然连接,除法	理解并能熟练掌握和综合运用关系代数(A)	2
7. 关系演算(Relational Calculus)	关系演算的基本概念,元组关系演算,域关系演算	了解关系演算(B)	1
8. 数据定义(Data Definition)	定义数据库中的模式结构(表和索引),修改数据库模式结构,删除数据库模式结构	熟练运用SQL语句进行模式定义(A)	1
9. 基本SQL查询(Basic SQL Queries)	简单查询,连接查询,集合查询,空值查询,聚集查询等	熟练运用SQL语句进行数据库查询(A)	2
10. 数据库更新(Modification of Database)	向表中添加若干数据,修改表中的数据,删除表中的数据	熟练运用SQL语句进行数据库更新(A)	0.5
11. 视图(View)	视图的基本概念,视图的用途,定义视图(建立和删除),视图查询,视图更新	理解视图的概念,熟练运用SQL语句创建和查询视图(A)	0.5

续表

知识点	主要内容	能力目标	参考学时
12. 复杂 SQL 查询 (Complex SQL Queries)	嵌套查询,基于派生表的查询等	针对复杂需求,能熟练构造正确的 SQL 语句(A)	1
13. 数据库完整性 (Database Integrity)	定义实体完整性,定义参照完整性,定义值域,定义唯一取值,定义非空取值,用触发器实现完整性	理解数据库完整性的概念,熟练运用 SQL 语句定于数据库完整性约束(A)	1
14. 数据库安全性 (Database Security)	数据库的不安全因素分析,数据库安全性控制方法,自主访问控制(授权与回收,角色),强制访问控制	理解数据库安全概念、熟练运用 SQL 语句完成访问控制定义(A);理解强制访问控制的概念(A)	2
15. 数据库编程 (Database Programming)	数据库高级语言接口原理,PL/SQL,存储过程,存储函数,JDBC,ODBC	理解高级语言与 SQL 接口的原理(B);综合运用 SQL 语言等进行数据库编程(B)	2

模块 2 : 数据库设计与开发(Database Design and Development)

知识点	主要内容	能力目标	参考学时
1. 数据依赖 (Data Dependency)	关系模式可能存在的几类异常;函数依赖,平凡函数依赖与非平凡函数依赖,完全函数依赖与部分函数依赖,传递函数依赖;多值依赖	理解函数依赖、多值依赖的概念(A)	1.5
2. 关系规范化 (Relational Model Normalization)	码,主属性,非主属性,外码,候选码,主码;范式,通过模式分解实现规范化的过程;2NF,3NF,BCNF,4NF	理解码和范式的概念,理解多级范式的区别(A)	1.5
3. 函数依赖推理系统 (Deduction Rules for Reasoning with Functional Dependencies)	逻辑蕴含;Armstrong 公理系统,定律及推理规则;函数依赖集的闭包,属性集关于函数依赖集的闭包,求属性集闭包的算法;Armstrong 公理完备性及有效性的分析;函数依赖集等价,最小覆盖	理解函数依赖推理系统的内容及相关概念,掌握求属性集闭包、最小覆盖的方法(A)	1.5
4. 模式分解 (Relational Decomposition)	函数依赖集在属性集上的投影,关系模式的分解;模式等价的定义,无损连接性,保持函数依赖;判别分解是否具备无损连接性、是否保持函数依赖的方法;模式分解的算法	理解模式等价的概念,掌握判别模式分解是否具备无损连接或是否保持函数依赖的方法,掌握模式分解的方法(B)	1.5

续表

知识点	主要内容	能力目标	参考学时
5. ER 模型及概念结构设计 (ER Model and Conceptual Model Design)	概念结构设计的任务描述,概念模型的特点;ER 模型中实体型和联系的表示方法;概念结构设计中的基本原则,ER 图的集成方法	理解并掌握通过 ER 模型进行概念结构设计的方法(A)	1.5
6. 逻辑结构设计 (Logical Database Design)	逻辑结构设计的任务描述;ER 图向关系模型的转换;数据模型的优化;用户子模式的设计	理解并掌握将 ER 图转换为关系模型,并对其进行优化的方法(A)	1
7. 物理结构设计 (Physical Database Design)	物理设计的任务描述;关系模式存取方法选择,包括 B+ 树、Hash 以及聚簇存取等;确定数据库的存储结构,包括垂直分片、水平分片、分片策略、索引方法、数据压缩等方法;评价物理结构	理解不同存取方法、存取结构的优势和劣势(A)	1.5
8. 需求分析 (Requirement Analysis)	需求分析的任务,需求分析的步骤,数据字典	理解需求分析的任务,掌握用数据字典来记录应用需求的方法(A)	1
9. 应用开发实践 (Practice of Application Development)	使用高级语言来连接数据库的方法,包括嵌入式 SQL、ODBC、JDBC 以及 PDBC	掌握至少两种使用高级语言连接数据库的方法(A)	1

模块 3：关系数据库管理系统原理(Principle of RDBMSs)

知识点	主要内容	能力目标	参考学时
1. 查询处理步骤 (Basic Steps of Query Processing)	查询检查,查询分析,查询优化,查询执行	熟练掌握查询处理过程(A)	0.5
2. 逻辑查询优化 (Logical Query Optimization)	为什么需要查询优化;关系表达式等价变换规则,基于启发式规则的逻辑查询优化	熟练掌握基于规则的逻辑优化策略(A)	1.5
3. 物理查询优化 (Physical Query Optimization)	代价模型,各类关系操作符的代价估算方法,基于代价的物理优化	了解各种操作符的代价估算方法(B);理解物理优化方法(B)	1
4. 事务的基本概念 (Basic Concepts of Transaction)	介绍事务处理提出的背景及其重要性;事务的定义;事务的 ACID 特性	理解事务的重要性及相关基本概念(A);掌握事务的 ACID 特性(A)	0.5

139

知识点	主要内容	能力目标	参考学时
5. 数据异常与隔离级别（Data Anomalies and Isolation Levels）	事务的执行模型；SQL-92 中定义的 3 类数据异常及形式化定义；基于数据异常的隔离级别定义；主流数据库管理系统能够支持的常见隔离级别	理解并掌握数据异常的形式化定义（A）；了解隔离级别及主流数据库管理系统能够支持的常见隔离级别（A）	0.5
6. 可串行化与冲突可串行化（Serializability and Conflict Serializability）	串行调度、可串行化调度、冲突可串行化调度的定义、区别及联系；基于等价交换的冲突可串行化检测；基于依赖图的冲突可串行化检测	理解并掌握可串行化调度、冲突可串行化调度的定义（A）；掌握冲突可串行化调度的检测方法（A）	1
7. 封锁与封锁协议（Locking and Locking Protocol）	读写锁；读写锁的相容矩阵；一级封锁协议；二级封锁协议；三级封锁协议	理解一级、二级、三级封锁协议的含义并掌握这些协议能消除哪些数据异常（A）	0.5
8. 活锁与死锁（Livelock and Deadlock）	活锁的概念；如何预防活锁；死锁的概念；如何预防死锁；如何消除死锁	理解活锁与死锁形成的原因（A）；掌握活锁预防的方法（B）；掌握死锁预防和解除的方法（B）	1
9. 两阶段封锁协议（Two-Phase Locking Protocol）	两阶段封锁协议的概念；服从两阶段封锁协议的调度为什么可以保证冲突可串行化；严格两阶段封锁协议	掌握两段锁封锁协议的概念（A）；掌握严格两段锁封锁协议的概念（B）；理解两阶段封锁协议保证冲突可串行化的原理（B）	1
10. 多粒度封锁（Multi-Granularity Locking）	多粒度树；意向锁；基于意向锁的相容矩阵；封锁方法	掌握基于三级粒度树的多粒度封锁方法（B）	0.5
11. 故障恢复基本原理（Basic Principles of Failure Recovery）	故障的分类；故障恢复的正确性度量	了解数据库故障的种类，理解故障恢复的正确性度量（A）	0.5
12. 基于备份与日志的恢复策略（Backup and Log Based Recovery）	静态备份；动态备份；全量备份；增量备份；WAL 日志；基于备份和日志的恢复策略	理解并掌握 WAL 日志以及基于备份与日志的恢复策略（A）	1
13. 基于检查点的恢复策略（Checkpoint-Based Recovery）	检查点概念；基于检查点的恢复策略	理解并掌握基于检查点的恢复策略（A）	0.5
14. 数据库镜像（Database Mirroring）	数据库镜像原理；举例 Oracle RAC	了解常用的数据库镜像原理（B）	1

模块4：关系数据库内核实现（Core Implementation of RDBMSs）

知识点	主要内容	能力目标	参考学时
1. 数据库存储基本原理（Principal of Data Storage）	数据存储模型、存储介质及磁盘管理	理解数据库的存储模型和存储介质（A）	1
2. 文件组织（File Organization）	堆文件；顺序文件；聚簇文件；B+树文件；Hash文件	理解文件组织的几种方式（A）	0.5
3. 元数据存储（Data-Dictionary Storage）	数据字典；数据字典的组织与存储	理解数据字典的组织与存储方式（A）	0.5
4. 记录存储组织（Organization of Records in Files）	定长记录组织；变长记录组织；记录不跨块存储；记录跨块存储	了解记录在文件中的组织方式（B）	0.5
5. 缓冲区管理（Database Buffer）	缓冲区组织方式；缓冲区管理策略	了解缓冲区的组织和管理方式（C）	0.5
6. 顺序索引（Ordered Index）	稠密索引及其查找算法；稀疏索引及其查找算法；多级索引及其查找算法；辅助索引	理解顺序文件上的索引以及非顺序文件上的索引（A）	1
7. B+树索引（B+Tree Index）	B+树索引结构；索引查找；索引维护	掌握B+树索引的组织与使用（A）	1
8. 散列索引（Hash Index）	基本散列索引；可扩展散列索引；线性散列索引	了解各类散列索引（C）	1
9. Bitmap索引（Bitmap Index）	Bitmap索引结构；Bitmap索引查找；编码Bitmap索引	掌握Bitmap索引的组织与使用（B）	0.5
10. LSM树（LSM-Tree）	LSM树索引结构；LSM树维护；LSM树查找	了解LSM树索引的组织与使用（C）	0.5
11. 两阶段封锁并发控制（Two-Phase Locking Concurrency Control）	锁表；基于死锁预防策略的严格两阶段并发控制算法	理解并掌握基于死锁预防策略的严格两阶段封锁协议及其实现技术（A）	1
12. 基于时间戳的并发控制（Timestamp-Based Concurrency Control）	基本的时间戳并发控制算法；如何确定等价的事务冲突可串行化顺序；冲突检测与事务回滚；基本的时间戳并发控制算法实现举例	理解并掌握基本的时间戳并发控制算法及其实现技术（B）	0.5

续表

知识点	主要内容	能力目标	参考学时
13. 乐观并发控制（Optimistic Concurrency Control）	基本的乐观并发控制算法；如何确定等价的事务冲突可串行化顺序；冲突检测与事务回滚；基本的乐观并发控制算法实现举例	理解并掌握基本的乐观并发控制算法及其实现技术（B）	1
14. 多版本并发控制（Multi-Version Concurrency Control）	多版本并发控制协议；版本管理；垃圾回收；索引管理；多版本并发控制实现举例	了解多版本乐观并发控制算法及其实现技术（B）；理解并掌握为什么多版本并发控制无法达到可串行化隔离级别（A）	1.5
15. 基于 REDO 日志的恢复算法（REDO-Log Based Recovery Algorithm）	基于 REDO 日志的恢复算法；算法的优缺点分析	掌握基于 REDO 日志的恢复算法实现技术（A）	0.5
16. 基于 UNDO 日志的恢复算法（UNDO-Log Based Recovery Algorithm）	基于 UNDO 日志的恢复算法；算法的优缺点分析	掌握基于 UNDO 日志的恢复算法实现技术（A）	1
17. 基于 REDO/UNDO 日志的恢复算法（REDO/UNDO-Log Based Recovery Algorithm）	基于 REDO/UNDO 日志的恢复算法；算法的优缺点分析	掌握基于 REDO/UNDO 日志的恢复算法实现技术（A）	0.5
18. 恢复算法 ARIES（Failure Recovery Algorithm ARIES）	LSN；日志结构；日志缓冲区管理；ARIES 算法	理解 ARIES 的基本实现技术（B）	1
19. 查询解析（Query Parsing）	词法分析；语法分析；语法树	理解查询解析的过程（B）	0.5
20. 基本算子实现（Implementation of Basic Operator）	扫描操作算法：全表扫描、索引扫描；连接操作算法：嵌套循环连接、排序-合并连接、Hash 连接、索引连接	掌握扫描和连接操作符的实现算法（A）	1.5
21. 其他算子实现（Implementation of Other Operators）	取消重复值；分组聚集；集合操作等算子的实现算法	了解其他操作符的实现算法（C）	1
22. 查询优化实现技术（Implementation of Query Optimization）	查询优化的搜索空间；搜索优化计划的方法（穷举法，启发式方法，动态规划等）	了解代价优化的实现策略（C）	1
23. 物化视图（Materialized View）	物化视图概念；物化视图选择；物化视图维护	了解基于物化视图的优化（C）	1

续表

知识点	主要内容	能力目标	参考学时
24. 查询执行框架（Framework of Query Execution）	火山执行模型；物化执行模型；向量执行模型（SIMD）	了解查询计划执行方式（C）	2
25. 编译执行（Compilation and Execution）	静态预编译 AOT；动态实时编译 JIT	了解查询执行最新进展（C）	1
26. 关系数据库管理系统各核心组件基本实现（Basic Implementation of Core Techniques of RDBMSs）	存储管理模块实训；索引模块实训；并发控制模块实训；故障恢复模块实训；查询处理与执行模块实训	掌握存储管理、索引、并发控制、故障恢复、查询处理与执行等模块核心知识点的基本实现技术，能够在课程提供的原型系统框架中使用指定语言完成相应编码（B）	1

模块 5：新技术（New Technologies）

知识点	主要内容	能力目标	参考学时
1. 键值数据库（KV Database）	键值对模型；序列化；数据模式；JSON；JSON API	理解键值数据库的概念，掌握主要技术的特点和基本操作（A）	0.5
2. 文档数据库（Document Database）	文档对象模型（DOM）；XML；半结构；自描述数据模式；路径表达式；XQuery 和 XPath	理解文档数据库的概念，掌握主要技术的特点和基本操作（A）	1
3. 图数据库（Graph Database）	图模型；RDF；图匹配；图导航；属性图；图查询语言	理解图数据库的概念，掌握主要技术的特点和基本操作（A）	1.5
4. 云数据库（Cloud Database）	垂直扩展与水平扩展；数据库服务 /DaaS；云原生数据库；数据库模块解耦；存算分离；弹性伸缩	理解云数据库的概念，掌握主要技术的特点（A）	1
5. 分布式 OLTP 数据库（Distributed OLTP Database）	OLTP；系统架构；数据分片；分布式查询处理；分布式事务	理解分布式数据库和 OLTP 的概念，掌握分布式系统架构和分布式事务的特点（A）	1
6. NewSQL	严格可串行化；原子钟与延迟提交；逻辑时钟与混合逻辑时钟；多协调器架构下的分布式事务处理；混合事务 / 分析处理（HTAP）	理解 NewSQL 的概念，掌握主要理论和技术的特点通过对比分析，理解 SQL、NoSQL、NewSQL（C）	1

续表

知识点	主要内容	能力目标	参考学时
7. 内存数据库(In-Memory Database)	内存数据库;持久内存;异构硬件加速技术	理解内存数据库的概念,掌握主要技术的特点(A);理解硬件加速等技术(C)	1
8. 新硬件数据库(New Hardware Database)	新硬件数据库架构;基于新硬件加速数据库算子	理解新硬件数据库的概念,掌握主要技术的特点(A)	1
9. 时序数据库(Time-Series Database)	时序;流数据;相似连接;连续查询	理解时序和流的概念,掌握不同操作的特点(A);理解相似连接、连续查询等技术(C)	1
10. OLAP 数据库(OLAP Database)	列存储;复杂查询加速技术;向量化查询处理;SIMD 优化;CUBE	理解 OLAP 的概念,掌握列存储技术(A);理解复杂查询加速(C)	1
11. HTAP 数据库(HTAP Database)	HTAP(混合事务 / 分析处理)的概念;常见的 HTAP 数据库架构;行 – 列混合存储引擎	理解 HTAP 的概念(A);了解常见的 HTAP 数据库架构(B)	1

五、数据库系统课程英文摘要

1. Introduction

Introduction to Database Systems is a required course for undergraduate students majored in computer science. It is appropriate for students that either have taken prerequisite courses, including "data structures", "algorithms", "operating system" and "discrete math", or have at least a rudimentary understanding of such topics as: algebraic expressions and laws, logic, basic data structures. Students are required to master at least one programming language before taking this course. C/C++ programming language is preferred but is not a must. Other languages like Java, Python, PHP are also allowed.

The course of "Introduction to database systems" systematically and comprehensively introduces the basic concepts, theories, technologies and methods of database systems. The complete topics of this course are organized as fives modules that are listed in the following.

– Module 1 is the fundamentals of database systems that include introduction to databases, relational data model, SQL, and advanced SQL.

– Module 2 is the database design and development that introduce the functional-dependency theory, relational database design, as well as database application development.

– Module 3 is the principles of database management systems (RDBMSs) that include query processing and optimization, transaction management, concurrency control, and failure recovery.

– Module 4 is the core implementation techniques of RDBMSs that help students understand how to build a RDBMS from scratch, or how a key component works properly in a typical RDBMS. This module includes the implementation techniques of storage management, index, query processing & optimization & executor engine, concurrency control algorithms, and recovery algorithms.

– Module 5 is the new techniques that help students have knowledge about the current academic frontier. This module includes new data models, new architectures, and new applications of database systems.

Introduction to database systems is normally a 3–5 credit (48–80 hours) course with two typically different teaching arrangements.

2. Goals

Upon successful completion of this course, the students should have the following abilities:

– Use SQL and relational algebra to express database queries.

– Understand the fundamental principles and methods of typical RDBMSs.

– Design appropriate database tables, using functional dependencies and normal forms.

– Implement a disk–oriented database storage manager with table heaps and indexes; understand, compare, and implement the fundamental concurrency control algorithms; implement database recovery algorithms and verify their correctness.

–Understand new technologies of database system.

3. Covered Topics

Modules	List of Topics	Suggested Hours
1. Foundation of Database Systems	History of Database Development (1), Basic Concepts of Database (0.5), Database Architecture (0.5), Data Model (0.5), Relational Model (0.5), Relational Algebra (2), Relational Calculus (1), Data Definition (1), Basic SQL Queries (2), Modification of Databases (0.5), View (0.5), Complex SQL Queries (1), Database Integrity (1), Database Security (2), Database Programming (2)	16
2. Database Design and Development	Data Dependency (1.5), Relational Model Normalization (1.5), Deduction Rules for Reasoning with Functional Dependencies (1.5), Relational Decomposition (1.5), ER Model and Conceptual Model Design (1.5), Logical Database Design (1), Physical Database Design (1.5), Requirement Analysis (1), Practice of Application Development (1)	12
3. Principle of RDBMSs	Basic Steps of Query Processing (0.5), Logical Query Optimization (1.5), Physical Query Optimization (1), Basic Concepts of Transaction (0.5), Data Anomalies and Isolation Levels (0.5), Serializability and Conflict Serializability (1), Locking and Locking Protocol (0.5), Livelock and Deadlock (1), Two–Phase Locking Protocol (1), Multi–Granularity Locking (0.5), Basic Principles of Failure Recovery (0.5), Backup and Log–Based Recovery (1), Checkpoint–Based Recovery (0.5), Database Mirroring (1)	11

续表

Modules	List of Topics	Suggested Hours
4. Core Implementation of RDBMSs	Principal of Data Storage (1), File Organization (0.5), Data-Dictionary Storage (0.5), Organization of Records in Files (0.5), Database Buffer (0.5), Ordered Index (1), B+ Tree Index (1), Hash Index (1), Bitmap Index (0.5), LSM-Tree (0.5), Two-Phase Locking Concurrency Control (1), Timestamp-Based Concurrency Control (0.5), Optimistic Concurrency Control (1), Multi-Version Concurrency Control (1.5), REDO-Log Based Recovery Algorithm (0.5), UNDO-Log Based Recovery Algorithm (1), REDO/UNDO-Log Based Recovery Algorithm (0.5), Failure Recovery Algorithm ARIES (1), Query Parsing (0.5), Implementation of Basic Operator (1.5), Implementation of Other Operators (1), Implementation of Query Optimization (1), Materialized View (1), Framework of Query Execution (2), Compilation and Execution (1), Basic Implementation of Core Techniques of RDBMSs (1)	23
5. New Technologies	KV Database (0.5), Document Database (1), Graph Database (1.5), Cloud Database (1), Distributed OLTP Database (1), NewSQL (1), In-Memory Database (1), New Hardware Database (1), Time-Series Database (1), OLAP Database (1), HTAP Database (1)	11
Total	75	73

软件工程(Software Engineering)

一、软件工程课程定位

软件工程旨在为软件系统的开发提供过程、方法和工具的支持,以提高软件开发效率、提升软件质量、降低软件开发成本。软件工程是计算机大类专业的一门重要专业课程,是计算机科学与技术、软件工程等专业的核心课程。它的前序课程包括计算机程序设计、数据结构等。该课程教学通常需要 48-64 学时,学生可获得 3-4 个学分。

二、软件工程课程目标

本课程旨在阐明软件工程的思想、目标和原则,系统讲授软件开发、维护和管理的过程、技术和工具,帮助学生掌握需求分析、软件设计、代码编写、软件测试、维护演化、质量保证、团队协作等方面的专业知识和工程能力,提升学生开发高质量软件所需的工程素养和职业道德水准。

软件工程是一门实践性要求非常高的课程,要求学生开展综合性实践,运用所学的知识来完整地开发软件系统,完成需求分析、软件设计、编码实现和软件测试等软件开发工作。课程教学需要遵循理论教学与实践教学相结合、知识传授与案例研讨相结合的教学方式,强调学以致用,突出能力和素质的培养。

概括而言,本课程的培养目标包括三个方面:

(1) 理解软件工程的思想、目标和原则。

(2) 掌握软件工程的过程、技术及工具,并能运用它们进行软件系统的开发、管理和维护。

(3) 培养学生软件开发方面的多种能力和素质,如解决复杂工程问题的能力、职业道德规范等。

三、软件工程课程设计

软件工程课程教学包含知识讲授和课程实践两个部分。

课程知识讲授通常需要覆盖 13 个知识模块(图 2-11),包括:软件、软件工程概述、软件过程、结构化开发方法、面向对象开发方法、敏捷开发方法、群体化开发方法、需求工程、软件设计、编码实现、软件测试、软件交付与维护、软件项目管理。课程可结合具体的施教情况(如施教对象、教学学时等)来遴选知识模块开展讲授。遴选遵

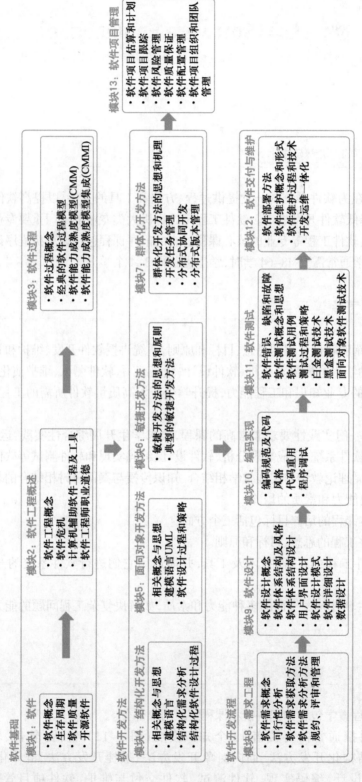

图 2-11　软件工程课程知识模块关系图

循以下原则：需覆盖 A 级（即基础和核心能力级别）的知识模块，尽可能选择 B 级（即高级和综合能力级别）的知识模块，有条件的可选择 C 级（即扩展和前沿能力级别）的知识模块。

课程实践是软件工程课程教学中的一个重要环节，其目标是通过软件开发实践帮助学生加强对软件工程知识点的理解，掌握并运用软件工程方法、技术和工具来开发软件系统，在实践中体验软件开发的实际场景、软件开发的核心环节及面临的各种挑战，培养学生解决复杂工程问题等方面的能力以及养成良好的软件工程素养。课程实践一般要求针对特定的应用，运用所学的软件工程过程、方法和技术，借助项目管理、软件建模、软件测试、协同开发等工具，开展软件需求分析、软件设计、编写代码、软件测试等软件开发实践，遵循相关的规范和标准，产生和输出多样化、相互一致的软件制品，包括模型、文档和代码。课程实践项目要有一定的规模性，实践成果要求高质量。以项目团队的方式来组织学生开展实践，每个团队的人员规模通常不少于 3 人，每个成员在团队中应有明确的角色定位和任务分工。实践教学应该安排一定的课内学时，对课程实践进行汇报、讲评、点评和指导，以发现和解决问题，交流分享实践经验和成果。

四、软件工程课程知识点

模块 1：软件（Software）

知识点	主要内容	能力目标	参考学时
1. 软件概念（Concept of Software）	软件概念；软件构成；软件特点；软件分类	理解软件的概念、构成和特点（A）；了解软件的分类（A）	1
2. 软件生存周期（Software Life Cycle）	软件生存周期的概念；各个阶段的任务和软件产品输出	理解软件生存周期的概念（A）；理解生存周期中各个阶段的任务及软件产品输出（A）	1
3. 软件质量（Software Quality）	软件质量概念及模型；内部质量和外部质量	理解软件质量的概念（A）；理解软件外部质量和内部质量以及二者之间的差别（A）；分析和评估软件质量的好坏（B）	1
4. 软件质量保证技术（Software Quality Assurance Technology）	软件质量保证的思想；软件质量保证技术；包括软件重用、结对编程、代码审查、文档评审、软件测试、自动化分析等	理解软件质量保证的思想（A）；熟练掌握软件质量保证技术（A）；综合运用它们来确保软件系统的质量（B）	2
5. 开源软件（Open Source Software）	开源软件的概念及特点；发展历史；开源文化；开源软件的实践	理解开源软件的概念和特点（C）；掌握开源文化（C）；了解开源软件发展历史以及当前开源软件的实践（C）	1

模块 2：软件工程概述（Overview of Software Engineering）

知识点	主要内容	能力目标	参考学时
1. 软件工程概念（Concept of Software Engineering）	软件工程概念和思想；软件工程发展历史；软件工程目标和原则	理解软件工程概念和思想（A）；了解软件工程发展历史（A）；理解软件工程的目标和原则（A）	1.5
2. 软件危机（Software Crisis）	软件危机的表现和根源	理解软件开发的特殊性（A）；理解软件危机的表现和根源（A）	0.5
3. 计算机辅助软件工程及工具（Computer-Aided Software Engineering）	计算机辅助软件工程（CASE）概念；CASE 工具	理解计算机辅助软件工程概念（A）；熟练掌握和运用计算机辅助软件工程工具（B）	0.5
4. 软件工程师职业道德（Professional Ethics of Software Engineers）	软件工程从业人员需遵守的法律、法规和职业道德	理解软件工程从业人员需遵守的法律、法规和职业道德（A）；在软件开发中运用相应的法律、法规和职业道德规范（B）	0.5

模块 3：软件过程（Software Process）

知识点	主要内容	能力目标	参考学时
1. 软件过程概念（Concept of Software Process）	软件过程概念；软件过程模型；软件过程框架及活动	理解软件过程概念和模型（A）；理解软件过程框架及其涉及的活动和任务（A）	0.5
2. 经典的软件过程模型（Classic Software Process Models）	瀑布模型；V 模型；增量模型；迭代模型；原型模型；螺旋模型；演化模型；统一过程模型等典型软件过程模型	理解典型的软件过程模型（A）；掌握各个模型的特点和适用场所（A）	1.5
3. CMM 和 CMMI（CMM and CMMI）	软件过程改进框架和要素；CMM 和 CMMI 的概念和思想；CMM 和 CMMI 的等级及其基本特征	了解软件过程改进框架和要素（C）；理解 CMM 和 CMMI 的概念和思想（C）；了解 CMM 和 CMMI 的 5 个等级和其基本特征（C）	1

模块4：结构化开发方法（Structured Development Method）

知识点	主要内容	能力目标	参考学时
1. 结构化开发方法的概念和思想（Concepts and Ideas of Structured Development Method)	结构化开发方法的概念；结构化开发方法的思想	理解结构化开发方法概念（A）；理解和掌握结构化开发方法的思想（A）	0.5
2. 结构化开发方法的建模语言（Modeling Language of Structured Development Method)	结构化开发方法的建模语言，如数据流图、层次图、HIPO图等	掌握并能运用结构化开发方法的建模语言（B）	1
3. 结构化分析和设计的过程和策略（Process and Strategy of Structured Development Method)	结构化需求分析和软件设计过程；结构化需求分析和软件设计的策略	掌握并能运用结构化分析和设计的过程和策略（B）	3.5

模块5：面向对象开发方法（Object-Oriented Development Method）

知识点	主要内容	能力目标	参考学时
1. 面向对象开发方法的概念和思想（Concepts and Ideas of Object-Oriented Development Method	面向对象开发方法的概念；面向对象开发方法的思想	理解面向对象开发方法概念（A）；理解和掌握面向对象开发方法的思想（A）	1
2. 面向对象开发方法的建模语言（Modeling Language of Object-Oriented Development Method)	面向对象开发方法的建模语言UML	掌握并能运用UML建模语言（B）	2
3. 面向对象分析和设计的过程和策略（Process and Strategy of Object-Oriented Analysis and Design)	面向对象需求分析的过程和策略；面向对象软件设计的过程和策略	掌握并能运用面向对象分析和设计的过程和策略（B）	4

模块 6：敏捷开发方法（Agile Development Method）

知识点	主要内容	能力目标	参考学时
1. 敏捷开发方法的思想和原则（Ideas and Principles of Agile Development Method）	敏捷开发的理念、思想和过程；敏捷宣言和原则	理解敏捷开发的思想和理念（A）；理解敏捷开发的价值观和原则（A）	0.5
2. 典型的敏捷开发方法（Classic Agile Development Methods）	极限编程（XP）；Scrum 方法；测试驱动开发；特性驱动开发（FDD）等典型的敏捷开发方法	理解典型的敏捷开发方法（A）；理解不同方法的特点及适用场景（A）；运用敏捷开发方法来指导软件开发（B）	1.5

模块 7：群体化开发方法（Crowd–Based Development Method）

知识点	主要内容	能力目标	参考学时
1. 群体化开发方法的思想和机理（Ideas and Mechanisms of Crowd–Based Development Method）	群体化开发方法的思想；基于社区的软件开发机理；基于群智的软件开发和基于群智的知识分享	理解群体化开发的思想和机理（C）；掌握和运用群体化开发方法，包括基于群智的软件开发和基于群智的知识分享（C）	1
2. 开发任务管理（Development Task Management）	开发任务的类别；基于 Issue 的开发任务管理技术；开发任务管理活动包括创建、管理、指派、跟踪 Issue	理解开发任务的类别和基于 Issue 的开发任务管理方法（C）；熟练掌握和运用基于 Issue 的开发任务管理（C）	1
3. 分布式协同开发（Distributed Collaborative Development）	开发分支的概念及分支管理策略；基于 Pull/Request 的分布式协同开发机制；分布式协同开发活动包括克隆和派生代码、提交合并、代码审查、合并决策等	理解开发分支的概念及分支管理策略（C）；理解基于 Pull/Request 的分布式协同开发机制（C）；熟练掌握和运用基于 Pull/Request 的分布式协同开发方法（C）	1
4. 分布式版本管理（Distributed Version Management）	分布式版本管理的思想；基于 Git 的分布式版本管理技术及活动包括管理本地版本库、同步和更新远程版本库；集中式与分布式版本管理系统的区别	理解分布式版本管理的思想（C）；理解集中式与分布式版本管理系统的区别（C）；熟练掌握并能运用基于 Git 的分布式版本管理方法（C）	1

模块 8：需求工程(Requirement Engineering)

知识点	主要内容	能力目标	参考学时
1. 软件需求概念(Concept of Software Requirement)	软件需求的概念；软件需求的类别；软件需求的特点；软件需求的质量要求；软件需求的重要性	理解软件需求概念、类别及特点(A)；理解软件需求的质量要求及重要性(A)	1
2. 可行性分析(Feasibility Analysis)	软件可行性分析的概念及类别；软件可行性分析方法	理解软件可行性分析概念(A)；掌握软件可行性分析方法(C)	0.5
3. 软件需求获取方法(Software Requirement Elicitation Method)	软件需求获取的任务和原则；软件需求获取方法；初步软件需求的描述方法如自然语言描述、用例图描述等；确认和验证初步软件需求	理解软件需求获取的任务和原则(A)；掌握并能运用软件需求获取的方法(B)；掌握并能运用描述、确认和验证初步软件需求的方法(B)	1.5
4. 软件需求分析方法(Software Requirement Analysis Method)	软件需求分析的任务、过程和原则；软件需求分析的典型方法	理解软件需求分析的任务、过程和原则(A)；掌握和运用软件需求分析的典型方法(B)	1.5
5. 软件需求的规约、评审和管理(Software Requirement Specification, Review and Management)	软件需求的规约和文档化；软件需求的评审和验证；软件需求的变更管理	掌握软件需求的规约和文档化方法(A)；掌握并能运用软件需求评审和验证方法(B)；理解软件需求的变更管理(A)	0.5

模块 9：软件设计(Software Design)

知识点	主要内容	能力目标	参考学时
1. 软件设计概念(Concept of Software Design)	软件设计的概念和思想；软件设计的目标、过程和原则；软件设计的质量要求	理解软件设计的概念和思想(A)；理解软件设计的目标、过程和原则(A)；理解软件设计的质量要求(A)	1
2. 软件体系结构及风格(Software Architecture and Style)	软件体系结构和风格的概念；软件体系结构的描述方法；典型的软件体系结构风格及其特点	理解软件体系结构的概念(A)；掌握软件体系结构的描述方法(A)；掌握典型的软件体系结构风格及其使用(A)	1

续表

知识点	主要内容	能力目标	参考学时
3. 软件体系结构设计（Software Architecture Design）	软件体系结构设计的任务和原则；软件体系结构设计方法包括过程和策略；软件体系结构设计的文档化及评审	理解软件体系结构设计的任务和原则（A）；掌握并能运用软件体系结构设计方法（B）；掌握软件体系结构设计的文档化及评审（A）	2
4. 用户界面设计（User Interface Design）	用户界面的组成；用户界面设计的任务和原则；用户界面设计的方法包括过程和策略；用户界面设计的文档化及评审	理解用户界面的组成（A）；理解用户界面设计的任务和原则（A）；掌握并能运用用户界面设计方法（B）；掌握用户界面设计的文档化及评审（A）	1
5. 软件设计模式（Software Design Pattern）	软件设计模式的概念；软件设计模式的描述；典型软件设计模式及使用	理解软件设计模式概念（C）；掌握软件设计模式的描述方法（C）；掌握典型软件设计模式及其使用方法（C）	2
6. 软件详细设计（Software Detailed Design）	软件详细设计的任务和原则；软件详细设计方法包括过程和策略；软件详细设计的描述方法及语言如流程图、活动图等；软件详细设计的文档化及评审	理解软件详细设计的任务和原则（A）；掌握并能运用软件详细设计方法（B）；掌握软件详细设计的描述方法及语言（B）；掌握软件详细设计的文档化及评审（A）	2
7. 数据设计（Data Design）	数据设计的任务和原则；数据设计的模型及表示；数据设计方法包括过程和策略；数据设计的文档化及评审	理解数据设计的任务和原则（A）；掌握并能运用数据设计的方法（B）；掌握数据设计的表示方法（B）；掌握数据设计的文档化及评审（A）	1

模块 10：编码实现（Coding and Implementation）

知识点	主要内容	能力目标	参考学时
1. 编码规范及代码风格（Coding Specification and Style）	程序代码的质量要求；程序代码的编码规范如命名规则、代码布局等；程序代码风格，如代码注释风格等	理解程序代码的质量要求（A）；掌握并能运用编码规范和代码风格（B）；分析和评价程序代码的质量（C）	1
2. 代码重用（Code Reuse）	代码重用的概念；代码重用的方式和方法，如构件重用、类库重用、代码片段重用、开源代码重用等	理解程序代码重用的概念（A）；掌握并能运用程序代码重用的方式和方法（B）	0.5

续表

知识点	主要内容	能力目标	参考学时
3. 程序调试（Program Debugging）	程序调试的概念；程序调试的技术；程序调试的工具	理解程序调试的概念（A）；掌握并能运用程序调试的技术和工具（B）	0.5

模块 11：软件测试（Software Testing）

知识点	主要内容	能力目标	参考学时
1. 软件错误、缺陷和故障（Error, Defect, Failure）	错误、缺陷、故障的概念	理解错误、缺陷、故障的概念以及三者的差异性和关联性（A）	0.5
2. 软件测试概念和思想（Concept and Idea of Software Testing）	软件测试的概念；软件测试的思想和原理；软件测试的目标和准则	理解软件测试概念（A）；理解软件测试的思想、原理、目标和准则（A）	0.5
3. 软件测试用例（Software Test Case）	软件测试用例的概念；软件测试用例的构成及表示	掌握软件测试用例的概念及构成（A）；掌握软件测试用例的表示（B）	0.5
4. 软件测试过程和策略（Process and Strategy of Software Testing）	软件测试过程，如单元测试、集成测试、确认测试、系统测试等；软件测试的实施策略	理解软件测试的过程（A）；掌握并能运用软件测试的策略（B）	1
5. 白盒测试技术（White-Box Testing Technology）	白盒测试的概念和思想；典型的白盒测试技术，如基本路径测试技术	理解白盒测试的概念和思想（A）；掌握并能运用典型的白盒测试技术（B）	1.5
6. 黑盒测试技术（Black-Box Testing Technology）	黑盒测试的概念和思想；典型的黑盒测试技术，如等价类划分法、边界值取值法等	理解黑盒测试的概念和思想（A）；掌握并能运用典型的黑盒测试技术（B）	1
7. 面向对象软件测试技术（Object-Oriented Software Testing Technology）	面向对象软件测试的特殊性；面向对象软件测试的概念和思想；典型的面向对象的软件测试如继承测试等	理解面向对象软件测试的特殊性及其概念和思想（C）；掌握面向对象软件测试技术（C）	1

模块 12：软件交付与维护（Software Delivery and Maintenance）

知识点	主要内容	能力目标	参考学时
1. 软件部署方法（Software Deployment Method）	软件部署的概念和任务；软件部署的方式和方法	理解软件部署的概念和任务（A）；掌握并能运用软件部署的方式和方法（B）	1

续表

知识点	主要内容	能力目标	参考学时
2. 软件维护概念和形式（Concept and Form of Software Maintenance）	软件维护与可维护性的概念；软件维护的形式和类别；软件维护的副作用以及影响软件可维护性的因素	理解软件维护和可维护性的概念（A）；理解软件维护的形式和类别（A）；理解软件维护的副作用以及影响软件可维护性的因素（A）	1
3. 软件维护过程和技术（Software Maintenance Process and Technology）	软件维护的任务、过程和原则；软件维护的实施策略；软件维护技术，如再工程、逆向工程、软件重构等	理解软件维护的任务和过程（A）；理解软件维护的实施策略（A）；理解软件维护的技术（A）	1
4. 开发运维一体化（Development and Operation）	开发运维一体化 DevOps 的概念和思想；DevOps 过程和方法，如持续集成、持续部署、持续交付等；DevOps 的支持工具	理解 DevOps 的概念和思想（C）；理解 DevOps 的过程和方法（C）；掌握 DevOps 的工具（C）	2

模块 13：软件项目管理（Software Project Management）

知识点	主要内容	能力目标	参考学时
1. 软件项目估算和计划（Software Project Estimation and Planning）	软件度量、测量和估算概念；软件项目估算方法；软件项目计划的方法	理解软件度量、测量和估算概念（A）；掌握软件项目估算方法（A）；掌握软件项目计划的方法（C）	1
2. 软件项目跟踪（Software Project Trace）	软件项目跟踪的概念；软件项目跟踪的任务和方法	理解软件项目跟踪概念和任务（A）；掌握软件项目跟踪的方法（C）	1
3. 软件项目风险管理（Software Project Risk Management）	软件项目风险概念和类别；软件项目风险管理的任务、过程和方法	理解软件风险的概念、类别和任务（A）；掌握软件项目风险管理的方法（C）	1
4. 软件项目质量保证（Software Project Quality Assurance）	软件质量保证的概念；软件质量保证的任务和方法	理解软件质量保证的概念及其任务（A）；掌握软件质量保证方法（C）	1
5. 软件配置管理（Software Configuration Management）	软件配置、配置项和基线概念；软件配置管理的方法和工具	理解软件配置、配置项和基线概念（A）；理解软件配置管理的任务（A）；掌握软件配置管理的方法和工具（B）	1
6. 软件项目组织和团队管理（Software Project Organization and Team Management）	软件项目团队概念；常见团队组织结构；软件项目团队的管理和激励方法	理解软件项目团队的概念（A）；掌握软件项目团队的组织和管理方法（C）	1

五、软件工程课程英文摘要

1. Introduction

Software Engineering is a core course for undergraduates in computer science and related majors like software engineering, etc. Its prerequisite courses include computer programming, data structure, etc. Students are required to master at least one programming language and have experiences in programming before taking this course. The recommended credit for this course is 3–4 (48–64 hours).

The course aims to introduce the concepts, objectives and principles of software engineering, and the processes, methods and tools for developing, maintaining and managing software systems. Practices of developing software are extremely important in this course. Students are required to develop software systems by making use of course knowledges such as requirement analysis, software design, code implementation, software testing, and project management, etc.

2. Goals

– Understand the fundamental objectives, principles and approaches of software engineering.

– Understand various processes, methods and tools of software engineering, such as process models (e. g., waterfall, iterative, prototyping process models), development methods (e. g., structured development methodology, object–oriented development methodology), and CASE tools (e. g., Sonar Qube, ArgoUML, etc.).

– Apply the learned knowledges to develop high–quality software systems, covering multiple development phases of requirement analysis, software design, coding, testing, etc.

3. Covered Topics

Modules	List of Topics	Suggested Hours
1. Software	Concept of Software(1), Software Life Cycle(1), Software Quality(1), Software Quality Assurance Technology(2), Open Source Software(1)	6
2. Overview of Software Engineering	Concept of Software Engineering(1.5), Software Crisis(0.5), Computer–Aided Software Engineering(0.5), Professional Ethics of Software Engineers(0.5)	3
3. Software Process	Concept of Software Process(0.5), Classic Software Process Models(1.5), CMM and CMMI(1)	3
4. Structured Development Method	Concepts and Ideas of Structured Development Method(0.5), Modeling Language of Structured Development Method(1), Process and Strategy of Structured Development Method(3.5)	5
5. Object–Oriented Development Method	Concepts and Ideas of Object–Oriented Development Method(1), Modeling Language of Object–Oriented Development Method(2), Process and Strategy of Object–Oriented Analysis and Design(4)	7

续表

Modules	List of Topics	Suggested Hours
6. Agile Development Method	Ideas and Principles of Agile Development Method(0.5), Classic Agile Development Methods(1.5)	2
7. Crowd-Based Development Method	Ideas and Mechanisms of Crowd-Based Development Method(1), Development Task Management(1), Distributed Collaborative Development(1), Distributed Version Management(1)	4
8. Requirement Engineering	Concept of Software Requirement(1), Feasibility Analysis(0.5), Software Requirement Elicitation Method(1.5), Software Requirement Analysis Method(1.5), Software Requirement Specification, Review and Management(0.5)	5
9. Software Design	Concept of Software Design(1), Software Architecture and Style(1), Software Architecture Design(2), User Interface Design(1), Software Design Pattern(2), Software Detailed Design(2), Data Design(1)	10
10. Coding and Implementation	Coding Specification and Style(1), Code Reuse(0.5), Program Debugging(0.5)	2
11. Software Testing	Error, Defect, Failure(0.5), Concept and Idea of Software Testing(0.5), Software Test Case(0.5), Process and Strategy of Software Testing(1), White-Box Testing Technology(1.5), Black-Box Testing Technology(1), Object-Oriented Software Testing Technology(1)	6
12. Software Delivery and Maintenance	Software Deployment Method(1), Concept and Form of Software Maintenance(1), Software Maintenance Process and Technology(1), Development and Operation(2)	5
13. Software Project Management	Software Project Estimation and Planning(1), Software Project Trace(1), Software Project Risk Management(1), Software Project Quality Assurance(1), Software Configuration Management(1), Software Project Organization and Team Management(1)	6
Total	56	64

人工智能引论(Introduction to Artificial Intelligence)

一、人工智能引论课程定位

人工智能是引领科技革命和产业变革的战略性技术和重要驱动力量,具有多学科交叉综合、渗透力和支撑性强、高度复杂等特点,呈现技术属性和社会属性高度融合特色。本课程以"厚基础、强交叉、养品行、促应用"为理念,培养扎实掌握人工智能基础理论、基本方法、架构系统和应用工程技术,熟悉人工智能相关交叉学科知识和培育学科交叉意识,具备科学素养、伦理涵养、实践能力、创新能力、系统能力与国际视野,能在我国人工智能学科与产业技术发展中发挥重要作用,并有潜力跻身一流的人工智能领域或相关领域人才。

本课程面向计算机科学与技术、人工智能和智能科学等相关专业本科生或研究生。

二、人工智能引论课程目标

了解符号主义人工智能、连接主义人工智能和行为主义人工智能以及人工智能融合交叉等历史发展脉络,掌握知识表达与推理、搜索探寻与问题求解、统计机器学习、神经网络与深度学习、强化学习、人工智能博弈等基本算法,树立人工智能伦理与安全意识,理解保障人工智能安全、可信和公平的技术方法,会应用人工智能工具、芯片和平台等手段,搭建具体场景所需人工智能架构与系统,完成自然语言中机器翻译、视觉理解中图像分类、机器人中行为控制或科学计算等应用案例。

通过对图灵测试、逻辑推理、概率建模、数据拟合、参数优化、博弈对抗和智能演化等算法原理的领会,知晓当前人工智能发展的瓶颈问题,同时对人机共融所形成的社会形态中应遵守道德准则和法律法规有清晰认识。

三、人工智能引论课程设计

按照"厚算法基础、养伦理意识、匠工具平台、促赋能应用"的培养目标,课程设置了10个模块和62个知识点(含9个进阶知识点),如图2–12所示,建议授课教学学时为64学时(4学分),同时应安排实践教学学时。课程教学知识点如下:

模块1可计算理论与图灵机:可计算理论、图灵机模型、人工智能主流模型(符号主义、连接主义和行为主义)、国内外人工智能发展重要事件。

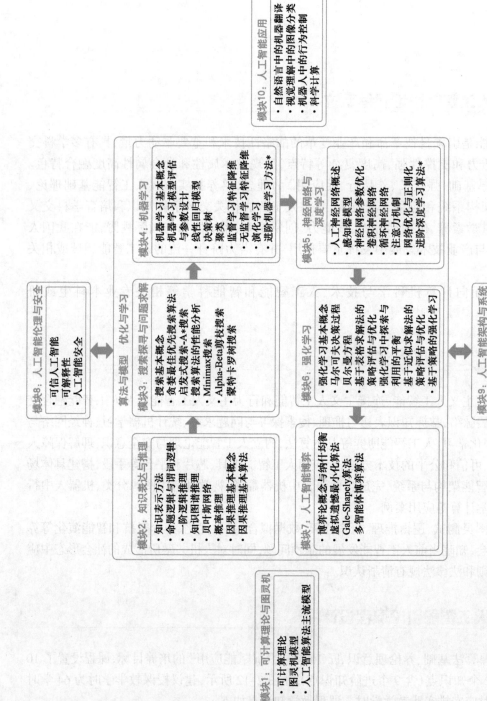

图 2-12 人工智能引论课程知识模块关系图

模块2知识表达与推理：知识表示方法、命题逻辑与谓词逻辑、一阶推理、知识图谱推理、因果推理。

模块3搜索探寻与问题求解：贪婪最佳优先搜索、启发式搜索A*搜索、搜索算法的性能分析、Minimax搜索、Alpha-Beta剪枝搜索和蒙特卡罗树搜索。

模块4机器学习：机器学习模型评估与参数估计、线性回归模型、决策树、聚类、监督学习特征降维和进阶机器学习等。

模块5神经网络与深度学习：感知器模型、神经网络参数优化、卷积神经网络、循环神经网络、注意力机制、网络优化与正则化、进阶深度学习算法等。

模块6强化学习：马尔可夫决策过程、贝尔曼方程、基于表格求解法的策略评估与优化、强化学习中探索与利用的平衡、基于近似求解法的策略评估与优化以及基于策略的强化学习。

模块7人工智能博弈：博弈论概念与纳什均衡、虚拟遗憾最小化算法、双边匹配算法、多智能体博弈算法。

模块8人工智能伦理与安全：可信人工智能、人工智能可解释性和人工智能安全。

模块9人工智能架构与系统：人工智能算法计算架构、人工智能芯片（GPU、XPU和类脑芯片等）和分布式训练算法与系统等内容。

模块10人工智能应用：自然语言中的机器翻译、视觉理解中的图像分类、机器人中的行为控制和科学计算等具体示例。

四、人工智能引论课程知识点

模块1：可计算理论与图灵机（Computational Theory and Turing Machine）

知识点	主要内容	能力目标	参考学时
1. 可计算理论（Computational Theory）	希尔伯特纲领；原始递归函数；哥德尔不完备定理；可学习理论（Learnability Theory）	理解可计算理论（A）；理解可学习理论（A）	1
2. 图灵机模型（Turing Machine）	图灵机模型；邱奇-图灵论题；图灵测试；图灵奖中与人工智能相关的获奖成就	理解图灵停机的基本概念（A）；理解图灵测试模型（A）	1
3. 人工智能算法主流模型（The Typical Algorithmic Models of AI）	达特茅斯会议；人工智能三种主流模型（符号主义、连接主义和行为主义）；中国人工智能发展历程和重要事件（王浩、吴文俊等中国人在定理证明中的贡献以及中国新一代人工智能）	了解人工智能三种主流算法模型异同（A）；了解中国在人工智能发展历史中的贡献（A）	1

模块 2：知识表达与推理（Knowledge Representation and Reasoning）

知识点	主要内容	能力目标	参考学时
1. 知识表示方法（Knowledge Representation）	知识表示基本概念；知识表达方法：命题表示、一阶谓词逻辑；产生式规则；框架表示法；语义网络表示法；知识图谱	掌握各种知识表示方法的异同（A）；对特定对象和特定问题能够运用相应方法表示其知识（A）	1
2. 命题逻辑与谓词逻辑推理（Proposition Logic and Predicate Logic）	命题逻辑与一阶谓词逻辑语法、自然语言的形式化描述	掌握全称量词、存在量词及其谓词逻辑（A）；学会将自然语言内容转换为一阶谓词描述（A）	1
3. 一阶逻辑推理（Inference in First-Order Logic）	正向推理（Forward Chaining），逆向推理（Back-Ward Chaining）和归结推理（Resolution）等推理方法	掌握一阶逻辑推理方法（A）	1
4. 知识图谱推理（Reasoning over Knowledge Graph）	路径排序推理（Path Ranking Algorithm）	掌握将两个实体间路径作为特征以判断图谱中可能存在的关系的方法（A）	1
5. 贝叶斯网络（Bayes Network）	贝叶斯定理与贝叶斯网络	掌握贝叶斯定理以及贝叶斯网络构造方法（A）	1
6. 概率推理（Probabilistic Inference）	精确推理（枚举与变量消除）与近似推理（采样）	掌握贝叶斯推理基本方法（A）	1
7. 因果推理基本概念（Causal Inference Basics）	因果推理起源；因果图；辛普森悖论等	了解因果推理起源（A）；了解辛普森悖论内涵（A）	1
8. 因果推理基本算法（Fundamental Algorithm of Causal Inference）	Do 算子与因果效应差求取算法	掌握并且了解 Do 算子和因果效应差求解算法（A）	1

模块 3：搜索探寻与问题求解（Searching and Problem Solving）

知识点	主要内容	能力目标	参考学时
1. 搜索基本概念（Searching Basics）	搜索的概念；状态空间；树搜索和图搜索；搜索的完备性、最优性和复杂度等	掌握搜索的概念及基本的搜索策略（A）	1

知识点	主要内容	能力目标	参考学时
2. 贪婪最佳优先搜索算法（Greedy Best-first Search）	启发函数和评价函数；贪婪最佳优先搜索	理解启发函数和评价函数内涵（A）；掌握贪婪最佳优先搜索算法（A）	1
3. 启发式搜索-A*搜索（A*Search）	启发函数和评价函数；启发式函数的构造方法	理解 A* 算法和贪婪优先搜索算法中评价函数的不同（A）；了解 A* 算法的性质（A）	1
4. 搜索算法的性能分析（Analysis of Search Performance）	理解图搜索和树搜索算法的完备性、最优性、时间复杂度和空间复杂度	理解 A* 算法启发函数的一致性和可容性（B）；理解启发函数一致性和可容性之间的关系（B）	1
5. Minimax 搜索（Minimax Search）	确定性二人博弈问题和非确定性二人博弈问题；Minimax 算法及其性质	了解确定性二人博弈问题和非确定性二人博弈问题的基本概念（A）；理解 Minimax 算法的基本思想、掌握算法的实现（A）	1
6. Alpha-Beta 剪枝搜索（Alpha-beta Pruning Search）	Alpha-Beta 剪枝搜索算法及其性质	Alpha 和 Beta 取值的变化（A）；了解 Alpha-Beta 剪枝搜索算法剪枝原理（B）	1
7. 蒙特卡罗树搜索（Monte-Carlo Tree Search）	多臂赌博机模型；置信度上界（Upper Confidence Bound, UCB）算法；蒙特卡罗树搜索算法基本过程（选择、扩展、模拟和反向传播）	理解蒙特卡罗树搜索算法的基本流程（A）；理解反向传播机制（A）；能够运用蒙特卡罗树搜索解决问题（B）	1

模块 4：机器学习（Machine Learning）

知识点	主要内容	能力目标	参考学时
1. 机器学习基本概念（Machine Learning Basics）	机器学习的概念；机器学习发展历史；机器学习方法分类；没有免费的午餐定理有标注／无标注／弱标注／多标注、训练集／验证集／测试集	理解机器学习的基本概念和原理（A）；了解机器学习中几种常见的学习形式（A）	0.5
2. 机器学习模型评估与参数估计（Evaluation and Parameter Estimation of Learning Model）	损失函数、过学习与欠学习、模型正则化与交叉验证、经验风险／期望风险／结构风险、模型泛化等；机器学习算法常用性能度量（精度／错误率／代价敏感错误率，查准率／查全率／F1，ROC/AUC，MLE 和 MAP 等）	了解机器学习模型过拟合和欠拟合的原因（A）；掌握参数优化基本方法（A）；了解机器学习性能评估基本手段（A）	1

续表

知识点	主要内容	能力目标	参考学时
3. 线性回归模型 （Linear Regression Model）	线性回归模型；线性分类模型；模型参数优化	理解线性回归和线性分类模型的建模过程（A）；掌握求解最优参数的方法（B）	1
4. 决策树（Decision Tree）	决策树构造；信息熵增益等	理解决策树的构造过程（A）	1
5. 聚类（Clustering）	聚类的概念；聚类的标准；相似度的定义；k 均值（k-means）算法	理解无监督学习的原理（A）；了解常见的相似度定义（A）；熟练应用 k 均值算法（A）	1
6. 监督学习特征降维 （Supervised Learning for Dimensionality Reduction）	监督学习应用于特征降维的概念；线性区别分析方法	掌握线性区别分析方法（A）	1
7. 无监督学习特征降维（Unsupervised Learning for Dimensionality Reduction）	主成分分析（PCA）方法及其在特征人脸的应用	理解无监督学习应用于特征降维的原理和作用（A）；理解 PCA 算法的原理（A）；熟练应用 PCA 对数据进行降维（B）	1.5
8. 演化学习 （Evolutionary Learning）	介绍演化学习（如遗传学习等）算法	了解算法原理和应用（B）	1
9. 进阶机器学习方法（Advanced Machine Learning）	Boosting；主题建模；非负矩阵分解；隐马尔可夫模型；概率图模型	了解算法原理和应用（B）	5

模块 5：神经网络与深度学习（Neural Network and Deep Learning）

知识点	主要内容	能力目标	参考学时
1. 人工神经网络概述 （Introduction to Artificial Neural Network）	人工神经网络基本概念；人工神经网络发展简史；人工神经网络基本结构与特点；深度学习的基本概念	理解人工神经网络的基本概念（A）；理解人工神经网络和深度学习的基本特点（A）；了解人工神经网络发展历史（A）	1
2. 感知器模型 （Perceptron）	感知器基本结构；常见激活函数；多层感知器及其训练过程	熟悉感知器（全连接层）结构特点与训练过程（A）；熟悉常见激活函数（A）	1
3. 神经网络参数优化 （Optimization in Neural Network）	梯度下降法；误差反向传播算法	掌握反向传播算法的原理及其推导（B）	1

续表

知识点	主要内容	能力目标	参考学时
4. 卷积神经网络（Convolutional Neural Network）	卷积定义；卷积网络构成；卷积层和全连接层；典型卷积网络模型（如 AlexNet 和 ResNet 等）	理解卷积的定义和作用（A）；理解卷积层替代全连接层的意义（A）；掌握典型的卷积网络结构（B）	1
5. 循环神经网络（Recurrent Neural Network）	循环网络的定义；长程依赖问题；长短期记忆神经网络	理解循环神经网络的定义（A）；理解长程依赖问题（A）；掌握典型的循环网络（如 LSTM 等）（B）	1
6. 注意力机制（Attention Mechanism）	注意力机制的原理和方法；自注意力模型；Transformer 模型	理解注意力机制的定义（A）；理解自注意力在深度学习中作用（A）；理解 Transformer 模型基本算法（B）	1
7. 网络优化与正则化（Optimization and Regularization）	介绍网络优化及其难点；典型的优化算法；网络正则化方法	理解神经网络优化算法：AdaGrad、Adam 等（A）；理解正则化方法：Dropout、数据增强等（B）	1
8. 进阶深度学习算法（Advanced Deep Learning）	生成对抗学习；图神经网络	掌握算法原理和应用（B）	1

模块 6：强化学习（Reinforcement Learning）

知识点	主要内容	能力目标	参考学时
1. 强化学习基本概念（Introduction to Reinforcement Learning）	强化学习的基本概念和目标	理解强化学习与其他机器学习的异同（A）	0.5
2. 马尔可夫决策过程（Markov Decision Process）	马尔可夫决策过程的模型	理解并掌握马尔可夫决策过程（A）	1
3. 贝尔曼方程（Bellman Equation）	贝尔曼方程中价值函数和动作 – 价值函数	理解强化学习中价值函数、动作 – 价值函数的定义（A）	1
4. 基于表格求解法的策略评估与优化（Tabular Solution Methods for Policy Evaluation and Improvement）	动态规划、蒙特卡罗采样和时序差分	理解并掌握不同策略学习方法的优劣（A）	1
5. 强化学习中探索与利用的平衡（The Tradeoff between Exploration and Exploitation）	ε 贪心（ε-greedy）策略学习	理解 ε 贪心策略学习（A）	0.5

续表

知识点	主要内容	能力目标	参考学时
6. 基于近似求解法的策略评估与优化（Approximate Solution Methods for Policy Evaluation and Improvement）	深度强化学习；深度 Q 网络（Deep Q Network，DQN）	理解并掌握策略 Q-learning（A）	1
7. 基于策略的强化学习（Policy-Based Reinforcement Learning）	演员评论家（Actor-Critic，AC）等算法	理解 REINFORCE 和 AC 等算法（B）	1

模块 7：人工智能博弈（AI and Game Theory）

知识点	主要内容	能力目标	参考学时
1. 博弈论概念与纳什均衡（The Basics of Game Theory and Nash Equilibrium）	博弈论起源和相关概念；博弈的分类；囚徒困境和纳什均衡	掌握博弈论基本概念（A）	1
2. 虚拟遗憾最小化算法（Counterfactual Regret Minimization）	虚拟遗憾最小化算法；石头 - 剪刀 - 布的例子	掌握博弈策略求解算法（A）；虚拟遗憾最小化算法及其应用（A）	1
3. 双边匹配算法（Gale-Shapely Algorithm）	博弈规则设计法；双边匹配算法（Gale-Shapely 算法）和单边匹配问题	掌握 Gale-Shapely 等代表性算法（A）	1
4. 多智能体博弈算法（Multi-Agent Game Theory）	多智能合作与博弈的算法与例子	掌握多智能体学习算法和应用（A）	2

模块 8：人工智能伦理与安全（Ethics and Security of AI）

知识点	主要内容	能力目标	参考学时
1. 可信人工智能（Responsible，Trustworthy and Fairness AI）	人工智能的伦理和安全挑战；可信人工智能的定义、发展历史、治理原则和政策；算法公平性；提升人工智能可信性的主要方法	理解人工智能伦理与安全问题的重要性（A）；掌握可信人工智能的四个范畴及其之间关系（A）；理解提升人工智能可信性的方式和方法（A）	1

续表

知识点	主要内容	能力目标	参考学时
2. 人工智能可解释性（Explainable AI）	人工智能可解释性的基本含义；可解释模型和不可解释模型的分类和对比；深度学习的可解释性算法；深度学习可解释性的前沿研究和案例分析	掌握可解释人工智能的算法原理(A)；综合运用可解释性相关理论，设计可解释的人工智能系统(B)	1
3. 人工智能安全（Adversarial Attack and Defense in AI）	人工智能系统攻击与防守的基本含义和算法流程；深度学习易受攻击的原因分析；深度学习的攻击算法；深度学习的安全防守算法；自动驾驶系统的安全级别和责任认定	掌握人工智能系统攻击算法的原理(A)；综合运用攻击和防守相关理论，设计人工智能系统的防守算法(B)	2

模块 9：人工智能架构与系统（AI Architecture and System）

知识点	主要内容	能力目标	参考学时
1. 人工智能计算架构（AI Architecture）	人工智能算法所需要的软硬结合支撑技术链	掌握通过技术链构造人工智能代表算法的过程(A)	1
2. 人工智能芯片（AI Chip）	人工智能主要芯片（GPU、XPU 和类脑芯片等）原理	了解人工智能芯片与 CPU 等芯片的异同(A)	1
3. 分布式训练算法与系统（Distributed Machine Learning）	大规模分布式深度学习代表算法	了解深度学习的分布式优化方法(A)	1

模块 10：人工智能应用（AI Applications）

知识点	主要内容	能力目标	参考学时
1. 自然语言中的机器翻译（Machine Translation）	机器翻译基本流程	实现机器翻译(A)	1
2. 视觉理解中的图像分类（Image Classification）	图像分类基本流程	实现基于深度学习的图像分类(A)	1
3. 机器人中的行为控制（Behavior Control in Robotics）	机器人基本算法	实现机器人控制和决策等行为(A)	1
4. 科学计算（AI for Science）	科学计算代表性算法	实现科学计算应用案例（如天气预报、物质合成或动力学模拟等）(B)	1

五、人工智能引论课程英文摘要

1. Introduction

Artificial Intelligence is a strategic technology and an important driving force leading the scientific and technological revolution and industrial change. It is a multi–disciplinary, general and comprehensive course. It presents the characteristics of highly integrated technical and social attributes. This course, based on the concept of "laying a solid foundation, strengthening cross-disciplinary, cultivating character and promoting application", cultivates a solid grasp of the basic theory, basic methods, architecture system and applied engineering technology of artificial intelligence, is familiar with cross-disciplinary knowledge related to artificial intelligence and cultivates cross-disciplinary awareness, and has scientific literacy, ethical cultivation, practical ability, innovation ability, systematic ability and international vision. It can play an important role in the development of China's AI disciplines and industrial technology, and has the potential to train a first-class talent in the field of AI or related fields.

This course is intended for undergraduates or postgraduates of computer science and technology, artificial intelligence, intelligent science and other related majors.

2. Goals

— The understanding of fundamental theory in AI. Students are required to know the basic mechanism how AI is committed to the realization of machine–borne intelligence. Topics include knowledge representation, symbolistic inference, learning optimization and advanced topics.

— The utilization of algorithmic methods in AI. Students are required to know the typical AI models such as symbolistic AI, connectionist AI, behavior AI as well as Game AI.

— The investigation of the ethical and secured challenges and opportunities posed by AI. Students are required to know the responsible design and trustworthy deployment of AI systems for daily life, which perform exactly as intended to guarantee AI systems' safety and reliability.

— The practical application of AI systems. Students are required to build up different AI applications from scratch or implement various existing AI tools, chips and frameworks. Programming projects include machine translation, computer vision, robotics and scientific computation, etc.

3. Covered Topics

Modules	List of Topics	Suggested Hours
1. Computational Theory and Turing Machine	Computational Theory (1), Turing Machine (1), The Typical Algorithmic Models of AI (1)	3
2. Knowledge Representation and Reasoning	Knowledge Representation (1), Propositional Logic and Predicate Logic (1), Inference in First-Order Logic (1), Reasoning over Knowledge Graph (1), Bayes Network (1), Probabilistic Inference (1), Causal Inference Basics (1), Fundamental Algorithm of Causal Inference (1)	8
3. Searching and Problem Solving	Searching Basics (1), Greedy Best-first Search (1), A* Search (1), Analysis of Search Performance (1), Minimax Search (1), Alpha-beta Pruning Search (1), Monte-Carlo Tree Search (1)	7
4. Machine Learning	Machine Learning Basics (0.5), Evaluation and Parameter Estimation of Learning Model (1), Linear Regression Model (1), Decision Tree (1), Clustering (1), Supervised Learning for Dimensionality Reduction (1), Unsupervised Learning for Dimensionality Reduction (1.5), Evolutionary Learning (5), Advanced Machine Learning (1)	13
5. Neural Network and Deep Learning	Introduction to Artificial Neural Network (1), Perceptron (1), Optimization in Neural Network (1), Convolutional Neural Network (1), Recurrent Neural Network (1), Attention Mechanism (1), Optimization and Regularization (1), Advanced Deep Learning (1)	8
6. Reinforcement Learning	Introduction to Reinforcement Learning (0.5), Markov Decision Process (1), Bellman Equation (1), Tabular Solution Methods for Policy Evaluation and Improvement (1), The Tradeoff between Exploration and Exploitation (0.5), Approximate Solution Methods for Policy Evaluation and Improvement (1), Policy-Based Reinforcement Learning (1)	6
7. AI and Game Theory	The Basics of Game Theory and Nash Equilibrium (1), Counterfactual Regret Minimization (1), Gale- Shapely Algorithm (1), Multi-Agent Game Theory (2)	5
8. Ethics and Security of AI	Responsible, Trustworthy and Fairness AI (1), Explainable AI (1), Adversarial Attack and Defense in AI (2)	4
9. AI Architecture and System	AI Architecture (1), AI Chip (1), Distributed Machine Learning (1)	3
10. AI Applications	Machine Translation (1), Image Classification (1), Behavior Control in Robotics (1), AI for Science (1)	4
Total	56	61

高等学校计算机科学与技术专业人才培养方案

第 3 部分包括教育部"拔尖计划 2.0"计算机科学基地的 33 所高校的计算机本科专业的培养方案和教学计划,从培养目标、培养要求、毕业要求、授予学位类型和课程设置等方面描述了计算机专业人才培养方案,供相关院校的教师和学生参考。

北京大学

计算机科学与技术专业培养方案

一、培养目标

计算机科学与技术专业培养学生成为具有"引领未来、守正创新"精神,具有国际视野和爱国敬业意识,具有"基础厚实、理工交叉、乐于探究、勇于创新"的特点,能够成为新一代计算机软件和理论、计算机系统结构、计算机应用和人工智能等领域引领计算机科学与技术学科发展创新的领军人才。

通过通识与专业相结合的教育,使学生具备坚实的数学、物理、计算机、智能、电子等计算机软硬件基础知识,系统地掌握计算机科学的理论和方法,受到良好的科学思维与科学实践研究的训练,具有探索、发现、分析和解决问题的能力,以及知识自我更新和不断创新的能力,为引领计算机科学与技术发展奠定基础。培养的学生具有正确的人生观和价值观,具有良好的人文和科学素养,具有独立思考、阅读、写作、表达等能力和国际化视野。

二、培养要求

本专业本科毕业生可在科研机构、高等院校、企事业单位从事计算机科学与技术学科领域的研究、教学、开发、管理工作;也可继续攻读计算机科学与技术、软件工程、智能科学与技术和其他相关学科的研究生学位。具体要求包括以下方面。

(1) 专业基础:掌握计算机科学与技术领域所需要的数学、物理、计算机、智能和电子等专业基础知识,具有较强的文献阅读、写作和外语交流能力,能够综合应用上述能力解决科学研究或实际工程开发问题。

(2) 问题研究:能够基于科学原理,采用科学方法,运用系统思维和创新思维,针对实际工程科学应用和未来产业发展,提出新问题、新方法和新系统,体现创新能力。

(3) 问题分析:能够应用数学、物理、计算机、电子、通信等基本原理,分析未知问题的可能解决方案,结合文献研究、原理探索和独立思考,给出创新性的解决方案。

(4) 解决问题:能够结合专业培养所获得的综合设计和实践能力,对解决方案的原理进行理论评估、实际测试和原理验证,并有能力开发出解决方案的原型系统,在实际环境中开展验证和演示。

(5) 社会责任:能够在应用科学研究和实际工程开发中,自觉关注科学、技术和工程对人类社会可持续发展的影响,包括对环境、健康、安全、法律、伦理以及文化的影响,自觉遵守职业道德和规范,并履行应承担的责任。

(6) 团队合作:具有较强的组织能力、沟通能力、表达能力和人际交往能力,能够在团队协作中发挥积极的作用,具有承担项目管理和团队负责人职责的主动精神和能力。

(7) 终身学习:具有自主学习和终身学习的意识和能力,具有较强的面向未知问题的主动探索精神和能力。

三、毕业要求及授予学位类型

本专业学生在学期间,须修满培养方案规定的 147 学分,方能毕业。达到学位要求者,授予理学学士学位。

具体毕业要求包括:

公共基础课程:50 学分	公共必修课程:38 学分
	通识教育课程:12 学分
专业必修课程:58 学分	专业基础课程:19 学分
	专业核心课程:33 学分
	毕业论文(设计):6 学分
选修课程:39 学分	专业选修课程:21 学分
	自主选修课程:18 学分

四、课程设置

1. 公共基础课程(44–50 学分)

(1) 公共必修课程(32–38 学分)

课号	课程名称	学分	周学时	实践总学时	选课学期
03835xxx	大学英语	2–8			按大学英语教研室要求选课
	思想政治理论必修课程	18			按马克思主义学院要求选课
	思想政治理论选择性必修课程	1 门			按学校要求选课
04830041	计算概论 A	3	4	32	一上
04830050	数据结构与算法 A	3	4	32	二上
60730020	军事理论	2	2	0	按武装部要求学期选课
	体育系列课程	4			全年,按体育教研室要求选课

可替代课程列表：

课号	课程名称	学分	周学时	实践总学时	替代课程
04830530	计算概论 A（实验班）	3	4	32	计算概论 A
04830540	数据结构与算法 A（实验班）	3	4	32	数据结构与算法 A

注：相关课程均可由同名的实验班课程进行替代（下同）。

（2）通识教育课程（12 学分）

通识教育课程有 4 个系列（Ⅰ. 人类文明及其传统、Ⅱ. 现代社会及其问题、Ⅲ. 艺术与人文、Ⅳ. 数学、自然与技术），每个系列均包含通识教育核心课程和通选课程两部分课程，修读总学分为 12 学分。具体要求如下：

① 至少修读一门通识教育核心课程，且在 4 个课程系列中每个系列至少修读 2 学分。

② 原则上不允许以专业课程替代通识教育课程学分。

③ 本院系开设的通识教育课程不计入学生毕业所需的通识教育课程学分。

④ 建议合理分配修读时间，每学期修读 1 门课程。

2. 专业必修课程（58 学分）

（1）专业基础课程（19 学分）

课号	课程名称	学分	周学时	实践总学时	选课学期
00132511	高等数学 A （Ⅰ）	5	6	32	一上
00132512	高等数学 A （Ⅱ）	5	6	32	一下
00132611	线性代数 A （Ⅰ）	4	5	32	一上
00132612	线性代数 A （Ⅱ）	4	5	32	一下
04830010	信息科学技术概论	1	2	0	一上

可替代课程列表：

课号	课程名称	学分	周学时	实践总学时	替代课程
00132301	数学分析（Ⅰ）	5	6	32	高等数学 A （Ⅰ）
00132302	数学分析（Ⅱ）	5	6	32	高等数学 A （Ⅱ）
00132321	高等代数（Ⅰ）	5	6	32	线性代数 A （Ⅰ）
00132323	高等代数（Ⅱ）	4	5	32	线性代数 A （Ⅱ）

（2）专业核心课程（33 学分）

课号	课程名称	学分	周学时	实践总学时	选课学期
04831750	程序设计实习	3	4	32	一下
04834040	人工智能引论	3	2	0	一下
04834041	人工智能引论实践课	0	2	32	一下
04830070	集合论与图论	3	3	0	二上
04833040	计算机系统导论	5	4	0	二上
04832363	计算机系统导论讨论班	0	2	32	二上
04833050	算法设计与分析	5	4	0	二下
04832580	算法设计与分析（研讨型小班）	0	2	32	二下
00131480	概率统计 A	3	3	0	三上
04834260	操作系统	4	5	32	三上 / 下
04830140	计算机组织与体系结构	3	3	0	三上 / 下
04834200	编译原理	4	5	32	三上 / 下

可替代课程列表：

课号	课程名称	学分	周学时	实践总学时	替代课程
04833400	离散数学与结构（Ⅰ）	3	4	0	集合论与图论

（3）毕业论文（6 学分）

3. 选修课程（39 学分）

（1）专业选修课程 21 学分

要求在以下课程类别中每类至少选修 2 学分。

① 物理与电子类课程

课号	课程名称	学分	周学时	实践总学时	选课学期
00431141	力学 B	3	5	32	一上
00431143	电磁学 B	3	4	16	一下
04831770	微电子与电路基础	2	3	16	一下
04833800	电子系统基础训练	1	2	28	二上
04830670	信号与系统	3	3	6	三上

可替代课程列表：

课号	课程名称	学分	周学时	实践总学时	替代课程
00431110	力学 A	4	6	32	力学 B
04833370	信息科学中的物理学（上）	3	4	16	力学 B
00431155	电磁学 A	4	5	16	电磁学 B
04833371	信息科学中的物理学（下）	3	4	16	电磁学 B

注：同名 A 类课可替代 B 类课，如上述"力学 A"可替代"力学 B"（下同）。

② 理论与算法类课程

课号	课程名称	学分	周学时	实践总学时	选课学期
00132513	高等数学 A（Ⅲ）	4	5	32	二上
04830080	代数结构与组合数学	3	3	0	二下
04830090	数理逻辑	3	3	0	三上
04830260	理论计算机科学基础	3	3	0	三下
04831200	随机过程引论	2	2	0	三下
04833900	密码学基础	3	3	0	三上

可替代课程列表：

课号	课程名称	学分	周学时	实践总学时	替代课程
00132304	数学分析（Ⅲ）	4	5	32	高等数学 A（Ⅲ）
04833430	离散数学与结构（Ⅱ）	3	3	0	代数结构与组合数学
04833440	计算理论导论	3	3	0	理论计算机科学基础

③ 软件系统类课程

课号	课程名称	学分	周学时	实践总学时	选课学期
04834220	软件工程	4	5	32	二下 / 三上
04830220	数据库概论	3	3	0	三下
04834230	软件测试导论	3	3	0	三上
04830410	信息安全引论	2	2	0	四上
04833020	软件分析技术	3	3	0	三上

④ 系统结构与并行计算类课程

课号	课程名称	学分	周学时	实践总学时	选课学期
04834210	计算机网络	4	5	32	三上 / 下
04830145	计算机组织与体系结构实习	2	2	32	三上 / 下
04830100	数字逻辑设计	3	3	2	二下 / 三上
04832240	并行与分布式计算导论	3	3	0	三下
04832520	并行程序设计原理	2	2	8	二下

⑤ 计算机应用与智能类课程

课号	课程名称	学分	周学时	实践总学时	选课学期
04831730	机器学习概论	3	3	8	三下
04831780	自然语言处理导论	2	2	4	三下
04830230	计算机图形学	3	3	0	二下
04830320	数字图像处理	3	3	0	三下
04832220	智能机器人概论	2	2	8	三上
04834520	强化学习	3	3	0	三上

可替代课程列表：

课号	课程名称	学分	周学时	实践总学时	替代课程
04833420	机器学习	3	3	0	机器学习概论

(2) 自主选修课程（18学分，全校课程均可）

课号	课程名称	学分	周学时	实践总学时	选课学期
04834770	数值分析	3	3	0	二上
04831210	信息论	2	2	0	三下
04831800	数字媒体技术基础	2	2	4	三下
04830270	程序设计语言概论	2	2	4	四上
04830310	人机交互	2	2	0	四上
04830350	Windows 程序设计	2	2	0	二下
04830340	Java 程序设计	2	2	2	二下
04830330	Linux 程序设计	2	2	0	二下
04830030	科技交流与写作	2	2	8	二下
04830760	数字信号处理（含上机）	3	4	16	三下
04830510	语言统计分析	2	2	0	四上
04830290	面向对象技术引论	2	2	0	三下
04831890	现代信息检索导论	2	2	0	四上
04831880	初等数论及其应用	3	3	0	四上

可替代课程列表：

课号	课程名称	学分	周学时	实践总学时	替代课程
00130280	计算方法 B	3	3	0	数值分析

五、计算机科学与技术专业课程地图（图 3-1）

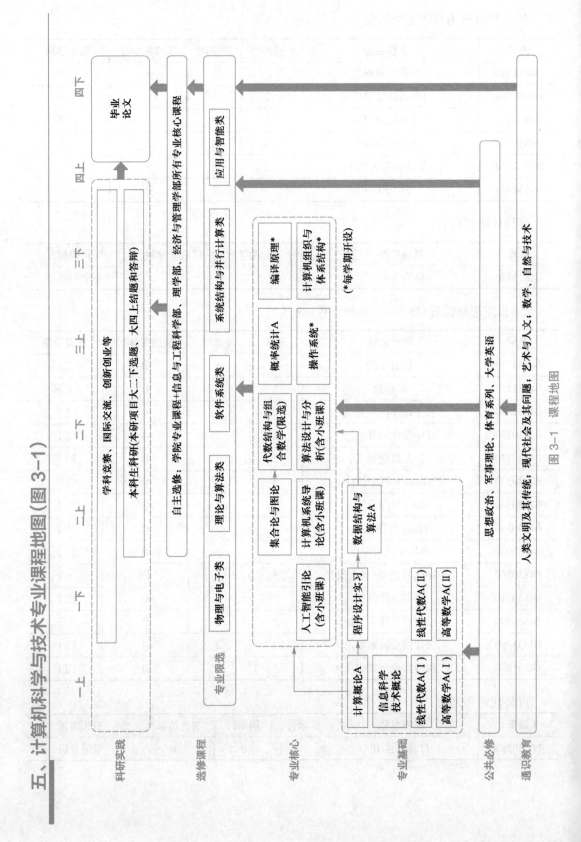

图 3-1　课程地图

计算机科学与技术专业本科培养方案

一、培养目标

计算机科学与技术专业培养实行多学科交叉背景下、通识教育基础上的宽口径专业教育,构建具有专业共性基础的大类课程体系以及具有一定特长的专业核心课程体系,强调对学生进行基本理论、基础知识、基本能力(技能)以及健全人格、综合素质和创新精神培养,培养基础厚、专业面宽、具有自主学习能力的复合型人才,所培养的学生应具有远大的科学抱负和人生理想,培养一批有潜力发展成为能够引领计算机学界潮流的"学术大师"或在业界叱咤风云的"兴业之士"的高水平毕业生。

二、培养要求

计算机科学与技术专业本科毕业生应具有以下知识和能力:

(1) 应用数学、科学和工程知识的能力。

(2) 设计和实施实验以及分析和解释数据的能力。

(3) 考虑在经济、环境、社会、政治、道德、健康、安全、易于加工、可持续性等现实约束条件下,设计满足期望需求的系统、设备或工艺的能力。

(4) 在多学科团队中工作的能力。

(5) 发现、提出和解决工程问题的能力。

(6) 了解所学专业的职业道德和责任。

(7) 有效沟通的能力。

(8) 具备宽广的知识面,能够认识到工程方案在全球、经济、环境和社会范围内的影响。

(9) 认识到终身教育的重要性,并有能力通过不断学习来提高自己。

(10) 具备从本专业角度理解当代社会和科技热点问题的知识。

(11) 综合运用技术、技能和现代工程工具来进行工程实践的能力。

三、学制与学位授予

计算机科学与技术专业本科学制 4 年。授予工学学士学位。

按本科专业学制进行课程设置及学分分配。本科最长学习年限为所在专业学制加两年。

四、基本学分要求

本科培养总学分为 160 学分。其中,校级通识教育课程 46 学分,专业相关课程 95 学分,专业实践环节 19 学分。

五、课程设置与学分分布

1. 校级通识教育课程(46 学分)

(1) 思想政治理论课程(必修 17 学分)

课程编号	课程名称	学分
10680053	思想道德与法治	3 学分
10680011	形势与政策	1 学分
10610193	中国近现代史纲要	3 学分
10610204	马克思主义基本原理	4 学分
10680032	毛泽东思想和中国特色社会主义理论体系概论(1)	2 学分
10680042	毛泽东思想和中国特色社会主义理论体系概论(2)	2 学分
10680022	习近平新时代中国特色社会主义思想概论	2 学分

注:

1. 我国港澳台地区学生必修:思想道德与法治,3 学分,其余课程不做要求。

2. 国际学生对以上思政课程不做要求。

(2) 体育(4 学分)

第 1—4 学期的体育(1)—(4)为必修,每学期 1 学分;第 5—8 学期的体育专项不设学分,其中第 5—6 学期为限选,第 7—8 学期为任选。学生大三结束申请推荐免试攻读研究生需完成第 1—4 学期的体育必修课程并取得学分。

本科毕业必须通过学校体育部组织的游泳测试。体育课的选课、退课、游泳测试及境外交换学生的体育课程认定等,详见学生手册《清华大学本科体育课程的有关规定及要求》。

(3) 外语课程(一外英语学生必修 8 学分,一外其他语种学生必修 6 学分)

学生	课组	课程	课程面向	学分要求
一外英语学生	英语综合能力课组	英语综合训练(C1)	入学分级考试	必修4 学分
		英语综合训练(C2)	1 级	
		英语阅读写作(B)	入学分级考试	
		英语听说交流(B)	2 级	
		英语阅读写作(A)	入学分级考试	
		英语听说交流(A)	3 级、4 级	
	第二外语课组	详见选课手册		限选4 学分
	外国语言文化课组			
	外语专项提高课组			
一外小语种学生		详见选课手册		6 学分

公外课程免修、替代等详细规定见教学门户－清华大学本科生公共外语课程设置及修读管理办法。

注：国际学生要求必修 8 学分非母语语言课程，包括外语课程及专为国际生开设的汉语水平提高系列课程。

（4）写作与沟通课程（必修 2 学分）

课程编号	课程名称	学分
10691342	写作与沟通	2

注：国际学生可以高级汉语阅读与写作课程替代。

（5）通识选修课程（限选 11 学分）

通识选修课包括人文、社科、艺术、科学 4 大课组，要求学生每个课组至少选修 2 学分。

注：我国港澳台地区学生必修中国文化与中国国情课程，4 学分，计入通识选修课程学分。国际学生必修中国概况课程，1 门，计入通识选修课学分。

（6）军事课程（4 学分，3 周）

课程编号	课程名称	学分	备注
12090052	军事理论	2 学分	
12090062	军事技能	2 学分	

注：

1. 我国台湾地区学生在以上军事课程 4 学分和台湾地区新生集训 3 学分中选择，不少于 3 学分。

2. 国际学生必修国际新生集训课程。

2. 专业相关课程（95 学分）

（1）基础课程（必修，39 学分）

基础课程是计算机系对本专业学生在数学及自然科学基础、学科基础、实践环节等方面的必修课程和学分的统一要求，这些课程和环节为学生提供在计算机科学与技术领域进行较为深入学习和研究所必需的基础理论和知识、科学方法、基本能力和技能。

① 数学基础课程（必修，30 学分）

课程编号	课程名称	学分	备注
10421055	微积分 A（1）	5	
10421065	微积分 A（2）	5	
10421324	线性代数	4	
10421382	高等线性代数选讲	2	
10421373	概率论与随机过程	3	2 选 1
10420803	概率论与数理统计	3	
10420252	复变函数引论	2	

续表

课程编号	课程名称	学分	备注
20240033	数值分析	3	2 选 1
10420854	数学实验	4	
20240013	离散数学(1)	3	2 选 1
24100023	离散数学(1)	3	
20240023	离散数学(2)	3	2 选 1
24100013	离散数学(2)	3	

② 自然科学基础必修课程(8 学分)

课程编号	课程名称	学分	备注
10430484	大学物理 B(1)	4	3 选 1
10430344	大学物理(1)英	4	
10431064	大学物理(1)	4	
10430494	大学物理 B(2)	4	3 选 1
10430354	大学物理(2)英	4	
10430194	大学物理(2)	4	

③ 学科基础课程(1 学分)

课程编号	课程名称	学分	备注
30210041	信息科学技术概论	1	

(2) 专业主修课程(必修, 44 学分)

课程编号	课程名称	学分	备注
30240233	程序设计基础	3	2 选 1
34100063	程序设计基础	3	
30240532	面向对象程序设计基础	2	2 选 1
34100362	面向对象程序设计基础	2	
30240343	数字逻辑电路	3	2 选 1
30240353	数字逻辑设计	3	
30240551	数字逻辑实验	1	
30240184	数据结构	4	
30240593	计算机系统概论	3	
30240063	信号处理原理	3	2 选 1
30230104	信号与系统	4	

续表

课程编号	课程名称	学分	备注
40240513	计算机网络原理	3	
40240354	计算机组成原理	4	
30240163	软件工程	3	
30240243	操作系统	3	
40240443	计算机系统结构	3	
40240432	形式语言与自动机	2	
30240382	编译原理	2	
30240042	人工智能导论	2	
30240573	网络空间安全导论	3	

（3）专业选修课程（限选，12 学分）

① 专业限选课程（不少于 10 学分，与自然科学基础选修课程学分总计不少于 12 学分）

本专业开设的限选课程，包括计算机系统结构、计算机软件与理论、计算机应用技术、专题训练 4 个课程组，建议每个课程组选修至少 2 学分，总计不少于 10 学分。

A1：计算机系统结构课程组（选修不少于 2 学分）

课程编号	课程名称	学分	备注（说明及先修要求）
30240253	微计算机技术	3	
40240412	数字系统设计自动化	2	
30240222	VLSI 设计导论	2	汇编语言程序设计
30230243	通信原理概论	3	数字逻辑
40240572	计算机网络安全技术	2	数字逻辑
40240692	存储技术基础	2	
40240651	高性能计算前沿技术	1	
40240862	网络安全工程与实践	2	
40240822	计算机网络管理	2	
41120012	无线移动网络技术	2	
41120032	互联网工程设计	2	
41120022	网络编程技术	2	
40240892	现代密码学	2	

A2：计算机软件与理论课程组（选修不少于 2 学分）

课程编号	课程名称	学分	备注（说明及先修要求）
20240082	初等数论	2	离散数学
30240192	高性能计算导论	2	
30240262	数据库系统概论	2	数据结构
40240502	软件开发方法	2	C++ 数据结构
40240751	计算机软件前沿技术	1	
40240492	数据挖掘	2	数据库系统概论
40240963	量子计算研讨课	2	
30240582	计算理论导引	2	

A3：计算机应用技术课程组（选修不少于 2 学分）

课程编号	课程名称	学分	备注（说明及先修要求）
40240452	模式识别	2	概率与统计
40240062	数字图像处理	2	概率与统计 程序设计基础
40240392	多媒体技术基础及应用	2	信号处理原理
40240422	计算机图形学基础	2	数据结构
40240402	系统仿真与虚拟现实	2	计算机组成原理
40240462	现代控制技术	2	系统分析与控制
40240372	信息检索	2	数据结构
40240532	机器学习概论	2	人工智能导论
30240292	人机交互理论与技术	2	
30240312	人工神经网络	2	
40240872	媒体计算	2	
40240762	搜索引擎技术基础	2	
40240013	系统分析与控制	3	
40240552	嵌入式系统	2	
40240922	人工智能技术与实践	2	
40240952	虚拟现实技术	2	

A4：专题训练课程组（选修不少于 2 学分）

课程编号	课程名称	学分	备注（说明及先修要求）
40240882	计算机网络专题训练	2	
30240402	操作系统专题训练	2	

续表

课程编号	课程名称	学分	备注(说明及先修要求)
30240412	编译原理专题训练	2	
30240422	数据库专题训练	2	
40240702	以服务为中心的软件开发设计与实现	2	
40240931	认知机器人	1	

② 自然科学基础选修课程(与专业限选课程学分总计不少于 12 学分)

课程编号	课程名称	学分	备注(说明及先修要求)
10430782	物理实验 A(1)	2	
10430801	物理实验 B(1)	1	
10430792	物理实验 A(2)	2	
10430811	物理实验 B(2)	1	
30260222	电子学基础	2	
31550011	电子学基础实验	1	

3. 专业实践环节(19 学分)

(1) 夏季学期实习实践训练(必修,4 学分)

课程编号	课程名称	学分	备注
30240522	程序设计训练	2	夏季 1
40240972	专业实践	2	夏季 3

(2) 综合论文训练(必修,15 学分)

第 7 学期完成论文开题,集中安排在第 8 学期进行。

北京航空航天大学

计算机科学与技术专业培养方案

一、培养目标和毕业要求

1. 培养目标

以学校"培养引领和支撑国家重大战略需求的领军领导人才"的人才培养战略总目标为指导,培养具有良好人文素养,强烈的事业心、使命感及担当精神,具有创新精神、全球化视野、终身学习能力,具有较扎实的数理基础,系统掌握本专业的基础理论和专业技能,具有提出和解决计算机领域复杂工程问题的能力,具有团队合作与组织管理能力,能参与国际竞争的计算机专业高水平人才。

学生毕业 5 年后:

(1) 能够就专业相关的工程问题,综合考虑技术、经济、法律、伦理等因素,分析、制定解决方案,并管理项目的实施。

(2) 能够在职业发展中具有担当精神、行动力、感染力和领导力。

(3) 能够与国内外同行、客户和公众有效沟通。

(4) 能够始终坚持学习和自我完善,紧跟技术发展趋势,并具有对新兴技术与应用的敏锐性和洞察力。

2. 毕业要求

(1) 工程知识:具备较扎实的数学、自然科学知识,系统掌握计算机领域的工程基础和专业知识,能够将这些知识用于解决计算机领域复杂工程问题。

(2) 问题分析:能够应用数学、自然科学基本原理与专业知识,并通过文献研究,识别、表达、分析计算机领域复杂工程问题,以获得有效结论。

(3) 设计 / 开发解决方案:能够设计针对计算机领域复杂工程问题的解决方案,设计满足特定需求的计算机系统、关键算法及应用程序,并能够在设计环节中体现创新意识,考虑法律、健康、安全、文化、社会以及环境等因素。

(4) 研究:能够基于专业知识对计算机领域复杂工程问题进行研究,包括文献调研、设计实验、分析与解释数据、并通过信息综合得到合理有效的结论。

(5) 使用现代工具:能够在本领域工程实践中选择与使用合理有效的技术、软硬件资源、软硬件开发工具和信息技术工具,并了解其局限性。

(6) 工程与社会:具有追求创新的态度和意识,掌握基本的创新方法,以及综合运用理论和技术手段设计复杂计算机系统与应用的能力;设计过程中能够综合考虑社会、经济、文化、环境、法律、安全、健康、伦理等制约因素。

（7）环境和可持续发展：了解与本专业相关的职业和行业的生产、设计、研究与开发、环境保护和可持续发展等方面的方针、政策和法律、法规，能够正确认识专业工程实践对环境和社会可持续发展的影响，合理评价专业工程实践解决方案对社会、健康、安全、法律及文化的影响。

（8）职业规范：具有良好的人文素养、社会责任感，能够在工程实践中理解并遵守工程职业道德和规范，履行责任。

（9）个人和团队：能够在多学科背景下的团队中承担个体、团队成员以及负责人的角色。

（10）沟通：能够就复杂计算机工程问题与业界同行及社会公众进行有效沟通与交流，包括撰写报告和设计文稿、陈述发言、清晰表达个人见解等，并具备一定的国际视野，能够在跨文化背景下进行沟通和交流。

（11）项目管理：具有一定的组织与工程管理能力、表达与人际交往能力，能够在多学科背景下的团队中发挥重要作用。

（12）终身学习：具有自主学习和终身学习的意识，具有不断学习和适应本领域快速发展的能力；具有坚持锻炼身体的良好习惯。

3. 核心课程与毕业要求关联图

主要专业必修课程		毕业要求											
		工程知识	问题分析	解决方案	研究	工具	工程与社会	环境与可持续发展	职业规范	个人与团队	沟通	项目管理	终身学习
专业导论	导论(信息类)						√	√	√	√	√		√
基础理论	离散数学(信息类)	√	√						√				
	离散数学(2)	√	√						√				
系统能力	计算机组成	√	√	√	√				√				√
	操作系统	√	√	√		√		√	√				
	编译技术	√	√	√		√					√		
	计算机网络	√	√	√		√							√
软件能力	数据结构(信息类)	√	√	√									√
	面向对象	√	√	√							√	√	√
	算法	√	√	√	√					√			√
	数据库	√	√	√		√							√
	软件工程	√	√	√	√	√				√	√	√	√

二、学制、授予学位、最低毕业学分框架表

本专业基本学制为 4 年,学生在学校规定的学习年限内修完培养方案规定的内容,成绩合格且达到学校毕业要求的准予毕业,学校颁发毕业证书;符合学士学位授予条件的,授予学士学位。

毕业总学分:155 学分。

授予学位类型:计算机科学与技术工学学士学位。

计算机科学与技术专业本科指导性最低学分框架表

课程模块	序列	课程类别	最低学分要求		
			1 年级	2–4 年级	学分小计
基础课程	A	数学与自然科学类	22	7	46
	B	工程基础类	9	0	
	C	外语类	4	4	
通修课程	D	思政类	8.5	10.5	41
		军理类	0	4	
	E	体育类	1	2.5	
	K	素质教育理论必修课		2.5	
	H	素质教育实践必修课	0.5	1.5	
	F/G	素质教育通识限修课	2.5	7.5	
专业课程	I	核心专业类	0	48	68
	J	一般专业类	20		
学分小计			47.5	107.5	155
毕业最低总学分			155		

注:外语类课程、思政类课程、军理类课程、体育类课程、美育课程、劳动教育课程、心理健康课程、国家安全课程、素质教育实践必修课程等修读要求见相关文件,其中:

(1) 劳动教育课程要求至少选修劳动教育必修课程或劳动教育模块学时总数 ≥ 32 学时及参加劳动月等活动,详见每学期劳动教育课程清单。

(2) 素质教育通识限修课:大类概论课、航空航天概论 B 为必修,至少还应包含 3 门人文类通识课(每门课程学分不得低于 2 学分;"科技、法律与社会"为必修)。

(3) 创新创业课程要求至少选修 3 学分,详见每学期创新创业课程清单,修读要求见相应创新创业学分认定办法。

(4) 全英文课程要求至少选修 2 学分全英文课程(外语类课程除外)。鼓励学生积极申报学校出国留学计划,本培养方案提供课程学分置换。

(5) 已获得推免研究生的学生可以选修研究生阶段的课程,学分计入研究生阶段培养方案。为确保学习成效,所选修课程总数不得超过 2 门。

三、课程设置与学分分布表

课程模块	课程类别	课程代码	课程名称	总学分	总学时	理论学时	实验学时	实践学时	开课学期		课程性质	考核方式	授课语言
									学年	学期			
基础课程	数学与自然科学类	B1A09104A	工科数学分析(1)	6	96	96	0	0	1	秋	必修	考试	全汉语
		B1A09106A	工科高等代数	6	96	96	0	0	1	秋	必修	考试	全汉语
		B1A09105A	工科数学分析(2)	6	96	96	0	0	1	春	必修	考试	全汉语
		B1A23204A	概率统计 A	3	48	48	0	0	2	春	必修	考试	全汉语
		B1A19104A	基础物理学(信息类)	4	64	64	0	0	1	春	必修	考试	全汉语
		B1A19201B	工科大学物理(2)	4	64	64	0	0	2	秋	必修	考试	全汉语
	工程基础类	B1B061200	程序设计基础	2	48	16	32	0	1	秋	必修	考试	全汉语
		B1B021150	电子设计基础训练	2	56	8	48	0	1	春	必修	考查	全汉语
		B1B061060	离散数学(信息类)	2	32	32	0	0	1	春	必修	考试	全汉语
		B1B061100	数据结构与程序设计(信息类)	3	64	32	32	0	1	春	必修	考试	全汉语
	外语类	B1C12107A	大学英语 A(1)	2	32	32	0	0	1	秋	必修	考试	全英文
		B1C12108A	大学英语 A(2)	2	32	32	0	0	1	春	必修	考试	全英语
		B1C12207A	大学英语 A(3)	2	32	32	0	0	2	秋	必修	考试	全英语
		B1C12208A	大学英语 A(4)	2	32	32	0	0	2	春	必修	考试	全英语
		B1C12107B	大学英语 B(1)	2	32	32	0	0	1	秋	必修	考试	全英语
		B1C12108B	大学英语 B(2)	2	32	32	0	0	1	春	必修	考试	全英语
		B1C12207B	大学英语 B(3)	2	32	32	0	0	2	秋	必修	考试	全英语
		B1C12208B	大学英语 B(4)	2	32	32	0	0	2	春	必修	考试	全英语
通修课程	思政类	B2D281050	思想道德与法治	3	48	48	0	0	1	秋	必修	考试	全汉语
		B2D282060	习近平新时代中国特色社会主义思想概论	2	32	32	0	0	1	秋	必修	考试	全汉语
		B2D281060	中国近现代史纲要	3	48	48	0	0	1	春	必修	考试	全汉语
		B2D282080	毛泽东思想和中国特色社会主义理论体系概论(1)	3	48	48	0	0	2	秋	必修	考试	全汉语
		B2D282090	毛泽东思想和中国特色社会主义理论体系概论(2)	2	80	0	0	80	2	寒假	必修	考查	全汉语

续表

课程模块	课程类别	课程代码	课程名称	总学分	总学时	理论学时	实验学时	实践学时	开课学期		课程性质	考核方式	授课语言
									学年	学期			
通修课程	思政类	B2D282070	马克思主义基本原理	3	48	48	0	0	2	春	必修	考试	全汉语
		B2D281110	形势与政策(1)	0.2	8	4	0	4	1	秋	必修	考查	全汉语
		B2D281120	形势与政策(2)	0.3	8	4	0	4	1	春	必修	考查	全汉语
		B2D282110	形势与政策(3)	0.2	8	8	0	0	2	秋	必修	考查	全汉语
		B2D282120	形势与政策(4)	0.3	8	8	0	0	2	春	必修	考查	全汉语
		B2D283110	形势与政策(5)	0.2	8	8	0	0	3	秋	必修	考查	全汉语
		B2D283120	形势与政策(6)	0.3	8	8	0	0	3	春	必修	考查	全汉语
		B2D284110	形势与政策(7)	0.2	8	8	0	0	4	秋	必修	考查	全汉语
		B2D284120	形势与政策(8)	0.3	8	8	0	0	4	春	必修	考查	全汉语
		B2D280110	中国共产党历史	1	16	16	0	0	1–4	秋/春	限修≥1学分	考试	全汉语
		B2D280120	新中国史	1	16	16	0	0	1–4	秋/春		考试	全汉语
		B2D280130	改革开放史	1	16	16	0	0	1–4	秋/春		考试	全汉语
		B2D280140	社会主义发展史	1	16	16	0	0	1–4	秋/春		考试	全汉语
	军理类	B2D511040	军事理论	2	36	32	0	4	2	春	必修	考试	全汉语
		B2D511030	军事技能	2	112	0	0	112	1	夏	必修	考查	全汉语
	体育类	B2E331030	体育(1)	0.5	32	32	0	0	1	秋	必修	考试	全汉语
		B2E331040	体育(2)	0.5	32	32	0	0	1	春	必修	考试	全汉语
		B2E332050	体育(3)	0.5	32	32	0	0	2	秋	必修	考试	全汉语
		B2E332060	体育(4)	0.5	32	32	0	0	2	春	必修	考试	全汉语
		B2E333070	体育(5)	0.5	16	16	0	0	3	秋	必修	考试	全汉语
		B2E333080	体育(6)	0.5	16	16	0	0	3	春	必修	考试	全汉语
		B2E334030	体质健康标准测试	0.5	0	0	0	0	4	秋	必修	考试	全汉语
	素质教育实践必修课程	B2H511110	素质教育(博雅课程)(1)	0.2	16	4	0	12	1	秋	必修	考查	全汉语
		B2H511120	素质教育(博雅课程)(2)	0.3	16	4	0	12	1	春	必修	考查	全汉语
		B2H511130	素质教育(博雅课程)(3)	0.2	16	4	0	12	2	秋	必修	考查	全汉语
		B2H511140	素质教育(博雅课程)(4)	0.3	16	4	0	12	2	春	必修	考查	全汉语
		B2H511150	素质教育(博雅课程)(5)	0.2	16	4	0	12	3	秋	必修	考查	全汉语

续表

课程模块	课程类别	课程代码	课程名称	总学分	总学时	理论学时	实验学时	实践学时	开课学期 学年	开课学期 学期	课程性质	考核方式	授课语言
通修课程	素质教育实践必修课程	B2H511160	素质教育(博雅课程)(6)	0.3	16	4	0	12	3	春	必修	考查	全汉语
		B2H511170	素质教育(博雅课程)(7)	0.2	16	4	0	12	4	秋	必修	考查	全汉语
		B2H511180	素质教育(博雅课程)(8)	0.3	16	4	0	12	4	春	必修	考查	全汉语
	素质教育理论必修课程		美育类课程(至少1.5学分),各类课程见各学期开课清单	1.5							必修		
			劳动教育课程(至少32学时),劳动教育必修课或劳动教育模块,详见每学期劳动教育课程清单		32				1-4		必修	考查	全汉语
		B2K141010	国家安全	1	16	14	0	2	1-3	秋/春	必修	考查	全汉语
	素质教育通识限修课程		概论课(大类内部)以下七门:										
		B2F020390	电子信息工程导论	1.5	24	24	0	0	1	秋	限修,≥1.5学分	考查	全汉语
		B2F030360	自动化科学与电气工程导论	1.5	24	24	0	0	1	秋		考查	全汉语
		B2F060110	计算机导论与伦理学	1.5	24	24	0	0	1	秋		考查	全汉语
		B2F170210	仪器科学概览	1.5	24	24	0	0	1	秋		考查	全汉语
		B2F210120	走进软件	1.5	24	24	0	0	1	秋		考查	全汉语
		B2F390110	网络空间安全导论	1.5	24	24	0	0	1	秋		考查	全汉语
		B2F491110	集成电路导论	1.5	24	24	0	0	1	秋		考查	全汉语
		B2F050410	航空航天概论B	1.5	24	18	6	0	2	春	必修	考试	全汉语
			人文、经典、社科、科技文明4类素质教育课	1						秋、春	限修,≥1学分	考查	全汉语
		B2F050410	航空航天概论B	1.5	24	18	6	0	2	春	必修	考试	全汉语
			3门人文类核心通识课(法律、科技与社会为必选)	2	32	32	0	0	2	秋	必修	考查	全汉语
				2	32	32	0	0	3	秋	必修	考查	全汉语
				2	32	32	0	0	3	春	必修	考查	全汉语

续表

课程模块	课程类别	课程代码	课程名称	总学分	总学时	理论学时	实验学时	实践学时	开课学期 学年	开课学期 学期	课程性质	考核方式	授课语言
专业课程	核心专业类	B3I061110	科研课堂	2	32	0	0	32	2	秋	必修	考查	全汉语
		B3I063420	社会课堂(生产实习)	5	320	0	0	320	3	夏	必修	考查	全汉语
		B3I064410	毕业设计	8	640	0	0	640	4	春	必修	考查	全汉语
		B3I061140	离散数学2	3	48	48	0	0	2	秋	必修	考试	全汉语
		B3I062110	计算机组成	5.5	112	64	48	0	2	秋	必修	考试	全汉语
		B3I062120	操作系统	4.5	96	48	48	0	2	春	必修	考试	全汉语
		B3I063110	编译技术	4.5	96	48	48	0	3	秋	必修	考试	全汉语
		B3I062150	面向对象设计与构造	2.5	48	32	16	0	2	春	必修	考试	全汉语
		B3I062130	算法设计与分析	2	32	32	0	0	3	秋	必修	考试	全汉语
		B3I063180	数据库系统原理	4	80	48	32	0	3	秋	必修	考试	全汉语
		B3I063130	软件工程	2	32	32	0	0	3	春	必修	考试	全汉语
		B3I063210	计算机网络	2	32	32	0	0	3	春	必修	考试	全汉语
		B3I063220	计算机网络实验	1	32	0	32	0	3	春	必修	考试	全汉语
		B3J064630	计算机科学研究方法论	2	32	32	0	0	3	春	必修	考查	全汉语
	一般专业类	B3J062610	职业规划与选择讲座	0.5	8	8	0	0	2	秋	必修	考查	全汉语
		B3J063610	学科技术前沿讲座	1	16	16	0	0	3	春	必修	考查	全汉语
		B3J064610	求职辅导系列讲座	0.5	8	8	0	0	4	秋	必修	考查	全汉语
		B3J062410	实践与展示(1)	1	32	0	0	32	2	春	必修	考查	全汉语
		B3J062420	实践与展示(2)	1	32	0	0	32	3	春	必修	考查	全汉语
		共计选修16学分专业选修课 (每门课程学分不得低于2学分)		16									

四、核心课程先修逻辑关系图(图3-2)

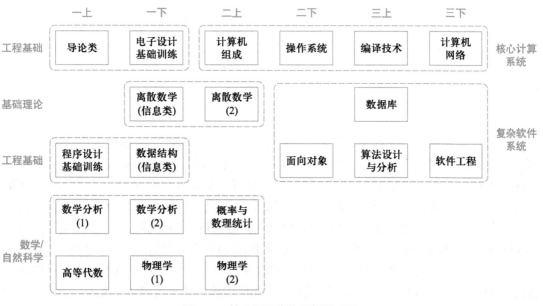

图3-2　核心课程先修逻辑关系图

北京理工大学

计算机科学与技术专业培养方案

一、培养目标

计算机科学与技术专业培养具有高尚的职业道德和社会责任感,基础理论扎实,能系统地应用包括计算机硬件、软件与应用的基本理论、基本知识和基本技能与方法,工程实践能力强,分析和解决问题能力强,知识面宽广的工程型专业技术人才,具备良好的团队沟通能力和一定的领导才能,具有终身学习意识和创新意识,具备国际化视野,能够解决信息技术领域实际复杂工程问题。毕业生可在科研机构、高等院校、政府机关、企事业单位等从事计算机及相关领域的工程研究、技术开发、运行维护、项目管理以及信息服务等工作。

经过5年左右的工作实践,本专业培养的学生应满足合格的计算机系统工程师的基本要求,能独立承担复杂工程项目任务,成为项目团队的核心成员或团队负责人。培养目标可以具体归纳为以下几条:

(1) 适应国家现代化与信息化建设需要,具有高尚的职业道德和社会责任感。

(2) 具有扎实的数理基础,良好的科学素养与系统的专业知识,精通岗位业务,能够成为相应岗位合格的工程师。

(3) 工程实践能力强,分析和解决问题能力强,能够在计算机相关领域的复杂工程项目中独立承担任务。

(4) 具备良好的团队合作精神和组织、沟通能力,能够成为项目团队的核心成员或团队负责人。

(5) 具有终身学习意识,能够通过多种学习渠道增加知识和提升能力。

(6) 具有创新意识、国际视野和跨文化的交流、竞争与合作能力。

二、毕业要求

根据计算机科学与技术专业特点及发展定位,基于专业培养目标,制定的毕业要求共有如下12条。对于每一项毕业要求进行指标点的分解,得到35个指标点。

1. 工程知识

能够将数学、自然科学、信息科学基础和计算机专业知识应用于解决复杂计算机工程问题。

(1) 能够运用数学、自然科学、信息科学基础和计算机专业知识表述复杂计算机工程问题。

（2）能够针对具体的对象建立数学模型，并根据模型进行计算机复杂工程问题的求解。

（3）能够将相关知识和数学模型用于推演、分析复杂计算机工程问题。

（4）能够将相关知识和数学模型用于比较和综合复杂计算机工程问题的解决方案。

2. 问题分析

能够应用数学、自然科学、计算机科学与技术的基本原理，识别、表达，并通过文献研究分析复杂计算机工程问题，以获得有效结论。

（1）能够运用相关科学原理，识别和判断复杂计算机工程问题的关键环节。

（2）能够基于相关科学原理和数学模型方法正确表达复杂计算机工程问题。

（3）能够借助文献研究等手段，寻求复杂计算机工程问题的多种可替代解决方案。

（4）能够通过运用基本原理，借助文献研究等方法，分析复杂计算机工程问题的影响因素并获得有效结论。

3. 设计／开发解决方案

能够设计解决复杂计算机工程问题的技术方案，能够设计并实现满足特定需求的计算机系统或模块，并能够在设计环节中体现创新意识，考虑社会、健康、安全、法律、文化以及环境等因素。

（1）掌握计算机工程设计与产品开发的全周期、全流程的基本设计／开发技术和方法，了解影响设计目标和技术方案的各种因素。

（2）能够针对特定需求，完成计算机软硬件部件或模块的需求分析和设计。

（3）能够进行计算机软硬件系统分析与设计，在设计中体现创新意识。

（4）能够在计算机软硬件系统设计中考虑社会、健康、安全、法律、文化以及环境等制约因素。

4. 研究

能够基于科学原理并采用科学方法对复杂计算机工程问题进行研究，包括设计实验、分析与解释数据、并通过信息综合得到合理有效的结论。

（1）能够基于科学原理，通过文献研究或计算机科学的基本方法，调研和分析复杂计算机工程问题的解决方案。

（2）能够根据对象和问题的特征，进行研究路线的选择和实验方案的设计。

（3）能够根据实验方案构建实验系统开展实验，正确地采集实验数据。

（4）能够对实验结果进行分析与解释，并通过信息综合得到合理有效的结论。

5. 使用现代工具

能够针对复杂计算机工程问题，开发、选择与使用恰当的技术、资源、现代工程工具、软硬件开发工具，能够对复杂计算机工程问题进行预测与模拟，能够理解不同开发技术与工具的应用场合及其局限性。

（1）了解计算机专业常用的现代仪器、信息技术及计算机工程工具和模拟软件的使用原理和方法，并理解其局限性。

（2）能够选择与使用恰当的仪器、信息资源、计算机工程工具和专业模拟软件，对复杂计算机工程问题进行分析、计算与设计开发。

（3）能够针对具体的对象，开发或选用满足特定需求的现代工具，模拟和预测专业问题，并能够分析其局限性。

6. 工程与社会

能够基于工程相关背景知识进行合理分析,评价计算机专业工程实践和复杂工程问题解决方案对社会、健康、安全、法律以及文化的影响,并理解应承担的责任。

(1) 了解计算机专业领域的技术标准体系、知识产权、产业政策和法律法规,理解不同社会文化对计算机工程活动的影响。

(2) 能够分析和评价计算机专业工程实践对社会、健康、安全、法律以及文化的影响,以及这些制约因素对项目实施的影响,并理解应承担的责任。

7. 环境和可持续发展

能够理解和评价针对复杂计算机工程问题的专业工程实践对环境、社会可持续发展的影响。

(1) 知晓和理解环境保护和可持续发展的理念和内涵。

(2) 能够评价计算机工程实践和复杂工程问题解决方案对环境、可持续发展的影响。

8. 职业规范

具有人文社会科学素养、社会责任感,能够在计算机工程实践中理解并遵守工程职业道德和规范,履行责任。

(1) 具备基本的人文素养,具备正确的人生观和价值观,理解个人与社会的关系,了解中国国情。

(2) 理解计算机行业及相关领域工作岗位的职业道德和职业规范,并能够在计算机工程实践中自觉遵守。

(3) 理解计算机工程师对公众的安全、健康和福祉,以及环境保护的社会责任,能够在计算机工程实践中自觉履行责任。

9. 个人和团队

能够在多学科背景下的团队中承担个体、团队成员以及负责人的角色。

(1) 能够在多学科背景下团队中与其他学科的成员有效沟通,合作共事。

(2) 能够在计算机工程项目实践中承担个体、团队成员以及负责人的角色。

10. 沟通

能够就计算机复杂工程问题与业界同行及社会进行有效沟通和交流,包括撰写报告和设计文稿、陈述发言、清晰表达或回应指令。具有一定的国际视野,具备基本的英语交流水平,能够在跨文化背景下进行沟通和交流。

(1) 能够针对计算机专业问题,采用口头和书面方式,准确表达自己的观点、回应质疑,并理解与业界同行和公众交流的差异性。

(2) 了解计算机专业领域的国际发展趋势、研究热点,理解和尊重世界不同文化的差异性和多样性。

(3) 具备基本的英语交流和书面表达能力,能够在跨文化背景下进行计算机专业问题基本沟通和交流。

11. 项目管理

具备项目管理能力,理解计算机工程实践项目管理的原理与经济决策方法,并能够在多学科环境中应用。

(1) 掌握工程项目的管理与经济决策方法，了解计算机工程及产品的全周期、全流程的成本构成，理解其中涉及的工程管理与经济决策问题。

(2) 能够在多学科环境下（包括模拟环境），在设计开发复杂计算机工程问题解决方案过程中，运用工程管理与经济决策方法。

12. 终身学习

能够了解计算机行业发展动态、学习计算机理论与技术的新发展，具有自主学习和终身学习的意识，有不断学习和适应发展的能力。

(1) 在社会发展的大背景下，能够认识到自主学习和终身学习的必要性。

(2) 具有自主学习的能力，包括对计算机新技术问题的理解能力，归纳总结的能力和提出问题能力等。

三、毕业要求与能力实现矩阵

必修课程与毕业要求的关联度矩阵

必修课程	毕业要求											
	工程知识	问题分析	设计/开发解决方案	研究	使用现代工具	工程与社会	环境与可持续发展	职业规范	个人和团队	沟通	项目管理	终身学习
学术用途英语(1级、2级)										H		
工科数学分析(上、下)	M	L										
军事理论/军事训练								L	M			L
线性代数B	L	L										
概率论与数理统计	L	L										
大学计算机						L	M					L
程序设计基础			L		L							
大学物理A(Ⅰ、Ⅱ)	L	L										
物理实验B(Ⅰ、Ⅱ)					H							
思想道德修养与法律基础			L			M		L				
中国近代史纲要								L				

续表

必修课程	毕业要求											
	工程知识	问题分析	设计/开发解决方案	研究	使用现代工具	工程与社会	环境与可持续发展	职业规范	个人和团队	沟通	项目管理	终身学习
知识产权法基础			L			M		M				
毛泽东思想与中国特色社会主义理论体系概论								L				
马克思主义基本原理								L				
习近平新时代中国特色社会主义思想概论								L				
体育（Ⅰ–Ⅳ）								L				M
离散数学	M	L										
数字逻辑	M		L			L						
电路分析基础 D/实验 C	M	L		M	L							
数据结构与算法设计	H		L									
面向对象技术与方法		M	L			L				L		
数值分析	M				L							
数据库原理与设计		L			M	L						
计算机系统导论	L	M	L									
汇编语言与接口技术		M	L			L						
操作系统		M	L			M						
软件工程基础		M	M			L					H	
编译原理与设计	L	M				L						
计算机组成与体系结构		M	L									
计算机网络			L			M	M			L		M
卓越工程综合训练				M	M		M	M				M
社会实践						L	M	M	M			
程序设计方法与实践	L		L						M			

续表

必修课程	毕业要求											
	工程知识	问题分析	设计/开发解决方案	研究	使用现代工具	工程与社会	环境与可持续发展	职业规范	个人和团队	沟通	项目管理	终身学习
Web 开发基础			L		L	L		M			M	
计算机专业基础实习	M			M		M	L	M				
大数据系统开发			L		M	M		M				
汇编与接口课程设计			L	M					H		M	
计算机组成原理课程设计			L	H							H	
德育答辩								L		L		
形势与政策			L				M		M		M	L
大学生心理素质发展			L						M			
毕业设计(论文)	M	L	H			M			H		M	M

注:

1. 表中教学活动包括课程、实践环节、训练等,根据课程与各项毕业要求关联度的高低分别用 H(高)、M(中)、L(弱)表示。

2. 毕业要求权重值为 0.1、0.2 则为 L,毕业要求权重值为 0.3、0.4 则为 M,毕业要求权重值大于 0.4 则为 H。

四、毕业合格标准与学分分布

本专业修读要求总学分为 144.5 学分,其中通识教育 66 学分(含 8 学分人文素质教育课程),专业教育 78.5 学分,包括专业基础课程、专业核心课程和一般专业课程(含 12 学分专业选修课程)。

准入课程

课程名称	学分	建议修读学期	说明
工科数学分析 Ⅰ、Ⅱ	6+6	1,2	可用数学分析 Ⅰ、Ⅱ 替代
学术用途英语 Ⅰ、Ⅱ	3+3	1,2	
线性代数 B	3	1	可用高等代数替代
概率论与数理统计	3	3	
大学物理 A Ⅰ、Ⅱ	4+4	2,3	
物理实验 B Ⅰ、Ⅱ	1+1	2,3	
程序设计基础	3	2	
工程制图 C	2	1	

续表

课程名称	学分	建议修读学期	说明
电路分析基础	4	2	
知识产权法基础	1	1	

准入标准：

1. 符合专业确认、转专业相关规定；

2. 完成准入课程或达到考核标准；

3. 高阶课程可以替代低阶课程。

毕业准出课程（专业基础课程与核心课程）

课程名称	学分	建议修读学期	说明
离散数学	4	3	专业基础课程
数据结构与算法设计	5	3	专业基础课程
数字逻辑	2.5	4	专业基础课程
面向对象技术与方法	2.5	4	专业基础课程
数据库原理与设计	3	4	专业基础课程
计算机系统导论	5	5	专业基础课程
操作系统	3	5	专业基础课程
汇编语言与接口技术	3	5	专业核心课程
计算机网络	3	6	专业基础课程
计算机组成与体系结构	3	6	专业核心课程
软件工程基础	2.5	6	专业基础课程
编译原理与设计	3	6	专业核心课程
卓越工程综合训练	2	7	一般专业课程
程序设计方法与实践	1	3 实践周	一般专业课程
Web 开发基础	1	3 实践周	一般专业课程
计算机专业基础实习	1	5 实践周	一般专业课程
大数据系统开发	1	5 实践周	一般专业课程
汇编与接口课程设计	1	7 实践周	一般专业课程
计算机组成原理课程设计	1	7 实践周	一般专业课程
毕业设计（论文）	8	8	
专业选修	12	3,4,5,6,7,8	一般专业课程,其中数值分析为限定选修课程

毕业准出标准：

1. 总学分不低于 144.5 学分；

2. 专业必修课程 66.5 学分,专业选修课程 12 学分；

3. 完成毕业准出课程；

4. 通识教育课程 66 学分,其中人文素质课程至少 8 学分。

五、学制与授予学位

计算机科学与技术专业学制 4 年,完成培养方案规定的内容,达到毕业合格标准并符合《学位条例》规定的毕业生,授予工学学士学位。

六、辅修专业设置及要求

辅修计算机科学与技术专业的学生完成以下 13 门课程共计 41.5 学分的学习,并通过课程考核,将获得辅修证书。

课程名称	学分	课程性质
离散数学	4	必修
数值分析	2	限选
数据结构与算法设计	5	必修
面向对象技术与方法	2.5	必修
数据库原理与设计	3	必修
数字逻辑	2.5	必修
计算机系统导论	5	必修
操作系统	3	必修
软件工程基础	2.5	必修
计算机网络	3	必修
汇编语言与接口技术	3	必修
计算机组成与体系结构	3	必修
编译原理与设计	3	必修

计算机类本科生培养方案

计算机类包含以下专业

A1、A2、A3：计算机科学与技术(080901)，B1、B2：人工智能(080717T)，B3：数据科学与大数据技术(080910T)；C：信息安全(080904K)，D：生物信息学(071003)，E：物联网工程(080905)，F：软件工程(080902)。

一、培养目标

1. 计算机类统一的培养目标

面向国际前沿和国家需求，培养具有社会责任感、专业使命感和国际视野，身心健康，勇于探索未知、迎接挑战，恪守工程伦理道德，具备计算思维能力，能够综合运用所学知识解决与计算相关复杂问题的创新能力，具备学科交叉融合、团队合作与跨文化交流能力，能够在计算机及相关领域引领未来发展的卓越人才。

2. 各专业的培养目标

在计算机类统一目标基础上，各专业特色培养目标如下。

(1) 计算机科学与技术专业：能够综合运用计算机硬件、软件及数学等方面知识，独立解决与计算相关的复杂工程技术问题。

(2) 人工智能专业：具有认知论、控制论、系统论和信息论的基本思想和创新的思维方式，具有坚实的数学、物理、计算机、智能信息处理和认知与心理的基础知识，具备良好的科学思维方法和计算思维能力，能够综合运用智能科学的基础理论、基础知识，独立解决与智能系统相关的智能方法问题与复杂工程技术问题。

(3) 数据科学与大数据技术专业：能够综合运用大数据计算和大数据管理的基础理论、深度分析与数据挖掘等方面的知识，独立解决与大数据计算相关的复杂工程技术问题，具有大数据获取、建模、管理、分析挖掘与应用等方面的理论知识与工程能力。

(4) 信息安全专业：能够综合运用系统安全、网络安全和内容安全等方面的知识，独立解决与信息安全相关的复杂工程技术问题；具有信息安全监测、防护与保障等方面的理论能力与工程能力。

(5) 生物信息学专业：能够综合运用生命科学、生物技术、信息技术等方面的知识，独立解决与生命信息开发利用相关的复杂工程技术问题，具有生命信息获取、处理、开发与利用等方面的理论能力与工程能力。

(6) 物联网工程专业：能够综合运用 CPS 理论模型、传感技术、网络技术、信息技术等方面的知识，独立解决与信息物理系统相关的复杂工程技术问题，具有信息物理系统建模、集成、验证等方面的理论能力与工程能力。

二、培养要求

培养要求按照计算机类统一制定,包括计算机类本科生应具有的基本素质、基本能力和专业知识三个方面。

1. 基本素质

(1) 社会素质:树立社会主义核心价值观;自觉遵守社会公德和职业道德/规范,履行责任;具有多学科背景下的团队合作能力。

(2) 人文素质:具有人文/社会科学素养;能够基于工程相关背景知识,理解、分析、评价工程实践和复杂工程问题解决方案对社会、健康、安全、法律、文化的影响,并理解应承担的责任;能够理解和评价工程实践对环境及社会可持续发展的影响。

(3) 身心素质:掌握体育运动的一般知识和基本方法,养成良好的体育锻炼习惯;具有乐观向上的生活态度,掌握调节心态的方式和方法,有较强的抗挫折能力。

(4) 研究素质:具有良好的包括计算思维在内的科学思维能力;具有运用数学和自然科学解决复杂工程问题的能力;能够应用数学、自然科学和工程科学的基本原理,识别、表达并通过文献研究分析复杂工程问题,以获得有效结论;能够基于科学原理并采用科学方法对复杂工程问题进行研究,包括设计实验、分析与解释数据,并通过信息综合得到合理有效的结论;能够运用数学和计算机类专业知识针对社会或自然问题,分析、设计和评价计算类问题解决方案,并对未知世界有强烈的好奇心和研究兴趣。

(5) 工程素质:具有良好的经济、管理方面的素养,具有工程意识和系统观;能够用合适的模型表达和分析软硬件或网络等计算系统相关的复杂工程问题;具有运用工程基础和专业知识解决复杂工程问题的能力。

(6) 个性素质:具有自主学习、终身学习和跟踪前沿的意识和习惯;具有批判精神,对待事物有独立见解;具有利他精神与健全人格,能够在多学科背景下的团队中承担个体、团队成员以及负责人的角色。

(7) 领导素质:具有历史和社会责任感,具有国际视野及跨文化交流、竞争与合作能力;具有从全局角度把握复杂系统、化复杂为简单强化执行的素养;具有主动分担目标和奉献精神,能够在组织中承担负责人的角色。

2. 基本能力

(1) 计算思维能力:掌握如形式化、模型化、自动化等包括抽象思维与逻辑思维在内的计算思维能力,能够运用计算思维分析和解决复杂的工程问题。

(2) 算法设计与分析能力:能够运用算法设计与分析相关的知识,并针对复杂工程问题设计求解问题相关的算法;能够正确分析算法的正确性和算法的复杂性。

(3) 程序设计与实现能力:有效使用程序设计语言,完成相关算法或解决方案的程序设计并实现。

(4) 现代工具运用能力:能够针对计算相关的复杂工程问题,开发、选择与使用恰当的工具类计算系统,预测、模拟或求解问题,并能够理解其局限性。

（5）系统设计与实现能力：针对计算相关的复杂工程问题，能够综合运用所掌握的计算机类相关知识、方法和技术，进行问题分析与模型表达；能够领导或独立设计解决方案或满足特定需求的计算机软硬件或网络系统，并能够实现相关系统或组件；在工程实践过程中，评价对环境、社会可持续发展的影响，并理解遵守工程职业道德和规范，履行责任。

（6）系统分析与评价能力：针对计算相关的复杂工程问题解决方案或系统，能够综合运用所掌握的计算机类相关知识、方法和技术设计实验，进行分析和评价，包含其对社会、健康、安全、法律以及文化的影响分析和评价，并能够提出持续改进的意见和建议。

（7）组织、协调与项目管理能力：理解并掌握工程管理原理与经济决策方法，并能在多学科环境中应用；具备较强的组织协调或项目管理能力、独立工作能力、团队协作能力和人际交往能力。

（8）表达与沟通能力：能够就复杂工程问题与业界同行及社会公众进行有效沟通和交流；能够熟练运用合适的模型表达与沟通复杂工程问题求解方案；能够跨学科进行交流，理解他人所表述的内容，发表自己的见解或提出建设性意见。

（9）英语理解与交流能力：具有良好的英语书面语及口语理解与表达能力，能够阅读本专业的外文材料；具有一定的国际视野，能够在跨文化背景下进行沟通和交流，具有国际化竞争与合作能力。

（10）自学、独立思考与创新能力：具有终身学习意识，善于独立思考，具有提出问题、分析问题和解决问题的能力；具备利用现代信息技术获取信息、查询资料、进行自我学习与提高的能力；了解计算机科学与技术学科的发展现状和趋势；具有创新意识、创新思维和创新能力。

3. 专业知识

（1）数学与自然科学基础：包括微积分，代数与几何，概率论与数理统计等数学基础知识，以及物理、生命科学等自然科学基础知识。

（2）人文社会科学类知识：包括人文与社会、经济与管理、科学与工程等方面的基础知识。

（3）大类专业基础知识：包括离散结构，算法与复杂性，计算机组织与结构，操作系统，程序设计语言，系统基础，软件开发基础，软件工程，网络与通信，信息管理，人工智能，信息保障与安全，社会问题与专业实践等知识领域。

（4）专业核心知识：需要在以下若干方向中选择一个方向进行深入学习，覆盖必要的知识。

A1. 计算机工程：计算机组织与结构，操作系统。

A2. 计算机科学：计算建模，高级算法。

A3. 智能信息处理：自然语言处理，模式识别与深度学习。

B1. 自然语言处理：自然语言处理，信息检索。

B2. 视听觉信息处理：视听觉信息编码与处理，模式识别与深度学习。

B3. 数据科学与大数据技术：数据分析与数据挖掘，大数据计算系统，大数据计算算法。

C. 信息安全：密码学，信息系统安全，网络安全，信息内容安全（含多媒体安全），逆向分析，云安全，舆情分析。

D. 生物信息学：DNA 与 RNA 序列分析，基因预测与基因组注释，高通量数据分析方法，蛋白质组信息学，生物系统新信息网络，基因进化与系统发育，分子进化理论，生物化学，遗传学,分子生物学,细胞生物学等。

E. 物联网工程:感知与驱动,混合系统,反馈控制理论,实时系统,无线传感器网络,信息物理系统结构与平台,物联网智能信息处理,信息物理系统可靠性分析与验证等。

三、主干学科

计算机科学与技术、网络空间安全。

四、专业基础课程和专业核心课程

专业基础课程是所有专业方向必修的基础核心课程(包含专业密切相关的数学类课程),在一、二年级开设。专业限选课程是指各专业方向的公共课,在三年级开设。专业核心课程是指各专业方向的大学分系列课程,通常在三年级开设,专业方向必修。

(1)专业基础课程:计算机数学类(集合论与图论、数理逻辑、形式语言与自动机),大学计算机,高级语言程序设计,专业解读,数字逻辑与数字系统设计,数据结构与算法,算法设计与分析,计算机系统(含计算机组成与操作系统),软件构造(含面向对象技术与软件构造工具)等。

(2)专业限选课程:计算机网络,编译系统,数据库系统,人工智能或机器学习。

(3)专业核心课程:每个系列课程对应一个专业方向,包括三门课程,表示为 XX/I,XX/II,XX/III(XX 是专业方向编码)。其中前两门课程含项目实践与强写作训练。

A1– 计算机工程包括计算机组织与体系结构(A1/I),操作系统设计与实现(A1/II),嵌入式系统设计与实现(A1/III)。

A2– 计算机科学包括计算建模(A2/I)、高级算法(A2/II)、计算理论(A2/III)。

A3– 智能信息处理包括自然语言处理(A3/I)、模式识别与深度学习(A3/II)、认知计算原理(A3/III)。

B1– 自然语言处理包括自然语言处理(B1/I)、信息检索(B1/II)、语言与认知(B1/III)。

B2– 视听觉信息处理包括视听觉信号处理(B2/I)、模式识别与深度学习(B2/II)、视听觉信息理解(B2/III)。

B3– 数据科学与大数据技术包括大数据计算基础(B3/I)、大数据分析(B3/II)、数据挖掘(B3/III)。

C– 信息安全包括密码学原理与实践(C/I)、信息内容安全(C/II)、软件安全(C/III)。

信息安全专业还要求必修:网络安全、计算机系统安全和逆向分析等课程。

D– 生物信息学包括生物信息学(D/I)、基因组信息学(D/II)、系统生物学(D/III);跨学科课程包括生物化学、分子生物学、遗传学。

E– 物联网工程包括信息物理系统 – 理论与建模(E/I)、信息物理系统 – 技术与系统(E/II)、信息物理系统 – 验证与评价。

计算机类课程选择框架如下表所示。

计算机类课程选择框架（总学分：161.5）

学校要求

类别	课程	学期	学分
公共基础课程			28.0
	思想道德修养…	1 秋	3.0
	中国近现代史纲要	1 春	3.0
	马克思主义基本原理	2 秋	3.0
	毛泽东思想…概论	2 春	5.0
	形势与政策…	1 春—4 秋	2.0
	军训及军事理论	1 秋	3.0
	大学外语	1—2 学年	6.0
	体育	1—2 学年	3.0
数学与自然科学基础课程			25
	微积分 B	1 秋 1 春	11.0
	代数与几何 B	1 秋	4.0
	概率论与数理统计 B	2 秋	3.5
	大学物理 B/实验	1 春/2 秋	6.5
	数学建模方法（选）	1 春	1.5

学院 – 大类专业要求

类别	课程	学期	学分
数学与自然科学基础课程			5.0
	集合论与图论	1 春	3.0
	数理逻辑	2 秋	2.0
	近世代数（选）	3 秋	2.0
	计算方法（选）	3 春	2.5
专业基础课程			26.5
	大学计算机 – 计算思维导论	1 秋	3.0
	高级语言程序设计	1 秋	3.0
	数字逻辑与数字系统设计	2 秋	3.5
	计算机系统（含组成与操作系统）	2 春	5.0
	数据结构与算法	2 春	3.0
	算法设计与分析	2 春	2.0
	软件构造	2 春	3.0
	形式语言与自动机	2 春	2.0
	信息安全概论	2 春	2.0
	专业导读	1 春	1.0

学院 – 专业要求

主修专业 类别	课程（学生选择专业）	学期	学分
专业限选课程			12.0
	计算机网络	3 秋	3.0
	人工智能或机器学习	3 秋	3.0
	数据库系统	3 春	3.0
	编译系统	3 春	3.0
专业核心课程 – 主修专业方向（参见方表）			12.0
核心课（Ⅰ）	（学生选择）	3 秋	4.5
核心课（Ⅱ）	（学生选择）	3 春	4.5
核心课（Ⅲ）	（学生选择）	4 秋	3.0
专业任选课程：满足专业方向选修和总学分要求	注：专业核心课，含项目和写作强化模块		14.0
专业任选 1	（学生选择）	3/4 学年	2.0
专业任选 2	（学生选择）	3/4 学年	2.0
专业任选 3	（学生选择）	3/4 学年	2.0
专业任选 4	（国际课程中选 1）	3/4 学年	2.0

续表

	学校要求			学院 - 大类专业要求				学院 - 专业要求		
类别	课程	学期	学分	类别	课程	学期	学分	主修专业	（学生选择专业）	
	人文与社会科学基础课程		10.0	跨学科课程			6.0	专业任选 5	（视野拓展型课程选 1） 3/4 学年	3.0
	（经管类选 1）	4 秋前	1.5		（学生选择）	2/3 学年	3.0	专业任选 6	（视野拓展型课程选 1） 3/4 学年	3.0
	（环境与法律类选 1）	4 秋前	1.5		（学生选择）	2/3 学年	3.0	国际课程（不少于 1.0 学分，与其他共享）		
	（工程伦理类选 1）	4 秋前	1.5	其他课程（计学分）			5.0	创新创业课程		4.0
	（心理学类选 1）	4 秋前	1.5		短期实训	2/3 夏	2.0		年度创新项目实践（选） 1 春 / 2 秋	1.0
	（文史哲艺与审美类选 1）	4 秋前	1.5		独立学习与技术交流	2/3 夏	1.0		学生选择课程与实践（选） 4 秋前	3.0
	（文史哲艺与审美类选 1）	4 秋前	1.5		领导力训练	2/3 学年	1.0	毕业设计		14.0
讲座	文化素质教育讲座	4 秋前	1.0		PjBL 与科技创新	1 春	1.0		毕业设计 4 学年	14.0

专业方向专业核心课程（分学期）一览表

专业方向	系列课程			
	课程 I（3秋）	课程 II（3春）	课程 III（4秋）	课程 I - II - III 联合实现的实验 - 复杂工程问题求解能力训练（3秋 3春 4秋）
专业限选课				
计算机大类/软件工程大类	计算机网络	数据库系统		仅存在对应各课程的实验，各课程间无联系
	人工智能或机器学习	编译系统		
专业方向/专业				
		A1-A3 计算机科学与技术（专业）		
A1-计算机工程（方向）	计算机组织与体系结构	操作系统设计与实现	嵌入式系统设计与实现	典型（嵌入式）计算机的设计、实现与分析
A2-计算机科学（方向）	计算建模	高级算法	计算理论	典型问题的随机建模与算法实现
A3-智能信息处理（方向）	自然语言处理	模式识别与深度学习	认知计算原理	典型的智能信息处理系统设计、实现与分析
		B1-B2 人工智能（专业）		
B1-自然语言处理（方向）	自然语言处理	信息检索	语言与认知	典型机器学习系统设计、实现与分析
B2-视听觉信息处理（方向）	视听觉信号处理	模式识别与深度学习	视听觉信息理解	典型视听觉信息系统设计、实现与分析
B3-数据科学与大数据技术（专业）	大数据计算基础	大数据分析	数据挖掘	典型大数据系统的设计、实现与分析
C-信息安全（专业）	密码学原理与实践	信息内容安全	软件安全	典型内容安全/网络安全系统的设计、实现与分析
D-生物信息学（专业）	生物信息学	基因组信息学	系统生物学	生物信息学算法设计、实现与分析
E-物联网工程（专业）	信息物理系统 - 理论与建模	信息物理系统 - 技术与系统	信息物理系统 - 验证与评价	典型信息物理系统的设计、实现与分析

五、学制、授予学位及毕业学分要求

1. 学制

学制：4年。

2. 毕业学分要求

(1) 计算机类学分要求

① 公共基础课：28学分。

② 数学与自然科学基础课：30学分。

③ 文化素质教育课程：10学分。

选课要求：经管类、环境与法律类、工程伦理类、心理学类（含 AD22011《大学生心理健康》）、文史哲艺与审美类课程至少1门。文化素质教育讲座8次，总计1学分。

④ 大类专业基础课程：26.5学分。

⑤ 跨学科课程：6学分。

⑥ 其他课程：5学分，包括 PjBL 与科技创新、企业短期实训、独立学习与技术交流和领导力训练课程等。

⑦ 创新创业课程、创新创业实践：4学分。

⑧ 毕业设计：14学分。

(2) 专业（方向）学分要求

① 专业限选课程：12学分。

② 专业核心课程：12学分，指某个专业方向中的3门课程。学生只能从若干个专业方向中选择1个方向，选择某方向后，该方向的3门课程均为必修课程。

③ 专业方向特殊要求：

● 生物信息学方向必须选择生物化学、分子生物学、遗传学等跨学科课程。其中生物化学、分子生物学可作为跨学科课程选择，遗传学可作为专业选修课程选择。

● 信息安全方向必须选择网络安全、计算机系统安全和逆向分析等选修课程。

● 计算机科学与技术专业、人工智能专业、数据科学与大数据专业必须选择近世代数作为选修课程。

● 计算机科学与技术专业 A3 方向、人工智能专业必须选择机器学习作为专业限选课程。

④ 专业选修课程：14学分。视野拓展型课程至少6学分，国际化课程至少1学分。还可以选择专业方向核心课程转化的课程或研究生课程。攻读本校研究生学位的学生，至多4学分计入研究生课程学分，在研究生阶段免修。国际化课程可以选修国外教师开设的选修课程，也可通过参加学院组织的国际知名学者专题讲座8次以上（含8次）获得。

3. 学位授予

学生达到学校对本科毕业生提出的德、智、体、美等方面的要求，完成培养方案规定的全部课程学习及实践环节，修满161.5学分，其中通识教育课程68学分，专业教育课程69.5学分，个性化发展课程学分24学分，满足毕业学分要求，完成毕业设计（论文）并通过答辩，按下列专业授予学位。

(1) 计算机科学与技术专业：以 A1、A2、A3 之一作为主修专业方向，授予计算机科学与技术工学学士学位。

(2) 人工智能专业：以 B1、B2 之一作为主修专业方向，授予人工智能工学学士学位。

(3) 数据科学与大数据技术专业：以 B3 作为主修专业方向，授予数据科学与大数据技术工学学士学位。

(4) 信息安全专业：以 C 作为主修专业方向，授予信息安全工学学士学位。

(5) 生物信息学专业：以 D 作为主修专业方向，授予生物信息学工学学士学位。

(6) 物联网工程专业：以 E 作为主修专业方向，授予物联网工程工学学士学位。

六、课程类别及学分比例

课程类别	课程性质	学分	占总学分比例 /%	学分合计	占总分比例 /%
通识教育	公共基础课程	28.0	17.34	68	42.11
	文理通识课程—数学与自然科学基础课程	30.0	18.58		
	文理通识课程—文化素质教育课程	10.0	6.19		
专业教育	专业基础课程	26.5	16.41	69.5	43.03
	专业核心课程	12.0	7.43		
	专业限选课程	12.0	7.43		
	实习实训	5.0	3.10		
	毕业设计（论文）	14.0	8.67		
个性化发展课程		24.0	14.86	24.0	14.86
合计		161.5	100	161.5	100

七、实践教学环节学分要求

课程类别	学时或周数	学分
思政课外实践	32 学时	2.0
军训及军事理论	3 周	3.0
课程实验	197 学时	12.0
实习实训	3 周 +32 学时	5.0
毕业设计（论文）	14 周	14.0
创新创业课程 / 实践		4.0
合计	20 周 +261 学时	40.0

八、文化素质教育课程学分要求

课程类别	学分
文化素质教育核心课程	4.0
文化素质教育选修课程	5.0
文化素质教育讲座（8 次）	1.0
合计	10.0

九、个性化发展课程学分要求

课程类别	学分
本专业选修课程	14.0
外专业基础课程	6.0
外专业核心课程	
研究生课程	4.0
创新创业课程	4.0
创新创业实践	
合计	28.0

计算机科学与技术专业培养方案

一、培养目标与规格

在价值引领、知识探究、能力建设、人格养成"四位一体"育人理念的指导下,培养具有社会主义核心价值观、扎实的计算机基础理论和基础知识、求真的学术追求和基本能力、宽广的视野和健全人格的计算机科学与技术领域各类人才。实施与通识教育相融合的宽口径专业教育,坚持"夯实基础,拓宽专业,因材施教,个性化发展"的指导思想,营造崇尚学术创新、重视能力培养的学习环境,培养德智体美劳全面发展的卓越创新人才,包括具有创新能力的研究型人才、具有解决实际能力的技术型人才和具有组织能力的管理型人才。

根据培养目标,本专业学生毕业后在社会与专业领域的预期为:

① 具有健全的人格与良好的品德修养,具备可持续发展的价值观、社会责任感和高尚的职业道德。

② 牢固树立计算思维,具备使用计算机专业知识解决科学与复杂工程问题的技能,拥有较强的创新精神与实践能力,成为计算机专业领域的高层次人才。

③ 具有自主学习和终身学习的能力,能快速适应科学技术与社会的发展。

④ 具有根据工作目标,分析约束条件做出合理的决策和规划的能力。

⑤ 能有效地与团队成员交流协作,能在团队中担任组织管理工作。

二、规范与要求

上海交通大学全面贯彻党的教育方针,坚持社会主义办学方向,坚持立德树人根本任务,坚定不移地培养优秀的社会主义建设者和接班人,坚定不移地服务国家发展和社会进步,坚定不移地融入全球竞争与合作,致力于传承文明、探求真理、振兴中华、造福人类,建成卓越的"综合性、研究型、国际化"中国特色世界一流大学。学校本科教育的基本定位是实施与通识教育相融合的宽口径专业教育,使学生的知识学习和能力培养植根于丰厚的人文社会科学和自然科学的沃土,成为德、智、体、美全面发展,知识、能力、素质协调统一,具有宽厚、复合、开放、创新特征的高水平、高素质、国际化专业人才。

1. 价值引领

(1) 坚定理想信念,践行社会主义核心价值观

(2) 厚植家国情怀,担当民族伟大复兴重任

(3) 立足行业领域,矢志成为国家栋梁

（4）追求真理，树立创造未来的远大目标

（5）胸怀天下，以增进全人类福祉为己任

2. 知识探究

（1）深厚的基础理论

（2）扎实的专业核心

（3）宽广的跨学科知识

（4）领先的专业前沿

（5）广博的通识教育

3. 能力建设

（1）审美与鉴赏能力

（2）沟通协作与管理领导能力

（3）批判性思维、实践与创新能力

（4）跨文化沟通交流与全球胜任力

（5）终身学习和自主学习能力

4. 人格养成

（1）刻苦务实、意志坚强

（2）努力拼搏，敢为人先

（3）诚实守信，忠于职守

（4）身心和谐、体魄强健

（5）崇礼明德，仁爱宽容

　　根据上海交通大学"综合性、研究型、国际化"的定位，秉承"价值引领、知识探究、能力建设、人格养成"四位一体的育人理念，本专业坚持社会主义办学方向，贯彻落实党的教育方针，遵循高等教育发展规律，以立德树人为根本任务，采用厚基础、宽口径、重实践的人才培养模式，培养具备健全人格和社会责任感，基础理论扎实、专业知识面广、国际视野宽厚，富有现代科学创新精神、批判性思维与团队协作能力，能在系统控制、信息处理、人工智能及自动化相关领域从事研究、设计、开发和管理工作的高素质人才。

　　上海交通大学计算机科学与技术专业毕业要求完全覆盖了工程教育认证通用标准中所列的12项基本要求，具体文字表述为：

　　毕业要求1 工程知识：熟练掌握本专业所需的数学、自然科学、工程基础和计算机专业知识，并能将这些知识用于解决计算机领域的复杂工程问题。

　　毕业要求2 问题分析：具备较强的问题分析能力，能够应用数学、自然科学和计算机科学的基本原理，识别、表达、并通过文献研究等方式分析计算机领域的科学与复杂工程问题，给出有效的问题解决方案。

　　毕业要求3 设计/开发解决方案：能够设计和开发计算机领域复杂工程问题的解决方案，具备符合软硬件工程规范的系统设计与实现能力；并能够在设计环节中体现创新意识，考虑社会、健康、安全、法律、文化以及环境等因素。

　　毕业要求4 研究：具有较强的科学研究能力，能够基于科学原理、采用科学方法研究计算机相关领域的科学问题，包括科学的体系结构和计算理论，设计实验、分析与解释数据，通过信息综合得到合理有效的结论。

毕业要求 5 使用现代工具：具有现代工具的使用能力，能够针对计算机领域的科学与复杂工程问题，开发、选择与使用恰当的技术、资源、现代工程工具和信息技术工具，包括对复杂工程问题的预测与模拟，并能够理解其局限性。

毕业要求 6 工程与社会：能够基于工程相关背景知识进行合理分析，评价计算机专业工程实践和复杂工程问题解决方案对社会、健康、安全、法律以及文化的影响，并理解应承担的责任。

毕业要求 7 环境和可持续发展：具有环境和可持续发展的意识，能够理解环境和社会可持续发展的内涵与意义，能够理解和评价针对计算机专业复杂工程问题的工程实践对环境、社会可持续发展的影响。

毕业要求 8 职业规范：具备良好的职业规范。具有人文社会科学素养、社会责任感，能够在工程实践中理解并遵守工程职业道德和规范，履行责任。

毕业要求 9 个人和团队：具有较强的团队意识与合作精神，能够在多学科背景下的团队中承担个体、团队成员以及负责人的角色。

毕业要求 10 沟通：具有良好的沟通能力。能够就复杂工程问题与业界同行及社会公众进行有效沟通和交流，包括撰写报告和设计文稿、陈述发言、清晰表达或回应指令。并具备一定的国际视野，能够在跨文化背景下进行沟通和交流。

毕业要求 11 项目管理：具有较强的项目管理能力，理解并掌握软硬件工程管理原理与经济决策方法，并能在多学科环境中应用。

毕业要求 12 终身学习：具有自主学习和终身学习的意识，有不断学习和适应发展的能力。

三、课程体系构成

1. 通识教育课程

通识教育课程包括公共课程与通识核心类课程，最低要求为 39 学分。公共课程含思想政治类课程、英语、体育等 29 学分；通识核心课程共 10 学分，须在人文学科、社会科学、自然科学三个模块课程中各至少选修 1 门课程或 2 学分，其余学分在人文、社会、自然、工程四个模块课程中任意选修。

2. 专业教育课程

最低要求为 85 学分。专业教育课程由三部分组成，即专业基础课程 53 学分、专业必修课程 12 学分和专业选修课程 20 学分。

3. 专业实践课程

最低要求为 26 学分。专业实践课程包括实验课程、各类实习实践、专业综合训练课程。其中：实验必修课和实习实践必修课共 14 学分，各类实习、实践选修课 6 学分，专业综合训练必修课程 6 学分。

4. 交叉模块课程

最低要求为 6 学分，须在交叉模块课程组中至少选修 6 学分课程。学生攻读理工类辅修专业,其课程学分可用于减免最高 6 学分交叉模块课程。

5. 个性化教育课程

最低要求为 6 学分。个性化教育课程是学生可任意选修的课程,学分来源为除本专业培养方案中通识教育课程、专业教育课程、实践教育课程三个模块要求的必修和选修学分之外的所有课程的学分。

6. 体质健康教育

每学年对学生的体质健康水平进行测试考核,在第 7 学期计入成绩大表。

四、学制、毕业条件与学位

计算机科学与技术专业学制 4 年,最长修读年限(含休学)不得超过 6 年。学生在最长学习年限内修完本专业培养计划规定的课程及教学实践环节,取得规定的 163 学分,完成毕业设计(论文)且通过答辩,游泳技能达标测试合格,准予毕业;符合《上海交通大学关于授予本科学士学位的规定》的条件可授予工学学士学位。

五、课程设置一览表

1. 通识教育课程(要求最低学分 39 学分)

(1) 公共课程类课程(要求最低学分 29 学分)

① 必修课程(要求最低学分 23 学分)

须修满全部课程

课程代码	课程名称	学分	总学时	理论学时	实践学时	年级	推荐学期	课程性质
MARX1208	思想道德与法治	3.0	48	48	0	一	1	必修
MARX1205	形势与政策	0.5	8	8	0	一	1	必修
MIL1201	军事理论	2.0	32	32	0	一	1	必修
PSY1201	大学生心理健康	1.0	16	16	0	一	1	必修
KE1201	体育(1)	1.0	32	0	32	一	1	必修
MARX1206	新时代社会认知实践	2.0	32	4	28	一	2	必修
KE1202	体育(2)	1.0	32	0	32	一	2	必修
MARX1202	中国近现代史纲要	3.0	48	48	0	一	2	必修
MARX1204	马克思主义基本原理	3.0	48	48	0	二	1	必修
KE2201	体育(3)	1.0	32	0	32	二	1	必修
MARX1203	毛泽东思想和中国特色社会主义理论体系概论	3.0	48	48	0	二	2	必修
KE2202	体育(4)	1.0	32	0	32	二	2	必修
总计		21.5	408	252	156			

② 英语选修课程（要求最低学分 6 学分）

英语选修课程。全部修业期间需修满 6 学分，且需达到学校英语培养目标基本要求，多修读学分计入个性化教育课程学分。

课程代码	课程名称	学分	总学时	理论学时	实践学时	年级	推荐学期	课程性质
FL3201	大学英语（3）	3.0	48	48	0	一	1	限选
FL1201	大学英语（1）	3.0	48	48	0	一	1	限选
FL2201	大学英语（2）	3.0	48	48	0	一	1	限选
FL4201	大学英语（4）	3.0	48	48	0	一	1	限选
FL5201	大学英语（5）	3.0	48	48	0	一	2	限选
总计		15.0	240	240	0			

（2）通识核心类模块课程（要求最低学分 10 学分）

最低要求为 10 学分。须在人文学科、社会科学、自然科学 3 个模块课程中各至少选修 1 门课程或 2 学分。其余学分在 4 个模块课程中任意选修。

① 人文学科模块课程。要求最低学分：2 学分。

② 社会科学模块课程。要求最低学分：2 学分。

③ 自然科学模块课程。要求最低学分：2 学分。

④ 工程科学与技术模块课程。要求最低学分：0 学分。在该模块没有学分要求。但其他模块最低学分要求都分别达标后，选修此模块课程的学分可计入通识教育核心课程总学分。

2. 专业教育课程（要求最低学分 85 学分）

（1）基础类课程（要求最低学分 58 学分）

① 必修课程（要求最低学分 38 学分）

须修满全部课程。

课程代码	课程名称	学分	总学时	理论学时	实践学时	年级	推荐学期	课程性质
CS1501	程序设计思想与方法（C++）	4.0	80	48	32	1	1	必修
MATH1205	线性代数	3.0	48	48	0	1	1	必修
CHEM1202	大学化学	2.0	32	32	0	1	2	必修
EE0501	电路理论	4.0	64	64	0	1	2	必修
CS0501	数据结构	3.0	48	48	0	1	2	必修
EE1503	工程实践与科技创新 I	2.0	32	0	32	1	2	必修
ME1221	工程学导论	3.0	48	24	24	1	2	必修
MECH2508	理论力学	4.0	64	64	0	2	1	必修
CS2309	问题求解与实践	3.0	48	48	0	2	1	必修
MATH1207	概率统计	3.0	48	48	0	2	1	必修
CS2501	离散数学	3.0	48	48	0	2	1	必修
CS2307	计算机组成	2.0	32	32	0	2	1	必修
CS3309	计算机伦理学	2.0	32	32	0	3	1	必修
总计		38.0	624	536	88			

② 数学选修课程（要求最低学分 10 学分）

A）数学一　课程最低门数 1 门

课程代码	课程名称	学分	总学时	理论学时	实践学时	年级	推荐学期	课程性质
MATH1201	高等数学 I	6.0	96	96	0	1	1	限选
MATH1607H	数学分析（荣誉）I	6.0	96	96	0	1	1	限选
MATH1203	数学分析 I	6.0	96	96	0	1	1	限选
总计		18.0	288	288	0			

B）数学二　课程最低门数 1 门

课程代码	课程名称	学分	总学时	理论学时	实践学时	年级	推荐学期	课程性质
MATH1202	高等数学 II	4.0	64	64	0	1	2	限选
MATH1608H	数学分析（荣誉）II	4.0	64	64	0	1	2	限选
MATH1204	数学分析 II	4.0	64	64	0	1	2	限选
总计		12.0	192	192	0			

③ 物理选修课程（要求最低学分 10 学分）

A）物理一　要求最低学分 4 学分

课程代码	课程名称	学分	总学时	理论学时	实践学时	年级	推荐学期	课程性质
PHY1251H	大学物理（荣誉）(1)	5.0	80	80	0	1	2	限选
PHY1251	大学物理（A 类）(1)	4.0	64	64	0	1	2	限选
总计		9.0	144	144	0			

B）物理二　要求最低学分 4 学分

课程代码	课程名称	学分	总学时	理论学时	实践学时	年级	推荐学期	课程性质
PHY1252H	大学物理（荣誉）(2)	5.0	80	80	0	2	1	限选
PHY1252	大学物理（A 类）(2)	4.0	64	64	0	2	1	限选
总计		9.0	144	144	0			

C）物理三　要求最低学分 2 学分

课程代码	课程名称	学分	总学时	理论学时	实践学时	年级	推荐学期	课程性质
PHY1253H	大学物理（荣誉）(3)	2.0	32	32	0	2	2	限选
PHY1253	大学物理（A 类）(3)	2.0	32	32	0	2	2	限选
总计		4.0	64	64	0			

（2）专业类课程（要求最低学分 32 学分）

① 必修课程（要求最低学分 12 学分）

须修满全部课程。

课程代码	课程名称	学分	总学时	理论学时	实践学时	年级	推荐学期	课程性质
CS2305	计算机系统结构（A 类）	3.0	48	48	0	2	2	必修
CS2304	计算机科学中的数学基础	3.0	48	48	0	2	2	必修
CS2310	现代操作系统	3.0	48	48	0	2	2	必修
CS2308	算法与复杂性	3.0	48	48	0	2	2	必修
总计		12.0	192	192	0			

② 基础选修课程（要求最低学分 9 学分）

基础选修课程，须修满 9 学分，且须含拟选专业方向的基础课程。课程与专业方向对应关系：CS3314 密码学与信息安全基础 –A 组；CS3311 计算机网络（D 类）–B 组；CS3310 计算机图形学 –C 组；CS3313 计算理论 –D 组；CS3317 人工智能（B 类）–E 组。

课程代码	课程名称	学分	总学时	理论学时	实践学时	年级	推荐学期	课程性质
CS3310	计算机图形学	3.0	48	48	0	3	1	限选
CS3314	密码学与信息安全基础	3.0	48	48	0	3	1	限选
CS3313	计算理论	3.0	48	48	0	3	1	限选
CS3317	人工智能（B 类）	3.0	48	48	0	3	1	限选
CS3311	计算机网络（D 类）	3.0	48	48	0	3	1	限选
总计		15.0	240	240	0			

③ 专业方向 A 组（要求最低学分 6 学分）

专业方向 A 组 – 信息安全。须修满 6 学分，须在 A/B/C/D/E 这 5 组专业方向选修课中选一组修满全部。

课程代码	课程名称	学分	总学时	理论学时	实践学时	年级	推荐学期	课程性质
CS3325	网络安全技术	3.0	48	48	0	3	2	限选
CS3312	计算机系统安全	3.0	48	48	0	3	2	限选
总计		6.0	96	96	0			

④ 专业方向 B 组（要求最低学分 6 学分）

专业方向 B 组 – 网络与系统。须修满 6 学分，须在 A/B/C/D/E 这 5 组专业方向选修课中选一组修满全部。

课程代码	课程名称	学分	总学时	理论学时	实践学时	年级	推荐学期	课程性质
CS3322	数据库原理	3.0	48	48	0	3	2	限选
CS3331	软件工程	3.0	48	48	0	3	2	限选
总计		6.0	96	96	0			

⑤ 专业方向 C 组（要求最低学分 6 学分）

专业方向 C 组 – 计算机图形与虚拟现实。须修满 6 学分，须在 A/B/C/D/E 这 5 组专业方向选修课中选一组修满全部。

课程代码	课程名称	学分	总学时	理论学时	实践学时	年级	推荐学期	课程性质
CS3327	虚拟现实与增强显示技术	3.0	48	48	0	3	2	限选
CS3320	数据可视化与可视分析	3.0	48	48	0	3	2	限选
总计		6.0	96	96	0			

⑥ 专业方向 D 组（要求最低学分 6 学分）

专业方向 D 组 – 算法与软件。须修满 6 学分，须在 A/B/C/D/E 这 5 组专业方向选修课中选一组修满全部。

课程代码	课程名称	学分	总学时	理论学时	实践学时	年级	推荐学期	课程性质
CS3303	程序分析与验证	3.0	48	48	0	3	2	限选
CS3304	程序设计语言（A 类）	3.0	48	48	0	3	2	限选
总计		6.0	96	96	0			

⑦ 专业方向 E 组（要求最低学分 6 学分）

专业方向 E 组 – 人工智能与大数据。须修满 6 学分，须在 A/B/C/D/E 这 5 组专业方向选修课中选一组修满全部。

课程代码	课程名称	学分	总学时	理论学时	实践学时	年级	推荐学期	课程性质
CS3319	数据科学基础	3.0	48	48	0	3	2	限选
CS3308	机器学习	3.0	48	48	0	3	2	限选
总计		6.0	96	96	0			

⑧ 专业任意选修课程(要求最低学分 5 学分)

专业任意选修课程,须修满 5 学分。也可选基础选修课程的剩余课程或所选专业方向之外的其他方向课程;CS3324 数字图像处理,CS4313 智能语音技术,CS3305 大数据安全,CS4308 计算复杂性,CS4306 高级计算机系统结构为本硕博贯通课程。

课程代码	课程名称	学分	总学时	理论学时	实践学时	年级	推荐学期	课程性质
CS2301	编译原理(A 类)	3.0	48	48	0	2	2	限选
CS3330	组合数学	3.0	48	48	0	3	1	限选
CS3324	数字图像处理	3.0	48	48	0	3	1	限选
CS3326	信息论与编码技术	2.0	32	32	0	3	1	限选
CS4314	自然语言处理	3.0	48	48	0	3	1	限选
CS3328	云计算技术	3.0	48	48	0	3	1	限选
CS3321	数据库技术	3.0	48	48	0	3	1	限选
CS3307	互联网信息抽取技术	3.0	48	48	0	3	1	限选
CS3306	高级数据管理	3.0	48	48	0	3	2	限选
CS3302	Linux 内核	3.0	48	48	0	3	2	限选
CS4313	智能语音技术	3.0	48	48	0	3	2	限选
CS3305	大数据安全	3.0	48	48	0	3	2	限选
CS3301	GPU 计算及深度学习	3.0	48	48	0	3	2	限选
ICE3307	无线通信原理与移动网络	3.0	48	48	0	3	2	限选
CS3316	强化学习	2.0	32	32	0	3	2	限选
CS3333	博弈论	3.0	48	48	0	3	2	限选
CS3315	模型验证	3.0	48	48	0	3	2	限选
CS3323	数据中心技术	3.0	48	48	0	3	2	限选
CS4310	数据挖掘	3.0	48	48	0	4	1	限选
CS4304	大数据算法与分析	3.0	48	48	0	4	1	限选
DES3304	交互设计技术基础	3.0	48	48	0	4	1	限选
CS4311	现代密码技术	3.0	48	48	0	4	1	限选

续表

课程代码	课程名称	学分	总学时	理论学时	实践学时	年级	推荐学期	课程性质
CS4305	多核计算与并行处理	3.0	48	48	0	4	1	限选
CS4312	信息安全协议	2.0	32	32	0	4	1	限选
CS4302	并行与分布式程序设计	3.0	48	48	0	4	1	限选
CS4309	计算机安全工程实践	2.0	32	32	0	4	1	限选
CS4303	大数据处理	3.0	48	48	0	4	1	限选
CS4308	计算复杂性	3.0	48	48	0	4	1	限选
DES4503	跨媒体综合设计(一)	4.0	64	64	0	4	1	限选
CS4306	高级计算机系统结构	3.0	48	48	0	4	2	限选
CS4316	智能图形图像应用	3.0	48	48	0	4	1	限选
总计		90.0	1 440	1 440	0			

3. 专业实践类课程(要求最低学分 26 学分)

(1) 实验课程(要求最低学分 7 学分)

必修课程(要求最低学分 7 学分)

须修满全部课程。

课程代码	课程名称	学分	总学时	理论学时	实践学时	年级	推荐学期	课程性质
EE0502	电路实验	2.0	32	0	32	1	2	必修
PHY1221	大学物理实验(1)	1.0	24	0	24	1	2	必修
CHEM1302	大学化学实验	1.0	16	0	16	1	2	必修
PHY1222	大学物理实验(2)	1.0	24	0	24	2	1	必修
CS2306	计算机系统结构实验	2.0	32	32	0	2	2	必修
总计		7.0	128	32	96			

(2) 各类实习、实践课程(要求最低学分 13 学分)

① 必修课程(要求最低学分 7 学分)

须修满全部课程。

课程代码	课程名称	学分	总学时	理论学时	实践学时	年级	推荐学期	课程性质
SI1210	工程实践	3.0	96	0	96	1	1	必修
MIL1202	军训	2.0	112	0	112	1	1	必修
CS3329	专业实习(计算机)	2.0	32	32	0	3	3	必修
总计		7.0	240	32	208			

② 工程实践与科创课程（要求最低学分 6 学分）

全部修业期间须修满 6 学分。参加经认定的各类大学生创新实验（实践）项目最多冲抵 2 学分（工科创 I 除外）。

课程代码	课程名称	学分	总学时	理论学时	实践学时	年级	推荐学期	课程性质
CS2522	工程实践与科技创新 Ⅲ–D	2.0	32	32	0	3	1	限选
CS3507	工程实践与科技创新 Ⅳ–J	2.0	32	32	0	3	2	限选
CS3511	工程实践与科技创新 Ⅳ–I	2.0	32	32	0	3	2	限选
CS3520	工程实践与科技创新 Ⅲ–G	2.0	32	32	0	3	2	限选
CS3512	工程实践与科技创新 Ⅲ–E	2.0	32	32	0	3	2	限选
CS4504	工程实践与科技创新 Ⅳ–G	2.0	32	32	0	4	1	限选
CS4510	工程实践与科技创新 Ⅳ–H	2.0	32	32	0	4	1	限选
总计		14.0	224	224	0			

（3）专业综合训练（要求最低学分 6 学分）

必修课程（要求最低学分 6 学分）

须修满全部课程。

课程代码	课程名称	学分	总学时	理论学时	实践学时	年级	推荐学期	课程性质
CS2303	操作系统课程设计	2.0	32	32	0	2	2	必修
CS4315	毕业设计（论文）（计算机）	4.0	128	0	128	4	2	必修
总计		6.0	160	32	128			

4. 交叉模块课程（要求最低学分 6 学分）

最低要求为 6 学分，须在交叉模块课程组中至少选修 6 学分课程。学生攻读理工类辅修专业，其课程学分可用于减免最高 6 学分交叉模块课程。

5. 个性化教育课程（要求最低学分 6 学分）

除本专业培养方案中通识教育课程、专业教育课程、实践教育课程、交叉模块课程 4 个模块要求学分之外的所有学分均可计入。

南京大学

计算机科学与技术专业培养方案

一、培养目标

在南京大学"三元四维"人才培养新体系的指导下,依托南京大学计算机科学与技术(一级学科)、计算机软件与理论(二级学科)、计算机应用技术(二级学科)这三个国家重点学科以及计算机软件新技术国家重点实验室的师资队伍和科研平台,结合国际著名高校计算机学科人才的成功培养经验和南京大学人才培养的特点,围绕计算机科学与技术专业的具体内涵,培养德智体美劳全面发展,掌握自然科学基础知识,具备良好外语运用能力,具有扎实的计算机理论与系统基础,在计算机科学研究创新能力、计算机应用创新能力和交叉领域融合创新能力方面具有特色,满足国家需求,推进技术进步,引领社会发展,参与国际竞争的计算机科学与技术专业精英人才。

二、学制、总学分与学位授予

本专业学制 4 年,专业应修总学分 150 学分,其中通识通修课程(必修)62 学分,学科基础课程(必修)43 学分,专业核心课程(必修)9 学分,毕业论文 / 设计(必修)8 学分,其余为多元发展课程(选修)28 学分。

学生在学校规定的学习年限内,修完本专业教育教学计划规定的课程,获得规定的学分,达到教育部规定的《国家学生体质健康标准》综合考评等级,准予毕业,符合学士学位授予要求者,授予理学学士学位。

三、毕业要求

1. 专业知识:具备扎实的基础理论与专业知识,对计算机领域基础具有系统的认识,能够将数学、自然科学与计算机知识用于解决复杂计算机专业问题。

(1) 具备基本科学素养:掌握数学与自然科学的基本概念、基本理论和基本技能,具备逻辑思维能力和逻辑推理能力。

(2) 掌握专业基础知识:具备扎实的计算机领域基础知识,掌握计算机软件、硬件及环境方面的一般性基础知识,了解通过计算机解决复杂计算机专业问题的基本方法。

2. 问题分析能力:能够应用数学、自然科学和计算机科学的基本原理,识别、表达、通过文献研究分析复杂计算机专业问题,获得有效结论。

3. 设计 / 开发解决方案能力：能够独立或者带领一个团队设计复杂问题的计算解决方案，并能够有效开展该计算系统软硬件设计和实现，并能够开展该系统的性能和效率分析。

4. 研究能力：具备一定的科学和应用研究能力，能够基于科学原理并采用科学方法对复杂计算机专业问题进行研究，能够就复杂计算机专业问题设计算法、进行实验、分析与解释数据并通过信息综合得到合理有效的结论。

5. 使用现代工具：能够在复杂计算机专业问题的预测、建模和解决过程中，开发、选择与使用恰当的技术、资源、现代工程工具和信息技术工具，并能够理解其局限性。

(1) 掌握现代工具获取信息的能力：了解计算机科学领域重要资料与信息的来源及其获取方法，能够通过图书馆、互联网及其他资源或信息检索工具，进行资料查询、文献检索，掌握运用现代信息技术和工具获取相关信息的基本方法。

(2) 具备基本科研能力：能够在复杂计算机科学问题的预测、建模和解决过程中，开发、选择与使用恰当的技术、资源、现代工程工具和信息技术工具，提高解决复杂计算机科学问题的能力和效率，并分析所使用资源的局限性。

6. 职业规范：具有人文社会科学素养、社会责任感，树立并践行社会主义核心价值观，有良好的修养与道德水准，有意愿并有能力服务社会。

(1) 具备人文社会素养：掌握较为宽广的人文社会科学知识，具备良好的人文社会科学素养，树立社会主义核心价值观。

(2) 理解计算机职业规范：理解计算机科学领域的学术规范与职业道德，具备较强的社会责任感。

7. 沟通能力：能够运用英语听、说、读、写在跨文化背景下进行沟通和交流；具有良好的沟通能力，能够通过撰写报告和设计文稿、陈述发言、回应指令等方式，就复杂计算机科学问题与业界同行及社会公众进行有效沟通和交流。

(1) 熟练使用专业英语：具有良好的英语听、说、读、写能力，针对计算机科学专业领域具有一定的跨文化沟通和交流能力。

(2) 熟悉一个专业领域：对计算机专业领域及其行业的国际发展趋势有初步了解，了解计算机科学至少一个专业领域的研究热点，并能够发表看法。

(3) 具备与同行交流能力：能够就计算机科学领域复杂问题与同行及社会公众通过撰写报告和设计文稿、陈述发言、清晰表达或回应指令等方式进行有效沟通与交流。

8. 终身学习能力：具有自主学习和终身学习的意识，有不断学习和适应计算机科学与技术快速发展的能力。

四、课程体系

1. 通识通修课程

通识通修课程模块包含的课程清单及修读说明如下。

课程类别	课程号	课程名称	学分	学期	性质	理论/实践	备注	说明
通识课程	学生毕业前应获得至少 14 个通识学分。其中,"悦读经典计划""科学之光"育人项目至少各选修 1 个学分,美育应选修 2 个学分,劳育应选修 2 个学分(含 1 个劳动教育课程学分、1 个劳动教育实践学分)。其他通识必修学分要求按照国家相关规定执行							
通修课程 / 思政课	00000080A	形势与政策		1–1	通修	理论		
	00000100	思想道德与法治	3	1–1	通修	理论 + 实践		
	00000080B	形势与政策		1–2	通修	理论		
	00000110	马克思主义基本原理	3	1–2	通修	理论 + 实践		
	00000041	中国近现代史纲要	3	2–1	通修	理论 + 实践		
	00000080C	形势与政策		2–1	通修	理论		
	00000030A	毛泽东思想和中国特色社会主义理论体系概论(理论部分)	3	2–2	通修	理论		
	00000080D	形势与政策		2–2	通修	理论		
	00000130B	毛泽东思想和中国特色社会主义理论体系概论(实践部分)	2	2–2	通修	实践		
	00000080E	形势与政策		3–1	通修	理论		
	00000090	习近平新时代中国特色社会主义思想概论	2	3–1	通修	理论		
	00000080F	形势与政策		3–2	通修	理论		
	00000080G	形势与政策		4–1	通修	理论		
	00000080H	形势与政策		4–2	通修	理论		
通修课程 / 军事课	00050030	军事技能训练	2	1–1	通修	实践		
	00050010	军事理论	2	1–2	通修	理论		

续表

课程类别	课程号	课程名称	学分	学期	性质	理论/实践	备注	说明
通修课程/数学课	00010011A	微积分 I（第一层次）	5	1-1	通修	理论		1. 人工智能学院开设的数学分析(1)、数学分析(2)可整体替代微积分 I（第一层次）、微积分 II（第一层次）； 2. 人工智能学院开设的高等代数(1)、高等代数(2)可整体替代线性代数（第一层次）
	00010011C	线性代数（第一层次）	4	1-1	通修	理论		
	00010011B	微积分 II（第一层次）	5	1-2	通修	理论		
通修课程/英语课	00020010A	大学英语(1)	4	1-1	通修	理论		
	00020010B	大学英语(2)	4	1-2	通修	理论		
通修课程/体育课	00040010A	体育(1)	1	1-1	通修	实践		
	00040010B	体育(2)	1	1-2	通修	实践		
	00040010C	体育(3)	1	2-1	通修	实践		
	00040010D	体育(4)	1	2-2	通修	实践		

2. 学科专业课程

立足于计算机科学与技术专业定位，针对计算机人才培养，设置程序设计基础、离散数学等学科基础课程以及形式语言与自动机、软件工程等专业核心课程，该课程模块共有 2 个课程子模块：学科基础课程和专业核心课程，最少修读学分：52。课程清单及修读说明如下。

课程类别	课程号	课程名称	学分	学期	性质	理论/实践	备注	说明
学科基础课程	1. 有意向保研的同学，建议修读所有学科基础课程，其中"程序设计基础"和"计算机程序的构造和解释"可 2 选 1，"大数据处理综合实验""软件工程综合实验""计算机系统设计综合实验"可 3 选 1； 2. 两门"计算机网络"课程最多只能选择一门，如果两门课程都通过，只能取得一门课程学分							
学科基础课程/学科基础课程	22000130	计算机程序的构造和解释	3	1-1	平台	理论 + 实践	准入	最少修读学分:41
	22000010	程序设计基础	3	1-1,1-2	平台	理论 + 实践	准入	

续表

课程类别	课程号	课程名称	学分	学期	性质	理论/实践	备注	说明
学科基础课程/学科基础课程	22000020	离散数学	5	1–2,2–1	平台	理论	准入	
	22000160	数字逻辑与计算机组成	4	1–2,2–1	平台	理论		
	22010100	高级程序设计	3	1–2,2–1	平台	理论		
	11100200	概率论与数理统计	3	2–1	平台	理论		
	22000100	计算机系统基础	5	2–1,2–2	平台	理论		
	22010020	数据结构	4	2–1,2–2	平台	理论		
	22010030	算法设计与分析	4	2–2,3–1	平台	理论		
	22010050	计算机网络	4	2–2,3–1	平台	理论		
	22020230	操作系统	4	2–2,3–1	平台	理论		
	22020240I	计算机网络	4	3–1	平台	理论	本研贯通	
	22011400T	计算机系统设计综合实验	5	3–2,3–暑	平台	理论+实践		
	22011410T	大数据处理综合实验	5	3–2,3–暑	平台	理论+实践		
	22011420T	软件工程综合实验	5	3–2,3–暑	平台	理论+实践		
学科基础课程/科研实践课程	22011680	科研实践(1)	2	2–1至3–2	平台	实践	准出以项目为载体的全学年（第二或第三学年）课程,由课程导师负责指导学生开展基本科研训练	

续表

课程类别	课程号	课程名称	学分	学期	性质	理论 / 实践	备注	说明
专业核心课程	22010310	软件工程	3	3-1	核心	理论		最少修读学分:9
	22011110	软件质量保障	3	3-1	核心	理论		
	22011120	形式语言与自动机	3	3-1	核心	理论	本研贯通	
	22011140	密码学原理	3	3-1	核心	理论	本研贯通	
	22011170	网络安全与检测技术	3	3-1	核心	理论	本研贯通	
	22011670	智能计算系统	3	3-1	核心	理论		
	22020250	数据库概论	3	3-1	核心	理论		
	22020260	编译原理	4	3-1	核心	理论		
	22020360	计算机图形学	3	3-1	核心	理论		
	22011180	计算机体系结构	3	3-2	核心	理论		

3. 多元发展课程

① 专业学术发展路径修读建议:依据个人研究兴趣爱好,系统化地选取相应方向所开设的相关专业基础以及前沿课程。

② 交叉复合发展路径修读建议:满足学科交叉融合需求,学生依据本人专业兴趣爱好,可自定义课业修学计划选修外院系所开设的选修课,报系教学委员会同意后按该计划执行。

③ 就业创业发展路径修读建议:了解与本专业相关的产品研发、生产、设计的法律、法规,熟悉环境保护和可持续发展等方面的方针、政策和法律、法规,能正确认识科学研究与工程应用对于客观世界和社会的影响。

建议修读诸如"计算机数学建模""iOS 智能应用开发""信息安全企业实践研讨课""人工智能""数据挖掘""物联网技术导论""软件产业概论"等与信息应用技术、软件产业相关的课程。

课程清单如下。

课程类别	课程号	课程名称	学分	学期	性质	理论/实践	备注	说明
专业选修课程	12000014A	普通物理（上）	3	1–2	选修	理论		1. 有意向保研的同学，建议修读《普通物理（上）》《大学物理实验（1）》； 2. 学生参加交换学习后，可根据《南京大学本科生交流学习课程认定及学分转换管理办法》，对交换学习过程中取得的校外学分进行转换； 3. 学生通过参与学校认定的育人项目，可申请认定"一二课堂融通"课程学分并计入综合评价成绩单的第一部分，鼓励增强学生的创新精神、创业意识和创新创业能力
	22011040	ACM/ICPC 程序设计	1	1–暑	选修	其他		
	12000010A	大学物理实验（1）	2	2–1	选修	实践		
	22000180T	数字逻辑与计算机组成实验	3	2–1	选修	实践		
	22010790	网络安全实验	2	2–1	选修	实践		
	22011470T	网络攻防实战	2	2–1	选修	实践		
	22010200	数理逻辑	3	2–2	选修	理论		
	22010500	计算方法	2	2–2	选修	理论		
	22010580	数据通信	2	2–2	选修	理论		
	22010980	软件产业概论	2	2–2	选修	理论	本研贯通	
	22010300	高级 Java 程序设计	2	3–1	选修	理论		
	22010510	计算机程序设计语言	2	3–1	选修	理论		
	22010530	并行处理技术	2	3–1	选修	理论		
	22010540	计算机数学建模	2	3–1	选修	理论		
	22010800	软件测试	2	3–1	选修	理论		
	22011070	iOS 智能应用开发	2	3–1	选修	理论		
	22011250	人机接口技术	2	3–1	选修	理论		
	22011430	机器学习导论	2	3–1	选修	理论		
	22011510	程序设计语言的形式语义	2	3–1	选修	理论	本研贯通	
	22011590	并发算法与理论	2	3–1	选修	理论	本研贯通	
	22011620	软件分析	2	3–1	选修	理论		
	22011650	信息安全企业实践研讨课	1	3–1	选修	实践		
	22020390	数字图像处理	2	3–1	选修	理论	准出	
	22010220	多媒体技术	2	3–2	选修	理论		
	22010230	数据挖掘导论	2	3–2	选修	理论	本研贯通	
	22010240	组合数学	2	3–2	选修	理论	本研贯通	

续表

课程类别	课程号	课程名称	学分	学期	性质	理论/实践	备注	说明
专业选修课程	22010330	软件体系结构	3	3-2	选修	理论		
	22010520	人工智能	2	3-2	选修	理论		
	22010750	面向对象设计方法	2	3-2	选修	理论		
	22010810	图论与算法	2	3-2	选修	理论	本研贯通	
	22010830	网络应用开发技术	2	3-2	选修	理论+实践		
	22011100	模式识别	2	3-2	选修	理论	本研贯通	
	22011310	信息安全系统设计	2	3-2	选修	理论	本研贯通	
	22011320	软件安全	2	3-2	选修	理论	本研贯通	
	22011330	移动通信安全	2	3-2	选修	理论		
	22011390	计算机网络协议开发	2	3-2	选修	理论+实践		
	22011450	图形绘制技术	2	3-2	选修	理论	本研贯通	
	22011530	计算机视觉表征与识别	2	3-2	选修	理论	本研贯通	
	22011540	在线算法设计与分析	2	3-2	选修	理论		
	22011600	量子计算	2	3-2	选修	理论	本研贯通	
	22011640	信息论基础	2	3-2	选修	理论	本研贯通	
	22011690	分布式数据处理	2	3-2	选修	理论	本研贯通	
	22010320	嵌入式系统	3	4-1	选修	理论		

续表

课程类别	课程号	课程名称	学分	学期	性质	理论/实践	备注	说明
专业选修课程	22010550	高级算法	3	4-1	选修	理论	本研贯通	
	22011090	可计算性与可判定性	2	4-1	选修	理论	本研贯通	
	22011190	软件需求工程	2	4-1	选修	理论		
	22011440	分布式网络	2	4-1	选修	理论	本研贯通	
	22011480	计算复杂性	2	4-1	选修	理论	本研贯通	
	22011500	网络空间安全与隐私保护	2	4-1	选修	理论	本研贯通	
	22011560T	并行程序设计实验	2	4-1	选修	实践		
	22011580	物联网技术导论	2	4-1	选修	理论	本研贯通	
	91220020	Web 程序分析测试	2	4-1	选修	理论	准出	
公共选修课程	可选修全校公共选修课程							

4. 毕业论文／设计

课程类别	课程号	课程名称	学分	学期	性质	理论/实践	备注	说明
毕业论文／设计	22011720S	毕业论文	8	4-2	核心	实践	准出	

五、课程结构拓扑图(图 3-3)

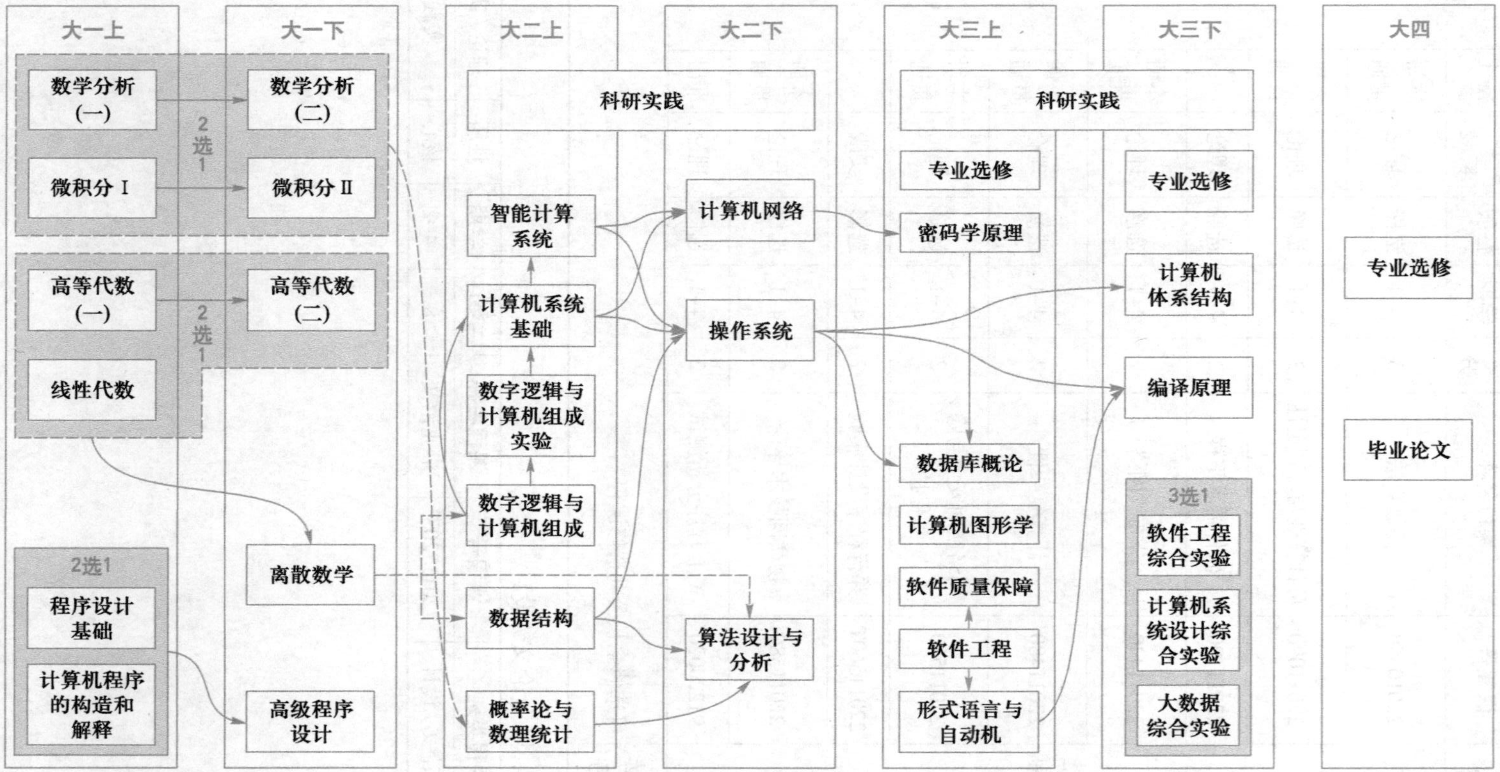

图 3-3　课程结构拓扑图

计算机科学与技术专业培养方案（2021级）

一、培养目标

计算机科学与技术专业培养基础宽厚，知识、能力、素质俱佳，富有创新精神和创新能力，具有全球化视野，在本专业及其相关领域具有国际竞争力的未来领军人才。

二、毕业要求

学生主要学习和运用计算机科学与技术基本理论及专业知识，接受计算机系统设计与开发的基本训练，具有计算机系统设计以及计算机应用系统设计和开发的综合知识和技能。在基础课程和专业核心课程的基础上，本专业分设了计算机科学、计算机系统、计算机软件技术和信息安全4个方向的模块课程，以适应不同层面的社会需求。

毕业生应具备以下几方面的知识和能力。

(1) 具有坚实的数理基础，较好的人文社会科学素养，较强的英语综合能力。

(2) 系统地掌握本专业领域的基本理论和基本知识。

(3) 具有较强的计算机系统设计和开发能力。

(4) 了解本学科前沿和发展趋势，了解跨专业应用知识，具有掌握新知识和新技术的能力。

(5) 具有良好的科学研究和工程实践能力，较强的知识创新能力。

(6) 具备较强的管理能力和沟通表达能力。

三、专业主干课程

计算机科学与技术专业的主干课程为软件工程、编译原理、高级数据结构与算法分析、计算理论、操作系统、计算机网络、数据库系统计算机组成、计算机体系结构、离散数学及其应用、面向对象程序设计、数据结构基础和数字逻辑设计。

推荐学制为4年，最低毕业学分为178.5学分，授予工学学士学位。

学科专业类别为计算机类，支撑学科为计算机科学与技术。

四、课程设置与学分分布

1. 通识课程(69.5+7.5 学分)

(1) 思政类课程(17.5+2 学分)

① 必修课程(16+2 学分)

课程号	课程名称	学分	周学时	建议学年学期
371E0010	形势与政策 Ⅰ	1.0	0.0-2.0	1(秋冬)+1(春夏)
551E0070	思想道德与法治	3.0	2.0-2.0	1(秋冬)
551E0020	中国近现代史纲要	3.0	3.0-0.0	1(春夏)
551E0100	马克思主义基本原理	3.0	3.0-0.0	2(秋冬)/2(春夏)
551E0040	毛泽东思想和中国特色社会主义理论体系概论	5.0	4.0-2.0	3(秋冬)/3(春夏)
551E0050	习近平新时代中国特色社会主义思想概论	2.0	2.0-0.0	3(冬)/3(夏)
371E0020	形势与政策Ⅱ	1.0	0.0-2.0	2、3、4

② 选修课程(1.5 学分)

课程号	课程名称	学分	周学时	建议学年学期
011E0010	中国改革开放史	1.5	1.5-0.0	2(秋)/2(冬)/2(春)/2(夏)
041E0010	新中国史	1.5	1.5-0.0	2(秋)/2(冬)/2(春)/2(夏)
551E0080	中国共产党历史	1.5	1.5-0.0	2(秋)/2(冬)/2(春)/2(夏)
551E0090	社会主义发展史	1.5	1.5-0.0	2(秋)/2(冬)/2(春)/2(夏)

(2) 军体类课程(8+2.5 学分)

体育 Ⅰ、Ⅱ、Ⅲ、Ⅳ、Ⅴ、Ⅵ为必修课程,要求在前 3 年内修读;四年级修读体育Ⅶ——体测与锻炼。

课程号	课程名称	学分	周学时	建议学年学期
03110021	军训	2.0	+2	1(秋)
481E0030	体育 Ⅰ	1.0	0.0-2.0	1(秋冬)
481E0040	体育 Ⅱ	1.0	0.0-2.0	1(春夏)
031E0011	军事理论	2.0	2.0-0.0	2(秋冬)/2(春夏)
481E0050	体育 Ⅲ	1.0	0.0-2.0	2(秋冬)
481E0060	体育 Ⅳ	1.0	0.0-2.0	2(春夏)
481E0070	体育 Ⅴ	1.0	0.0-2.0	3(秋冬)
481E0080	体育 Ⅵ	1.0	0.0-2.0	3(春夏)
481E0090	体育Ⅶ——体测与锻炼	0.5	0.0-1.0	4(秋冬)/4(春夏)

(3) 美育类课程(1 学分)

美育类课程要求 1 学分,为认定型学分。学生修读通识选修课程中的"文艺审美"类课程、"博雅技艺"类中艺术类课程以及艺术类专业课程,可认定该学分。

(4) 劳育类课程(1 学分)

劳育类要求 1 学分,为认定型学分。学生修读学校设置的公共劳动平台课程或院系开设的专业实践劳动课程,可认定该学分。

(5) 外语类课程(6+1 学分)

外语类课程最低修读要求为 6+1 学分,其中 6 学分为外语类课程选修学分,+1 为"英语水平测试"或小语种水平测试必修学分。学校建议一年级学生的课程修读计划是"大学英语Ⅲ"和"大学英语Ⅳ",并根据新生入学分级考试或高考英语成绩预置相应级别的"大学英语"课程,学生也可根据自己的兴趣爱好修读其他外语类课程(课程号带"F"的课程);二年级起学生可申请学校"英语水平测试"或小语种水平测试。

① 必修课程(1 学分)

课程号	课程名称	学分	周学时	建议学年学期
051F0600	英语水平测试	1.0	0.0-2.0	

② 选修课程(6 学分)

修读以下课程或其他外语类课程。

课程号	课程名称	学分	周学时	建议学年学期
051F0020	大学英语Ⅲ	3.0	2.0-2.0	1(秋冬)
051F0030	大学英语Ⅳ	3.0	2.0-2.0	1(秋冬)/1(春夏)

(6) 计算机类课程(5 学分)

学校对计算机类通识课程实施分层教学。本专业根据培养目标,要求学生修读如下计算机类通识课程。

课程号	课程名称	学分	周学时	建议学年学期
211G0280	C 程序设计基础 *	3.0	2.0-2.0	1(秋冬)
211G0260	程序设计专题 *	2.0	1.0-2.0	1(春夏)

(7) 自然科学通识类课程(21 学分)

学校对自然科学类通识课程实施分层教学。本专业根据培养目标,要求学生修读如下自然科学类通识课程:

课程号	课程名称	学分	周学时	建议学年学期
821T0150	微积分(甲)Ⅰ	5.0	4.0-2.0	1(秋冬)
821T0190	线性代数(甲)	3.5	3.0-1.0	1(秋冬)
761T0030	大学物理(乙)Ⅰ	3.0	3.0-0.0	1(春夏)
821T0160	微积分(甲)Ⅱ	5.0	4.0-2.0	1(春夏)
761T0040	大学物理(乙)Ⅱ	3.0	3.0-0.0	2(秋冬)
761T0060	大学物理实验	1.5	0.0-3.0	2(秋冬)

(8) 创新创业类课程(1.5 学分)

要求在创新创业类通识课程中选修一门。创新创业类通识课程现有"创业基础""创业启程""大学生 KAB 创业基础""职业生涯规划 A""职业生涯规划 B"等课程。

鼓励有兴趣的同学在完成创新创业类通识课程修读的基础上,进一步选修创新创业类专业课程(培养方案中标注"△"的课程)。

课程号	课程名称	学分	周学时	建议学年学期
031P0010	创业基础	2.0	2.0-0.0	
031P0020	创业启程	2.0	2.0-0.0	
361P0010	大学生 KAB 创业基础	1.5	1.5-0.0	
361P0020	职业生涯规划 A	1.5	1.5-0.0	
361P0030	职业生涯规划 B	1.5	1.5-0.0	
361P0040	职业生涯规划	1.5	1.5-0.0	
U71P0010	创业基础	1.5	1.5-0.0	

(9) 通识选修课程(10.5 学分)

通识选修课程下设"中华传统""世界文明""当代社会""文艺审美""科技创新""生命探索"及"博雅技艺"等 6+1 类。每一类均包含通识核心课程和普通通识选修课程。通识选修课程修读要求为:

① 至少修读 1 门通识核心课程。

② 至少修读 1 门"博雅技艺"类课程。

③ 理工农医学生在"中华传统""世界文明""当代社会""文艺审美"4 类中至少修读 2 门。

④ 在通识选修课程中自行选择修读其余学分。

⑤ 若上述 ①项所修课程同时也属于上述第②或③项,则该课程也可同时满足第②或③项要求。

2. 专业基础课程(15.5 学分)

课程号	课程名称	学分	周学时	建议学年学期
211B0010	离散数学及其应用 *	4.0	4.0-0.0	1(春夏)
061B9090	概率论与数理统计	2.5	2.0-1.0	2(秋冬)
211C0020	数据结构基础 *	2.5	2.0-1.0	2(秋冬)
211C0060	数字逻辑设计 *	4.0	3.0-2.0	2(秋冬)
211C0010	面向对象程序设计 *	2.5	2.0-1.0	2(春夏)

3. 专业课程(66 学分)

(1) 专业必修课程(34 学分)

以下课程必修。

课程号	课程名称	学分	周学时	建议学年学期
21120491	高级数据结构与算法分析 **	4.0	3.0-2.0	2(春夏)
21121350	数据库系统 **	4.0	3.0-2.0	2(春夏)
21186033	计算机组成 *	4.5	3.5-2.0	2(春夏)
21120520	计算理论 **	2.0	2.0-0.0	3(秋冬)
21121330	操作系统 *	5.0	4.0-2.0	3(秋冬)
21121340	计算机网络 **	4.5	3.0-3.0	3(秋冬)
21191062	计算机体系结构 **	3.5	2.5-2.0	3(秋冬)
21120261	软件工程 **	2.5	2.0-1.0	3(春夏)
21120471	编译原理 **	4.0	3.0-2.0	3(春夏)

(2) 专业模块课程(13学分)

专业模块课程中,任选其中一个模块,获得至少7学分。

专业模块课程的总学分不少于13学分。

专业模块课程获得的超出13学分的部分可计入专业选修课程或个性化课程的学分。

① 计算机科学课程(7学分)

课程号	课程名称	学分	周学时	建议学年学期
21190641	数值分析	2.5	2.5-0.0	2(秋冬)
21121150	应用运筹学基础	3.5	3.0-1.0	3(秋冬)
21190651	编程语言原理	2.0	2.0-0.0	3(秋冬)
21191600	计算机科学思想史	2.0	2.0-0.0	3(春夏)
21191890	人工智能	3.5	3.0-1.0	3(春夏)
21190120	算法设计与分析	2.5	2.0-1.0	3(夏)
21191441	数据挖掘导论	2.0	1.0-2.0	3(夏)
21191880	自然语言处理	3.0	2.0-2.0	3(夏)

② 计算机系统课程(7学分)

课程号	课程名称	学分	周学时	建议学年学期
21120502	汇编与接口	4.5	3.0-3.0	3(秋冬)
21121940	大数据存储与计算技术	2.0	2.0-0.0	3(春夏)
21190830	嵌入式系统	3.0	2.0-2.0	3(春夏)
21191531	并行计算与多核编程	2.5	2.0-1.0	3(春夏)
21191670	计算机系统综合实现	5.0	1.0-8.0	3(春夏)
21191680	分布式计算	2.5	2.0-1.0	3(春夏)

③ 计算机软件技术课程(7学分)

课程号	课程名称	学分	周学时	建议学年学期
21121230	智能终端软件开发	2.0	1.0–2.0	3(秋)
21121160	Java应用技术	2.5	2.0–1.0	3(秋冬)
21121170	B/S体系软件设计	3.5	3.0–1.0	3(秋冬)
21191840	大数据应用强化训练 Ⅰ	4.0	1.0–6.0	3(秋冬)
21120100	多媒体技术	2.0	2.0–0.0	3(春)
21191850	大数据应用强化训练Ⅱ	4.0	0.0–8.0	3(春夏)
22188080	软件工程实践	1.5	0.5–2.0	3(夏)

④ 信息安全技术课程(7学分)

课程号	课程名称	学分	周学时	建议学年学期
21191700	软件保护技术	2.5	2.0–1.0	2(秋冬)
21190850	信息安全原理	2.0	2.0–0.0	2(春)
21190180	密码学	2.5	2.0–1.0	2(春夏)
21191970	软件安全原理和实践	2.0	1.5–1.0	2(夏)
21191581	网络安全原理与实践	2.5	2.0–1.0	3(春)
21121600	人工智能安全	2.5	2.0–1.0	3(春夏)
21122040	多媒体安全	2.0	2.0–0.0	3(春夏)
21191710	通信网络安全技术	3.0	2.5–1.0	3(春夏)
21191930	无线与物联网安全基础	2.0	1.5–1.0	3(夏)

(3) 专业选修课程(3学分)

专业选修课程获得的超出3学分的部分可计入个性化课程的学分。

课程号	课程名称	学分	周学时	建议学年学期
21121320	图像信息处理	2.5	2.0–1.0	2(秋冬)
22120320	服务科学导论	2.0	1.0–2.0	2(春)
21121970	技术沟通	2.0	2.0–0.0	2(夏)
21121920	计算医疗	2.0	2.0–0.0	3(秋)
21191050	计算机动画	2.5	2.0–1.0	3(秋)
21191961	智能视觉信息采集	2.5	1.5–2.0	3(秋)
21120510	计算机图形学	2.5	2.0–1.0	3(秋冬)
21120970	专题研讨	2.0	2.0–0.0	3(秋冬)
21121140	数字视音频处理	2.5	2.0–1.0	3(秋冬)
21121190	电子商务系统结构	2.5	2.0–1.0	3(秋冬)
21121710	数据可视化导论	2.0	2.0–0.0	3(冬)

续表

课程号	课程名称	学分	周学时	建议学年学期
21191070	计算机视觉	2.0	2.0-0.0	3(冬)
21121270	计算机图形学研究进展	4.0	3.0-2.0	3(春夏)
21191490	职业发展规划讲座△	1.0	+1	3(春夏)
21191780	计算摄影学	4.0	3.0-2.0	3(春夏)
21190911	计算机游戏程序设计	2.5	2.0-1.0	3(夏)
21191110	信息检索和 Web 搜索	2.0	2.0-0.0	3(夏)
21191790	并行算法	2.0	2.0-0.0	3(夏)
21121240	流计算与 GPGPU 软件开发	2.0	1.0-2.0	4(秋)
21191340	数字媒体后期制作	2.0	0.0-4.0	4(秋)
21120860	科研实践 Ⅰ	2.0	2.0-0.0	4(秋冬)
21120870	科研实践 Ⅱ	4.0	4.0-0.0	4(秋冬)
21190700	计算机前沿技术讲座	1.0	1.0-0.0	4(秋冬)
21191370	虚拟现实与数字娱乐	2.0	2.0-0.0	4(春夏)

(4) 实践教学环节(8 学分)

① 必修课程(5.5 学分)

课程号	课程名称	学分	周学时	建议学年学期
21188142	课程综合实践Ⅱ **	2.5	+2.5	2(短)
21120721	工程实践 **	3.0	+3	3(短)

② 选修课程(2.5 学分)

2 选 1

课程号	课程名称	学分	周学时	建议学年学期
21121420	计算机系统概论	4.0	3.0-2.0	1(短)
21188141	课程综合实践 Ⅰ **	2.5	+2.5	1(短)

(5) 毕业论文(设计)(8 学分)

课程号	课程名称	学分	周学时	建议学年学期
21120460	毕业论文(设计)**	8.0	+10	4(春夏)

4. 个性修读课程(6 学分)

个性修读课程学分是学校为学生设置的自主发展学分。学生可利用个性修读课程学分,自主选择修读感兴趣的本科课程(通识选修课程认定不得多于 2 学分)、研究生课程或经认定的境内外交流的课程。

5. 跨专业模块(3 学分)

跨专业模块是学校为鼓励学生跨学科跨专业交叉修读、多样学习而设置的学分。学生修读辅修课程或外专业的其他专业课程或经认定的跨学院(系)完成过程性的教学环节等,可认定为该模块学分,同时可根据修读情况计入相应的辅修学分或个性修读课程学分或第二课堂。本专业学生至少修读信息学部内其他学院工学类(信息)本科专业培养方案中的专业课程 1 门,推荐修读以下课程。

课程号	课程名称	学分	周学时	建议学年学期
85120030	信息与电子工程导论	2.0	2.0-0.0	1(冬)/1(春)
86120071	机器人导论	2.0	2.0-0.0	2(春)
86120170	自动控制理论(乙)	3.5	3.0-1.0	2(春夏)
15120651	仪器系统设计	2.0	2.0-0.0	3(秋冬)
15120710	生物医学成像技术	2.0	2.0-0.0	3(秋冬)
66120060	光电子学	3.0	3.0-0.0	3(秋冬)
67120170	信息、控制与计算	3.0	3.0-0.0	3(秋冬)
84120010	应用光学	3.0	3.0-0.0	3(秋冬)
85120210	无线通信原理与应用	3.0	3.0-0.0	3(秋冬)

6. 国际化模块(3 学分)

学生完成以下经学校认定的国际化环节可作为国际化模块学分,并可同时替换其他相近课程学分或作为其他修读要求中的课程。

(1) 参加与境外高校的 2+2、3+1 等联合培养项目。

(2) 境外交流学习并获得学分的课程。

(3) 在境外参加 2 个月以上的实习实践、毕业设计(论文)、科学研究等交流项目。

(4) 经学校认定的其他高水平的国际化课程。

7. 第二课堂(4 学分)

8. 第三课堂(2 学分)

9. 第四课堂(2 学分)

五、辅修培养方案

微辅修:10 学分,修读 C 程序设计基础、程序设计专题、数据结构基础、面向对象程序设计等课程。

课程号	课程名称	学分	周学时	建议学年学期
211G0280	C 程序设计基础	3.0	2.0-2.0	1(秋冬)
211G0260	程序设计专题	2.0	1.0-2.0	1(春夏)
211C0020	数据结构基础	2.5	2.0-1.0	2(秋冬)
211C0010	面向对象程序设计	2.5	2.0-1.0	2(春夏)

辅修专业:27.5 学分,修读标记 * 的课程。

辅修学位:68 学分,修读标记 * 和 ** 的课程,并完成实践教学环节和毕业论文(设计)。学期课程安排如下。

六、计算机科学与技术专业课程地图（图 3-4）

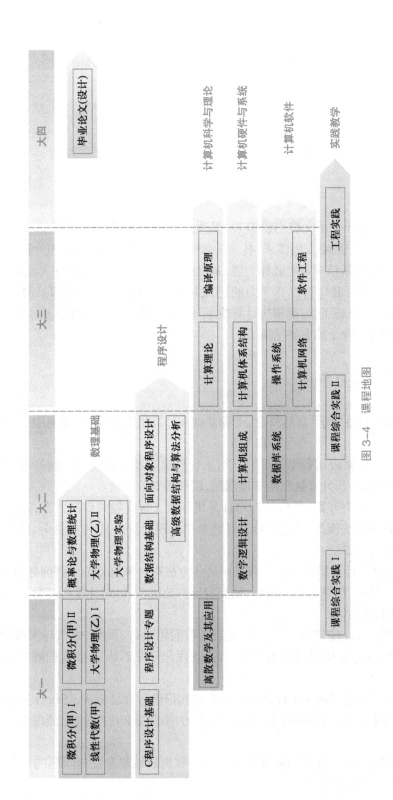

图 3-4 课程地图

华中科技大学

计算机科学与技术专业本科培养计划

一、培养目标

　　本专业培养具有社会主义核心价值观、强烈的社会责任感和使命感、适应社会经济和我国信息产业自主可控战略发展需求,扎实的数学、自然科学、工程基础和计算机科学与技术专业知识与能力,创新精神与实践能力强,系统能力突出,同时具有良好人文素养、大工程观、团队精神、国际视野和可持续竞争力的优秀人才。学生毕业后能从事计算机领域相关的研究、设计、开发与管理工作,能解决计算机领域复杂工程问题。工作 5 年左右,可成为单位、领域或行业的技术骨干或业界精英。

二、基本规格要求

　　(1) 工程知识:具备数学、自然科学、工程基础和计算机专业知识,并能用于解决计算机复杂工程问题。

　　(2) 问题分析:能够应用数学、自然科学、工程科学以及计算机科学的基本原理,识别、表达并通过文献研究分析计算机复杂工程问题,以获得有效结论。

　　(3) 设计 / 开发解决方案:能设计针对计算机复杂工程问题的解决方案,设计满足特定需求的系统、模块或算法流程,并能够在设计环节中体现创新意识,考虑社会、健康、安全、法律、文化以及环境等因素。

　　(4) 研究:能基于计算机科学原理并采用科学方法对计算机复杂工程问题进行研究,通过实验设计、建模仿真、数据分析与解释、模型验证与改进方式,对计算机复杂工程问题进行研究并得到合理有效结论。

　　(5) 使用现代工具:能够针对计算机复杂工程问题设计、预测、模拟与实现的需要,开发、选择与使用恰当的技术、软硬件及系统资源、现代化开发工具,并能够理解所使用工具和资源的局限性。

　　(6) 工程与社会:能够基于工程领域相关背景知识进行合理分析,评价计算机专业工程实践和复杂工程问题解决方案对社会、健康、安全、法律以及文化的影响,能理解并承担工程师的社会责任。

　　(7) 环境和可持续发展:能理解和评价针对计算机领域复杂工程问题的专业工程实践对环境、社会可持续发展的影响。

　　(8) 职业规范:具有良好的人文社会科学素养和社会责任感,能够在计算机工程实践中理解并遵守工程职业道德和规范,履行工程师的责任。

(9) 个人和团队:具有团队意识和团队能力,能够在多学科背景下的团队中协同工作,并承担个体、团队成员以及负责人的角色。

(10) 沟通:能够就计算机复杂工程问题与业界同行及社会公众进行有效沟通和交流,包括撰写报告和设计文稿、陈述发言、清晰表达或回应指令,并具备一定的国际视野,能够在跨文化背景下进行沟通和交流。

(11) 项目管理:理解并掌握工程管理原理与经济决策方法,熟悉计算机工程项目管理的基本方法和技术,并能在多学科环境中应用。

(12) 终身学习:具有自主学习和终身学习的意识,具有通过不断学习掌握新技术、适应信息技术新发展的能力。

三、培养特色

以数理为基础、信息学科为背景、学术能力培养为中心、创新能力培养为重点,理论与应用相兼顾,软件与系统相结合,计算机科学与计算机工程并重,逐步与国际本科教学接轨,侧重课程内容的前沿性和授课质量,加强学术氛围,采用基于问题/项目的教学方法,培养在计算机软件与理论、系统结构、人工智能的研究、设计、开发和工程组织等方面具有综合能力的学术型人才。

四、主干学科

计算机科学与技术。

五、学制与学位

学制为四年。授予工学学士学位。

六、学时与学分

完成学业最低课内学分(含课程体系与集中性实践教学环节)要求为 156.5 学分。完成学业最低课外学分要求为 5 学分。

1. 课程体系学时与学分

课程类别	课程性质	学时/学分	占课程体系学分比例/%
素质教育通识课程	必修	568/31	19.3
	选修	160/10	6.4
学科大类基础课程	必修	816/46.75	30.1

续表

课程类别		课程性质	学时 / 学分	占课程体系学分比例 /%
专业课程	专业核心课程	必修	624/33.25	21.4
	专业选修课程	选修	320/20	12.8
集中性实践教学环节		必修	31w/15.5	10
合计			2 488+31w/156.5	100
其中,总实验(实践)学时及占比			328+31w	27.5

2. 集中性实践教学环节周数与学分

实践教学环节名称	课程性质	周数 / 学分	占实践教学环节学分比例 /%
军事训练	必修	2/1	6.5
工程训练	必修	2/1	6.5
生产实习(社会实践)	必修	3/1.5	9.7
课程设计及综合实践	必修	10/5	32.3
毕业设计(论文)	必修	14/7	45.2
合计		31/15.5	100

3. 课外学分

序号	课外活动名称	课外活动和社会实践的要求		课外学分
1	社会实践活动	思政课程社会实践(必修):提交社会调查报告,通过答辩者		2
		个人被校团委或团省委评为社会实践活动积极分子者,集体被校团委或团省委评为优秀社会实践队者		2
2	劳动教育(必修)	公益劳动(32 学时)		2
3	英语及计算机考试	全国大学英语六级考试	考试成绩达到学校要求者	2
		全国计算机软件资格、水平考试	中级证书者	3
			高级证书者	5
		CCF 计算机软件能力认证	200~400 分	2~5
4	竞赛	校级	获一等奖者	3
			获二等奖者	2
			获三等奖者	1
		省级	获一等奖者	4
			获二等奖者	3
			获三等奖者	2
		全国	获一等奖者	6
			获二等奖者	4
			获三等奖者	3
5	论文	在国际及全国性会议或期刊发表论文	每篇论文	2~3
6	科研	参与科研项目实践(含大创项目)	每项	1~3
7	实验	视创新情况	每项	1~3

　　注:参加校体育运动会获第一名、第二名者与校级一等奖等同,获第三名至第五名者与校级二等奖等同,获第六至第八名者与校级三等奖等同。

七、主要课程及创新(创业)课程

1. 专业主干课程

C 语言程序设计、离散数学、数据结构、数字电路与逻辑设计、汇编语言程序设计、操作系统原理、数据库系统原理、计算机组成原理、软件工程、计算机通信与网络、编译原理、计算机系统结构等。

2. 创新创业课程

(1) 创新(创业)意识启迪课程

信息技术导论(IT 中国)(必修),素质教育通识课程中选修至少 1 学分的创业类课程、人工智能导论(选修)、大数据导论(选修)。

(2) 创新(创业)能力培养课程

操作系统原理、数据库系统原理、计算机组成原理。

(3) 创新(创业)实践培养课程

系统能力培养综合实践。

八、主要实践教学环节(含专业实验)

工程训练(七)、程序设计综合课程设计、操作系统课程设计、硬件综合训练、生产实习、系统能力培养综合实践、毕业设计。

九、教学进程计划表

课程类别	课程性质	课程代码	课程名称	学时	学分	其中		设置学期
						实验	上机	
素质教育通识课程	必修	MAX0022	思想道德与法治	40	2.5			1
	必修	MAX0042	中国近现代史纲要	40	2.5			2
	必修	MAX0013	马克思主义基本原理	40	2.5			3
	必修	MAX0071	习近平新时代中国特色社会主义思想概论	32	2			3
	必修	MAX0002	毛泽东思想和中国特色社会主义理论体系概论	72	4.5			4
	必修	MAX0031	形势与政策	32	2			5–7
	必修	CH0001	中国语文	32	2			1
	必修	SFL0001	综合英语(一)	56	3.5			1
	必修	SFL0011	综合英语(二)	56	3.5			2

续表

课程类别	课程性质	课程代码	课程名称	学时	学分	其中		设置学期
						实验	上机	
素质教育通识课程	必修	RMWZ0002	军事理论	36	2			2
	必修	PHE0002	大学体育(1)	60	1.5			1-2
	必修	PHE0012	大学体育(2)	60	1.5			3-4
	必修	PHE0022	大学体育(3)	24	1			5-6
	从不同选修课程模块中修读若干课程,总学分不低于 10 分(其中艺术类课程不低于 2 学分,经济管理类不少于 2 学分,大学生心理健康 2 学分,创新创业类不少于 1 学分)			160	10			1-8
学科大类基础课程	必修	CST0721	信息技术导论(IT 中国)	24	1.5			1
	必修	CST0511	C 语言程序设计	48	3			1
	必修	CST0521	C 语言程序设计实验	32	1		32	1
	必修	MAT0551	微积分(1)上	88	5.5			1
	必修	MAT0721	线性代数	40	2.5			1
	必修	PHY0511	大学物理(1)	64	4			2
	必修	PHY0551	物理实验(1)	32	1	32		2
	必修	MAT0531	微积分(1)下	88	5.5			2
	必修	MAT0591	概率论与数理统计	40	2.5			2
	必修	MAT0561	复变函数与积分变换	40	2.5			3
	必修	PHY0521	大学物理(2)	64	4			3
	必修	PHY0561	物理实验(2)	24	0.75	24		3
	必修	EEE0641	电路理论(3)	64	4			3
	必修	CST0641	数字电路与逻辑设计(1)	48	3			3
	必修	CST0652	数字电路与逻辑设计实验	16	0.5			3
	必修	CST0661	信号与线性系统	32	2			4
	必修	CST0541	计算机通信与网络	40	2.5			5
	必修	CST0551	计算机通信与网络实践	32	1	32		5
专业核心课程	必修	CST2171	离散数学(1)	56	3.5			2
	必修	CST2261	数据结构	48	3			2
	必修	CST2272	数据结构实验	32	1		32	2
	必修	CST2161	离散数学(2)	24	1.5			3
	必修	CST2261	算法设计与分析	32	2			3
	必修	CST2421	算法设计与分析实践	24	0.75			3
	必修	CST2081	汇编语言程序设计	24	1.5			4
	必修	CST2091	汇编语言程序设计实践	32	1		32	4
	必修	CST2141	计算机组成原理	48	3			4

续表

课程类别	课程性质	课程代码	课程名称	学时	学分	其中		设置学期
						实验	上机	
专业核心课程	必修	CST2151	计算机组成原理实验	16	0.5	16		4
	必修	CST2281	数据库系统原理	48	3			4
	必修	CST2291	数据库系统原理实践	32	1		32	4
	必修	CST2032	操作系统原理	48	3			5
	必修	CST2041	操作系统原理实验	16	0.5		16	5
	必修	CST2231	软件工程	32	2			5
	必修	CST2012	编译原理	48	3			6
	必修	CST2021	编译原理实验	32	1			6
	必修	CST2131	计算机系统结构	32	2			6
			A 组选修课					
专业选修课程	选修	CST5181	计算思维	32	2			1
	选修	CST5581	新生实践课	32	1		32	1
	选修	CST5211	命令式计算原理	32	2			2
	选修	CST5012	C++ 程序设计	40	2.5			3
	选修	CST5601	C++ 程序设计实验	24	0.75			3
	选修	CST5021	Java 语言程序设计	40	2.5			4
	选修	CST5631	Java 语言程序设计实验	24	0.75			4
	选修	CST5041	Verilog 语言	32	1	32		4
	选修	CST5161	计算机系统基础	40	2.5			4
	选修	CST5461	游戏设计与开发概论	32	2			4
	选修	CST5281	数值分析	32	2			5
	选修	CST5191	接口技术	48	3			5
	选修	CST0021	网络空间安全概论	32	2			5
	选修	CST5151	计算机图形学	32	2			5
	选修	CST5121	函数式编程原理	32	2			5
	选修	CST5231	嵌入式系统	32	2	24		6
	选修	CST5461	云计算与虚拟化	24	1.5			6
	选修	CST0031	大数据存储与管理	32	2			6
	选修	CST5291	数字图像处理	24	1.5			6
	选修	CST5051	并行编程原理与实践	32	2			6

续表

课程 类别	课程 性质	课程代码	课程名称	学时	学分	其中		设置 学期
						实验	上机	
专业 选修 课程	选修	CST5381	信息存储技术	24	1.5			7
	选修	CST5301	搜索引擎技术基础	24	1.5			7
	选修	CST5431	移动终端软件开发	24	1.5			7
	B 组选修课(B 组、C 组任选一组至少 2 门)							
	选修	CST5481	人工智能导论	24	1.5			3
	选修	CST5144	机器学习	40	2.5			4
	选修	CST5521	计算机视觉	40	2.5			5
	选修	CST5551	自然语言处理	40	2.5			6
	选修	CST5621	图神经网络导论	32	2			7
	C 组选修课(B 组、C 组任选一组至少 2 门)							
	选修	CST5491	大数据导论	24	1.5			3
	选修	CST5611	大数据分析	40	2.5			4
	选修	CST5511	大数据管理	40	2.5			5
	选修	CST5241	大数据处理	40	2.5			6
	选修	CST5261	社会网络与计算	32	2			7
实践 环节	必修	RMWZ3511	军事训练	2w	1			1
	必修	ENG3551	工程训练(7)	2w	1			2
	必修	CST3531	程序设计综合课程设计	2w	1			3
	必修	CST3661	硬件综合训练	2w	1			5
	必修	CST3521	操作系统课程设计	2w	1			6
	必修	CST3601	生产实习	3w	1.5			7
	必修	CST3541	系统能力培养综合实践	4w	2			7
	选修	CST3681	科技创新活动(1)	4w	2			2
	选修	CST3691	科技创新活动(2)	4w	2			3
	选修	CST3701	科技创新活动(3)	4w	2			4
	选修	CST3711	科技创新活动(4)	4w	2			5
	选修	CST3721	科技创新活动(5)	4w	2			6
	必修	CST3511	毕业设计(论文)	14w	7			8

注:科技创新活动学分可以作为专业选修学分计算。

计算机科学与技术("珠峰计划"计算机拔尖人才实验班)本科人才培养方案

一、培养目标

计算机科学与技术专业贯彻落实党和国家的教育方针,为党育人,培养爱党爱国,具有家国情怀、世界胸怀、人文素养、科学精神的接班人;通过扎实的数理基础、计算机科学理论学习,以及系统的工程实践和科研训练,使学生具有自主学习能力、科研创新能力,为在计算机科学领域做出突破性贡献打下坚实基础。为国育才,培养服务国家重大需求、勇攀科学高峰、改变世界、造福人类的未来一流计算机科学家。

二、学制与学位授予

学制为4年。授予工学学士学位。

三、毕业要求

具有扎实的数理、计算机科学和人文基础,掌握工程基础和专业知识,应用于专业领域的复杂工程问题,进行分析、设计/开发解决方案,通过研究得到合理有效的结论;接受新生研讨课、攀登项目课程实践训练,具备独立从事科学技术研究的基础;能够使用现代工具,在所学领域考虑工程实践对社会、环境和可持续发展的影响;具有一定的组织协调、人际交往表达能力,以及良好的职业道德规范和社会责任感;具备终身学习能力,且具备成为计算机科学相关领域工程创新和科学技术研究领军人才的潜质。

四、学分修读要求

培养总学分不低于160学分(必修115分、选修45分)。其中:公共必修课程31学分,通识教育课程13学分,学科基础课程53.5学分、专业教育课程25学分、集中实践教学30学分(包含毕业设计6学分)、多元化教育课程7.5学分。

除上述要求外,每位学生在校期间必须参加劳动教育。

五、课程设置与要求

1. 指导性课程结构表

课程大类	大类学分	课程类别	学分
公共必修课	31	思想政治理论课	16
		军事理论、体育	7
		外语课	8
通识教育课	13	"四史"教育与理论创新课	1
		核心通识课	6
		新生研讨课	1
		其他	5
学科基础课	53.5	数学与自然科学基础课	28.5
		学院要求课	25
专业教育课	25.5	专业核心课(组)	11.5
		专业限选课(组)	14
集中实践教学	30	毕业设计(论文)	6
		实践实习实训等	24
多元化教育课	7	全校任意课程	7
合计		160	

2. 具体设置与要求

（1）公共必修课程（31 学分）

① 思想政治理论课程（必修,16 学分）

课程代码	课程名称	学分	总学时	理论	实践	开课学期
M1800330	思想道德与法治	3	48	42	6	1
M1800220	形势与政策	2	32	32	–	–
B1801030	中国近现代史纲要	3	48	32	16	2
B1800650	毛泽东思想和中国特色社会主义理论体系概论	5	80	48	32	5
M1800430	马克思主义基本原理	3	54	48	6	6

注：形势与政策为 1—8 学期每学期一次专题讲座。

② 军事理论、体育课程（必修，7学分）

课程代码	课程名称	学分	总学时	理论	实践	开课学期
M9800120	军事理论	2	36	16	20	1
B2000110	大学体育Ⅰ	1	32	32	–	1
B2000210	大学体育Ⅱ	1	32	32	–	2
B2000310	大学体育Ⅲ	1	32	32	–	3
B2000410	大学体育Ⅳ	1	32	32	–	4
B2000510	大学生体质测试	1	–	–	–	–

注：大学生体质测试每学年测试一次，4次测试合格后获取学分。

③ 外语课程（8学分）

A 必修课程（4学分）

课程代码	课程名称	学分	总学时	理论	实验	开课学期
–	通用英语	4	64	56	8	1

"通用英语"采用分类教学，分为通用英语（拓展）、通用英语（提高）、通用英语（基础）三门课程。

B 限选课程（4学分）

第二学期从通识英语课程选一门（2学分），第四学期从专用外语课程中选一门（2学分），共计4学分。

在本科期间学生"托福"考试成绩95分以上（含95分）、"雅思"成绩6.5分以上（含6.5分，单科不低于6分）或全国大学英语六级考试笔试550分（各分项均及格）且口试分数为B级以上（含B级），可申请免修该限选模块，共计4学分。

（2）通识教育课程（13学分）

通识教育课程要求为13学分，包括："四史"教育与理论创新课、核心通识课程、新生研讨课程、成电讲坛、成电舞台、优质通识类MOOC、"经典60"阅读及素质教育选修课程。其中，学生必须修读"四史"教育与理论创新课程1学分、核心通识课程6学分（含"人类文明经典赏析"1学分、"成电讲坛"1–2学分、"心理健康与创新能力"2学分），新生研讨课程1学分。

① "四史"教育与理论创新课程（限选，1学分）

学生至少选修1门课程。

② 核心通识课程（限选，6学分）

核心通识课包括6个模块：A. 文史哲学与文化传承、B. 社会科学与行为科学、C. 自然科学与数学、D. 工程教育与实践创新、E. 艺术鉴赏与审美体验、F. 创新创业教育。

学生在A、B、E、F4个模块中至少修读4学分，在C、D两个模块至少修读2学分。

"人类文明经典赏析"认定A模块，"心理健康与创新能力"认定B模块，所有学生须修读。"成电讲坛"认定A、B、E模块，至少认定1学分，总共不超过2学分。"成电舞台"认定E模块不超过1学分。"优质通识类MOOC""经典60"各认定相应模块不超过

2 学分。

课程代码	课程名称	学分	总学时	理论	实验／实践	开课学期
A7302210	人类文明经典赏析＊	1	16	16	－	1
－	成电讲坛	1–2	－	－	－	－
A9700220	心理健康与创新能力	2	32	8	24	1

注：学分认定均以学校最新发布的认定办法为准。

③　新生研讨课程（限选，1 学分）

新生研讨课程定向为计算机学科拔尖 2.0 学生专属课程，1 学分。

课程代码	课程名称	学分	总学时	理论	实验	开课学期
U0800310	创新思维（新生研讨课）	1	16	16	－	2

④　其他课程（限选，5 学分）

学生从通识教育课程（包括：核心通识课程、新生研讨课程、成电讲坛、成电舞台、优质通识类 MOOC、"经典 60" 阅读及素质教育选修课）中选择修读 5 学分。

说明：素质教育选修课程认定通识教育模块不超过 2 学分。

（3）学科基础课程（53.5 学分）

①　数学与自然科学基础课程（必修，28.5 学分）

课程代码	课程名称	学分	总学时	理论	实验	开课学期
D2700350	线性代数与空间解析几何	5	80	80	－	1
D2700160	数学分析Ⅰ（含常微分方程）	6	96	96	－	1
D2704960	数学分析Ⅱ（含常微分方程）	6	96	96	－	2
P2700340	大学物理Ⅰ	4	64	64	－	2
P2700140	大学物理Ⅱ	4	64	64	－	3
D1100735	概率论与数理统计	3.5	56	56	－	3

②　学院要求课程（必修，25 学分）

课程代码	课程名称	学分	总学时	理论	实验	开课学期
R0803510	专业引领课	1	16	16		1
P0801240	电路与系统	4	64	32	32	2
P0824135	离散数学	3.5	56	56	0	2
R0823820	程序设计基础	2	32	16	16	2
P2701330	数据结构与算法（挑战性课程）	3	48	48	0	3
E0800835	计算机组成原理	3.5	56	56	0	4
E080530	计算机网络	3	48	40	8	4
E0800940	计算机操作系统	4	64	56	8	5
P0823710	学术论文写作	1	16	16	0	7

（4）专业教育课程（必修，25.5学分）

① 专业核心课程（组）（必修，11.5学分）

课程代码	课程名称	学分	总学时	理论	实验	开课学期
W0823130	数据库系统原理与实现（挑战性课程）	3	48	32	16	4
W0800630	人工智能应用与挑战（挑战性课程）	3	48	32	16	5
W0823020	计算机系统设计与实现（挑战性课程）	2	32	16	16	6
W0800235	程序设计语言与编译（挑战性课程）	3.5	56	48	8	6

② 专业限选课程（14学分）

课程代码	课程名称	学分	总学时	理论	实验	开课学期
P0822330	最优化算法	3	48	48	–	3
G0802030	密码学	3	48	48	–	4
W0800520	区块链系统编程（挑战性课程）	2	32	32	–	4
G0800230	机器学习	3	48	48	–	4
R0821730	数据挖掘与大数据分析	3	48	32	16	5

注：在境外参加实习实践、毕业设计（论文）、科学研究、课程学习等交流项目可抵扣专业限选部分学分。规则如下：

（1）交流高校近三年在权威排名中综合排名或专业排名为全球前50。

（2）交流时间为3个月以上。其中：

① 同时符合以上（1）和（2）的交流项目，可计3学分。

② 符合（1）或（2）的交流项目，可计2学分。

（5）集中实践教学（必修，30学分）

课程代码	课程名称	学分	总学时	开课学期
S9800120	军事训练	2	–	1
S2700220	基础科研训练 Ⅰ	2	32 周	3–4
S2700320	基础科研训练 Ⅱ	2	32 周	5–6
L2705520	综合科研训练	2	32 周	7–8
S0802140	攀登项目课程实践 Ⅰ	4	64	3
S0802240	攀登项目课程实践 Ⅱ	4	64	4
S0802340	攀登项目课程实践 Ⅲ	4	64	5
S0802440	攀登项目课程实践 Ⅳ	4	64	6
S0824660	毕业设计（论文）	6	16 周	8

注：为鼓励发表高水平科研成果，特设置专项科研训练模块。科研成果（论文、专利及竞赛等）水平由导师团队决定，最多可抵扣集中实践教学部分4学分课程。

(6) 多元化教育课程(任选,7 学分)

学生根据自己的兴趣爱好、未来发展规划和学院对学术精英、行业精英和创业精英人才培养的修读建议,自主选择的课程或活动。其中,跨专业选修课程、跨学院选修课程见其他专业或其他学院培养方案;素质教育选修课程见《电子科技大学素质教育选修课一览表》;创新实践与拓展项目以学校发布的认定办法为准。

课程代码	课程名称	学分	总学时	开课学期
—	学生可根据个人兴趣跨学科任意选修课程 (可选修部分研究生课程)	7	112	5~8

注:参加经学校及导师团队认定的高水平国际化课程,可抵扣多元化教育课部分学分。每门课程可计 1 学分,最多不超过 5 门。

计算机科学与技术专业主修培养方案(2020 级)

一、培养目标

计算机科学与技术专业旨在培养掌握扎实的基础理论和计算机科学与技术专业知识,具有健全人格、人文情怀、社会责任感、国际视野以及领军素养的优秀人才。毕业生具备在计算机相关领域的系统思维与研发能力,可从事计算机科学与技术专业相关的科学研究、技术创新、工程应用以及组织管理等工作,在行业中起到骨干和引领作用。

二、主干学科与相关学科

主干学科:计算机科学与技术。
相关学科:控制科学与工程、信息与通信工程、微电子科学与技术。

三、学制、学位授予与毕业条件

学制为 4 年。授予工学学士学位。
毕业条件:完成专业培养方案规定的 158 学分及课外实践 8 学分,军事训练考核合格,满足西安交通大学外语水平及体育达标要求,通过《国家学生体质健康标准》测试,准予毕业,可获得毕业证书;符合《西安交通大学本科生学籍管理与学位授予规定》的,可授予学位并颁发学位证书。

四、专业分流方案

分流时间:大一小学期第二周前完成大电类分流。分流方案:① 由学校教务处确定分流规则和具体分流人数;② 实行志愿优先原则确定学生专业;③ 根据学生量化综合考评成绩高低排序,参照学生志愿和专业计划依次确定专业,直至确定完专业名额;④ 分流结果一经公布,学生应当按核定分流后的专业修读。

五、专业大类基础课程

电路、数据结构与算法 I、数字电子技术、电子技术实验 1,2、模拟电子技术。

六、主要实践环节

实践环节包括基本技能训练和专业实习、军事训练、毕业设计(论文)、项目设计、综合性实践训练(研究训练、创新创业训练项目、学科竞赛等,具体参见选课说明与要求中的集中实践部分)。

七、选课说明与要求

1. 课程设置表中各模块选修课程要求

入学英语分级为第一层次及第二层次的学生,需在综合英语、拓展英语及专项英语课程中修满 8 学分;英语分级为第三层次的学生需在拓展英语及专项英语课程中修满 8 学分,英语强化实践为必修环节,不设学分,大一夏季小学期开设。

设西安交通大学英语水平考试,必修,不设学分。英语水平考试免考等详细规定详见《西安交通大学外语课程管理办法》。

基础通识类选修课程任选 6 学分;基础通识类核心课程限选 6 学分,其中必选"表达与交流",共计 12 学分。

专业选修课程包括理论课程,分为计算机软件与理论、计算机系统结构、计算机应用、计算机网络,跨方向选修 5 个模块,共需要至少选修 10.5 学分。建议学生根据兴趣选择某一个模块的课程修读。

2. 集中实践的说明与要求

必修 21 学分。包括军事训练 1 学分,金工、电工实习 3 学分,测控实习 1 学分,专业实习 I、II 分别为 1 学分和 3 学分,项目设计 1 学分,毕业设计 10 学分,综合性实践训练 1 学分(学生可以通过参加学校内科研团队的研究工作,如 ITP 信息新蕾计划,参加创新创业训练项目、综合性竞赛、学科竞赛获得该学分)。其中,项目设计课程由专业学科方向的学术团队进行组织。

实践环节包括:

(1) 基本技能训练:本专业基本技能训练包括金工实习、测控实习和电工实习。其中,金工实习安排在 2-2 学期,电工实习安排在 2-2 学期,测控实习安排在 2-3 学期,均由工程坊负责考核。

(2) 专业实习:专业实习主要包括专业实习 I 和专业实习 II。其中,专业实习 I 指认知实习,安排在 2-3 学期,主要内容是到企业听企业技术人员做讲座,同时参观了解行业内的企业;专业实习 II 指生产实习,安排在 3-3 学期,要求学生根据实习大纲,到企业进行专业实习,了解与本专业有关企业的生产实际情况,从事与企业生产内容相关的实习工作。结束后提交实习日记、企业的实习鉴定报告及实习总结报告,由指导教师进行统一组织考核。为鼓励学生赴国外进行进修交流和去知名信息技术企业实习,本专业学生在小学期赴国外进行学术交流的或者去知名信息技术企业实习的,经学院审批同意后,可抵认知实习或生产实习。

(3) 毕业设计:毕业设计安排在4-2学期,包括选定毕业设计题目、确定任务书,与指导教师共同协商确定论文写作大纲。论文工作一般在6月上旬完成,6月中旬前参加由学部、学院组织的论文答辩。

(4) 其他实践环节:项目设计实践课程安排在4-1学期进行,包括选定项目设计题目,与指导教师共同协商确定项目设计内容。鼓励项目设计与毕业设计打通进行,鼓励学生通过参加"大学生创新训练项目"完成项目设计。项目设计成绩需要提交项目设计报告,参加学院组织的答辩。

3. 必要的先修课条件

请参看课程先修关系图(本书未收录)。

4. 学校统一提出课外8学分要求以及实施办法

八、课程设置与学分分布

课程类型	课程编码	课程名称	学分	总学时	课内授课	课内实验	课内机时	课外实验	课外机时	选修/必修	开课学期	开课单位
集中实践	GRDE900100	毕业设计(论文)	10	640	0	640	0			必修	11	教务处
	ITDE900127	项目设计	1	32	8	8	12			必修	10	电子与信息学部
	PRAC400105	专业实习Ⅰ	1	0	0	0	0	0	0	必修	6	电子与信息学部
	PRAC400205	专业实习Ⅱ	3	0	0	0	0	0	0	必修	9	电子与信息学部
	MPRA200452	金工实习Ⅰ	2	64	0	64	0			必修	4	实践教学中心/工程坊
	EPRA300252	电工实习Ⅰ	1	32	0	32	0	4		必修	5	实践教学中心/工程坊
	MCRA200152	测控实习	1	32		32	0	8	0	必修	6	实践教学中心/工程坊
课外实践	SOCP100190	课外实践	8	0	0	0	0			必修		学工部/学生处/武装部
	MILI100654	军训	2	32	32	0	0			必修		军事教研室

续表

课程类型	课程编码	课程名称	学分	总学时	课内授课	课内实验	课内机时	课外实验	课外机时	选修/必修	开课学期	开课单位
	PHED109050	体育 −1	0.5	32	32	0	0			必修	4	体育中心
	PHED109250	体育 −3	0.5	32	32	0	0			必修	4	体育中心
	PHED109150	体育 −2	0.5	32	32	0	0			必修	5	体育中心
	PHED109350	体育 −4	0.5	32	32	0	0			必修	5	体育中心
	ENGL204512	医学英语阅读	2	32	32	0	0			必修	4	外国语学院
	ENGL205012	国际学术交流英语	2	32	32	0	0			必修	4,5,7,8	外国语学院
	ENGL205112	国际组织职业规划	2	32	32	0	0			必修	4,5,7,8	外国语学院
公共课程	ENGL205212	国际人才英语	2	32	32	0	0			必修	4,5,7,8	外国语学院
	ENGL203112	英语学术论文写作	2	32	32	0	0			必修	4,5,8	外国语学院
	ENGL201312	西方礼仪文化	2	32	32	0	0			必修	4,7	外国语学院
	ENGL201412	学术英语视听说	2	32	32	0	0			必修	4,7	外国语学院
	ENGL201512	欧洲文化渊源	2	32	32	0	0			必修	4,7	外国语学院
	ENGL201712	学术英语读写	2	32	32	0	0			必修	4,7	外国语学院
	ENGL201912	美国文化	2	32	32	0	0			必修	4,7	外国语学院
	ENGL202112	商务英语	2	32	32	0	0			必修	4,7	外国语学院

续表

课程类型	课程编码	课程名称	学分	总学时	课内授课	课内实验	课内机时	课外实验	课外机时	选修/必修	开课学期	开课单位
公共课程	ENGL202312	英语辩论	2	32	32	0	0			必修	4,7	外国语学院
	ENGL202412	英语电影视听说	2	32	32	0	0			必修	4,7	外国语学院
	ENGL202512	英汉互译	2	32	32	0	0			必修	4,7	外国语学院
	ENGL202712	英语公共演讲	2	32	32	0	0			必修	4,7	外国语学院
	ENGL204612	医学英语术语	2	32	32	0	0			必修	4,7	外国语学院
	ENGL205312	医学英语写作	2	32	32	0	0			必修	5	外国语学院
	ENGL201612	人文英语阅读	2	32	32	0	0			必修	5,8	外国语学院
	ENGL202212	新闻英语阅读	2	32	32	0	0			必修	5,8	外国语学院
	ENGL203212	中级英语写作	2	32	32	0	0			必修	5,8	外国语学院
	ENGL203312	中国文化翻译	2	32	32	0	0			必修	5,8	外国语学院
	ENGL203412	阅读与思辨	2	32	32	0	0			必修	5,8	外国语学院
	ENGL203512	英语写作基础	2	32	32	0	0			必修	5,8	外国语学院
	ENGL203612	雅思写作	2	32	32	0	0			必修	5,8	外国语学院
	ENGL203712	沟通与文化交流	2	32	32	0	0			必修	5,8	外国语学院
	ENGL203812	雅思口语	2	32	32	0	0			必修	5,8	外国语学院
	ENGL203912	TED英语视听说I	2	32	32	0	0			必修	5,8	外国语学院
	ENGL204012	TED英语视听说II	2	32	32	0	0			必修	5,8	外国语学院

续表

课程类型	课程编码	课程名称	学分	总学时	课内授课	课内实验	课内机时	课外实验	课外机时	选修/必修	开课学期	开课单位
公共课程	ENGL204112	医学英语视听说	2	32	32	0	0			必修	5,8	外国语学院
	ENGL204412	新一代大学英语	2	32	32	0	0			必修	5,8	外国语学院
	ENGL202812	大学英语 I	2	32	32	0	0			必修		外国语学院
	ENGL202912	大学英语 II	2	32	32	0	0			必修		外国语学院
	ENGL203012	通用学术英语	2	32	32	0	0			必修		外国语学院
	MLMD191014	形势与政策	2	32	32	0	0			必修	11	马克思主义学院
	MLMD103014	毛泽东思想和中国特色社会主义理论体系概论	4	64	64	0	0	0	0	必修	4	马克思主义学院
	MLMD193414	习近平新时代中国特色社会主义思想概论	2	32	32	0	0			必修	5	马克思主义学院
	MLMD196614	马克思主义基本原理	3	48	48	0	0			必修	5	马克思主义学院
	MLMD100114	思想道德修养与法律基础	3	48	48	0	0	0	0	必修		马克思主义学院
	MLMD100214	中国近现代史纲要	2	32	32	0	0	0	0	必修		马克思主义学院
	MATH201407	数学建模 II	2	40	24	0	16	0	0	必修	5	数学与统计学院
	COMP550105	优化方法基础	2	32	32	0	0	0	0	必修	7	电子与信息学部
	MILI100554	国防教育	2	32	32	0	0			必修		军事教研室

续表

课程类型	课程编码	课程名称	学分	总学时	课内授课	课内实验	课内机时	课外实验	课外机时	选修/必修	开课学期	开课单位
数学和基础科学类课程	BIOL200913	生命科学基础 I	3	56	48	8	0			必修		生命科学与技术学院
	MATH294107	高等数学 I-1	6.5	110	98	0	12	0	0	必修		数学与统计学院
	MATH294207	线性代数与解析几何	4	64	64	0	0	0	0	必修		数学与统计学院
	MATH294307	高等数学 I-2	6.5	110	98	0	12	0	0	必修		数学与统计学院
	MATH295607	概率统计与随机过程	4	64	64	0	0			必修		数学与统计学院
	PHYS281409	大学物理 I-2	5	80	80	0	0			必修	4	物理学院
	PHYS281609	大学物理 II-2	4	64	64	0	0			必修	4	物理学院
	PHYS281909	大学物理实验 I-2	1	32	0	32	0			必修	4	物理学院
	PHYS281509	大学物理 II-1	4	64	64	0	0			必修		物理学院
	PHYS281709	大学物理 I-1	5	80	80	0	0			必修		物理学院
	PHYS281809	大学物理实验 I-1	1	32	0	32	0			必修		物理学院
	CHEM249809	大学化学	3	48	48	0	0			必修		化学学院
	CHEM249909	大学化学实验	1	32	0	32	0			必修		化学学院
	COMP250105	离散数学 A	4	64	64	0	0	0	0	必修	4	电子与信息学部
	MATH200327	概率统计与随机过程	4	64	64	0	0				5	电子与信息学部
	COMP250805	大学计算机 III	2	40	24	16	0			必修		电子与信息学部
	COMP300205	程序设计基础	3	56	40	0	16	0	0	必修		电子与信息学部

续表

课程类型	课程编码	课程名称	学分	总学时	课内授课	课内实验	课内机时	课外实验	课外机时	选修/必修	开课学期	开课单位
专业大类基础课程	MACH390901	工程制图	2	32	32	0	0	0	8	必修		机械工程学院
	ELEC321104	电路	4.5	80	64	12	4	0	0	必修	4	电气工程学院
	EELC321804	模拟电子技术	4	64	64	0	0	0	0	必修	5	电气工程学院
	EELC323004	电子技术实验-1	0.5	16	0	16	0			必修	5	电气工程学院
	INFT533005	工程与社会	0.5	8	8	0	0			必修	10	电子与信息学部
	COMP400505	数据结构与算法 I	3.5	56	56	0	0	0	0	必修	4	电子与信息学部
	EELC300505	电子技术实验-2	0.5	16	0	16	0			必修	5	电子与信息学部
	EELC400105	数字逻辑电路	3.5	56	56	0	0	0	0	必修	5	电子与信息学部
专业核心课程	COMP460705	计算机系统综合设计实验	1	32		32				必修	10	电子与信息学部
	COMP000105	计算机科学技术导论	1	16	16	0	0	0	0	必修	4	电子与信息学部
	COMP460405	数据结构与程序设计专题实验	1	32		32				必修	4	电子与信息学部
	COMP462205	算法分析与设计	2.5	48	32	0	16			必修	5	电子与信息学部
	COMP450105	计算机组成	4	64	64	0	0	0	0	必修	7	电子与信息学部
	COMP450205	操作系统原理 I	3	48	48	0	0	0	0	必修	7	电子与信息学部
	COMP450505	计算机网络原理	3	48	48	0	0	0	0	必修	7	电子与信息学部
	COMP450905	计算机组成与结构专题实验	1	32	0	32	0	0	0	必修	7	电子与信息学部
	COMP451005	操作系统设计专题实验	1	32	0	0	32	0	0	必修	7	电子与信息学部
	COMP450305	形式语言与编译	3.5	56	56	0	0	0	0	必修	8	电子与信息学部

续表

课程类型	课程编码	课程名称	学分	总学时	课内授课	课内实验	课内机时	课外实验	课外机时	选修/必修	开课学期	开课单位
专业核心课程	COMP451105	编译器设计专题实验	1	32	0	32	0	0	0	必修	8	电子与信息学部
	COMP460605	计算机网络专题实验	1	32	0	32	0			必修	8	电子与信息学部
	COMP462105	数据库系统	2.5	48	40	0	8			必修	8	电子与信息学部
专业选修课程	COMP460905	认知计算与机器学习	2	40	32	8	0			选修	10	电子与信息学部
	COMP462405	网络与信息安全	2	40	32	8	0			选修	10	电子与信息学部
	COMP551705	数据仓库与数据挖掘	2	32	32	0	0	0	0	选修	10	电子与信息学部
	COMP552405	网络与信息安全	2.5	44	36	0	8	0	0	选修	10	电子与信息学部
	COMP552805	移动计算与服务	2	32	32	0	0	0	0	选修	10	电子与信息学部
	COMP560405	物联网应用概论	2	32	32	0	0	0	0	选修	10	电子与信息学部
	COMP561105	大数据分析系统	2	40	24	16		8		选修	10	电子与信息学部
	COMP562105	计算机接口技术	2.5	48	40	8	0			选修	10	电子与信息学部
	COMP562305	数字图像处理与压缩编码技术	2	40	32	8	0			选修	10	电子与信息学部
	COMP550305	面向对象程序设计	2.5	48	32	0	16	0	0	选修	5	电子与信息学部
	COMP550605	组合数学	2	32	32	0	0	0	0	选修	5	电子与信息学部
	COMP551005	汇编语言	2.5	48	32	0	16	0	0	选修	5	电子与信息学部

续表

课程 类型	课程编码	课程名称	学分	总学时	课内授课	课内实验	课内机时	课外实验	课外机时	选修/必修	开课学期	开课单位
专业 选修 课程	COMP561805	Java 语言程序设计	2	40	24	0	16			选修	5	电子与信息学部
	COMP551605	人工智能	2.5	44	40	0	4	0	0	选修	7	电子与信息学部
	COMP551805	计算机图形学	2.5	44	40	0	4	0	0	选修	7	电子与信息学部
	COMP552905	电子系统设计专题实验1	0.5	16	0	16	0	0	0	选修	7	电子与信息学部
	INFT300305	信号与系统Ⅲ	2.5	40	40	0	0			选修	7	电子与信息学部
	AUTO546705	自动控制原理Ⅱ	3	48	48	0	0			选修	8	电子与信息学部
	COMP300727	嵌入式智能系统	2	40	32	8	0				8	电子与信息学部
	COMP541805	操作系统原理	3	52	44	8	0	0	0	选修	8	电子与信息学部
	COMP550705	软件定义网络	2	40	24	0	16	0	0	选修	8	电子与信息学部
	COMP551105	计算机体系结构	2	32	32	0	0	0	0	选修	8	电子与信息学部
	COMP553005	电子系统设计专题实验2	0.5	16	0	16	0	0	0	选修	8	电子与信息学部
	COMP553405	软件形式化方法	2	40	32	0	8	0	0	选修	8	电子与信息学部
	COMP561705	软件工程	2	32	32	0	0			选修	8	电子与信息学部
	COMP562205	计算机视觉与模式识别	2.5	48	40	8	0			选修	8	电子与信息学部
	INFT400605	通信原理Ⅱ	3	48	48	0	0	0	0	选修	8	电子与信息学部
	INFT534505	数字信号处理	2.5	40	40	0	0			选修	8	电子与信息学部

续表

课程类型	课程编码	课程名称	学分	总学时	课内授课	课内实验	课内机时	课外实验	课外机时	选修/必修	开课学期	开课单位
专业选修课程	COMP561005	信息系统设计专题实验	1	32		32				选修	8,10	电子与信息学部
	EELC521305	大规模集成电路设计基础	3	48	48	0	0	0	0	选修	8,10	电子与信息学部
	COMP550405	数理逻辑	2	32	32	0	0	0	0	选修		电子与信息学部
	COMP561905	计算机动画和科学可视化	2	40	32	0	8			选修		电子与信息学部
	COMP562005	并行优化及程序设计	2	40	32	8	0			选修		电子与信息学部
	COMP562505	自然语言处理	2	32	32	0	0			选修		电子与信息学部
跨选课	0H00200100	二十四式太极拳	0	16	16	0	0	0	0	必修		
	PHED900150	长跑	0	16	16	0	0			必修	4,5,7,8,10,11	体育中心
	PHED900250	200米游泳	0	16	16	0	0			必修		

计算机类本科专业人才培养方案（无军籍学员）

一、培养目标

计算机类专业培养方案面向计算机科学与技术、软件工程、网络空间安全等一级学科，实行多学科交叉背景下通识教育基础上的宽口径专业教育，构建具有各学科专业共性基础的学科基础课程体系以及具有一定特长的专业方向课程体系，强调对学员进行基本理论、基础知识、基本能力（技能）、创新精神、团队协作、复杂系统工程等能力的培养，为学员提供增强基础、选择专业的机制，培养基础厚实、专业面宽广、具有自主学习能力的复合型人才。

思想政治：掌握马列主义、毛泽东思想、邓小平理论、"三个代表"重要思想、科学发展观、习近平新时代中国特色社会主义思想的基本内容；具有初步的政治观察分析能力和政策理解执行能力；政治立场坚定，思想品德端正，法纪意识牢固，忠实履行职责。

科学文化：掌握自然科学的基本理论、人文社会科学基本知识和公共工具基本应用方法；具有较强的思维能力、实践能力、创新能力、表达能力、交往合作能力和获取知识能力；具备良好的科学素养和文化修养。

身体心理：掌握体育运动的一般知识和体能技能训练的基本方法，掌握心理学基本知识和心理调控基本方法；形成良好的健康意识和体育训练习惯，具有强健的体魄、良好的心理承受和自我调控能力。

专业业务：系统掌握计算机类专业相关领域的基础理论和基本知识，掌握计算系统的基本方法和专业技能，具有从事计算机类专业相关方面的实际工作能力和科学研究初步能力，具备较好的专业素养和较强的创新精神。善于应用数学、计算机知识技能解决本专业领域的实际问题。掌握一门外语，能够顺利地阅读本专业外文书刊和进行学术交流。

(1) 计算机科学与技术（计算机系统（CS）、人工智能与大数据（AIBD）、并行计算（PC））专业：培养具备过硬的思想政治素质、深厚的科学文化基础、良好的身体心理素质，熟练掌握计算机学科专业领域的基础理论、基本知识、基本方法和基本技能，具有较强的创新实践能力、语言文字表达能力、沟通协作能力，在计算机系统分析与设计、大规模并行计算系统、人工智能理论与应用等方面具有专长，能够胜任计算机类工程相关学科领域技术研发、应用和管理的高素质专业技术人才。

(2) 软件工程（SE）专业：培养具备过硬的思想政治素质、深厚的科学文化基础、良好的身体心理素质，系统掌握软件工程专业领域的基础理论、基本知识、基本方法和基本技能，具有较强的创新实践能力、语言文字表达能力、沟通协作能力，在软件理论、软件设计与开发、软件质量保障等方面具有专长，能够胜任软件工程学科领域技术研发、应用和管理的高素质专业技术人才。

(3) 网络工程(NE)专业：培养国家和社会发展需要的，德智体全面发展的，具有扎实计算机科学与技术学科理论基础，具备网络技术领域专业知识和熟练技能，在计算机和网络领域的工程实践和应用方面受到良好训练，具有创新精神和能力，可持续发展能力强的高水平工程技术人才。毕业学员能够运用所学知识与技能分析和解决复杂工程问题，能够从事与计算机、互联网及其他相关的技术研究、应用开发和管理等工作，并具有继续深造学习的能力。

(4) 信息安全(IS)专业：培养具备过硬的思想政治素质、深厚的科学文化基础、良好的身体心理素质，系统掌握信息安全相关专业领域的基础理论、基本知识、方法和技能，具有较强的创新实践能力、语言文字表达能力、沟通协作能力，具有坚实的信息安全系统开发能力和安全分析能力，在网络信息系统安全分析、设计与开发等方面具有专长，能够胜任信息安全专业领域技术研发、应用和管理的世界一流高素质专业技术人才。

(5) 集成电路设计与集成系统(IC)专业：培养具有系统的集成电路设计知识、熟练的集成电路设计技能、科学和工程素养良好的专业人才。毕业学员需掌握超大规模集成电路设计理论及设计方法、超大规模集成系统设计理论及设计方法，具备独立开展集成电路与集成系统设计的能力；掌握集成电路及集成系统的封装测试技术，能够在本领域从事研发、设计、测试、应用及管理等工作。

二、学制学位

1. 学制

4年，学年学分制。

2. 毕业与学位

具有学籍的本科学员，在修业年限内完成培养方案规定的各项内容，并通过各项考核者，根据《国防科技大学无军籍本科学员学籍管理规定》准予毕业，颁发毕业证书。

依据《国防科技大学无军籍本科学员学位工作细则》，对符合学位授予条件的毕业学员授予工学学士学位。

三、毕业要求

(1) 工程知识

① 掌握政治理论相关知识。

② 掌握自然科学基本原理知识(包括数学、物理等)、人文社科基本素养知识和公共工具(包括英语、计算机等)。

③ 掌握计算机类本科专业基础理论与专业知识。

④ 了解计算机专业领域的发展动态。

(2) 问题分析：能够应用数学、自然科学和工程基础的基本原理，识别、表达并结合文献研究分析复杂系统工程问题，以获得有效结论。

(3) 设计 / 开发解决方案：能够设计针对复杂系统工程问题的解决方案，设计满足特定需求的系统、模块或算法,并在设计过程中考虑社会、健康、安全、法律、文化以及环境等因素。

(4) 研究:能够基于专业领域的科学原理并采用科学方法对复杂系统工程问题进行研究,包括设计实验、分析与解释数据,并通过信息综合得到合理有效的结论。

(5) 使用现代工具:能够针对复杂系统工程问题,开发、选择与使用恰当的技术、资源、现代工程工具和信息技术工具,包括对复杂系统工程问题的预测与模拟,并能够理解其局限性。

(6) 工程与社会:能够基于计算机类本科专业相关背景知识进行合理分析,评价专业工程实践和复杂系统工程问题解决方案对社会、健康、安全、法律及文化的影响,并理解应承担的责任。

(7) 环境与可持续发展:能够理解和评价针对复杂系统工程问题的工程实践对环境、社会可持续发展的影响。

(8) 职业规范:具有良好作风,具有人文社会科学素养、社会责任感,能够在实践中理解并遵守计算机职业道德和规范,履行责任。

(9) 个人与团队:能够在多学科背景下的团队中承担个体、团队成员以及负责人的角色。

(10) 沟通:能够就复杂系统工程问题与同行及用户进行有效沟通和交流,包括撰写报告和设计文稿、陈述发言、清晰表达或回应。

(11) 项目管理:理解并掌握工程管理原理与经济决策方法,熟悉计算机类本科专业项目的基本管理方法与技术,并能在多学科环境中应用。

(12) 终身学习:具有自主学习、终身学习的意识,能不断学习和适应发展。

(13) 专业补充标准

① 能够使用专业术语与本专业领域同行进行交流。

② 能够使用计算机相关软硬件系统、算法、语言等,对问题进行建模、分析、描述、求解。

③ 能够针对特定计算机软硬件系统进行性能分析、安全评价等,并提出有效改进建议。

(14) 身心素质:掌握体育运动的一般知识和体能技能训练的基本方法,掌握心理学基本知识和心理调控基本方法;形成良好的健康意识和体育训练习惯,具有强健的体魄、良好的心理承受和自我调控能力。

四、教学环节与时间安排

学员 4 年在校约 199 周,其中 8 个长学期约 159 周,3 个夏季学期约 24 周,4 个寒假约 12 周,机动约 4 周。除假期及企业实习 40 周之外,教学环节共安排 173 周,包括 136 周课程教学(含法定节日及考核)和 37 周集中实践教学(含 4 周机动),其中校内教学活动安排 159 周(含 4 周军训和 19 周毕业设计和毕业实习),校外实践活动安排 10 周(含 2 周社会实践和 8 周企业实习或实践)。

主要教学环节安排表(单位:周)

学年	学期	课程教学(含法定节日及考核)	集中实践教学		假期休整	合计
第一学年	夏季			军训		44
	秋季	16	4			20
	寒假				3	3
	春季	20				20
	机动		1			1
第二学年	夏季		2	社会实践		2
				暑假	6	6
	秋季	20				20
	寒假				3	3
	春季	20				20
	机动		1			1
第三学年	夏季		4	企业实习或实践		4
				暑假	4	4
	秋季	20				20
	寒假				3	3
	春季	20				20
	机动		1			1
第四学年	夏季		4	企业实习或实践		4
				暑假	4	4
	秋季	20				20
	寒假				3	3
	春季		19	毕业设计(论文)和毕业实习		19
	机动		1			1
总计		136	37		26	199

注:同一学年各学期和夏季学期的教育训练内容可根据实际情况统筹安排。

五、培养规划与教学要求

1. 教学环节类别与学时学分要求

所有课程按照培养阶段分为公共基础课程、学科基础课程和本科专业课程 3 个层次,按照修读要求分为必修环节、选修环节两种类别。

学员在校期间须修满学分 169.5 学分(IC 专业 170 学分)。其中,课程学分 153 学分(IC 专业 153.5 学分),包含必修课程学分 128 学分(IC 专业 128.5 学分),选修课程 25 分(含公共基础选修人文社会科学(含领导管理)2 学分,自然科学与工程技术基础 3 学分,专业选修 20 学分);必修实践教学学分 15.5 学分;选修实践教学学分 1 学分。

课程教学按 16 学时折合 1 学分计算。毕业设计(论文)按每周(20 学时)折合 1 学分计算。

各教学环节的学时学分要求表(CS、AIBD、PC、NE、IS)

科目			学时学分要求						
			必修		选修		小计		
			学分	学时	学分	学时	学分	学时	比例
课程教学	公共基础课程	政治理论	18	288			18	288	11.75%
		军事和体育	12	196			12	196	7.99%
		自然科学	30	480	3	48	33	528	21.53%
		人文社会科学(含领导管理)	13	208	2	32	15	240	9.79%
		公共工具	10	160			10	160	6.53%
		小计	83	1 332	5	80	88	1 412	57.59%
	学科基础课程		35	560			35	560	22.84%
	本科专业课程		10	160	20	320	30	480	19.58%
	小计		45	720	20	320	65	1 040	42.42%
合计			128	2 052	25	400	153	2 452	100%
实践教学			15.5		1		16.5		
总计			143.5		26		169.5		

各教学环节的学时学分要求表(IC)

科目			学时学分要求						
			必修		选修		小计		
			学分	学时	学分	学时	学分	学时	比例
课程教学	公共基础课程	政治理论	18	288			18	288	11.71%
		军事和体育	12	196			12	196	7.97%
		自然科学	30	480	3	48	33	528	21.46%
		人文社会科学(含领导管理)	13	208	2	32	15	240	9.76%
		公共工具	10	160			10	160	6.50%
		小计	83	1 332	5	80	88	1 412	57.40%
	学科基础课程		35	560			35	560	22.76%
	本科专业课程		10.5	168	20	320	30.5	488	19.84%
	小计		45.5	728	20	320	65.5	1 048	42.60%
合计			128.5	2 060	25	400	153.5	2 460	100%
实践教学			15.5		1		16.5		
总计			144		26		170		

2. 课程体系表

课程体系设置见下表。学员必须从 CS、AIBD、PC、SE、NE、IS 和 IC 这 7 个专业方向中,选择至少一个专业方向进行学习。学员必须修读本专业方向规定的必修课程,并按要求修读选修课程,以满足学分要求。

专业方向和课程类别		课程设置
专业课程	IC 必修	CMOS 数字集成电路设计(64)　VLSI 集成电路设计、综合与测试(64)　集成电路设计综合实践(40)
	IS 必修	计算机安全(80)　网络安全(80)
	NE 必修	网络工程(80)　无线通信与网络(80)
	SE 必修	软件工程(80)　软件测试与验证(80)
	PC 必修	并行程序设计(80)　高性能计算(80)
	AIBD 必修	数据库系统与大数据管理(80)　机器学习(80)
	CS 必修	计算机体系结构(80)　编译原理(80)
	选修	集成电路工艺原理(64)　信号与系统(64)　半导体物理与器件(64)　模拟电路基础与设计(64)　人工智能芯片设计与实现(48)　应用密码学(64)　软件逆向分析(64)　软件安全(64)　内容安全(64)　物联网安全(64)　网络管理(64)　网络应用系统开发(64)　新型网络技术(64)　物联网综合实践(64)　软件体系结构与设计(48)　计算理论(64)　并行编译与优化(64)　大规模并行应用与优化(64)　算法设计与分析(64)　自然语言处理(64)　数字图像处理(64)　计算机图形学(64)　数据挖掘(64)　嵌入式系统(64)　量子计算与量子信息(64) ** 可以选修其他方向的必修课

学科基础课程	必修	离散数学(80) 操作系统(80)	数据结构与算法(80) 计算机网络(80)	数字逻辑与计算机设计(80) 人工智能(80)	计算机系统(80)
	小计	560 学时			

公共基础课程	课程类别	政治理论系列	人文科学系列	军事和体育系列	自然科学系列	公共工具系列
	必修	思想道德修养与法律基础(48) 马克思主义基本原理概论 A(48) 中国近现代史纲要(48) 毛泽东思想和中国特色社会主义理论体系概论(习近平新时代中国特色社会主义思想)(80) 形势与政策(当代世界经济与政治)(64)	大学英语(160) 写作与交流(32) 大学生心理健康教育(16)	军事理论(36) 体育一(32) 体育二(32) 体育三(32) 体育四(32) 军事技能一(16) 军事技能二(16)	高等数学(180) 线性代数(56) 概率论与数理统计(56) 大学物理(132) 大学物理实验(56)	大学计算(上,下)(88) 电工与电路基础(40) 大学生职业发展与就业创业指导1(16) 大学生职业发展与就业创业指导2(16)
	小计	288 学时	208 学时	196 学时	480 学时	160 学时
	选修	由学校统一设置				
	小计	80 学时(学员须修满 5 学分)				

3. 课程教学环节设置与安排

(1) 必修课程教学安排

必修课程包括公共基础必修课程、学科基础必修课程、本科专业必修课程等。必修课程教学安排如下表所示。

必修课程教学安排表

课程模块	课程名称	考核方式	学分	小计	讲授	实践	第一学年·夏	第一学年·秋	第一学年·春	第二学年·夏	第二学年·秋	第二学年·春	第三学年·夏	第三学年·秋	第三学年·春	第四学年·夏	第四学年·秋	第四学年·春
公共基础必修课程 / 政治理论	思想道德修养与法律基础	S	3	48	42	6		48										
	马克思主义基本原理概论 A	S	3	48	42	6			48									
	中国近现代史纲要	S	3	48	42	6					48							
	毛泽东思想和中国特色社会主义理论体系概论	S	5	80	70	10						80						
	形势与政策	C	4	64	64			8	8		8	8		8	8		8	8
自然科学	高等数学	S	11.5	180	162	18		80	100									
	线性代数	S	3.5	56	48	8		56										
	大学物理	S	8	132	122	10			66		66							
	大学物理实验	S	3.5	56	2	54					32	24						
	概率论与数理统计	S	3.5	56	48	8						56						
公共工具	大学计算（上，下）	S	5.5	88	78	10		48	40									
	电工与电路基础	S	2.5	40	32	8			40									
	大学生职业发展与就业创业指导 1	S	1	16	16				16									
	大学生职业发展与就业创业指导 2	S	1	16	16										16			

续表

课程模块		课程名称	考核方式	学分	学时安排			各学期学时分配											
					小计	讲授	实践	第一学年			第二学年			第三学年			第四学年		
								夏	秋	春	夏	秋	春	夏	秋	春	夏	秋	春
公共基础必修课程	人文科学	大学英语	S	10	160	144	16		56	56		48							
		写作与交流	S	2	32	30	2						32						
		大学生心理健康教育	C	1	16	14	2						16						
	军事和体育	体育(一)	C	2	32		32		32										
		体育(二)	C	2	32		32			32									
		体育(三)	C	2	32		32					32							
		体育(四)	C	2	32		32						32						
		军事理论	S	2	36	32	4		36										
		军事技能一	C	1	16		16								16				
		军事技能二	C	1	16		16									16			
		小计		83	1 332	1 004	328	0	364	406	0	234	248	0	24	40	0	8	8
学科基础必修课程		离散数学	S	5	80	60	20						80						
		数字逻辑与计算机设计	S	5	80	40	40					80							
		数据结构与算法	S	5	80	40	40					80							
		计算机系统	S	5	80	40	40						80						
		操作系统	S	5	80	40	40						80						
		计算机网络	S	5	80	40	40								80				
		人工智能	S	5	80	40	40								80				
		小计		35	560	300	260	0	0	0	0	160	240	0	160	0	0	0	0

续表

课程模块		课程名称	考核方式	学分	小计	讲授	实践	一夏	一秋	一春	二夏	二秋	二春	三夏	三秋	三春	四夏	四秋	四春
专业必修课程	CS	计算机体系结构	S	5	80	40	40	40								80			
		编译原理	S	5	80	40	40	40									80		
	AIBD	数据库系统与大数据管理	S	5	80	40	40	40								80			
		机器学习	S	5	80	40	40	40									80		
	PC	并行程序设计	S	5	80	40	40	40								80			
		高性能计算	S	5	80	40	40	40									80		
	SE	软件工程	S	5	80	40	40	40								80			
		软件测试与验证	S	5	80	40	40	40									80		
	NE	网络工程	S	5	80	40	40	40								80			
		无线通信与网络	S	5	80	40	40	40									80		
	IS	计算机安全	S	5	80	40	40	40								80			
		网络安全	S	5	80	40	40	40									80		
	IC	CMOS 数字集成电路设计	S	4	64	40	24	24								64			
		VLSI 集成电路设计、综合与测试	S	4	64	48	16	16									64		
		集成电路设计综合实践	C	2.5	40	0	40	40											40
		小计（CS、AIBD、PC、NE、IS）		10	160	80	80	0	0	0	0	0	0	0	0	80	80	0	0
		小计（IC）		10.5	168	88	80	0	0	0	0	0	0	0	0	64	64	0	40

（2）选修课程教学安排

选修课程包括公共基础选修课程、本科专业选修课程等。学员在校期间选修课程至少要修满 25 学分，其中公共基础选修课程至少修读 5 学分（自然科学系列 3 学分，人文科学系列 2 学分（含领导管理））；本科专业选修课程至少修读 20 学分。

① 公共基础选修课程

公共基础选修课程教学安排如下表所示。

公共基础选修课程教学安排表

课程模块		课程名称	考核方式	学分	学时安排			各学期学时分配											
					小计	讲授	实践	第一学年			第二学年			第三学年			第四学年		
								夏	秋	春	夏	秋	春	夏	秋	春	夏	秋	春
自然科学	长沙校区	大学化学	S	2	32	28	4			○			○			○			○
		生物学基础	S	1	16	14	2				○		○			○			○
		新能源及能源材料	S	1	16	14	2					○			○			○	
		工程热力学	S	2	32	30	2						○			○			○
		纳米材料	S	1	16	14	2					○			○			○	
		武器装备材料概论	S	1	16	14	2						○		○				○
		天文学基础	S	2	32	30	2				○	○	○		○	○		○	○
		空天技术概论	S	2	32	30	2						○			○			○
		航空概论	C	2	32	30	2								○				
		复变函数A	S	2	32	30	2						○			○			○
		数学建模A	C	2	32	30	2				○		○			○			○
		数学实验A	C	1	16	14	2					○				○		○	
		技术物理实验A	C	2	32	4	28								○	○		○	○
		近代物理实验A	C	2	32	4	28								○	○		○	○
		物理效应及应用选讲	S	2	32	30	2									○			○
		军事高新技术物理基础	S	2	32	30	2					○			○			○	
		机械工程概论	C	1	16	14	2				○	○			○	○		○	○

续表

课程模块		课程名称	考核方式	学分	学时安排			各学期学时分配											
								第一学年			第二学年			第三学年			第四学年		
					小计	讲授	实践	夏	秋	春	夏	秋	春	夏	秋	春	夏	秋	春
自然科学	长沙校区	精确制导技术	S	1	16	14	2			○		○	○		○	○		○	○
		仪器科学与技术概论	S	1	16	14	2			○			○			○			○
		控制理论与工程概论	S	1	16	14	2			○			○			○			○
		传感器与测试技术	S	1	16	14	2			○			○			○			○
		数字化士兵技术概论	S	1	16	14	2			○			○			○			○
		军用机器人技术概论	S	1	16	14	2			○			○			○			○
		导航技术概论	S	1	16	14	2			○			○			○			○
		数据科学导论	C	2	32	24	8						○		○				
		系统仿真导论	S	1	16	14	2				○			○			○		
		人机交互技术	S	2	32	28	4									○			
		多媒体技术	S	2	32	16	16	○				○			○			○	
		计算思维	C	1	16	14	2					○			○			○	
		网络安全导论	S	1	16	14	2					○			○			○	
		密码学导论	S	1	16	14	2			○		○	○		○	○		○	○
		计算机技术发展史	S	1	16	14	2			○		○				○			○
		光学简史	C	1	16	14	2					○			○			○	

续表

课程模块	课程名称	考核方式	学分	学时安排			各学期学时分配											
				小计	讲授	实践	第一学年			第二学年			第三学年			第四学年		
							夏	秋	春	夏	秋	春	夏	秋	春	夏	秋	春
自然科学（长沙校区）	军用光电装备概论	S	1	16	14	2					○			○			○	
	光电信息概论	C	1	16	14	2					○			○			○	
	电子信息导论	C	1	16	0	16	○			○								
	电子技术实训	C	2	32	12	20	○			○					○			○
	电子设计与制作	C	3	48	12	36			○				○			○		
	遥感技术	S	1.5	24	22	2						○			○			○
	地理信息系统	S	2.5	40	32	8					○			○			○	
	超快过程中的外形式与张量分析	S	2	32	26	6								○			○	
	信息融合概论	S	1	16	14	2					○			○			○	
人文科学（长沙校区）	国家利益与安全	S	3	48	42	6					○			○			○	
	国际法	C	1	16	14	2						○			○			○
	军事法	C	1	16	14	2						○			○			
	社会调查与统计	C	1	16	14	2						○			○			
	逻辑学基础	S	2	32	32	0					○			○				○
	哲学通论	S	2	32	30	2				○			○				○	
	地缘政治与国家安全	S	1	16	14	2								○				○
	西方政治思想史	S	1	16	14	2					○			○				
	国防科技情报学	S	1	16	14	2	○			○			○					○

续表

课程模块		课程名称	考核方式	学分	学时安排			各学期学时分配											
					小计	讲授	实践	第一学年			第二学年			第三学年			第四学年		
								夏	秋	春	夏	秋	春	夏	秋	春	夏	秋	春
人文科学	长沙校区	国防经济概论	S	1.5	24	21	3					○			○			○	
		经济学概论	S	2	32	30	2					○			○			○	
		国别与区域研究	S	1	16	14	2					○			○			○	
		俄语	S	4	64	58	6					○	○		○	○		○	○
		日语	S	4	64	58	6					○	○		○	○		○	○
		法语	S	4	64	58	6					○	○		○	○		○	○
		英语演讲与辩论	C	1	16	14	2					○			○			○	
		英语口译	S	1	16	14	2			○					○				○
		跨文化交际	S	1	16	14	2					○			○			○	
		欧洲文化	S	2	32	30	2			○			○			○			○
		英美文学作品选读	C	1	16	14	2					○			○			○	
		世界经典战争影视作品鉴赏	C	1	16	14	2					○			○			○	
		雅思	S	2	32	30	2			○		○	○		○			○	○
		军队基层文化活动	S	2	32	26	6			○			○			○			○
		军旅歌曲演唱	C	1	16	4	12					○			○			○	
		影视鉴赏	S	1	16	16	0			○			○						○
		军旅舞蹈	C	1	16	4	12					○			○				
		绘画基础	C	1	16	4	12					○			○				
		艺术概论	S	1	16	16	0					○			○			○	
		书法概论	S	1	16	10	6			○			○			○			○
		中外名曲赏析	S	1	16	16	0			○			○						○
		民族器乐演奏	C	1	16	14	2					○			○			○	
		西洋器乐演奏	C	1	16	14	2					○			○			○	

续表

课程模块		课程名称	考核方式	学分	学时安排			各学期学时分配											
								第一学年			第二学年			第三学年			第四学年		
					小计	讲授	实践	夏	秋	春	夏	秋	春	夏	秋	春	夏	秋	春
领导管理	长沙校区	军队基层管理	S	2	32	30	2					○							
		领导理论基础	S	1	16	14	2					○	○		○	○			
		国学中的领导智慧	S	1	16	14	2					○	○		○	○			
		现代管理学基础	S	2	32	28	4								○	○			
		系统工程导论	S	2	32	24	8								○			○	
		作战运筹分析与规划	S	2	32	28	4			○			○			○			○
		公共关系学	S	1	16	14	2					○			○			○	
		质量管理	C	2	32	30	2					○			○			○	
		危机管理	S	1	16	14	2					○	○		○	○			
		军事高科技与国家安全战略	S	1.5	24	22	2					○			○			○	
		管理沟通	S	1	16	14	2						○			○			○
		领导科学概论	C	1	16	14	2									○			○
		管理心理学	S	1	16	14	2					○			○			○	

② 本科专业选修课程

本科专业选修课程教学安排如下表所示。

本科专业选修课程教学安排表（CS、AIBD、PC、SE、NE、IS）

课程模块	课程名称	考核方式	学分	学时安排			各学期学时分配											
				小计	讲授	实践	第一学年			第二学年			第三学年			第四学年		
							夏	秋	春	夏	秋	春	夏	秋	春	夏	秋	春
本科专业选修课程	算法设计与分析	S	4	64	32	32									64			
	量子计算与量子信息	S	4	64	54	10									64			
	自然语言处理	S	4	64	32	32									64			
	数据挖掘	S	4	64	32	32									64			
	并行编译与优化	S	4	64	32	32									64			
	软件体系结构与设计	S	4	64	32	32									64			
	网络应用系统开发	S	4	64	32	32									64			
	应用密码学	S	4	64	32	32									64			
	软件逆向分析	S	4	64	32	32									64			
	嵌入式系统	S	4	64	32	32										64		
	数字图像处理	S	4	64	32	32										64		
	计算机图形学	S	4	64	32	32										64		
	大规模并行应用与优化	S	4	64	32	32										64		
	计算理论	S	4	64	54	10										64		
	新型网络技术	C	4	64	32	32										64		
	网络管理	S	4	64	32	32										64		
	物联网综合实践	S	4	64	32	32										64		
	软件安全	S	4	64	32	32										64		
	内容安全	S	4	64	32	32										64		
	物联网安全	S	4	64	32	32										64		

本科专业选修课程教学安排表(IC)

课程模块		课程名称	考核方式	学分	学时安排			各学期学时分配											
								第一学年			第二学年			第三学年			第四学年		
					小计	讲授	实践	夏	秋	春	夏	秋	春	夏	秋	春	夏	秋	春
本科专业选修课程	限选	半导体物理与器件	S	4	64	52	12								64				
		模拟电路基础与设计	S	4	64	32	32									64			
		人工智能芯片设计与实现	C	3	48	16	32												48	
	任选	集成电路工艺原理	S	4	64	32	32												64	
		编译原理	S	5	80	40	40									80			
		机器学习	S	5	80	40	40									80			
		信号与系统	S	4	64	48	16									64			

(3) 第二课堂与讲座课程教学安排

第二课堂与讲座课程原则上安排在长学期晚上与双休日或短学期,由学员自行选择修读。每名学员每学期至少需参加 5 次第二课堂讲座并经讲座老师或组织者签字确认,作为考核依据。第二课堂与讲座课程的教学安排如下表所示。

第二课堂与讲座课程教学安排表

科目		学期安排	备注
类型	课程名称		
第二课堂与讲座课程	思想政治教育系列	各学期	根据各学期第二课堂与讲座课程安排计划实施
	军事知识系列	各学期	
	人文知识系列	各学期	
	领导管理系列	各学期	
	学科专业系列	各学期	

4. 实践教学环节设置与安排

(1) 必修实践教学环节安排

必修实践教学环节主要包括社会实践、党团活动、企业实习和毕业设计(论文)等活动。具体安排见下表。

必修实践教学环节安排表

科目		时间安排	折合学分	学期安排	备注
思想政治教育	社会实践	2 周	1	第二学年夏	
	党团活动			贯穿四年	
	经常性思想教育				
军事教育	军训	4 周	1	第一学年秋	集中实践环节
专业教学实践	企业实习	4 周	1	第三学年夏季学期	集中实践环节
	企业实习	4 周	1	第四学年夏季学期	
	毕业设计(论文)	11 周	11	第四学年春	
信息检索		4 学时	0.5	第一学年秋	

注: 同一学年的各学期和暑期的教育训练内容可根据实际情况统筹安排。

(2) 选修实践教学环节安排

学员在校期间至少获得选修实践环节 1 学分。学员参加学科竞赛、科技创新、文化活动、运动会、创新思维训练等选修实践环节并获奖、发表学术论文或取得专利,申报并完成创新实践项目或自主设计并完成创新实验,参加国际或国家组织的各类正规专业性资格认证或水平考试达到一定成绩等,可根据学校有关规定向学院申请选修实践学分。

学员在校期间,参加省级以上学科竞赛并获奖者,可根据有关规定向学院申请提高相关课程成绩。

计算机科学与技术专业培养方案(2021版)

一、专业定位

计算机科学与技术专业是北京邮电大学重点建设的优势专业,也是首批国家级特色专业,2019年入选国家级一流本科专业建设点项目。

计算机科学与技术专业人才培养以社会发展需求为驱动,以学生全面成长成才为首要目标,注重培养创新精神和实践能力。本专业结合学校办学特色和发展目标,立足培养适应国家和社会发展需要的、德智体美劳全面发展的,具有扎实的计算机科学与技术学科理论基础,具备计算机技术领域专业知识和基本技能,在计算机系统和网络技术领域的工程实践方面受到良好的训练,具有创新创业精神和能力,具有良好的科学文化素养、国际视野和团队合作精神,具有深厚的网络背景、可持续发展能力强的宽口径高水平工程技术人才。本专业的人才培养目标与人才培养类型与学校人才培养定位和人才培养目标相一致。

本专业坚持以学生全面成长成才为首要目标,以素质教育为重点,关注学生知识学习、能力培养和素质养成三者的关系,根据专业培养目标重点突出学生的能力培养,特别是创新创业能力、实践能力和可持续发展能力。本专业突出培养具有深厚网络背景的专业特色人才,使得毕业生能够运用所学知识与技能分析和解决复杂工程问题,能够从事与计算机、互联网及其他通信网相关的技术研究、应用开发和管理等工作,并具有继续学习和持续发展的能力;使得培养的人才能够在重要的科研、生产、管理等岗位担当重任,在国家创新体系中发挥重要作用。

二、培养目标

本专业是一个计算机系统与网络兼顾的计算机学科宽口径专业。旨在培养适应国家和社会发展需要,以建设"网络强国"为己任,德智体美劳全面发展的,具有良好的科学文化素养、创新创业精神和能力、国际视野和团队合作精神,具有深厚的计算机科学技术专业知识、网络背景和良好的实践技能,可从事计算机相关领域的研究、设计、开发、综合应用以及管理的高水平工程技术人才。毕业生能够成长为高素质复合型行业骨干、创新创业人才和行业精英人才。

本专业培养的学生在毕业后5年左右能达到以下要求:

(1)具有良好的科学与人文素养,高尚的职业道德精神,较强的敬业精神,德智体美劳全面发展。能够在解决计算机系统与网络复杂工程问题的实践中,综合考虑对经济、环境、法律、安全、健康、伦理等方面的影响,能够履行社会责任。

（2）具有扎实的数学、自然科学和计算机学科基础,精通计算机科学与技术的基本理论、知识和技能,具备从事科学研究工作和创新创业的能力,能够综合运用所学知识和技能,分析、研究并解决计算机及相关信息领域复杂工程问题。

（3）具有较强的计算机相关领域系统建设、应用和管理的能力,能够胜任计算机相关行业的复杂系统研发和管理等岗位。

（4）具有终身学习能力,能够适应计算机与网络技术的快速发展,拓展专业知识和技能;具有国际化视野和良好的团队合作、沟通与交流能力。

三、毕业要求

本专业毕业生基本能力要求如下:

（1）工程知识。具有扎实的数学、自然科学和工程基础知识,系统地掌握计算机系统和网络领域的专业知识,具备通信理论与技术基础,能够将这些知识用于解决复杂工程问题。

（2）问题分析。能够应用数学、自然科学和工程科学的基本原理,识别、表达并通过文献研究分析计算机系统和网络领域复杂工程问题,以获得有效结论。

（3）设计/开发解决方案。能够设计针对复杂工程问题的解决方案,针对特定需求进行计算机系统和网络系统的设计与实现,具有设计/开发功能模块和计算机系统的能力,并能够在设计环节中体现创新意识,考虑社会、健康、安全、法律、文化以及环境等因素。

（4）研究。能够采用科学有效的方法对计算机系统和网络领域复杂工程问题进行研究,包括实验设计、数据分析与结果评价,进而得到合理有效的结论。

（5）使用现代工具。具有开发、选择和使用信息技术工具多渠道获取计算机系统和网络领域相关信息的能力;能够合理地开发、选择技术开发工具和资源,用于复杂工程问题的设计、开发、仿真及验证。

（6）工程与社会。针对计算机系统和网络领域相关的工程实践和复杂工程问题解决方案,能够合理地分析和评价其可能对社会、健康、安全、法律、文化带来的影响,并理解应承担的责任。

（7）环境和可持续发展。了解计算机系统和网络领域的基本方针、政策和国家法律法规,能够理解和评价实际工程实践活动对环境和社会可持续发展的影响。

（8）职业规范。具有良好的文化素养、社会责任感和职业道德,具备健康的身体和良好的心理素质,能够在计算机系统和网络领域工程实践中遵守职业道德和相关规范。

（9）个人和团队。具有团队协作精神,能够在计算机领域多学科背景下的团队中完成所承担角色的任务。

（10）沟通。具有良好的沟通和表达能力,能够就计算机系统和网络领域复杂工程问题与业界同行及社会公众进行有效的沟通和交流,具备一定的国际视野,能够在跨文化背景下进行沟通和交流。

（11）项目管理。掌握工程项目管理和经济决策方法,能够对计算机系统和网络领域的开发项目进行有效的组织实施和管理,并能在多学科环境中应用。

（12）终身学习。具有自主学习和终身学习的能力,能够适应未来计算机系统和网络技术不断发展变化的需求。

四、核心课程

离散数学、计算导论与程序设计、数据结构、算法设计与分析、数据库系统原理、编译原理与技术、计算机网络、操作系统、软件工程、数字逻辑与数字系统、计算机组成原理、计算机系统结构、现代交换原理等。

五、学制与授予学位

学制4年,授予工学学士学位。
第1—3学期实行计算机大类培养,经专业分流,第4学期接受专业教育。

六、毕业最低学分

最低完成162.5学分,其中理论教学128学分,实践教学28学分,创新创业教育6.5学分。

七、培养标准及实现矩阵

毕业要求		指标点		课程
毕业要求1	工程知识: 具有扎实的数学、自然科学和工程基础知识,系统地掌握计算机系统和网络领域的专业知识,具备通信理论与技术基础,能够将这些知识用于解决复杂工程问题	1.1	掌握解决复杂工程问题所需的数学、自然科学和工程基础知识,能从数学与工程角度对复杂工程问题表述、分析和建模,对模型进行严谨的推理,达到正确性或可用性要求	高等数学 A(上、下)/数学分析(上、下)、 大学物理 C、物理实验 A、线性代数、概率论与随机过程/概率论与数理统计、组合数学/运筹学/数学建模与模拟/矩阵理论与方法、离散数学(上、下)
		1.2	掌握计算机学科的通识内容,并具有应用相关知识进行计算求解的基本能力	计算导论与程序设计、数据结构、计算导论与程序设计课程设计/程序设计竞赛基础、面向对象程序设计实践(C++/Java)
		1.3	掌握计算机硬件基础知识及原理,能够将其和数学与工程方法以及计算求解能力用于分析和解决复杂工程问题,并能够对解决方案进行比较和综合	电路与电子学基础、数字逻辑与数字系统、计算机组成原理、计算机系统结构
		1.4	掌握计算机软件基础知识及原理,能够将其和数学与工程方法以及计算求解能力用于分析和解决复杂工程问题,并能够对解决方案进行比较和综合	形式语言与自动机、操作系统、编译原理与技术、软件工程、数据库系统原理

续表

毕业要求		指标点		课程
毕业要求 1		1.5	掌握网络与通信的基础知识及原理,能够将其和计算机知识与原理、数学与工程方法以及计算求解能力用于分析和解决复杂工程问题,并能够对解决方案进行比较和综合	计算机网络、现代交换原理、网络 & 开发技术模块
毕业要求 2	问题分析:能够应用数学、自然科学和工程科学的基本原理,识别、表达并通过文献研究分析计算机系统和网络领域复杂工程问题,以获得有效结论	2.1	针对计算机系统和网络领域复杂工程问题进行问题识别,分析其功能需求与非功能需求,识别其面临的各种制约条件,对任务目标给出需求描述	离散数学(上、下)、软件工程、计算导论与程序设计、算法设计与分析、编译原理与技术
		2.2	根据计算机系统和网络领域复杂工程问题的需求描述,运用数学、自然科学和工程科学原理及方法进行分析,建立解决问题的抽象模型	线性代数、高等数学(上、下)、计算导论与程序设计、编译原理与技术、网络 & 开发技术模块
		2.3	针对已建立的计算机系统和网络领域实际复杂工程问题的抽象模型论证模型的合理性,并通过文献研究,针对改进的可能性进行分析,确定解决方案,获得有效结论	形式语言与自动机、编译原理与技术、网络 & 开发技术模块
毕业要求 3	设计/开发解决方案:能够设计针对复杂工程问题的解决方案,针对特定需求进行计算机系统和网络系统的设计与实现,具有设计/开发功能模块和计算机系统的能力,并能够在设计环节中体现创新意识,考虑社会、健康、安全、法律、文化以及环境等因素	3.1	了解系统设计/开发的一般流程,掌握计算机和网络领域系统与产品开发及工程化的基本方法和技术	软件工程、计算导论与程序设计课程设计/程序设计竞赛基础、计算机系统基础、现代交换原理、面向对象程序设计实践(C++/Java)、毕业设计
		3.2	能够针对特定需求,对复杂工程问题进行分解和细化,具有设计/开发功能模块及计算机和网络领域系统与产品的能力	计算机组成原理课程设计/数字逻辑与数字系统课程设计、操作系统课程设计/编译原理与技术课程设计、数据结构课程设计/计算机网络课程设计/数据库系统原理课程设计、现代交换原理、毕业设计
		3.3	了解计算机系统和网络领域技术发展的现状与趋势,在复杂工程问题解决方案的设计环节中体现创新意识,并考虑社会、健康、安全、法律、文化以及环境等因素	毕业设计、创新创业实践课、创新实践与课外活动、安全教育、人文社科类

续表

毕业要求		指标点		课程
毕业要求4	研究：能够采用科学有效的方法对计算机系统和网络领域复杂工程问题进行研究，包括实验设计、数据分析与结果评价，进而得到合理有效的结论	4.1	能够采用科学方法，通过文献研究和应用案例分析等方法，调研和分析计算机系统和网络领域复杂工程问题的解决方案	计算机网络、操作系统、计算机组成原理、数据库系统原理、毕业设计
		4.2	能够针对计算机系统和网络领域的技术问题和研究目标选择研究路线，设计实验方案	计算机网络、操作系统、计算机组成原理、数字逻辑与数字系统、数据结构、算法设计与分析
		4.3	能够构建实验系统，开展实验，对实验结果进行综合分析，得到合理有效的结论	计算机网络、操作系统、计算机组成原理、数字逻辑与数字系统、数据结构、算法设计与分析
毕业要求5	使用现代工具：具有开发、选择和使用信息技术工具多渠道获取计算机系统和网络领域相关信息的能力；能够合理地开发、选择技术开发工具和资源，用于复杂工程问题的设计、开发、仿真及验证过程	5.1	掌握信息技术工具的使用方法，具有信息获取能力，能够针对计算机系统和网络领域复杂工程问题选择和使用信息技术工具，并对获取的信息具有分析和综合能力	大数据技术模块、技术拓展模块、计算导论与程序设计课程设计/程序设计竞赛基础、毕业设计
		5.2	了解计算机系统和网络领域常用的技术开发工具和资源的使用方法，能够合理选择并将其用于复杂工程问题的设计、开发、仿真及验证过程，并能够理解其局限性	面向对象程序设计实践(C++/Java)、计算机系统基础实践、计算机系统结构、算法设计与分析
		5.3	能够针对计算机和网络领域系统与产品中的具体问题开发满足特定需求的现代工具，进行仿真和测试，并能够分析其局限性	计算机组成原理课程设计/数字逻辑与数字系统课程设计、操作系统课程设计/编译原理与技术课程设计、数据结构课程设计/计算机网络课程设计/数据库系统原理课程设计
毕业要求6	工程与社会：针对计算机系统和网络领域相关的工程实践和复杂工程问题解决方案，能够合理分析和评价其可能对社会、健康、安全、法律、文化带来的影响和理解应承担的责任	6.1	了解计算机系统和网络领域相关的技术标准和法律法规，能够理解工程与社会之间的关系及相互作用与影响	思想道德修养与法律基础、工程师职业素养、安全教育、人文社科类
		6.2	能够合理分析和评价计算机系统和网络领域相关的工程实践和复杂工程问题解决方案可能对社会、健康、安全、法律、文化带来的影响，并理解应承担的责任	创新创业企业实习/专业实习、计算机组成原理课程设计/数字逻辑与数字系统课程设计、操作系统课程设计/编译原理与技术课程设计、数据结构课程设计/计算机网络课程设计/数据库系统原理课程设计

毕业要求		指标点		课程
毕业要求7	环境和可持续发展： 了解计算机系统和网络领域的基本方针、政策和国家法律法规，能够理解和评价复杂工程实践活动对环境和社会可持续发展的影响	7.1	了解计算机系统和网络领域相关的基本方针、政策和法律法规，理解环境保护和社会可持续发展的理念和内涵	思想道德修养与法律基础 形势与政策 1—5
		7.2	能够理解和评价计算机系统和网络领域复杂工程问题的工程实践对环境、社会可持续发展的影响。	网络 & 开发技术模块、大数据技术模块、技术拓展模块、创新实践与课外活动、创新创业实践课
毕业要求8	职业规范： 具有良好的文化素养、社会责任感和职业道德，具备健康的身体和良好的心理素质，能够在计算机系统和网络领域工程实践中遵守职业道德和相关规范	8.1	掌握基本的人文社会科学知识，树立正确的世界观、人生观和社会主义核心价值观，了解中国国情，具有良好的人文社会科学素养、美学素养和道德修养	中国近现代史纲要、马克思主义基本原理概论、毛泽东思想和中国特色社会主义理论体系概论、毛泽东思想和中国特色社会主义理论体系概论(实践环节)、习近平中国特色社会主义思想概论、形势与政策 1—5、人文社科类、美育类、劳动教育
		8.2	理解计算机领域工程师职业道德和行为规范，做到诚实公正、诚信守则；理解工程师对公众所承担的安全、健康以及环境保护等社会责任，并能够在工程实践中自觉履行	工程师职业素养、思想道德修养与法律基础、形势与政策 1—5、安全教育、创新创业企业实习 / 专业实习
		8.3	具备健康的身体和良好的心理素质，可适应职业发展	体育基础、专项类体育课程、军事理论、军训、大学生心理健康、劳动教育
毕业要求9	个人和团队： 具有团队协作精神，能够在计算机领域多学科背景下的团队中完成所承担角色的任务	9.1	明确个人在团队中的角色及所承担的任务，在计算机领域多学科背景下的团队中，能与其他成员通过口头或书面方式有效沟通，并合作开展工作	创新实践与课外活动、中国近现代史纲要(实践环节)、毛泽东思想和中国特色社会主义理论体系概论(实践环节)、科技交流能力训练、计算机组成原理课程设计 / 数字逻辑与数字系统课程设计
		9.2	根据所承担的角色，能够组织、协调和带领团队在计算机领域开展工作，并在团队中完成自己承担的任务	创新实践与课外活动、马克思主义基本原理概论(实践环节)、毛泽东思想和中国特色社会主义理论体系概论(实践环节)、操作系统课程设计 / 编译原理与技术课程设计、软件工程

续表

毕业要求		指标点		课程
毕业要求10	沟通： 具有良好的沟通和表达能力，能够就计算机系统和网络领域复杂工程问题与业界同行及社会公众进行有效沟通和交流，具备一定的国际视野，能够在跨文化背景下进行沟通和交流	10.1	能够以撰写报告、设计文稿、口头陈述等方式，针对计算机系统和网络领域复杂工程问题，与业界同行及社会公众进行有效的沟通和交流	科技交流能力训练、毕业设计、创新创业企业实习/专业实习、计算机组成原理课程设计/数字逻辑与数字系统课程设计、操作系统课程设计/编译原理与技术课程设计、数据结构课程设计/计算机网络课程设计/数据库系统原理课程设计
		10.2	熟练掌握一门外语，了解计算机系统和网络领域国际发展趋势和研究热点，具备一定的国际视野，能够在跨文化背景下进行沟通、交流与合作	英语必修、英语选修 *、离散数学（上、下）、计算机网络、操作系统、数据库系统原理
毕业要求11	项目管理： 掌握工程项目管理和经济决策方法，能够对计算机系统和网络领域的开发项目进行有效的组织实施和管理，并能在多学科环境中应用	11.1	掌握计算机领域工程项目管理和经济决策方法，理解工程活动中涉及的管理与经济因素	工程师职业素养、人文社科类、软件工程、创新创业企业实习/专业实习
		11.2	能够在多学科环境下，在设计开发计算机和网络领域系统与产品复杂工程问题解决方案的过程中，运用工程项目管理与经济决策方法	毕业设计、创新实践与课外活动、创新创业企业实习/专业实习
毕业要求12	终身学习： 具有自主学习和终身学习的能力，能够适应未来计算机系统和网络技术不断发展变化的需求	12.1	具有自主学习的意识，能够阅读和理解计算机系统和网络领域专业文献，学习专业知识和应用技术，具有拓展与更新知识的能力	网络 & 开发技术模块、计算机系统基础、计算机系统基础实践、创新创业实践课
		12.2	具有终身学习的意识，能够追踪计算机系统和网络技术的发展，不断学习，具备完善自我和适应行业与社会发展的能力	工程师职业素养、技术拓展模块、创新实践与课外活动、数据结构课程设计/计算机网络课程设计/数据库系统原理课程设计

八、课程体系

课程名称	教学环节	课程类型	主要内容	必修		选修	
				学分	学时	学分	学时
计算机科学与技术专业 （162.5学分，3 293学时）	理论教学（128学分78.8%，2 124学时64.5%）	通识教育 59.5学分,46.5% 1028学时,48.4%	思想政治理论课程	16	256		
			英语	6	96	2	32
			体育	1	32	3	96
			军事理论	2	32		
			心理健康	0.5	8		
			安全教育	0	12		
			素质教育课程			6	96
			数学与自然科学基础课程	17	272	6	96
		专业教育 68.5学分,53.5% 1096学时,51.6%	学科基础课程	17.5	280		
			专业基础课程	35	560		
			专业课程			16	256
	实践教学（28学分17.2%，989学时30%）		思想政治理论课程实践	2	48		
			军训	2	60		
			劳动教育	2	32		
			物理实验A	1.5	36		
			程序设计实践与课程设计	0.5	12	10	261
			毕业设计（论文）	10	540		
	创新创业教育（6.5学分4%，180学时5.5%）	校级	创新创业课程			3,实践至少2	
			创新创业实践				
		院级	创新创业课程			1.5	36
			创新创业实践			至少2	

注：总实践环节占比为 26.2%（总实践环节 42.5 学分，其中实践教学 28 学分，理论教学课程内实践教学 8 学分，创新创业教育 6.5 学分）。

九、计算机科学与技术专业课程地图(图 3-5)

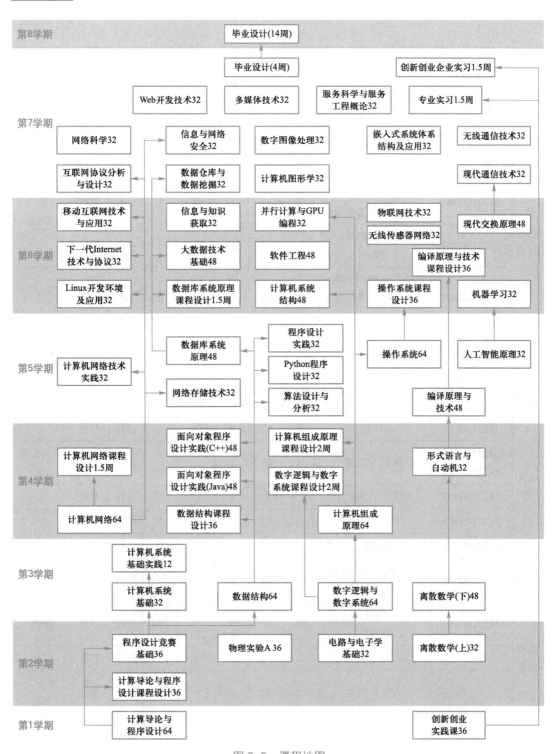

图 3-5　课程地图

十、课程设置

计算机类平台课程

课程分类	课程编号	课程名称	学分	总学时	其中		开课学期	必修/选修	考试/考查	备注
					理论学时	实践学时				
思想政治理论	3322100010	思想道德修养与法律基础	3	48	48		1	必修	考试	
	3322100060	中国近现代史纲要	2.5	40	40		2	必修	考试	
	3322100090	习近平新时代中国特色社会主义思想概论	2	32	28	4	1	必修	考试	
	3322100070	马克思主义基本原理概论	2.5	40	40		3	必修	考试	
	3322100080	毛泽东思想和中国特色社会主义理论体系概论	4	64	64		4	必修	考试	
	1052100010—50	形势与政策1—5	2	32	32		1~5	必修	考查	每个学期0.4学分，6学时
英语	详见英语课程设置方案（本书未收录）									
体育等	3812150010	体育基础	1	32	8	24	2	必修	考查	
	3812150020 ~ 3812150324	体育专项课	3	96	24	72		选修	考查	至少3学分
	2122120000	大学生心理健康	0.5	8	8	0	1	必修	考查	
	2122100090	安全教育	0	12	12	0		必修	考查	
	2122110002	军事理论	2	32	32		2	必修	考查	
素质教育	3132140020	理工类（工程师职业素养）	1.5	24	24		7	选修	考查	指选
	3132140050	理工类（科技交流能力训练）	0.5	8	8		7	选修	考查	指选
		理工类	2	32			1~8	选修	考查	
		人文社科类	2	32			1~8	选修	考查	至少2学分
		美育类	2	32			1~8	选修	考查	至少2学分
以上几类课程合计36.5学分，其中必修25.5学分（436学时），最低选修11学分（224学时）										

续表

课程分类	课程编号	课程名称	学分	总学时	其中		开课学期	必修/选修	考试/考查	备注
					理论学时	实践学时				
数学与自然科学	3412110012	高等数学A(上)	5	80	80	0	1	必修	考试	高等数学与数学分析2选1
	3412110021	高等数学A(下)	5	80	80	0	2	必修	考试	
	3412110051	数学分析(上)	6	96	96	0	1	必修	考试	
	3412110062	数学分析(下)	5	80	80	0	2	必修	考试	
	3412110073	线性代数	3	48	48	0	1	必修	考试	
	3412110092	概率论与随机过程	4	64	64	0	3	选修	考试	2选1
	3412110102	概率论与数理统计	4	64	64	0	3	选修	考试	
	3412110150	组合数学	2	32	32	0	3	选修	考查	4选1
	3412110160	运筹学	2	32	32	0	3	选修	考查	
	3412110170	数学建模与模拟	2	32	32	0	3	选修	考查	
	3412160061	矩阵理论与方法	2	32	32	0	3	选修	考查	
	3412120031	大学物理C	4	64	64	0	2	必修	考试	

数学与自然科学课程合计23学分,其中必修17学分(272学时),最低选修6学分(96学时)

课程分类	课程编号	课程名称	学分	总学时	理论学时	实践学时	开课学期	必修/选修	考试/考查	备注
学科基础	3132112010	计算导论与程序设计	4.5	72	64	8	1	必修	考试	
	3122101024	电路与电子学基础	2	32	32		2	必修	考试	
	3132112020	离散数学(上)*	2	32	32		2	必修	考试	
	3132112030	离散数学(下)*	3	48	48		3	必修	考试	
	3132113020	数字逻辑与数字系统	4	64	48	16	3	必修	考试	
	3132112040	形式语言与自动机	2	32	32		4	必修	考试	

学科基础课程合计17.5学分,其中必修17.5学分(280学时)

计算机科学与技术专业基础课程和专业课程

课程分类	课程编号	课程名称	学分	总学时	其中		开课学期	必修/选修	考试/考查	备注
					理论学时	实践学时				
专业基础	3132121320	数据结构	4	64	48	16	3	必修	考试	
	3132111040	算法设计与分析	2	32	32		5	必修	考试	
	3132113150	计算机系统基础	2	32	32		3	必修	考试	
	3132111010	操作系统 *	4	64	48	16	5	必修	考试	
	3132111021	编译原理与技术	3	48	40	8	5	必修	考试	
	3132113041	计算机组成原理	4	64	48	16	4	必修	考试	
	3132113060	计算机系统结构	3	48	40	8	6	必修	考试	
	3132121030	计算机网络 *	4	64	56	8	4	必修	考试	
	3132111030	数据库系统原理 *	3	48	40	8	5	必修	考试	
	3132112050	软件工程	3	48	32	16	6	必修	考试	
	3132121041	现代交换原理	3	48	40	8	6	必修	考试	
专业基础课程合计 35 学分,其中必修 35 学分(560 学时)										
专业	3132121120	下一代 Internet 技术与协议	2	32	32		6	选修	考查	网络 & 开发技术模块(至少选 2 门)
	3132121130	计算机网络技术实践	2	32	6	26	5	选修	考查	
	3132121310	Linux 开发环境及应用	2	32	24	8	6	选修	考查	
	3132121350	互联网协议分析与设计	2	32	16	16	7	选修	考查	
	3132121300	移动互联网技术及应用	2	32	32		6	选修	考查	
	3132111080	Web 开发技术	2	32	32		7	选修	考查	
	3132133010	Python 程序设计	2	32	24	8	5	选修	考查	
	3132132120	大数据技术基础	3	48	48		6	选修	考查	大数据技术模块(至少选 1 门)
	3132123090	机器学习	2	32	32		6	选修	考查	
	3132112100	数据仓库与数据挖掘	2	32	32		7	选修	考查	
	3132123080	信息与知识获取	2	32	32		6	选修	考查	
	3132132020	网络科学	2	32	32		7	选修	考查	
	3132121290	现代通信技术	2	32	32		7	选修	考查	技术拓展模块(至少选 1 门)
	3132103030	信息与网络安全	2	32	32		7	选修	考查	
	3132111060	人工智能原理	2	32	32		5	选修	考查	
	3132113110	网络存储技术	2	32	32		5	选修	考查	
	3132103020	程序设计实践	2	32	22	10	5	选修	考查	
	3132112080	服务科学与服务工程概论	2	32	32		7	选修	考查	

续表

课程分类	课程编号	课程名称	学分	总学时	其中		开课学期	必修/选修	考试/考查	备注
					理论学时	实践学时				
专业	3132121080	无线通信技术	2	32	32		7	选修	考查	技术拓展模块(至少选1门)
	3132121270	物联网技术	2	32	24	8	6	选修	考查	
	3132114060	计算机图形学	2	32	32		7	选修	考查	
	3132114070	多媒体技术	2	32	32		7	选修	考查	
	3132113090	嵌入式系统体系结构及应用	2	32	32		7	选修	考查	
	3132113160	并行计算与GPU编程	2	32	32		6	选修	考查	
	3132111090	数字图像处理	2	32	32		7	选修	考查	
	3132114040	无线传感器网络	2	32	32	0	6	选修	考查	

专业课程合计16学分,其中必修0学分(0学时),最低选修16学分(256学时)

说明:在满足本专业各模块最低选修要求的基础上,允许选修最多4学分本院其他专业的专业模块课程

注:

1. 理论教学总合计128学分,其中必修95学分(1 548学时),最低选修33学分(576学时)。

2. 标 * 课程注解:离散数据(上)、离散数学(下)为双语课程,计算机网络、操作系统、数据库系统原理使用英文教材。

实践教学课程

课程分类	课程编号	课程名称	学分	总学时或周数	其中		开课学期	必修/选修	考试/考查	备注
					理论学时或周数	实践学时或周数				
实践教学	3322100061	中国近现代史纲要(实践环节)	0.5	12	0	12	2	必修	考查	
	3322100071	马克思主义基本原理概论(实践环节)	0.5	12	0	12	3	必修	考查	
	3322100081	毛泽东思想和中国特色社会主义理论体系概论(实践环节)	1	24	0	24	4	必修	考查	
	2122110003	军训	2	2周	0	2周	1	必修	考查	
		劳动教育	2	32	0	32	1~8	必修	考查	详见劳动教育实施细则(本书未收录)

续表

课程分类	课程编号	课程名称	学分	总学时或周数	其中		开课学期	必修/选修	考试/考查	备注
					理论学时或周数	实践学时或周数				
实践教学	3412130048	物理实验 A	1.5	36	3	33	2	必修	考查	
	3132102380	计算导论与程序设计课程设计	1.5	36		36	2	选修	考查	2 选 1
	3132102390	程序设计竞赛基础	1.5	1.5 周		36	2	选修	考查	
	3132102410	计算机系统基础实践	0.5	12		12	3	必修	考查	
	3132102470	面向对象程序设计实践(C++)	2	48	24	24	4	选修	考查	2 选 1
	3132102321	面向对象程序设计实践(Java)	2	48	24	24	4	选修	考查	
	3132102060	计算机组成原理课程设计	2	2 周		2 周	4	选修	考查	2 选 1
	3132102070	数字逻辑与数字系统课程设计	2	48		2 周	4	选修	考查	
	3132102080	操作系统课程设计	1.5	36		36	6	选修	考查	2 选 1
	3132102100	编译原理与技术课程设计	1.5	36		36	6	选修	考查	
	3132102022	数据结构课程设计	1.5	36		36	4	选修	考查	3 选 2
	3132102120	计算机网络课程设计	1.5	36		1.5 周	4	选修	考查	
	3132102090	数据库系统原理课程设计	1.5	1.5 周		1.5 周	6	选修	考查	
	3132102002	毕业设计	10	18 周		18 周	7/8	必修	考查	
实践教学课程合计 28 学分,其中必修 18 学分,最低选修 10 学分										

十一、创新创业教育体系

类别		内容		学分要求
创新创业教育体系 6.5学分	校级	创新创业课程	通识类课程	≥ 3
			技能类课程	
			实践类课程	
		创新创业实践 ≥ 2	科技成果与发明专利	
			学术论文	
			创新创业项目	
			主题创新创业实践活动和科研训练	
			学术讲座	
	院级	创新创业课程	创新创业实践课程 1.5 学分	≥ 3.5
		创新创业实践 ≥ 2	创新创业企业实习 / 专业实习 1.5 学分	
			其他创新创业实践 0.5 分	

课程分类	课程编号	课程名称		学分	总学时或周数	其中		开课学期	必修 / 选修	考试 / 考查	备注
						理论学时	实践学时或周数				
创新创业教育	校级	创新创业课程		选修3学分,其中创新创业实践至少2学分							
		创新创业实践									
	3132102350	创新创业实践课程		1.5	36		36	1	选修	考查	指选
	3132102400	创新创业实践	创新创业企业实习	1.5	1.5周		1.5 周	7	选修	考查	2 选 1
	3132102131		专业实习	1.5	1.5周		1.5 周	7	选修	考查	
		选修		至少选修 0.5 学分							
	创新创业教育模块,校级选修 3 学分,院级选修 3.5 学分										

中国科学院大学

计算机科学与技术专业（主修）本科培养方案（2021 级）

一、专业简介

计算机科学与技术专业主要围绕计算机的设计与制造以及信息获取、表达、存储、处理、传输和运用等领域方向，开展理论、原理、方法、技术、系统和应用等方面的研究。本专业主要包括科学与技术两个方面，两者相辅相成、相互作用、高度融合；基本内容可主要概括为计算机科学理论、计算机软件、计算机硬件、计算机系统结构、计算机应用技术、计算机网络、信息安全等。

计算机科学与技术专业涉及离散数学、信息与编码理论、数据结构、算法设计与分析、形式语言与自动机、形式语义学、程序理论、计算复杂性、计算机组成与结构、操作系统、并行与分布处理、计算机网络、人工智能、数据库与数据管理系统等课程，同时涉及认知心理学、神经生理学等课程。本专业旨在培养计算机科学与技术领域的领军人才。

二、培养具体目标与要求

培养目标：通过本科阶段的学习培养，学生应具有深厚的爱国情怀、人文素养和科学精神，扎实的数理基础，能够全面理解计算本质和自动计算装置运行原理与设计准则，从系统的角度理解任务、算法、系统直至部件层级关系，掌握较为系统、深入的计算机科学与技术学科的基础理论、专门知识和基本技能，成为适应未来发展需求、掌握前沿计算及其应用理论、技术和实现技能的创新型人才。毕业生应具备在计算机相关领域取得杰出学术成绩或业界做出杰出贡献的能力和潜质。

具体要求：在思想方面，要求学生具有正确的社会主义世界观、价值观、人生观，德智体美劳全面发展；在知识与能力方面，要求学生的人文与科学素养并重，基础知识与实践技能配套，远大抱负和脚踏实地相结合。

计算机专业推行三段式培养。通过第一阶段的基础课学习，掌握较为扎实的数学和自然科学基础，为今后的多学科交叉奠定基础。通过第二阶段的宽口径专业教育，构建较为系统全面的专业共性知识基础并具备动手实践能力，强调对学生进行专业基本理论、基础知识、基本能力（技能）的培养。通过第三阶段在具体专业方向上的贯通性实践和毕业设计，为学生提供综合实践、增强基础、选择专业的机制，培养具有创新思维、自主学习能力、发现并解决问题能力的复合型人才。

本专业鼓励学生在学习期间积极参与科学研究、文化艺术、社会服务等活动，鼓励学生开展国内外交流,提倡学生在与三段式培养的学业导师交流和参与实践中发掘兴趣和潜能;鼓励学生进行探索式学习,进而具备和形成独立工作、协同工作的能力和终身学习的习惯。

　　培养要求:政治思想过硬、心理素质良好、基础理论扎实、专业素养全面,具备实践能力与开拓精神,以及持续获取和更新知识的能力,按照本培养方案在学业期内修满学分且成绩合格。

三、授予学位

　　工学学士学位。

四、学分要求及课程设置

　　计算机科学与技术专业学士学位的总学分要求是 165 学分,其中公共必修课程 84 学分,公共选修课程 12 学分,社会实践 4 学分,科研实践(研讨课)8 学分,金工实习 2 学分,毕业论文(设计)15 学分,专业课程 40 学分。

　　40 学分的专业课程中,专业必修课为 28 学分,专业选修课为 12 学分。

（1）专业必修课

序号	课程名称	学时	学分	开课学期
1	离散数学	60	3	二
2	概率论与数理统计	72	4	三
3	数字电路	60	3	三
4	数据结构	60	3	四
5	理论计算机科学基础	60	3	四
6	计算机组成原理	60	3	四
7	计算机体系结构	60	3	五
8	操作系统	60	3	五
9	编译原理	60	3	六

（2）专业选修课

类别	课程名称	学时	学分	建议预修课程
计算机系统结构	汇编语言	38	2	计算机科学导论、程序设计基础与实验
	并行程序设计	38	2	计算机体系结构、数据结构、操作系统
	分布式系统	38	2	计算机体系结构
	计算机网络	60	3	计算机组成原理、操作系统
	智能计算系统	38	2	线性代数、概率论与数理统计、计算机组成原理等

续表

类别	课程名称	学时	学分	建议预修课程
计算机软件与理论	组合数学	38	2	
	算法设计与分析	38	2	程序设计基础与实验、数据结构
	数据库系统	38	2	数据结构、程序设计基础与实验、计算机组成原理
	面向对象的程序设计方法	38	2	计算机科学导论、程序设计基础与实验、计算机组成原理
	数据挖掘	38	2	数据结构、程序设计基础与实验等
	软件工程	38	2	程序设计基础与实验、数据库系统
	软件分析与测试	38	2	
计算机应用技术	机器学习导论	38	2	概率论与数理统计
	自然语言处理	38	2	数据结构、程序设计基础与实验
	数字图像处理	38	2	机器学习导论
	计算机图形学	38	2	数据结构、离散数学
	人机交互技术	38	2	计算机组成原理、理论计算机科学基础等
	网络信息安全导论	38	2	
	人工智能基础	38	2	
	认知心理学	38	2	

(3) 科研实践(选修 8 学分)

序号	科研实践	学时	学分	拟安排时间
1	计算机组成原理(研讨课)	40	2	第二学年春季学期
2	计算机体系结构(研讨课)	40	2	第三学年秋季学期
3	操作系统(研讨课)	40	2	第三学年秋季学期
4	算法设计与分析(研讨课)	20	1	第三学年秋季学期
5	编译原理(研讨课)	40	2	第三学年春季学期
6	计算机网络(研讨课)	40	2	第三学年春季学期
7	数据库系统(研讨课)	20	1	第三学年春季学期

五、教学计划

实际教学计划以每学期公布的为准。

第 一 学 年

秋季学期			春季学期			夏季学期(暑期)		
课程名称	学时	学分	课程名称	学时	学分	课程名称	学时	学分
中国近现代史纲要	48	3	思想道德与法治	48	3	社会实践		4
习近平新时代中国特色社会主义思想概论	32	2	科学前沿进展名家系列讲座Ⅱ	18	1			
科学前沿进展名家系列讲座Ⅰ	18	1	微积分Ⅱ	80	4			
艺术与人文修养系列讲座	30	1	线性代数Ⅱ	80	4			
微积分Ⅰ	80	4	热学	60	3			
线性代数Ⅰ	80	4	电磁学	60	3			
力学	60	3	大学写作 *	36	2			
大学英语Ⅰ	32	2	大学英语Ⅱ	32	2			
体育Ⅰ	32	1	体育Ⅱ	32	1			
军事理论与技能	148	4	计算机科学导论	60	3			
外语类选修课	32	2	人文类选修课		2			
人文类选修课		2	形势与政策	8	0.25			
大学生心理健康	32	2	离散数学	60	3			
形势与政策	8	0.25						
小计:14门		31.25	小计:13门		31.25			4

注:"大学写作"在第一学年的春、秋季两个学期均开设,学生修读一个学期即可。

第 二 学 年

秋季学期			春季学期			夏季学期(暑期)		
课程名称	学时	学分	课程名称	学时	学分	课程名称	学时	学分
马克思主义基本原理	48	3	毛泽东思想和中国特色社会主义理论体系概论	48	3	金工实习		2
科学前沿进展名家系列讲座Ⅲ	18	1	科学前沿进展名家系列讲座Ⅳ	18	1			
大学英语Ⅲ	32	2	大学英语Ⅳ	32	2			
体育Ⅲ	32	1	体育Ⅳ	32	1			
微积分Ⅲ / 数学物理方法 *	80	4	原子物理学	60	3			
光学	60	3	创新创业类选修课	20	1			

续表

秋季学期			春季学期			夏季学期（暑期）		
课程名称	学时	学分	课程名称	学时	学分	课程名称	学时	学分
基础物理实验	64	2	人文类选修课		2			
程序设计基础与实验	60	3	形势与政策	8	0.25			
人文类选修课		2	数据结构	60	3			
形势与政策	8	0.25	理论计算机科学基础	60	3			
概率论与数理统计	72	4	计算机组成原理 + 研讨课	60+40	3+2			
数字电路	60	3	汇编语言 **	38	2			
组合数学 **	38	2						
小计：12 门 +		≥ 28.25	小计：11 门 +		≥ 22.25+2			2

注：
1. * "微积分 III" 与 "数学物理方法" 选修一门即可。
2. ** 表示该课程为专业选修课，不计入课程门数及学分小计。

第 三 学 年

秋季学期			春季学期			夏季学期（暑期）		
课程名称	学时	学分	课程名称	学时	学分	课程名称	学时	学分
创新创业类选修课	20	1	形势与政策	8	0.25			
形势与政策	8	0.25	编译原理 + 研讨课	60+40	3+2			
计算机体系结构 + 研讨课	60+40	3+2	计算机网络 + 研讨课 *	60+40	3+2			
操作系统 + 研讨课	60+40	3+2	并行程序设计 *	38	2			
人工智能基础 *	38	2	分布式系统 *	38	2			
面向对象的程序设计 *	38	2	数据库系统 + 研讨课 *	38+20	2+1			
算法设计与分析 + 研讨课 *	38+20	2+1	数据挖掘 *	38	2			
机器学习导论 *	38	2	数字图像处理 *	38	2			
智能计算系统 *	38	2	自然语言处理 *	38	2			
			境外访学 **					
小计：4 门 +		≥ 7.25+4	小计：2 门 +		≥ 3.25+2			

注：* 表示该课程为专业选修课，不计入课程门数及学分小计。

第 四 学 年

秋季学期			春季学期			夏季学期(暑期)		
课程名称	学时	学分	课程名称	学时	学分	课程名称	学时	学分
形势与政策	8	0.25	形势与政策	8	0.25			
论文准备或实验室工作	240	6	毕业论文(设计)	360	9			
软件工程 *	38	2						
软件分析与测试 *	38	2						
人机交互技术 *	38	2						
计算机图形学 *	38	2						
网络信息安全导论 *	38	2						
认知心理学 *	38	2						
境外访学 **								
小计:1门+		≥ 6.25	小计:2门		9.25			

注:

1. * 表示该课程为专业选修课,不计入课程门数及学分小计。

2. ** 根据三段式培养模式,学生可选择于大三下或大四上通过访学计划前往境外高校学习一个学期。

3. "形势与政策"分布在 4 个学年,每学期 8 学时,共计 2 学分。

4. 外语类选修课春、秋两个学期均开设,学生根据自身需求及兴趣修读 2~6 学分。

吉林大学

计算机科学与技术专业本科培养方案

一、培养目标

计算机科学与技术专业致力于培养具备数学与自然科学知识基础,掌握计算机科学与技术相关的基本理论、基本知识、基本技能和基本方法,具有较强专业能力的计算机科学研究、计算机系统开发与应用的高级专门人才。

学生毕业后可在相关学科领域继续深造,或在各相关行业和领域从事计算机系统的研制、设计、开发、维护、管理等工作。本专业毕业生经过五年的实践锻炼,能够具备扎实的专业知识,具有较强的复杂计算机系统的分析与架构设计能力,具有利用计算机技术解决复杂工程问题的科学素养和创新能力,能够成为企事业单位的业务骨干。

二、培养要求

本专业学生主要学习计算机科学与技术相关的基本理论、基本知识、基本技能和基本方法,接受计算机科学研究、系统开发与应用、计算机职业素养等方面的系统教育,以及计算思维培养和工程实践能力训练。

毕业生应具备以下几方面的知识和能力:

(1)掌握从事计算机相关专业工作所需的数学、自然科学、工程基础和专业知识,具备运用这些知识解决复杂计算机工程问题的能力。

(2)能够应用数学、自然科学、工程科学以及计算机科学的基本原理,识别、表达并通过文献研究分析复杂工程问题,以获得有效结论。

(3)掌握计算机专业领域系统设计、集成、开发及工程应用的基本方法,能够综合运用理论和技术手段设计解决复杂工程问题的方案,设计满足特定需求的计算机软硬件系统,能够将创新意识体现到设计环节中;具备在设计/开发中考虑社会、健康、安全、法律、文化及环境等因素的基本素养。

(4)能够基于科学原理和方法对计算机复杂工程问题进行研究,包括抽象问题、设计模型与算法、设计实验、分析与解释数据,并通过信息综合得到合理有效的结论。

(5)能够针对复杂工程问题,开发、选择与使用恰当的技术、资源、现代工程工具和信息技术工具,包括对复杂工程问题的预测与模拟,并能够理解其局限性。

(6)能够基于工程相关背景知识进行合理分析、评价计算机专业工程实践和复杂工程问题解决方案对社会、健康、安全、法律以及文化的影响,并理解应承担的责任。

（7）能够理解和评价针对复杂工程问题的专业工程实践对环境、社会可持续发展的影响。

（8）具有良好的人文社会科学素养、职业道德、心理素质和社会责任感，并在工程实践中遵守职业道德和规范，履行相应责任。

（9）具有一定的独立工作能力、组织管理能力和团队合作能力，能够在多学科背景下的团队中承担各种角色。

（10）能够就复杂工程问题与业界同行及社会公众进行有效沟通和交流，包括撰写报告和设计文稿、陈述发言、清晰表达或回应指令。具备一定的国际视野，能够在跨文化背景下进行沟通和交流。

（11）掌握一定的经济学和管理学知识与方法，并能在多学科环境中应用。

（12）具有自主学习和终身学习的意识，能够通过各种途径拓展自己的知识和能力，适应技术的发展和更新。

（13）掌握体育运动的一般知识和基本方法，形成良好的体育锻炼和卫生习惯。

三、核心课程

核心课程：程序设计基础、离散数学、面向对象程序设计、模拟与数字逻辑电路、数据结构、计算机组成原理、算法设计与分析、计算机系统结构、操作系统、数据库系统原理、计算机网络、编译原理与实现、软件工程。

主要实践性教学环节：企业实训、企业实习、毕业设计（论文）。

主要专业实验：程序设计基础课程设计、数据结构课程设计、编译原理课程设计、网络协议分析实验、数据库系统原理课程设计、局域网技术与组网工程实验、软件工程课程设计。

四、专业特色与专业方向

专业特色：注重培养学生的计算机科学理论研究与技术开发能力，以及两者有机结合的综合能力；注重培养学生的计算机科学综合素养，包括计算机科学视角、创新能力、学科意识等。因此，要求学生在掌握扎实的计算机科学与技术专业知识的基础上，关注计算机信息领域发展动态与现实问题需求，从计算机科学与技术角度开展社会生产生活现实问题的研究。本专业培养能胜任计算机科学研究、计算机系统开发与应用等工作的基础厚、素质高、具有创新意识的"学科型人才"，具有较强实践能力的"应用型人才"和具有国际视野、能参与国际竞争的"复合型人才"。

五、学制与授予学位

学制一般为4年。授予理学学士学位。

六、毕业合格标准

（1）具有良好的思想道德和身体素质，符合学校规定的德育和体育标准。

（2）通过本培养方案规定的全部教学环节，达到本专业各环节要求的总学分 170 学分，各类课程教学 137 学分，独立实践教学环节 33 学分。

（3）完成课外培养计划 8 学分。

计算机科学与技术专业学时、学分分配表

纵向结构	学时	百分比/%	学分	百分比/%	横向结构	学时	百分比/%	学分	百分比/%
通识教育课程	1 160	47.2	62	45.3	必修课	1 962	79.8	105.5	77.0
学科基础课程	302	12.3	16.5	12.0					
专业教育课程	996	40.5	58.5	42.7	选修课	496	20.2	31.5	23.0
合计	2 458	100	137	100	合计	2 458	100	137	100
实践教学环节	33 学分								
总计	170 学分								

通识教育课程 62 学分如下：

课程性质	课程代码	课程名称	学分	考核性质	总学时	实验学时	建议修读学期及学分分配 1	2	3	4	5	6	7	8	备注
必修课	251001	思想道德修养与法律基础	3	考试	48	6	3								
	251002	中国近现代史纲要	3	考试	48	6		3							
	251003	马克思主义基本原理概论	3	考试	48	6			3						
	251004	毛泽东思想与中国特色社会主义理论体系概论	5	考试	80	16				5					
	251005–6	形势与政策Ⅰ–Ⅱ	2	考查	32		1		1						
	911001–4	体育Ⅰ–Ⅳ	4	考查	120		1	1	1	1					

续表

课程性质	课程代码	课程名称	学分	考核性质	总学时	实验学时	建议修读学期及学分分配								备注
							1	2	3	4	5	6	7	8	
必修课	902001	军事教育	3	考查	16			3								+3.5周军训
	162007-10	大学英语BⅠ-Ⅳ	8	考试	240	64	2	2	2	2					
	931001-3	微积分AⅠ-Ⅲ	10.5	考试	180		3.5	3.5	3.5						+习题48学时
	931010	线性代数A	3	考试	54		3								+习题8学时
	931013	概率论与数理统计A	3	考试	54					3					+习题16学时
	941015	基础物理学	3.5	考试	60			3.5							
	943016	基础物理实验	1	考查	30	30			1						
		小计	52		1 010	128	13.5	16	11.5	11					
选修课	要求在通识教育公共选修课程中选修10学分,限选大学生心理健康、大学生职业发展与就业创业指导,同时在工程人文卓越课程类(Ⅶ)中至少修读4学分														

学科基础课程 16.5 学分如下：

课程性质	课程代码	课程名称	学分	考核性质	总学时	实验学时	建议修读学期及学分分配								备注
							1	2	3	4	5	6	7	8	
必修课	532001	程序设计基础	4	考试	80	32	4								
	531002	离散数学Ⅰ	3.5	考试	60			3.5							
	532002	面向对象程序设计	3.5	考试	72	32		3.5							
	531003	模拟与数字逻辑电路	4	考试	64			4							
		小计	15		276	64	5	11							
选修课	531000	新生研讨课*	0.5	考查	8		0.5								加*课程为限选课
	531001	计算机科学导论*	1	考试	18		1								
		小计	1.5		26		1.5								

专业教育课程 58.5 学分如下：

课程类别	课程性质	课程代码	课程名称	学分	考核性质	总学时	实验学时	建议修读学期及学分分配								课程模块
								1	2	3	4	5	6	7	8	
专业教育课程	必修课	531004	离散数学Ⅱ	3.5	考试	60				3.5						
		532003	数据结构	5	考试	96	32			5						
		531005	计算机组成原理	3	考试	48				3						
		532004	算法设计与分析	3.5	考试	64	16				3.5					
		531006	计算机系统结构	2	考试	32					2					
		532005	操作系统	4	考试	80	32				4					
		532006	微机系统	4	考试	80	32				4					
		531007	计算机职业道德与学术技能	1	考查	16					1					
		531008	数据库系统原理（双语）	3	考试	48						3				
		531009	计算机网络	3	考试	48						3				
		531010	编译原理与实现	3	考试	48						3				
		531011	软件工程	2.5	考试	40							2.5			
		531012	计算机专业英语	1	考查	16							1			
			小计	38.5		676	112			11.5	14.5	9	3.5			
	选修课	531021	数学建模（双语）	2	考查	32			2							模块1 人工智能
		531031	组合数学*	2	考试	32					2					
		532011	计算方法*	3	考试	56	16				3					
		531041	模糊数学与应用	2	考查	32						2				
		531051	人工智能基础*	2	考试	32						2				
		531061	数据挖掘	2	考查	32						2				
		531071	机器学习（双语）	2	考查	32								2		
		531081	深度学习	2	考查	32									2	
		531091	自然语言处理	2	考查	32									2	
		532012	Java程序设计*	2.5	考试	48	16					2.5				模块2 高级软件技术
		531022	C#程序设计（双语）	2	考查	32						2				
		531032	Windows程序设计	2	考查	32						2				
		531042	软件工程概论	2.	考查	32								2		
		531052	设计模式	2	考查	32								2		
		531062	多核程序设计	2	考查	32								2		
		531072	Python程序设计	2	考查	32								2		
		531082	UML建模技术及应用	2	考查	32									2	
		531092	软件项目管理	2	考查	32									2	

续表

课程类别	课程性质	课程代码	课程名称	学分	考核性质	总学时	实验学时	建议修读学期及学分分配								课程模块
								1	2	3	4	5	6	7	8	
专业教育课程	选修课	532013	数据库应用技术 *	2.5	考试	48	16					2.5				模块3 大数据技术
		532023	大数据技术与应用 *	2.5	考试	48	16					2.5				
		531013	电子商务技术及应用	2	考查	32						2				
		531023	地理信息系统	2	考查	32						2				
		531033	云计算技术 B	2	考查	32						2				
		531043	网络搜索引擎	2	考查	32							2			
		531053	生物信息学入门（双语）	2	考查	32							2			
		531063	GPGPU 异构高性能计算	2	考查	32							2			
		532014	Linux 实践 *	2	考试	40	16			2						模块4 网络空间安全
		532024	网络安全 *	3.5	考试	72	32					3.5				
		531014	数据库安全	2	考查	32						2				
		531024	程序安全检测技术	2	考查	32						2				
		531034	移动计算技术	2	考查	32							2			
		531044	无线网络技术	2	考查	32							2			
		531054	区块链技术	2	考查	32							2			
		532015	计算机图形学 *	3.5	考试	72	32				3.5					模块5 数字媒体技术
		531015	多媒体技术	2	考查	32					2					
		531025	图像处理技术	2	考查	32						2				
		531035	计算机辅助几何设计	2	考查	32						2				
		531045	游戏编程	2	考查	32						2				
		531055	虚拟现实技术基础	2	考查	32							2			

续表

课程类别	课程性质	课程代码	课程名称	学分	考核性质	总学时	实验学时	建议修读学期及学分分配								课程模块
								1	2	3	4	5	6	7	8	
专业教育课程	选修课	532016	嵌入式系统*	3.5	考试	72	32				3.5					模块6 智能控制系统
		531016	嵌入式设备驱动	2	考查	32						2				
		531026	计算机控制技术	2	考查	32						2				
		531036	人机交互技术	2	考查	32						2				
		531046	机器人设计与应用	2	考查	32								2		

注:

1. 选某一模块其他选修课时,建议选该模块的至少一门带 * 号的先导课。

2. 选修课至少选修 20.5 学分。

3. 三、四年级可跨学年选课。

4. 模块 2 "软件工程概论" 只作为计算机科学与技术(网络与信息安全)专业的专业教育选修课,不作为计算机科学与技术专业的专业教育选修课。

实践教学环节安排如下:

课程性质	课程编码	实践环节名称	学分	学时或周数	建议修读学期	备注
必修课	534001	程序设计基础课程设计	1	32	2	
	534002	数据结构课程设计	1	32	4	
	534003	编译原理课程设计	1	32	6	
	534004	网络协议分析实验	1	32	6	
	534005	数据库系统原理课程设计	1	32	6	
	534006	局域网技术与组网工程实验	1	32	7	
	534007	软件工程课程设计	1	32	7	
	534008	企业实训	1	1.5 周	6	在校内进行
	534009	企业实习	2	3 周	7	在企业进行
	534010	毕业设计(论文)	15	22.5 周	7、8	在校内/企业/科研院所,在教师指导下进行
		合计	25			

续表

课程性质	课程编码	实践环节名称	学分	学时或周数	建议修读学期	备注
选修课	534011	Web 程序设计	2	16+32	4	1. 微机系统与接口实验、单片机控制与应用实验至少选修1门 2. 选修课至少选修8学分 3. 三、四年级可跨学年选课
	534012	网页设计与网站建设	2	16+32	4	
	534013	JavaEE 程序设计	2	16+32	5	
	534014	Android 软件开发	2	16+32	5	
	534015	iOS 移动应用开发	2	16+32	5	
	534016	微机系统与接口实验	1.5	48	5	
	534017	单片机控制与应用实验	1.5	48	5	
	534018	CPU 设计实验	1.5	48	5	
	534019	.NET 架构与设计（双语）	2	16+32	6	
	534020	三维图形程序设计	2	16+32	6	
	534021	IBM Websphere 实践（双语）	2	16+32	7	
	534022	企业级数据库性能调优（双语）	2	16+32	7	

计算机科学与技术专业培养方案

一、专业培养目标

本专业培养具有德智体美劳综合素质的人才,即培养具有人文社会科学素养、社会责任感、工程职业道德、国际视野和工程实践学习经历,掌握自然科学基础知识,系统地掌握计算机科学理论、计算机软硬件系统及应用知识,掌握从事工程工作所需的相关科学知识和管理知识,具备综合运用所学知识和技术手段并考虑经济、环境、法律、法规、安全等制约因素解决复杂工程问题的能力,具备计算机科学研究、软硬件研发、系统管理等方面工作的能力,具备一定的创新意识以及终身学习、环境适应和团队合作能力的综合性计算机专业卓越人才。本专业的毕业生应能在科研部门、教育单位、企事业单位、技术和行政管理部门从事计算机领域科学研究、技术研发、工程应用和教学等方面的工作。通过工作实践、继续深造等方式,本专业毕业生能够在 5 年左右逐渐成长为信息技术行业技术架构设计师、技术骨干或信息技术项目管理人才。

以上培养目标概括如下。

目标 1:综合素养。具有人文素养、社会责任感和工程职业道德。

目标 2:知识。掌握计算机科学与技术的基础知识、基本理论和基本方法,具有从事计算机相关研发、管理、应用等工作所需的相关科学知识以及经济管理知识。

目标 3:能力。获得计算机行业技能的基本训练,具有综合运用所学专业理论方法和技术手段分析并解决复杂工程问题的能力,具体可分解为以下子目标。

子目标 3-1:胜任工作的能力(含分析、解决复杂工程问题能力)。具备计算机科学研究、软硬件研发、系统管理等方面工作的能力,了解计算机专业领域技术标准,相关行业的政策、法律和法规等。

子目标 3-2:创新能力及终身学习能力。具有一定的创新意识、信息获取能力、自我学习和终身学习的能力。

子目标 3-3:适应环境和团队合作能力。具有一定的组织管理能力,交流沟通、环境适应和团队合作的能力,具有国际视野。

二、学制与授予学位

4 年制本科。本专业所授学位为工学学士。

三、基本学分要求

课程性质	课程分类	学分	比例
通识课程	通识必修课程	35	21.3%
	通识选修课程	8	4.9%
大类基础课程		23.5	14.3%
专业课程	专业基础课程	18	11.0%
	专业必修课程	22	13.4%
	专业选修课程	16	9.8%
	实践环节	39.5	24.1%
个性课程		2	1.2%
合计毕业学分		164	100%

四、专业培养标准

方面	内容	目标要求及相应课程
德	1. 道德修养 2. 民族精神 3. 理想信念 4. 人际交往 5. 国际视野 6. 团队合作	1. 坚持四项基本原则，热爱祖国，理解社会发展及其规律，具备积极向上的人生观和价值观； 2. 热爱祖国，了解中国文化，愿为建设富强、民主、文明、和谐的社会主义国家和民族复兴做出贡献； 3. 遵守社会主义核心价值观，具有职业精神和职业道德； 4. 具有良好的人际关系； 5. 了解世界及其多样性，具有较好的国际视野； 6. 理解个人和团队的关系，具备多学科背景下良好的人际交往和团队合作能力，能够在项目中发挥领导或骨干作用； 以上目标主要由相关课程，包括思想道德修养和法律基础、中国近现代史纲要、马克思主义基本原理、毛泽东思想和中国特色社会主义理论体系概论、形势与政策等，以及社会考察等实践活动等提供支持
智	1. 数学知识 2. 自然科学知识 3. 人文科学知识 4. 专业知识	1. 具备对复杂计算机工程问题进行描述的数学基础知识； 2. 具备对复杂工程问题进行分析和建模的自然科学基础知识； 3. 具备较为全面的人文知识和相应的科学素养； 4. 掌握计算机科学与技术的基础知识、基本理论和基本方法，具备对复杂工程问题进行计算机求解的工程基础；

续表

方面	内容	目标要求及相应课程
智	5. 为专业服务的其他知识 6. 前沿进展知识(国内外) 7. 终身学习能力 8. 发现问题、分析问题、解决问题能力 9. 逻辑思维能力 10. 现场工作能力 11. 实验室工作能力 12. 表达、交流能力 13. 通用技能(包括通用办公技术、信息与通信等) 14. 组织、领导和管理能力	5. 了解计算机专业领域技术标准,相关行业的政策、法律和法规等,了解为专业服务的其他知识; 6. 具有查阅和整合各类资源,探索和发现本专业前沿技术和发展趋势的能力; 7. 掌握高效科学的学习方法,具备自主和终身的自我学习能力,通过学习发展自身能力,适应社会、经济和科技的不断发展; 8. 具备对复杂问题进行识别与判断,并结合专业知识进行有效分解的能力;具备对分解后的复杂问题进行表达与建模的能力;具备对复杂问题进行分析和求解的能力; 9. 具备对事物进行观察、比较、分析、综合、抽象、概括、判断、推理的能力,并采用科学的逻辑方法准确而有条理地表达自己思维过程的能力; 10. 具备计算机科学研究、软硬件研发、系统管理等方面工作的能力,了解计算机专业领域技术标准,相关行业的政策、法律和法规等; 11. 具备使用实验设备及软件进行数据分析与处理的能力; 12. 具备就复杂工程方案和技术问题进行陈述发言、清晰表达和交流讨论的能力; 13. 掌握工作相关的常用工具和方法,并能将其用于工作中,促进目标更高效达成; 14. 具备多学科背景下良好的人际交往和团队合作能力,并具有一定的组织、领导和管理能力; 以上目标主要由各公共基础课程、专业基础课程、专业课程、专业选修课程、实践类课程和讲座报告提供支持
体	1. 身体健康 2. 心理健康	1. 具有健康的身体,重视并坚持体育锻炼,掌握适合自身的锻炼方法; 2. 具有健康的心理,能正确认识自我以及理解个体和群体的关系; 以上目标主要由体育、军训、思想道德修养等相关课程提供支持
美	1. 美学教育 2. 审美素养 3. 艺术修养	1. 具备积极向上的价值观,能对善恶美丑的行为进行辨析; 2. 了解常见的艺术表现形式,并能理解和欣赏; 3. 理解科学和艺术的关系,并能结合个人的兴趣和特长适当发展; 以上目标主要由各人文课程和选修课程提供支持
劳	1. 劳动价值观 2. 劳动态度 3. 劳动技能	1. 树立积极向上的劳动价值观,正确认识劳动是实现专业技术和个人发展的必需途径; 2. 具备积极主动的劳动态度,引导学生在学习和实践过程中发挥主观能动性; 3. 培养熟练的专业技能及劳动素养、劳动能力

五、毕业要求

计算机科学与技术专业毕业要求	毕业要求分解
1. 工程知识：能够将数学、自然科学、工程基础和专业知识用于解决复杂计算机工程问题	1-1 能够将数学、自然科学、工程科学的语言工具用于工程问题的表述
	1-2 能够针对具体的工程问题建立数学模型并求解
	1-3 能够将计算机专业知识和数学模型方法用于推演、分析工程问题
	1-4 能够将计算机专业知识和数学模型方法用于专业工程问题解决方案的比较与综合
2. 问题分析：能够应用数学、自然科学和工程科学的基本原理，识别、表达并通过文献研究分析复杂计算机工程问题，以获得有效结论	2-1 能够运用计算机及相关知识对复杂计算机工程问题进行识别与判断，并结合专业知识进行有效分解
	2-2 能够对分解后的计算机工程问题进行表达与建模
	2-3 能够通过文献研究，并运用所学知识、原理认识到计算机工程问题多种可能的解决方案
	2-4 能够通过文献研究，并运用所学知识、原理分析计算机系统的影响因素，获得有效的结论
3. 设计 / 开发解决方案：能够设计针对复杂计算机工程问题的解决方案，设计满足特定需求的系统、单元（部件）或工艺流程，并能够在设计环节中体现创新意识，考虑社会、健康、安全、法律、文化以及环境等因素	3-1 能够对复杂计算机系统进行需求分析，清晰地描述任务全过程，并了解影响任务的各种因素
	3-2 熟练掌握对复杂计算机系统进行分析和总体设计的方法
	3-3 能够运用计算机技术进行特定部件、模块的实现
	3-4 能够在设计 / 开发解决方案中体现较强的创新意识，并能够考虑社会、健康、安全、法律、文化以及环境等因素
4. 研究：能够基于科学原理并采用科学方法对复杂计算机工程问题进行研究，包括设计实验、分析与解释数据，并通过信息综合得到合理有效的结论	4-1 能够基于科学原理，通过文献研究或相关方法，调研和分析复杂计算机工程问题的解决方案，并根据问题的特点选择研究路线、设计实验方案
	4-2 能够根据实验方案构建计算机实验系统，安全有效地开展实验，正确地采集实验数据
	4-3 能够对实验结果进行分析和解释，进行信息综合，并基于所学知识、原理得到合理有效的结论
5. 使用现代工具：能够针对复杂计算机工程问题，开发、选择与使用恰当的技术、资源、现代工程工具和信息技术工具，包括对复杂工程问题的预测与模拟，并能够理解其局限性	5-1 了解常用的软硬件工具，明确其局限性，针对特定计算机工程问题，能够选择和利用合适的软硬件资源，进行计算机系统的设计、开发和分析等
	5-2 能够针对特定问题，开发或选用满足需求的软硬件，进行系统模拟和结果预测，并能够分析其局限性

续表

计算机科学与技术专业毕业要求	毕业要求分解
6. 工程与社会：能够基于工程相关背景知识进行合理分析，评价计算机专业工程实践和复杂工程问题解决方案对社会、健康、安全、法律以及文化的影响，并理解应承担的责任	6-1 了解与计算机科学与技术有关的技术标准和法律、法规，理解各种因素对于计算机工程系统实施的影响
	6-2 能够分析和评价计算机工程实践或解决方案对于社会、健康、安全、法律及文化的影响，以及这些制约因素对项目实施的影响，理解作为计算机工程师应承担的责任
7. 环境和可持续发展：能够理解和评价针对复杂计算机工程问题的工程实践对环境、社会可持续发展的影响	7-1 理解计算机软硬件工程方案对环境和社会可持续发展的影响
	7-2 能够从环境保护和可持续发展的角度思考计算机工程方案的可持续性，评价工程方案执行过程中可能对社会和人类造成的负面影响
8. 职业规范：具有人文社会科学素养、社会责任感，能够在工程实践中理解并遵守工程职业道德和规范，履行责任	8-1 掌握马列主义、毛泽东思想和中国特色社会主义理论体系，掌握人文社会科学知识，具备较高的文化素质修养
	8-2 具有优良的学风、良好的纪律性和认真负责的工作态度，理解诚实公正、诚信守则的工程职业道德和规范，并能在工程实践中自觉遵守
	8-3 具有良好的思想品德、社会公德，具有正确的人生观与价值观，具有为国家和社会服务的责任感和敬业精神
	8-4 通过参与文体活动，保持身心健康
9. 个人和团队：能够在多学科背景下的团队中承担个体、团队成员以及负责人的角色	9-1 具备多学科背景下良好的人际交往和团队合作能力，能够与其他学科成员有效沟通，独立或合作开展工作
	9-2 能够组织、协调或指挥团队开展工作，发挥领导或骨干作用
10. 沟通：能够就复杂计算机工程问题与业界同行及社会公众进行有效沟通和交流，包括撰写报告和设计文稿、陈述发言、清晰表达或回应指令。并具备一定的国际视野，能够在跨文化背景下进行沟通和交流	10-1 能够撰写计算机工程方案技术报告和设计文稿，准确地表达自己的观点，回应质疑，与同行和社会公众交流
	10-2 能够针对计算机工程方案和技术问题进行陈述发言，清晰地表达观点，回应质疑，与同行和社会公众交流
	10-3 理解和尊重世界不同文化的差异性和多样性，掌握计算机领域国际发展趋势和研究热点，能够熟练运用英语进行跨文化背景下的交流和沟通
11. 项目管理：理解并掌握工程管理原理与经济决策方法，并能在多学科环境中应用	11-1 掌握计算机工程项目中涉及的管理与经济决策方法
	11-2 了解计算机工程项目管理的全过程及其成本构成，并能综合运用管理、经济决策方法进行项目可行性分析
	11-3 能够在多学科环境下，运用计算机项目管理知识、经济决策等方法进行计算机系统解决方案设计
12. 终身学习：具有自主学习和终身学习的意识，有不断学习和适应发展的能力	12-1 能够在社会发展大背景下，了解计算机专业发展动态性规律，认识自主和终身学习的必要性
	12-2 掌握高效科学的学习方法，具备自主学习能力，包括对技术问题的理解能力、归纳总结能力和提出问题能力等

六、核心课程

本专业的主要课程包括：离散数学、数据结构、算法设计与分析、形式语言与自动机、计算机组成原理、编译原理、操作系统、计算机系统结构、计算机网络、数据库系统原理、软件工程、人机交互导论、人工智能原理与技术等。

七、教学安排一览表

计算机科学与技术专业四年制教学安排一览表

课程编号	课程名称	考核性质	学分	学时或周数	上机时数	实验时数	各学期周学时分配或周数分配									
							一	二	三	四	五	六	七	八	九	十
一、通识教育课程																
通识必修课（必修 35 学分）																
002016-9	形势与政策	考查	2.0	68			1	1	1	1						
540039	中国近现代史纲要	考试	3.0	51			3									
540038	思想道德修养和法律基础	考试	3.0	34			3									
540041	毛泽东思想和中国特色社会主义理论体系概论	考试	5.0	85								5				
540040	马克思主义基本原理	考试	3.0	34						3						
360011	军事理论	考查	2.0	34			1									
	军训	考查	2.0	两周				暑期								
320001-4	体育	考查	4.0	136			2	2		2	2					
	大学英语	考试	6.0	102			2	2	2							
	信息类导论课	考试	2.0	34			2									
	高级语言程序设计	考试	3.0	51			3									
通识选修课（必修 8 学分）																
二、大类基础课程（必修 23.5 学分）																
122004-5	高等数学 B	考试	10.0	170			5	5								
124003-4	普通物理 B	考试	6.0	102				3	3							
580006-7	物理实验	考查	1.5	51		51	1	2								

续表

课程编号	课程名称	考核性质	学分	学时或周数	上机时数	实验时数	各学期周学时分配或周数分配									
							一	二	三	四	五	六	七	八	九	十
122010	线性代数 B	考试	3.0	51			3									
122011	概率论与数理统计	考试	3.0	51					3							
三、专业课程																
专业基础课(必修 18 学分)																
102204	电路理论	考试	4.0	68				4								
100388	离散数学	考试	3.0	51					3							
101019	数据结构	考试	4.0	68	34				4							
102109	数字逻辑	考查	3.0	51					3							
	计算机导论	考查	2.0	34			2									
	面向对象程序设计	考查	2.0	34				2								
专业必修课(必修 22 学分)																
101016	计算机组成原理	考试	4.0	68						4						
101029	算法设计与分析	考试	3.0	51						3						
100390	形式语言与自动机	考查	2.0	34	17					2						
101020	操作系统	考试	4.0	68	17						4					
100395	编译原理	考试	3.0	51	17						3					
100396	数据库系统原理	考试	3.0	51	17						3					
101062	计算机网络	考试	3.0	51								3				
专业选修课(选修 16 学分)																
专业限选课(10 学分)																
100580	人工智能原理与技术	考查	2.0	34						2						
100160	计算机系统结构	考查	3.0	51	17						3					
100234	人机交互导论	考查	2.0	34	17							2				
101023	软件工程	考查	3.0	51	17							3				

方向选修课(选 6 学分,至少 4 门课)(共 4 个课程组;学生须选择 1 个课程组,并至少修满其中 3 门课程;另外一门选修课可选其他课程组的课程,或跨选同一平台下信息安全专业的必修或选修课程,也可选修本院或学校其他专业选修课)

课程组 1(软件与服务计算方向)																
100391	软件开发方法	考查	2.0	34	17					2						
100475	可计算理论	考查	2.0	34							2					
101031	程序设计方法学	考查	2.0	34	17							2				
100399	电子商务技术	考查	2.0	34	17							2				
100164	IT 项目管理	考查	2.0	34									2			

续表

课程编号	课程名称	考核性质	学分	学时或周数	上机时数	实验时数	各学期周学时分配或周数分配									
							一	二	三	四	五	六	七	八	九	十
100406	服务计算概论	考查	2.0	34										2			
100229	软件测试基础	考查	2.0	34	17									2			
100414	软件形式化技术	考查	2.0	34	17									2			
100411	UNIX 系统分析	考查	2.0	34	17								2				
课程组 2(网络与体系结构方向)																
101099	嵌入式系统	考查	2.0	34	17									2			
100480	电子设计自动化	考查	2.0	34	17							2					
100585	移动计算	考查	2.0	34										2			
100022	Web 技术	考查	2.0	34	17								2				
100403	容错计算与可靠性	考查	2.0	34									2				
100510	并行编程原理与实践	考查	2.0	34	10								2				
课程组 3(认知与智能信息处理方向)																
102147	模式识别	考查	2.0	34	17							2					
100237	机器学习	考查	2.0	34	17								2				
101035	中文信息处理	考查	2.0	34									2				
100400	数据挖掘	考查	2.0	34	17									2			
100339	脑认知与智能计算	考查	2.0	34										2			
课程组 4(仿真与多媒体处理方向)																
100433	计算机图形学	考查	2.0	34	17							2					
100410	信号处理导论	考查	2.0	34										2			
101030	多媒体技术	考查	2.0	34	17								2				
100581	图像处理	考查	2.0	34	17								2				
100407	计算机视觉	考查	2.0	34	17								2				
实践环节(必修 39.5 学分)																
	高级语言程序设计实验	考查	1.0	34				2									
100415	汇编语言程序设计	考查	2.0	2周						暑假							
100623	数字逻辑实验	考查	1.5	51						3							
100165	数据结构课程设计	考查	2.0	2周							暑假						
100313	认识实习	考查	0.5	0.5周							暑假						

续表

课程编号	课程名称	考核性质	学分	学时或周数	上机时数	实验时数	各学期周学时分配或周数分配									
							一	二	三	四	五	六	七	八	九	十
100656	计算机组成原理课程设计	考查	2.0	34						2						
100579	人工智能课程设计	考查	2.0	34						2						
100225	计算机系统实验	考查	1.0	34								2				
100436	操作系统课程设计	考查	1.0	17								1				
100437	数据库系统原理课程设计	考查	1.0	17								1				
100419	计算机网络课程设计	考查	1.0	1周								暑假				
实践环节																
100312	编译原理课程设计	考查	1.0	17								1				
100438	软件工程课程设计	考查	1.0	1周								暑假				
100657	专业实习	考查	2.5	4周								暑假				
100576	毕业实训(计算机)	考查	4	136									4			
100290	毕业设计(论文)	考查	16.0	272										16		
四、个性课程(修满 2 学分)																

八、有关说明

1. 选修课说明

方向选修课要求按学科研究方向选择其中 1 个课程组,并至少修满其中 3 门课程。另外 1 门方向选修课可任选同平台下其他专业选修课或者跨选校内其他专业选修课。各研究方向课程组如下:

(1) 课程组 1(软件与服务计算方向):软件开发方法、可计算理论、程序设计方法学、服务计算概论、软件测试基础、电子商务技术、IT 项目管理、软件形式化技术、UNIX 系统分析。

(2) 课程组 2(网络与体系结构方向):嵌入式系统、电子设计自动化、移动计算、Web 技术、容错计算与可靠性、并行编程原理与实践。

(3) 课程组 3(认知与智能信息处理方向):模式识别、机器学习、中文信息处理、数据挖掘、脑认知与智能计算。

(4) 课程组 4(仿真与多媒体处理方向)：计算机图形学、信号处理导论、多媒体技术、图像处理、计算机视觉。

2. 全英文课说明

数据库系统原理、人工智能原理与技术和人机交互导论课程开设全英文试点班。

3. 竞赛类课程说明

专业实践环节"C++程序设计实践"(2 学分)为本专业竞赛相关课程。

4. 毕业设计相关课程

毕业实训(计算机)为本专业毕业设计相关课程。

5. 通识选修课修读要求

每个学生培养期间至少修满 8 个通识选修课学分。

至少选修一门精品类通识选修课(包括校级核心通识课、同济烙印课、长青系列课、交叉融通课、校级精品通识课)；选修管理与法律类、环境类、艺术类相关课程至少各一门；必须选修 2 学分创新创业类课程；每个学生每个模块最多选修两门课程。

6. 个性课程

建议学生至少应选修交叉课程或包括其他专业的课程 2 学分。

中国科学技术大学

计算机科学与技术专业培养方案

一、培养目标

　　培养适应我国社会主义建设实际需要,德、智、体全面发展,具有坚实的数理基础,掌握计算机软硬件基础理论及计算机系统设计、研究、开发及综合应用方法;具有较强的计算机系统程序设计能力和程序分析能力;受到良好的科学实验素养训练;了解计算机科学与技术的新发展;掌握一门外语,能顺利阅读本学科外文文献的优秀人才。

　　毕业生适宜到科研部门和教育单位从事科学研究和教学工作;到企事业、技术和管理部门从事计算机软件、体系结构及其应用研究和科技开发工作;可继续攻读本学科相关学科的硕士学位。

二、学制、授予学位及毕业要求

　　学制:标准学制4年,弹性学习年限3—6年。
　　授予学位:工学学士学位。
　　毕业要求:总学分修满至少160学分,并通过毕业论文答辩。
　　课程设置分类及学分比例如下。

分类	学分	比例 /%
校定通修课程	75.5	47.2
专业基础课程	16	10
专业核心课程	30	18.8
专业选修课程	14.5	9.1
自由选修课程	16	10
毕业论文	8	5
合计	160	100

三、修读课程要求

1. 校定通修课程设置

学科分类	课程名称	总学时/实践学时	学分	开课学期	建议年级
国防教育 4	军事理论	40	2	秋	1
	军事训练	10/60	2	秋	1
通识类 8	核心通识课程		7	春、夏、秋	1、2、3
	"科学与社会"研讨课	20	1	秋→春	1
英语类 8	学生根据自己英语水平选班上课		8	春、秋	1、2
数学类(理工) 16	数学分析(B1)	120	6	秋	1
	数学分析(B2)	120	6	春	1
	线性代数(B1)	80	4	春	1
物理类(理工) 11.5	力学 B	80	2.5	春	1
	热学 B	30	1.5	春	1
	电磁学 C	60	3	秋	2
	量子物理	60	3	春	2
	大学物理—基础实验 B1	0/40	1	春	1
	大学物理—基础实验 B2	0/20	0.5	秋	2
政治类 16	思想道德与法治	60	3	秋	1
	中国近现代史纲要	60	3	春	1
	马克思主义基本原理	60	3	秋	2
	毛泽东思想和中国特色社会主义理论体系概论	60	3	春	2
	形势与政策(讲座)	40	2	秋	3
	思想政治理论课实践	0/80	2	秋	3
体育类 4	基础体育	40	1	秋	1
	基础体育选项	40	1	春	1
	体育选项(1)	40	1	春、秋	2
	体育选项(2)	40	1	春、秋	2
计算机类 8	计算机程序设计 A	60/40	4	秋	1
	计算系统概论 A	60/40	4	秋	2
学分小计			75.5		

2. 专业基础课程设置

学科分类	课程名称	学时	学分	开课学期	建议年级
数学	概率论与数理统计	60	3	春	2
计算机	模拟与数字电路	80	4	秋	2
	模拟与数字电路实验	40	1	秋	2
	代数结构	60	3	春	1
	图论	60	3	秋	2
	数理逻辑基础	40	2	春	2
学分小计			16		

3. 专业核心课程设置

课程名称	总学时/实践学时	学分	开课学期	建议年级
数据结构	60/40	4	秋	2
计算机网络	60/20	3.5	秋	3
算法基础	60/30	3.5	春、秋	2春、3秋
人工智能基础	60/20	3.5	春	3
数据库系统及应用	60/30	3.5	春	3
计算机组成原理	60/40	4	春	2
操作系统原理与设计	60/40	4	春	2
编译原理和技术	60/40	4	秋	3
学分小计		30		

4. 专业选修课程设置（选 14.5 学分）

课程分类		课程名称	总学时/实践学时	学分	开课学期	建议年级
数学基础扩展选修 4		数理方程 B	40	2	春	2
		复变函数 B	40	2	秋	2
		计算方法	40	2	春	3
		随机过程 B	40	2	秋	3
专业方向选修 10.5	所有方向	计算机导论	20	1	秋	2
		程序设计进阶与实践	40/40	3	春	1
	计算机软件与理论	程序语言设计与程序分析	60/40	3.5	春	3
		数理逻辑进阶与应用	40	2	秋	3
		软件综合实验	40/40	1	秋	4
		形式化方法导引	40/40	3	春	3

续表

课程分类		课程名称	总学时/实践学时	学分	开课学期	建议年级
专业方向选修 10.5	计算机软件与理论	软件工程实践	40/20	2.5	秋	4
		算法博弈论	40/20	2.5	秋	4
		大数据算法	60	3	春	3
		运筹学基础	40/20	2.5	春	2
		软件工程导论	40	2	春	3
	计算机系统结构	嵌入式系统设计方法	40/20	2.5	秋	4
		智能计算系统基础	40/40	3	秋	4
		计算系统综合实验	40/40	1	秋	4
		计算机体系结构	60/40	4	春	3
		并行计算	40/20	2.5	春	3
		微机原理与系统 B	40/30	2.5	秋	3
	计算机应用技术	数字图像处理与分析	60/20	3.5	春	3
		Web 信息处理与应用	60/30	3.5	秋	4
		计算机图形学理论和应用	60/20	3.5	春	3
		多媒体技术与应用	60/20	3.5	春	3
		数据科学导论	40	2	秋	2
		机器学习概论	60/40	4	秋	3
		自然语言处理	40	2	秋	4
		人工智能实践	80/80	2	春、秋	3 春、4 秋
		模式识别导论	40	2	春	3
		脑与认知科学导论	40	2	春	3
		机器学习	50	2.5	春	3
	信息安全	数据隐私的方法伦理和实践	60/20	3.5	春	3
		网络系统实验	40/40	1	春	3
		信息安全导论	40/40	3	春	3
		区块链技术与应用	40/20	2.5	春	3
		网络算法学	40/40	3	秋	4
		量子计算与机器学习	60	3	秋	4

5. 自由选修课程(16 学分)

以上模块内超出要求学分的选修课程学分均可算入自由选修学分,也可选修其他本科课程或者本研贯通课程以获得自由选修学分。

6. 毕业论文(8 学分)

四、课程关系结构图(图 3-6)

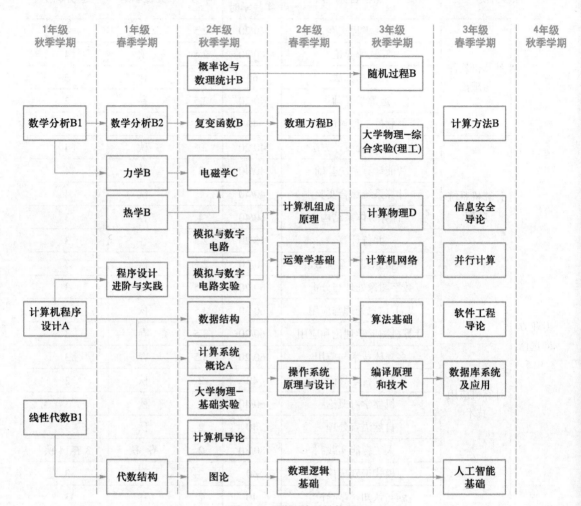

图 3-6 课程关系结构图

武 汉 大 学

计算机科学与技术专业培养方案

一、培养目标

计算机科学与技术专业面向国家重大战略需求,培养具有健全的人格、良好的人文素养、高度的使命感和责任心,具有家国情怀,具有坚实的数理基础、良好的科学思维与科学研究能力,系统地掌握本专业的基础理论、专门知识和基本技能,具有卓越的工程实践能力、跟踪相关领域发展前沿的能力,具有自主学习和终身学习的能力,具有良好的团队合作和组织管理能力,具有开阔的国际视野,具有开拓进取精神和创新创业能力的一流计算机人才。

毕业生可以进入国内外知名高校或科研机构深造,或在国内外知名信息技术企业和大型企事业单位从事计算机领域的研究、应用、开发和管理等工作,或在相关领域进行创新创业。

毕业 5 年后,能够成为具有较强研究、开发、管理、创业能力的科研人员、卓越工程师、项目高管、企业创建者,在国内外知名高校或科研机构从事研究工作,或在国内外知名信息技术企业、大型企事业单位从事科技攻关、软硬件系统设计、技术管理等核心工作,或在相关领域创建企业、推动产业发展。通过终身学习,未来成为引领计算机学科科技创新、工程设计、产业发展的国家栋梁和领军人才。

二、培养特色

计算机科学与技术专业以打造国际一流计算机本科教育为目标,以国家基础学科拔尖学生培养基地为平台,以培养"创造、创新、创业"的"三创"能力为核心,构建多维度的专业知识体系、多层次的科研实践环境,创建立体化的创新人才综合培养体系,培养学生在计算机及相关领域跟踪、发展新理论、新方法、新技术的能力,旨在培养家国情怀浓厚、专业基础扎实、知识结构全面、创新素质突出、人文素养深厚,能够引领计算机科学与技术科技创新、工程设计、产业发展的领军型人才。

三、大类平台课程

大类平台课程包括:

计算机科学导论、数字逻辑与数字电路、离散数学、数据结构、计算机组成与设计、操作系统、计算机网络、数据库系统。

四、学制、授予学位与学分要求

学制为 4 年。

授予工学学士学位。

学生毕业时必须修满 140 学分,其中公共基础课程 50 学分(要求大学英语课程学分不低于 6 学分),通识教育课程不低于 12 学分。

计算机科学与技术专业大类平台课程 21.5 学分,专业必修课程 27.5 学分,专业选修课程不低于 27 学分;计算机科学与技术卓越工程师班大类平台课程 21.5 学分,专业必修课程 29.5 学分,专业选修课程不低于 25 学分。

五、主要实验和实践性教学要求

计算机科学与技术专业实践性教学环节主要有实验实践、上机实习和创新创业三种类型,采用课间实验、集中实验和自主实践相结合的方法进行安排。其中课间实验与相应课程同步进行,集中实验一般在相应课程结束后集中进行,以综合性、设计型为主,旨在锻炼综合应用知识、解决实际问题的能力。鼓励学生参加业余科研活动,推荐免试攻读硕士学位的学生直接进入导师的课题组,提前开始研究生阶段的学习和研发工作。对准备就业的学生,鼓励到用人单位或校外实习基地实习,同时鼓励学生通过创客实践课程自主创新创业,将自己的创意变为现实。

六、专业必修课程

人工智能引论、高级语言程序设计、编译原理、软件工程、算法设计与分析、嵌入式系统、数字逻辑与数字电路课程设计、计算机组成与设计课程设计、操作系统课程设计、计算机网络课程设计、大型应用软件课程设计。

七、毕业要求

(1) 工程知识:具备扎实的数学、自然科学知识基础,系统地掌握计算机领域的专业知识和工程基础,能够将所掌握的知识运用于解决计算机领域复杂工程问题。

(2) 问题分析:能够应用数学、自然科学和工程科学的基本原理,进行科学思维,识别问题、表达问题、分析问题、评价问题,并通过文献研究分析计算机领域复杂工程问题,以获得有效结论。

(3) 设计/开发解决方案:能够设计针对计算机领域复杂工程问题的解决方案,设计满足特定需求的软硬件系统、算法或模型,并能够在设计过程中体现创新意识,考虑社会、健康、安全、法律、文化以及环境等因素。

（4）研究：能够基于计算机领域科学原理，并采用科学方法，对复杂的计算机软硬件系统工程问题进行研究，包括设计实验、分析与解释数据、并通过信息综合、分析得到合理有效的结论。

（5）使用现代工具：能够针对计算机领域复杂工程问题，开发、选择与使用恰当的技术方法、软硬件资源、现代信息工程开发与管理工具，包括对复杂工程问题的预测与模拟，并能够分析其局限性。

（6）工程与社会：能够基于计算机系统的工程相关背景知识进行逻辑分析，评价本专业工程实践和计算机领域复杂工程问题解决方案对社会、健康、安全、法律以及文化的影响，并理解应承担的责任。

（7）环境和可持续发展：能够理解和评价针对计算机领域复杂工程问题的工程实践对环境、社会可持续发展的影响。

（8）职业规范：具有人文社会科学素养、社会责任感，能够在工程实践中理解并遵守工程职业道德和规范，履行责任。

（9）个人和团队：能够在多学科交叉融合背景下的团队中承担个体、团队成员以及负责人的角色。

（10）沟通：能够就计算机领域复杂工程问题与业界同行及社会公众进行有效沟通和交流，包括撰写报告和设计文稿、陈述发言、清晰表达或回应指令。具备一定的国际视野和学科前沿知识，能够在跨文化背景下进行沟通和交流。

（11）项目管理：理解并掌握计算机系统的工程管理原理与经济决策方法，并能将项目管理知识综合运用到多学科合作的环境中。

（12）终身学习：具有自主学习和终身学习的意识，有不断自我学习和知识更新能力，能够适应计算机学科和技术快速发展的需求。

八、培养方案

计算机科学与技术专业培养方案（含计算机类专业第一学年修习课程）

课程类别（学分）		课程代码	课程名称	学分数			修读学期	备注
				总学分	理论课学分	实践课学分		
公共基础课程（50）	必修（30）	1100890011003	马克思主义基本原理概论	3	3		2	
		1100890011007	习近平新时代中国特色社会主义思想概论	2	2		6	
		1100890011004	毛泽东思想和中国特色社会主义理论体系概论	5	4	1	3	

续表

课程类别（学分）		课程代码	课程名称	学分数			修读学期	备注
				总学分	理论课学分	实践课学分		
公共基础课程（50）	必修（30）	1100890011002	中国近现代史纲要	3	2	1	2	
		1100890011001	思想道德修养与法律基础	3	3		1	
		1100740011001-4	形势与政策	2	2		1-4	
		1100820011101-4	体育	4	4		1-4	
		1100730011001	军事理论与训练	2	2		1	含2-3周军事训练
		1100810013010	大学英语	6	6		1-4	
	必修（20）	1100850011005	高等数学 B1	5	5		1	
		1100850011006	高等数学 B2	5	5		2	
		1100800011016	线性代数 B	3	3		2	
		1100800011006	大学物理 D1	4	4		2	
		1100800011022	概率论与数理统计 B	3	3		3	
通识教育课程（12）	基础通识课程 必修（4）	2110720011001	人文社科经典导引	2	2		1	所有学生必须选修"中华文化与世界文明"和"艺术体验与审美鉴赏"模块课程,人文社科类学生必须选修"科学精神与生命关怀"模块课程,理工医类学生必须选修"社会科学与当代社会"模块课程
		2110720011002	自然科学经典导引	2	2		2	
	核心通识课程 选修（8）	课程模块	中华文化与世界文明模块	8	8			
			艺术体验与审美鉴赏模块					
			社会科学与当代社会模块					
	一般通识课程		科学精神与生命关怀模块	2	2			

续表

课程类别(学分)			课程代码	课程名称	学分数			修读学期	备注
					总学分	理论课学分	实践课学分		
专业教育课程(78)	专业必修课程(35)	大类平台课程(21.5)	3140520011002	计算机科学导论	1.5	1	0.5	1	
			3140520011014	数字逻辑与数字电路	3	2.5	0.5	2	
			3140520014015	离散数学	3	3		2	
			3140520011016	数据结构	3	2.5	0.5	3	
			3140520011017	计算机组成与设计	3	2.5	0.5	3	
			3140520011018	操作系统	2.5	2.5		4	
			3140520011020	计算机网络	3	3		4	
			3140520011019	数据库系统	2.5	2.5		4	
		专业必修课程(13.5)	3150520011021	人工智能引论	2.5	2.5		3	
			3150520011022	算法设计与分析	2.5	2	0.5	5	
			3150520011023	软件工程	3	3		6	
			3150520011024	嵌入式系统	2.5	2	0.5	6	
			3150520011025	编译原理	3	3		6	
	专业选修课程	专业平台选修课程	3350520011001	电路与电子学基础	3	2.5	0.5	1	
			3350520011005	物联网导论	1	1		1	
			3350520011004	软件技术基础	3	2.5	0.5	1	
			3350520011003	认知过程的信息处理	1	1		1	
			3350520011031	组合数学	3	3		4	
			3350520011032	计算机接口与通信	3	2.5	0.5	4	
			3350520011033	软件构造基础	3	2.5	0.5	4	
			3350520011034	移动编程技术	2	1.5	0.5	4	
			3350520011035	Windows 原理与应用	2	1.5	0.5	5	
			3350520011036	Linux 原理与应用	2	1.5	0.5	5	
			3350520011037	科技写作	1	1		5	
			3350520011039	软件设计与体系结构	2	1.5	0.5	5	
			3350520011040	软件质量保障与测试	2.5	2	0.5	6	
			3350520011041	数字信号处理	2	2		6	
			3350520011042	程序设计语言理论	2	2		6	
			3350520011043	网络空间安全	2	2		7	

续表

课程类别(学分)			课程代码	课程名称	学分数			修读学期	备注
					总学分	理论课学分	实践课学分		
专业教育课程(78)	专业选修课程	专业平台选修课程	3350520011044	工程伦理	1	1		7	
			3350520011045	组织行为学	2	2		7	
			3350520011046	设计思维	2	2		7	
			3350520011047	计算机前沿技术 1 ⊜	1	1			与校内外单位或境外教师联合开课
			3350520011048	计算机前沿技术 2 ⊜	1	1			
			3350520011049	计算机前沿理论 1 ⊜	1	1			
			3350520011050	计算机前沿理论 2 ⊜	1	1			
		专业选修课程	3350520011051	机器学习与模式识别	3	3		6	人工智能方向
			3350520011052	自然语言处理	2	1.5	0.5	7	
			3350520011053	计算机视觉	2	1.5	0.5	7	
			3350520011054	网络程序设计	2.5	2	0.5	6	计算机网络方向
			3350520011055	网络管理	2	1.5	0.5	6	
			3350520011056	网络工程与应用	2	1.5	0.5	7	
			3350520011057	计算机图形学	3	2.5	0.5	5	媒体计算方向
			3350520011058	多媒体技术	3	2.5	0.5	6	
			3350520011059	数字图像处理	2	1.5	0.5	7	
			3350520011060	虚拟现实技术	2	1.5	0.5	7	
			3350520011061	面向对象软件工程	2	1.5	0.5	6	软件工程方向
			3350520011062	软件体系结构	2	1.5	0.5	6	
			3350520011063	软件计划与管理	2	1.5	0.5	7	
			3350520011064	软件测试	2	1.5	0.5	7	
			3350520011065	云计算技术	2	1.5	0.5	6	计算机体系结构方向
			3350520011066	存储技术	2	1.5	0.5	7	
			3350520011067	并行与分布式计算	2	1.5	0.5	7	
			3350520011068	量子计算	1	1		7	
			3350520011069	数据科学导论	1	1		6	大数据方向

续表

课程类别(学分)			课程代码	课程名称	学分数			修读学期	备注
					总学分	理论课学分	实践课学分		
专业教育课程(78)	专业选修课程	专业选修课程	3350520011070	数据采集与物联网	2	1.5	0.5	6	大数据方向
			3350520011071	大数据计算架构	2	1.5	0.5	7	
			3350520011072	大数据分析与处理	2	1.5	0.5	7	
	专业实践课程	专业必修课程(14)	3150520011012	高级语言程序设计	3		3	2	
			3150520011091	数字逻辑与数字电路设计㈢	1		1	1暑	
			3150520011092	计算机组成与设计课程设计	1		1	4	
			3150520011093	操作系统课程设计㈢	1		1	2暑	
			3150520011094	计算机网络课程设计㈢	1		1	2暑	
			3150520011095	大型应用软件课程设计	1		1	7	
			3150520011096	毕业论文或设计	6		6	8	
		专业选修课程	3350520011103	.net架构程序设计	2		2	5	
			3350520011104	JavaEE架构程序设计	2		2	5	
			3350520011106	数据库系统实现	2		2	6	
			3350520011108	嵌入式系统课程设计㈢	1		1	3暑	计算机科学与技术专业计算机体系结构方向选修课之一
			4350520011109	创客实践㉒	3		3		创新/创业实践、竞赛或发明专利,或高等级论文,参照学院相关规定执行
跨学院选修课程(4)			要求跨学院学科选课,至少修读4个学分的跨学院学科专业教育课程						
创新创业教育课程(3)			每个学生必须修读不低于3学分的创新创业教育课程(全校范围内㉒字课程均可)						
毕业应取得总学分不少于140分									

注:

1. 带㈢字的课程为第三学期开设课程。

2. 带㉒字的课程为创新创业类课程。

计算机科学拔尖人才培养方案(2021版)

一、培养目标

"中南大学计算机科学基础拔尖人才培养计划"把人才培养理念、创新制度改革放在首要位置,坚持把立德树人作为中心环节,把思想政治工作贯穿于教育教学全过程,培养学生的基础研究能力、综合实践能力,培养大格局、大视野、高站位的基础研究人才。培养目标具体包括以下5个方面。

培养目标1:掌握数学、计算机科学基础理论,注重对数学能力和问题分析能力的训练与培养,具有主动获取知识的能力,具有在本专业领域跟踪新理论、新知识、新技术的能力。

培养目标2:注重科研训练,加强突出的科学研究能力的培养,具有创新意识和国际竞争能力、国际视野、科学思维,使得学生能在计算机及交叉学科的前沿领域持续从事系统创新性科学研究工作,并有能力成长为国际一流科学家。

培养目标3:注重系统能力的培养,对接学术界与工业界热点方向,提高学生具有解决实际问题的能力。

培养目标4:具有正确的人生观、价值观、社会观和科学教育观,思想道德、社会责任感、文化素养和专业素质强,具有求实创新的意识,具有健康的体魄和良好的心理素质。

培养目标5:能始终坚持学习和自我完善,紧跟计算机领域的理论与技术发展趋势。

二、培养要求

本专业学生需要具有扎实的数理基础,良好的人文素养、法律素养、美育素养和体育素养;全面系统地掌握计算机领域的基本理论和知识,了解计算机相关领域的发展趋势;具有一流的科学研究和工程策划及实践能力,卓越的组织和演讲能力,优秀的知识创新能力,出众的学术判断能力以及极强的自我内驱力人格。本专业对毕业生在知识、能力与素质方面的具体要求如下。

(1)工程知识:能够将数学、自然科学、工程科学的基础知识和专业知识用于解决计算机领域的复杂工程问题。

(2)问题分析:能够应用数学、自然科学和计算机科学的基本原理,识别、表达并通过调研和文献研究分析计算机领域的复杂工程问题,以获得有效结论。

(3)设计/开发解决方案:能够针对计算机领域复杂工程问题,设计满足特定需求的计算机软硬件系统、模块或算法,并在设计与开发过程中体现创新意识,综合考虑社会、健康、安全、法律、文化及环境等因素。

(4) 研究:能够应用计算机相关基本原理并采用科学方法对计算机复杂工程中的关键问题进行研究,通过实验设计和实验结果分析等过程,综合得到合理有效的结论。

(5) 使用现代工具:能够针对计算机领域的复杂工程问题,选择与使用恰当的技术、软硬件资源、现代工程研发工具和信息技术工具,提高问题解决能力和效率,并能理解其局限性。

(6) 工程与社会:能够应用计算机相关背景知识进行合理分析,评价计算机复杂工程问题解决方案对社会、健康、安全、法律以及文化的影响,并理解应承担的责任。

(7) 环境和可持续发展:能够理解和评价针对复杂工程问题的计算机工程实践对环境、社会可持续发展的影响。

(8) 职业规范:具有人文社会科学素养、社会责任感,能够在计算机相关工程实践中理解并遵守工程职业道德和规范,履行责任。

(9) 个人和团队:能够在多学科背景下的团队中承担个体、团队成员以及负责人等多种角色。

(10) 沟通:能够就计算机领域的复杂工程问题与业界同行及社会公众进行有效沟通和交流,包括撰写规范的报告和设计文稿、陈述发言、清晰表达或回应指令,并具备一定的国际视野,能够在跨文化背景下进行沟通和交流。

(11) 项目管理:能够理解并掌握与计算机工程实践活动相关的工程项目管理原理与经济决策方法,并能在多学科环境中应用。

(12) 终身学习:能够关注计算机领域的前沿和发展趋势,具有自主学习和终身学习的意识,具有不断学习和适应发展的能力。

三、毕业学分要求

达到学校对本科毕业生提出的德、智、体、美等方面的要求,完成培养方案课程体系中各教学环节的学习,最低修满 148 学分, 毕业设计(论文)答辩合格,方可准予毕业。

四、学制与授予学位

标准学制:4 年,学习年限 3–6 年。
授予学位:工学学士。

五、专业核心课程

数据结构、算法分析与设计、计算机组成原理与汇编、操作系统、数据库原理、计算机网络、软件工程。

六、课程体系

课程类别		课程编号	课程名称	课程属性	学分	总学时或周数	开课学期	学分要求
通识教育课程	思政类	210101T10	思想道德修养与法律基础	必修	3	48	1	必修19学分
		210102T10	大学生心理健康教育	必修	1	16	2	
		210202T10	中国近现代史纲要	必修	3	48	3	
		210301T10	马克思主义基本原理概论	必修	3	48	4	
		210401T10	毛泽东思想与中国特色社会主义理论体系概论	必修	5	80	5	
		210401T20	习近平新时代中国特色社会主义思想概论	必修	2	32	6	
		210502T10	形势与政策	必修	2	64	1,2,3,4,5,6,7,8	
	军体类	410001T11	军事技能	必修	2	3周	1	必修9.5学分,含3学分实践
		410002T10	军事理论	必修	2	36	1	
		660001T10	体育(一)	必修	1	32	1	
		660001T20	体育(二)	必修	1	32	2	
		660001T30	体育(三)	必修	1	32	3	
		660001T40	体育(四)	必修	1	32	4	
		660002T11	体育课外测试(一)	必修	0.5	8	5	
		660002T21	体育课外测试(二)	必修	0.5	8	6	
		660002T31	体育课外测试(三)	必修	0.5	8	7	
	外语类	180501T10	大学英语(一)	必修	3	48	1	必修3学分
	创新与文化素质课	430601G10	创新创业导论	必修	2	32	5	必修2学分
	集中实践环节	410003T11	毕业教育	必修	0	1周	8	无

续表

课程类别		课程编号	课程名称	课程属性	学分	总学时或周数	开课学期	学分要求
学科教育课程	学科基础	090200T10	计算机程序设计基础（C语言）	必修	3	48	1	必修27.5学分
		090202T10	新生课	必修	1	16	1	
		090204X10	离散数学	必修	3	48	3	
		090205X10	数据结构	必修	3.5	56	2	
		091102X10	电路理论B	必修	4	64	1	
		091104X10	数字电子技术A	必修	3.5	56	2	
		091107X10	模拟电子技术B	必修	3	48	2	
		140107X20	大学物理C（二）	必修	3	48	3	
		140202X11	大学物理实验B	必修	1.5	48	3	
	公共基础	130702X10	高等数学A2（一）	必修	5	80	1	必修19学分
		130702X20	高等数学A2（二）	必修	5	80	2	
		130711X10	线性代数	必修	2	32	2	
		130712X10	概率论与数理统计	必修	3.5	56	3	
		140107X10	大学物理C（一）	必修	3.5	56	2	
专业教育课程	专业基础	090210Z10	算法分析与设计	必修	3	48	3	必修28学分
		090218Z10	软件工程	必修	3	48	5	
		090222Z10	计算机组成原理与体系结构	必修	4	64	3	
			图论与组合数学	必修	3	48	4	
		090208Z10	编译原理	必修	3	48	4	
		090211Z10	计算机网络	必修	3	48	4	
		090213Z10	操作系统原理	必修	3	48	4	
			高级计算机算法	必修	3	48	5	
		090212Z10	数据库原理	必修	3	48	5	
	专业选修	090265Z10	人工智能	选修	2	32	6	选修6学分
		090217Z10	机器学习与数据挖掘	必修	3	48	5	
		090233Z10	分布式系统与计算	选修	2	32	6	
			高性能计算	选修	2	32	6	
		090248Z10	生物信息学	选修	2	32	6	

续表

课程类别		课程编号	课程名称	课程属性	学分	总学时或周数	开课学期	学分要求
专业教育课程	专业选修	092115Z10	深度学习与自然语言处理	选修	4	64	5	选修6学分
			计算机图像处理	选修	3	48	3	
		950103Z10	竞赛算法专题	选修	3	48	3	
		130201X10	科学计算与数学建模	选修	4	64	3	
			信息安全原理	选修	3	48	3	
	工程实践		软件工程实践	必修	2	2周	5	必修34学分
			编译原理实践	必修	2	2周	4	
			竞赛算法实践	选修	2	2周	3	
			计算机网络实践	必修	2	2周	4	
			操作系统实践	必修	2	2周	5	
	集中实践		个性培养(课外研学)	必修	4	6周	7	
			科研实践1	必修	2	6周	4	
			科研实践2	必修	4	8周	5	
			科研实践中期考核	必修	0		5	
			科研实践3	必修	4	8周	6	
			科研实践4	必修	4	8周	7	
			科研实践最终考核	必修	0		7	
		090297Z11	毕业设计(论文)	必修	16	16周	8	

注:

1. 通识教育课程体系中文化素质类选修课程不少于 6 学分,其中 4 学分须修读其他学科门类课程。

2. 个性培养(课外研学)模块课程选修不少于 4 学分,其中:须修读《实验室技术安全与环境保护知识学习培训与考核》课程(不计学分);须进行不少于 32 学时的劳动教育;可以在国内外高水平大学、研究所、知名企业进行课程学习、科学研究、产品研发等形式的实践。

3. 科研实践 1—4,鼓励学生积极参与科研活动,进行论文阅读、小组讨论和论文书写等训练。其考核为每学期末,学生提交科研报告并汇报,专家组根据科研报告和汇报确定成绩,并确定是否获得相应学分。

4. 科研实践有两次综合考核环节:第 5 学期末学院组织专家组对科研实践 1—2 的进展情况进行中期考核,中期考核不合格的学生直接进入当学期分流名单。第 7 学期末学院组织专家组对科研实践 1—4 的成果进行最终考核,最终考核不合格的学生取消图灵班相关政策支持资格。

七、课程免修

1. 学科竞赛获奖与课程免修政策(每次奖励只能使用一次)

(1) 高中阶段获得信息竞赛省级一等奖及以上或高中阶段获得 CSP350 分及以上,可申请免修"计算机程序设计基础(C 语言)""数据结构"。免修后,可不参与课程学习,直接进行期末考试,并以期末考试成绩为相应课程的最终成绩。

(2) 大学阶段获得 ICPC 金奖、CCPC 金奖、CSP400 分及以上同学可申请免修"算法分析与设计"课程。免修后,可不参与课程学习,直接进行期末考试,并以期末考试成绩为相应课程的最终成绩。

(3) 大学阶段获得 CSP400 分及以上可免修免考一门 2 学分的选修课,成绩按照本班本门课考试成绩最高分计算。

(4) 大学阶段获得 ICPC 金奖、CCPC 金奖,每次奖励可免修免考一门最多为 3 学分的选修课,成绩按照本班本门课考试成绩最高分计算。

(5) 获得中南大学学科竞赛重点建设项目列表之内的国家级金奖或一等奖,获奖学生(排名第一,或指导老师第一,学生第二)可免修免考一门最多为 3 学分的选修课,成绩按照本班本门课考试成绩最高分计算。

注:CSP 为中国计算机学会计算机软件能力认证,ICPC 为国际大学生程序设计竞赛,CCPC 为中国大学生程序设计竞赛。

2. 论文成果与课程免修政策(每篇论文只能使用一次)

在中国计算机学会 A 类期刊或会议或 NI 指数期刊上发表论文,学生(排名第一,或指导老师第一、学生第二)每篇可免修免考一门最多为 3 学分的选修课,成绩按照本班本门课考试成绩最高分计算。

计算机科学与技术专业培养方案(2021 级)

一、培养目标

本专业培养具有坚实的计算机软硬件基本理论和专业知识,良好的计算思维和较强的工程技能,能够从事计算机软硬件以及计算机应用技术的研究与开发,以及面向工程领域的计算机系统的设计和开发,具有国际竞争力的计算机科学研究与工程技术的"复合型"人才。专业内包含计算机系统、计算机软件、信息工程、网络工程四个专业方向。

毕业生的主要就业单位包括国内外知名研究机构和信息技术企业,以及航空航天企事业单位等,从事的工作有计算机学科领域的研究、设计、开发与管理等。

计算机科学与技术专业培养具有社会主义核心价值观,基础宽厚,知识、能力、素质俱佳,具有家国情怀,追求卓越,富有创新精神和创新能力,具有国际化视野,掌握计算机科学与工程方面的基本理论、基本知识和基本技能,在计算机科学与技术专业及其相关领域具有国际竞争力的复合型、创新型、引领型、德智体美劳全面发展的计算机专业人才。

内涵 1:遵纪守法,适应国家现代化与信息化建设需要,具有高尚的职业道德和社会责任感。

内涵 2:具有扎实的数理基础,良好的科学素养与系统的专业知识,精通岗位业务,在前沿行业、企业或单位中承担重要的技术、管理等岗位的工作,已成为或表现出成为骨干或中坚力量的潜力。

内涵 3:具有较强的工程实践能力、分析和解决问题能力,能够在计算机相关领域的复杂工程项目中独立承担任务。

内涵 4:具备良好的团队合作精神和组织、沟通能力,能够进入企业或组织的核心机构、团队,或成为项目团队的核心成员或团队负责人。

内涵 5:具有终身学习意识,能够通过多种学习渠道增加知识和提升能力,不断提升职业与岗位的胜任力。

内涵 6:具有创新意识、国际视野和跨文化的交流、竞争与合作能力。

二、思政育人

根据立德树人根本任务和思政教育规律,推动"思政课程"与"课程思政"相融合,依托大类培养课程体系,贯彻落实立德树人根本任务,用习近平新时代中国特色社会主义思想铸魂育人,着力培养学生的家国情怀。充分发挥专业中的思政育人功能,明确思政育人目标,强化价值引领,把思想政治工作贯穿教育教学全过程,实现全员、全程、全方位的育人新格局,让思想政治教育更具有现实性和穿透力,寓价值引导于知识传授之中。各门课程与思想政治理论课同向同行,将思想政治教育元素基因式融入专业课程教学中,实现立体化渗透、浸润式演绎。

三、毕业要求(学生核心能力)

为适应现代计算机科学技术的发展,培养德、智、体、美全面发展,理论基础扎实、适应面广、工程能力强、基本素质好,具有计算、编程、实验测试、表达及基本软硬件操作技术,具有市场经济知识、管理知识,懂得一定的社会、人文科学知识,具有较强的自学能力和一定的分析和解决工程实际问题的能力及工程设计能力,能够在计算机系统、计算机软件、信息工程、网络工程等应用领域从事设计、研究和管理的工程创新型人才,为本专业本科生制定了计算机科学与技术专业毕业要求,包括以下 12 个方面。

(1) 能够将数学、自然科学、工程基础和专业知识用于解决计算领域和计算系统相关的复杂工程问题。

(2) 能够应用数学、自然科学和工程科学的基本原理,识别、表达并通过文献研究分析计算领域和计算系统中的复杂工程问题,以获得有效结论。

(3) 针对复杂计算问题与复杂计算系统,能够设计满足特定需求的系统、单元(部件)或工艺流程的解决方案,并能够在设计环节中体现创新意识,考虑社会、健康、安全、法律、文化以及环境等因素。

(4) 能够基于科学原理并采用科学方法对复杂工程问题进行研究,包括设计实验、分析与解释数据,并通过信息综合得到合理有效的结论。

(5) 能够针对复杂工程问题,开发、选择与使用恰当的技术、资源、现代工程工具和信息技术工具,包括对复杂工程问题的预测与模拟,并能够理解其局限性。

(6) 能够基于工程相关背景知识进行合理分析,评价计算机专业工程实践和复杂工程问题解决方案对社会、健康、安全、法律以及文化的影响,并理解应承担的责任。

(7) 能够理解和评价针对复杂工程问题的工程实践对环境、社会可持续发展的影响。

(8) 具有人文社会科学素养、社会责任感,能够在计算机工程实践中理解并遵守工程职业道德和规范,履行责任。

(9) 能够在多学科背景下的团队中承担个体、团队成员以及负责人的角色。

(10) 能够就复杂工程问题与业界同行及社会公众进行有效沟通和交流,包括撰写报告和设计文稿、陈述发言、清晰表达或回应指令。具备一定的国际视野,能够在跨文化背景下进行沟通和交流。

(11) 理解并掌握计算机系统、软件相关的工程管理原理与经济决策方法,并能在多学科环境中应用。

(12) 能够了解计算机行业发展动态,及时学习计算机理论与新技术,具有自主学习和终身学习的意识,有不断学习和适应发展的能力。

四、学制与授予学位

学制：本科 4 年学制，实行弹性学制 3—6 年，本科最长学习年限为 6 年。
授予学位：工学学士学位。

五、学分学时

总学分：169+20 学分，通识课程、学科专业课程合计 169 学分，个性发展课程、素质拓展课程合计 20 学分。
其中：

课程类别	建议学分
通识课程	≥83.5 学分
学科专业课程	≥85.5 学分
合计学分	169 学分
个性发展课程	20 学分
素质拓展课程	

六、课程体系设置

1. 通识课程（83.5 学分）

（1）思想政治理论类课程（19 学分）

课程类型	课程代码	课程名称	课程属性	学分	学时
思想政治理论类必修课程	U13G11007	马克思主义基本原理	必修	3	48
	U44G11004	毛泽东思想和中国特色社会主义理论体系概论	必修	5	80
	U44G11001	中国近现代史纲要	必修	3	48
	U13G11012	思想道德与法治	必修	3	48
	U44G11013	形势与政策（1）	必修	0.5	8
	U44G11014	形势与政策（2）	必修	0.5	8
	U44G11015	形势与政策（3）	必修	0.5	8
	U44G11016	形势与政策（4）	必修	0.5	8
	U44G11009	习近平新时代中国特色社会主义思想概论	必修	2.0	32
思想政治理论类选择性必修课程	U44G11003	中国共产党党史	限选	1.0	16
	U44G11012	新中国史	限选	1.0	16
	U44G11005	改革开放史	限选	1.0	16
	U44G11011	社会主义发展史	限选	1.0	16

注：思想政治理论类选择性必修课程至少选修修读一门，至少获得 1 个学分。

(2) 军事类课程(4学分)

课程代码	课程名称	课程属性	学分	学时
U34P41002	军事技能训练	必修	2	120
U34G11005	军事理论	必修	2	36

(3) 体育与健康类课程(6学分)

毕业时必须达到学校体育合格421X标准,即修满4个体育必修学分;掌握2项运动技能并取得技能合格证书(其中一项为游泳);达到《国家学生体质健康标准》合格要求,取得1张体质健康等级证书。学生本科期间可根据个人兴趣修读体育类素质拓展课程,获得体育素质学分。

课程代码	课程名称	课程属性	学分	学时	备注
U34G11004	大学生心理健康教育	必修	2	32	
	体育类课程	限选	4	144	体育课程组自选

(4) 审美与艺术类课程(4学分)

审美与艺术类课程为限选课程,包含"大学美育"课程和艺术类课程组,共计4学分。其中,"大学美育"课程为必修,2学分;所有学生应在教育部指定的8门艺术限定性选修课程组中至少修读2学分。

课程代码	课程名称	课程属性	学分	学时	备注
U30L21046	大学美育	必修	2	32	
U30L11001	艺术导论	限选	2	32	8门艺术限定性选修课程组中至少修读2学分
U30L11002	音乐鉴赏	限选	2	32	
U30L11006	戏剧鉴赏	限选	2	32	
U30L11005	书法鉴赏	限选	2	32	
U30L11003	美术鉴赏	限选	2	32	
U30L11008	舞蹈鉴赏	限选	2	32	
U30L11004	影视鉴赏	限选	2	32	
U30L11007	戏曲鉴赏	限选	2	32	

(5) 语言类课程(8学分)

大学外语系列课程属于通识课程中的语言类课程,面向全校非英语专业所有本科生开设,共计8学分。此类课程分为通用基础课程和拓展提高模块课程,具体课程列表和介绍如下。

① 通用基础模块课程分为"综合英语类"与"核心能力类"两大类课程,培养学生英语语言综合能力,并针对每项技能进行专门训练。

课程类型	课程代码	课程名称	学分	学时
综合英语类	U16G12092	大学英语(基础) I	2	32
	U16G12101	大学英语(基础) II	2	32
	U16G12102	大学英语(基础) III	2	32
	U16G12039	大学英语 II	2	32
	U16G12040	大学英语 III	2	32
	U16G12087	大学英语(高阶)	2	32
核心能力类	U16G12088	核心能力(听力)	1	16
	U16G12089	核心能力(口语)	1	16
	U16G12090	核心能力(阅读)	1	16
	U16G12091	核心能力(写作)	1	16

② 拓展提高模块课程分为"高阶技能""学术英语""文化文学""专门用途""非通用语"5 个类型,进一步提高学生的外语综合应用能力、学术语言与专业语言能力。

课程类型	课程代码	课程名称(部分)	学分	学时
高阶技能类	U16G12047	实用英语写作	2	32
	U16G12048	英汉互译	2	32
	U16G12046	科技英语翻译	2	32
	U16G12082	大学英语阅读进阶	2	32
	U16G12051	新闻英语	2	32
	U16G12068	大学英语听说(外教)	2	32
	U16G12095	英语口译	2	32
	U16G12049	英语演讲与辩论	2	32
	U16G12103	英语语音	1	16
	U16G12086	英语实践技能	1	16
	U16G12105	高级英语阅读(策略与能力)	1	16
	U16G12106	高级英语口语(策略与能力)	1	16
	U16G12108	高级英语听力(策略与能力)	1	16
学术英语类	U16G12045	学术英语读写	2	32
	U16G12044	学术英语口语	2	32
文化文学类	U16G12052	跨文化交际	2	32
	U16G12053	英语国家概况	2	32
	U16G12093	英语畅谈中国文化	2	32
	U16G12094	英语短篇小说鉴赏	2	32
专门用途类	U16G12096	航空航天英语	2	32

续表

课程类型	课程代码	课程名称（部分）	学分	学时
非通用语类	U16G17001	初级俄语（Ⅰ）	2	32
	U16G17002	初级俄语（Ⅱ）	2	32
	U16G16001	大学日语（Ⅰ）	2	32
	U16G16002	大学日语（Ⅱ）	2	32
	U16G14001	大学德语（1）	2	32
	U16G14001	大学德语（2）	2	32

注：选课方案（A+/A/B/C 级）

全体本科生（除英语专业学生以外）入校即进行分级考试，按照考试成绩确定 4 个级别：考试分数在全校排名前 10% 为 A+ 级；11%–60% 为 A 级；61%–90% 为 B 级；91%–100% 为 C 级。所有级别学生均须完成共 8 学分的大学外语课程修读。不同级别的学生须根据以下选课方案修读相应课程，各大类 / 专业须在培养方案和指导性教学计划中明确级别、课程、修读学期等内容。

各级别大学英语课程修读方案：

A+：大学英语（高阶）（2 学分）+ 拓展提高类（6 学分）

A：大学英语 Ⅲ（2 学分）+ 核心能力类（2 学分）+ 拓展提高类（4 学分）

B：大学英语 Ⅱ、Ⅲ（4 学分）+ 核心能力类（2 学分）+ 拓展提高类（2 学分）

C：大学英语（基础）Ⅰ、Ⅱ、Ⅲ（6 学分）+ 核心能力类（2 学分）或拓展提高类（2 学分）

（6）数学与自然科学类课程（30.5 学分）

课程代码	课程名称	课程属性	学分	学时	备注
UMSG11001	微积分 Ⅰ（上）	限选	5.5	88	二选一
UMSG11003	微积分 Ⅱ（上）	限选	5.5	88	
UMSG11002	微积分 Ⅰ（下）	限选	6	96	二选一
UMSG11004	微积分 Ⅱ（下）	限选	6	96	
U11G11026	线性代数 Ⅰ	必修	2.5	40	
U11G11028	计算方法	限选	2	32	
U11G11030	复变函数与积分变换	限选	2	32	
U11G11029	概率论与数理统计	必修	3	48	
U11G23045	大学物理 Ⅱ（上）	必修	3.5	56	
U11G22046	大学物理 Ⅱ（下）	必修	3	48	
U11G23058	大学物理实验 Ⅰ（上）	必修	1.5	24	
U11G23059	大学物理实验 Ⅰ（下）	必修	1.5	24	
UMSL11011	数学应用与实践	选修	5	80	暑期选修

注：选择微积分 Ⅰ（上）、微积分 Ⅱ（上）的学生需要在大一入学后进行测试，根据测试结果排名选择相应课程。测试成绩前 20% 选择前者，后 80% 选择后者。

（7）新生研讨类课程（1 学分）

课程代码	课程名称	课程属性	学分	学时	备注
U10M71017	智能时代的计算机科学	限选	1	16	计算机类

（8）信息类课程（4 学分）

课程代码	课程名称	课程属性	学分	学时	备注
U10G13029	程序设计基础Ⅲ	限选	3	48	计算机类
U10G23030	程序设计基础实验Ⅲ	限选	1	32	

（9）安全教育类课程（1 学分）

课程代码	课程名称	课程属性	学分	学时	备注
	安全教育（具体课程清单另行通知）	必修	1	16	

注：每学年开设不少于 1 次、每次不少于 2 学时的国家安全专题教育。

（10）其他类课程（6 学分）

从创新创业类、文明与经典类、管理与领导力类、全球视野类、伦理与可持续发展类、写作与沟通类等课程组中选修相应的课程。此部分总学分不少于 6 学分。

课程名称	备注
创新创业类课程	
文明与经典类课程	
管理与领导力类课程　（含"习近平法治思想概论"）	至少选 6 学分,管理与领导力类课程中"习近平法治思想概论"建议选修（课程编码为 U13M11183,32 学时,2 学分）
全球视野类课程	
伦理与可持续发展类课程	
写作与沟通类课程	

2. 学科专业课程（85.5 学分）

（1）大类平台类课程（15.5 学分）

课程代码	课程名称	课程属性	学分	学时	说明
U10M11144	计算机系统基础	限选	2	32	
U10M21003	计算机系统基础实验	限选	1.5	24	
U14P21016	信息技术基础认知与实践	必修	1	16	
U08M11067	电路基础Ⅲ	限选	2	32	
U08M21062	电路基础实验	限选	1	16	
U10M11145	离散数学Ⅰ	限选	4	64	
U10M13005	数据结构（双语）	限选	3.5	56	
U10P53013	数据结构实验（双语）	限选	0.5	16	

(2) 学科基础课程(18.5学分)

课程代码	课程名称	课程属性	学分	学时	说明
U10M11013	算法设计与分析	必修	2	32	
U10P51015	算法设计与分析实验	必修	0.5	16	
U10M11011	数据库原理	必修	2.5	40	
U10P31010	数据库原理实验	必修	0.5	16	
U10M11016	计算机网络原理	必修	3	48	
U10P31008	计算机网络原理实验	必修	0.5	16	
U10M13008	计算机操作系统(双语)	必修	3.5	56	
U10M11007	计算机组成与系统结构	必修	4	64	
U10M11126	机器学习	必修	2	32	

(3) 专业方向课程(17.5学分)

课程代码	课程名称	课程属性	学分	学时	说明
U10M11014	信号与系统分析	必修	3	48	
U10P31012	信号与系统分析实验	必修	0.5	16	
U10M11015	高级语言程序设计	必修	2.5	40	
U10P41006	高级语言程序设计实验	必修	0.5	16	
U10M11150	数字逻辑设计	必修	3.5	56	
U10M21001	数字逻辑设计实验	必修	1	16	
U10M11009	编译原理	必修	3	48	
U10M11033	软件工程	必修	2	32	
U10P31020	软件工程实验	必修	0.5	16	
U10M71086	计算机科学与技术学科前沿Ⅰ	必修	0.5	8	
U10M71087	计算机科学与技术学科前沿Ⅱ	必修	0.5	8	
U10M81001	计算机系统设计	限选	8	128	第3学期开课

注：选择专业综合设计课程"计算机系统设计"，通过考核后，相当于完成了 U10M21001 数字逻辑设计实验(1 学分)、U10P33019 计算机操作系统实验(双语)(2 学分)、U10P51017 计算机组成与系统结构实验(2 学分)、U10P31008 计算机网络原理实验(0.5 学分)和 U10P51021 编译原理实验(2 学分)的修读。

(4) 专业选修课程　≥7学分

国际化学分：1学分

可通过联合培养、参加高水平国外大学短期交流、访学、参加高水平国际会议；参加学院组织的人工智能大师国际夏令营；学习暑期国际学堂课程；学习全球视野类课程；学习全英文课程等置换。

其他专业选修课：≥6学分

课程代码	课程名称	课程属性	学分	学时	说明
U10M11028	汇编与接口	选修	2.5	40	
U10P31016	汇编与接口实验	选修	0.5	16	
U10M11054	移动计算	选修	2.5	40	
U10P31025	移动计算实验	选修	0.5	16	
U10M11081	VLSI 设计导论	选修	2	32	
U10M11046	无线传感器网络	选修	2.5	40	
U10P31040	无线传感器网络实验	选修	0.5	16	
U10M11083	电源电路设计	选修	1	16	
U10M11082	模拟集成电路设计概论	选修	2	32	
U10M11026	物联网导论	选修	2	32	
U10M11040	网络营销	选修	2	32	
U10P31031	网络营销综合实验	选修	0.5	16	
U10M11030	智能系统	选修	2.5	40	
U10M11151	智能计算系统	选修	2	32	

(5) 实践实训课程(17 学分)

课程代码	课程名称	课程属性	学分	学时	说明
U32P41001	金工实习 A	必修	2	64	含劳动教育16 学时
U32P41003	电子实习 B	必修	2	64	含劳动教育16 学时
U10P41050	生产实习	必修	3	2w	
U10P51004	系统综合实验		2	32	
U10P51007	应用综合实验	限选	2	32	三选一
U10P51009	网络综合实验		2	32	
U10P33019	计算机操作系统实验(双语)	必修	2	32	
U10P51017	计算机组成与系统结构实验	必修	2	32	
U10P51021	编译原理实验	必修	2	32	
U10P61001	开放性创新专题	必修	2	32	科研训练

(6) 毕业设计 / 论文(10 学分)

课程代码	课程名称	课程属性	学分	学时	说明
U10P71002	毕业设计	必修	10		

3. 个性发展课程(建议 ≥ 15 学分)

鼓励学生根据自己的兴趣、爱好、特长,修读综合素养类课程、学科拓展类课程、辅修/双学位专业课程、学术深造类课程。其中,学生修读的辅修/双学位专业课程计入个性发展课程学分。

课程代码	课程名称	课程属性	学分	学时	建议学期
U10M11013	算法设计与分析	选修	2	32	3
U10M11041	电子商务物流	选修	2	32	3
U10M11095	社交媒体网络分析	选修	1	16	3
U10M11129	数据科学概论	选修	1.5	24	3
U10M11150	数字逻辑设计	选修	3.5	56	3
U10M11152	数字电路与逻辑设计	选修	2.5	40	3
U10M11162	神经网络模型与算法	选修	2	32	3
U10M21001	数字逻辑设计实验	选修	1	16	3
U10M81001	计算机系统设计	选修	8	128	3
U10P31033	电子商务物流综合实验	选修	0.5	16	3
U10P51015	算法设计与分析实验	选修	0.5	16	3
U10M11007	计算机组成与系统结构	选修	4	64	4
U10M11014	信号与系统分析	选修	3	48	4
U10M11015	高级语言程序设计	选修	2.5	40	4
U10M11020	微观经济学	选修	2.5	40	4
U10M11023	计算机组成原理	选修	3.5	56	4
U10M11026	物联网导论	选修	2	32	4
U10M11040	网络营销	选修	2	32	4
U10M11045	传感器原理及应用	选修	2	32	4
U10M11068	数字信号处理	选修	3	48	4
U10M11124	R 语言与统计分析	选修	2	32	4
U10M11127	数据科学的数学方法	选修	3	48	4
U10M11153	模拟电路与系统设计	选修	2.5	40	4
U10P31012	信号与系统分析实验	选修	0.5	16	4
U10P31031	网络营销综合实验	选修	0.5	16	4
U10P31037	计算机组成原理实验	选修	2	32	4
U10P31038	传感器原理及应用实验	选修	0.5	16	4
U10P41006	高级语言程序设计实验	选修	0.5	16	4
U10P51017	计算机组成与系统结构实验	选修	2	32	4

续表

课程代码	课程名称	课程属性	学分	学时	建议学期
U10M11011	数据库原理	选修	2.5	40	5
U10M11016	计算机网络原理	选修	3	48	5
U10M11028	汇编与接口	选修	2.5	40	5
U10M11030	智能系统	选修	2.5	40	5
U10M11032	离散数学 Ⅱ	选修	3	48	5
U10M11036	计算机控制系统	选修	3	48	5
U10M11037	网络安全	选修	2.5	40	5
U10M11055	云计算技术及应用	选修	2	32	5
U10M11062	多媒体技术	选修	2.5	40	5
U10M11064	计算机图形学	选修	2.5	40	5
U10M11079	模型驱动的软件开发方法	选修	2	32	5
U10M11091	商务智能与决策	选修	2	32	5
U10M11120	自然人机交互	选修	2	32	5
U10M11121	人工智能	选修	2	32	5
U10M11123	单片机原理与嵌入式基础	选修	2	32	5
U10M11125	生物大数据分析	选修	2	32	5
U10M11154	智能传感器系统	选修	2	32	5
U10M11164	自然语言处理	选修	2	32	5
U10M11165	三维视觉:理论及应用	选修	2	32	5
U10M11166	脑与认知科学	选修	2	32	5
U10M11171	强化学习	选修	2	32	5
U10M13008	计算机操作系统(双语)	选修	3.5	56	5
U10M81003	大数据综合实验	选修	5	80	5
U10M81004	人工智能综合设计	选修	4.5	72	5
U10P31008	计算机网络原理实验	选修	0.5	16	5
U10P31010	数据库原理实验	选修	0.5	16	5
U10P31016	汇编与接口实验	选修	0.5	16	5
U10P33019	计算机操作系统实验(双语)	选修	2	32	5
U10M11009	编译原理	选修	3	48	6
U10M11021	电子商务技术与系统设计	选修	2	32	6
U10M11029	嵌入式系统	选修	2	32	6
U10M11033	软件工程	选修	2	32	6

续表

课程代码	课程名称	课程属性	学分	学时	建议学期
U10M11034	数字图像处理	选修	2.5	40	6
U10M11035	模式识别与机器学习	选修	3	48	6
U10M11038	网络编程	选修	3.5	56	6
U10M11044	电子商务安全	选修	3	48	6
U10M11046	无线传感器网络	选修	2.5	40	6
U10M11047	物联网工程设计与实施	选修	2	32	6
U10M11048	数据处理与智能决策	选修	3	48	6
U10M11053	计算机通信	选修	2.5	40	6
U10M11057	GPU 并行程序设计	选修	2.5	40	6
U10M11058	大数据处理技术	选修	2	32	6
U10M11060	信息存储与管理	选修	2	32	6
U10M11063	系统仿真	选修	2.5	40	6
U10M11069	网络软件安全性测试	选修	1	16	6
U10M11070	网络攻防技术	选修	1	16	6
U10M11071	搜索引擎技术基础	选修	1	16	6
U10M11073	软件调试技术	选修	2	32	6
U10M11081	VLSI 设计导论	选修	2	32	6
U10M11084	数字音频原理与应用	选修	2	32	6
U10M11090	电子商务支付与结算	选修	2	32	6
U10M11099	物联网安全技术	选修	2	32	6
U10M11116	计算社会学	选修	2	32	6
U10M11118	计算机视觉中的深度学习	选修	2.5	40	6
U10M11122	VerilogHDL 与 FPGA 设计基础	选修	2	32	6
U10M11126	机器学习	选修	2	32	6
U10M11128	数据分析与挖掘	选修	3	48	6
U10M11146	图像语义理解与深度神经网络	选修	2	32	6
U10M11151	智能计算系统	选修	2	32	6
U10M11155	物联网通信与组网技术	选修	3	48	6
U10M11156	物联网数据处理	选修	2	32	6
U10M11158	移动群智感知与计算	选修	2	32	6
U10M11161	人工智能领域前沿	选修	1	16	6
U10M12021	数字图像处理(英)	选修	2.5	40	6

续表

课程代码	课程名称	课程属性	学分	学时	建议学期
U10M21002	物联网综合实验	选修	2	32	6
U10M71086	计算机科学与技术学科前沿 I	选修	0.5	8	6
U10M71101	物联网技术学科前沿 I	选修	0.5	8	6
U10M81002	物联网系统设计	选修	7	112	6
U10P31018	嵌入式系统实验	选修	0.5	16	6
U10P31020	软件工程实验	选修	0.5	16	6
U10P31023	网络编程实验	选修	0.5	16	6
U10P31027	大数据处理技术实验	选修	0.5	16	6
U10P31028	信息存储与管理实验	选修	0.5	16	6
U10P31034	电子商务系统设计实验	选修	1	32	6
U10P31035	电子商务安全实验	选修	0.5	16	6
U10P31040	无线传感器网络实验	选修	0.5	16	6
U10P31041	物联网工程设计与实施实验	选修	0.5	16	6
U10P51021	编译原理实验	选修	2	32	6
U10M11031	形式语言与自动机	选修	2	32	7
U10M11054	移动计算	选修	2.5	40	7
U10M11061	人机界面设计	选修	2	32	7
U10M11065	虚拟现实概论	选修	2	32	7
U10M11066	人机交互技术	选修	2.5	40	7
U10M11067	网络测量	选修	2.5	40	7
U10M11074	软件测试	选修	2	28	7
U10M11076	并行计算	选修	2	32	7
U10M11080	眼动跟踪及其应用	选修	2	32	7
U10M11082	模拟集成电路设计概论	选修	2	32	7
U10M11083	电源电路设计	选修	1	16	7
U10M11089	移动电子商务技术	选修	2	32	7
U10M11142	复杂网络理论及应用	选修	1	16	7
U10M12027	数据可视化	选修	2	32	7
U10M21004	并行计算实验	选修	2	32	7
U10M71087	计算机科学与技术学科前沿 II	选修	0.5	8	7
U10M71102	物联网技术学科前沿 II	选修	0.5	8	7
U10P31025	移动计算实验	选修	0.5	16	7

续表

课程代码	课程名称	课程属性	学分	学时	建议学期
U10P31029	人机界面设计实验	选修	0.5	16	7
U10P51004	系统综合实验	选修	2	32	7
U10P51007	应用综合实验	选修	2	32	7
U10P51009	网络综合实验	选修	2	32	7

4. 素质拓展课程(建议 ≥ 5 学分)

鼓励学生积极参加由思想教育活动、公益活动、创新创业活动、文体活动、社会实践活动等各类活动转化之后的素质拓展课程。

计算机科学与技术专业培养方案(2020 级)

一、培养目标

计算机科学与技术专业贯彻落实党的教育方针,面向国家重大战略需求和国民经济主战场,建设拔尖创新人才培养基地,坚持立德树人,培养知识、能力、素质全面发展,爱国进取、创新思辨、工程实践能力强,在计算机相关领域具备较强关键核心技术研发能力、工程实践能力,具有国际视野的行业骨干和引领者。

(1) 有良好的人文和职业素养,能为推动社会进步贡献正能量。

(2) 能够在计算机相关领域独立从事计算机及应用系统的规划、架构、设计和开发等工作。

(3) 能够在项目、产品或科研团队中担任协调、组织或管理角色。

(4) 能够不断学习、更新知识,实现综合能力和业务水平的提升。

二、专业思政育人

根据学生思想实际,结合计算机科学与技术专业特点,挖掘课程中的家国情怀、专业伦理、职业道德、科学素养及人文素养等思政元素,在课程教学中把马克思主义立场观点方法教育与科学精神培养结合起来,引导学生树立正确的世界观、人生观和价值观,树立共产主义理想,提高学生正确认识问题、分析问题和解决问题的能力,培养学生精益求精的大国工匠精神,激发学生科技报国的家国情怀和使命担当。

三、毕业要求

根据工程教育认证规定,本专业学生应达成以下 12 项毕业要求。

(1) 工程知识:能够将数理知识、工程基础和专业知识用于解决复杂工程问题。

① 具备数学及自然科学知识,并能将其应用于计算机系统问题的恰当表述与建模。

② 掌握电子信息类工程基础知识,并能用于理解计算机体系结构。

③ 掌握计算机基础理论,并能对计算机系统设计方案和模型进行推理和验证。

④ 能够运用专业知识对复杂计算机工程问题的解决途径进行分析、改进。

(2) 问题分析:能够应用数学、自然科学和工程科学的基本原理,识别、表达,并通过文献研究分析计算机领域复杂工程问题,以获得有效结论。

① 能够运用数理知识识别和判断计算机应用系统中的核心问题。

② 针对计算机领域复杂工程问题,能够分析文献寻求解决方案并进行正确表达。

③ 具备认识并评估计算机复杂工程问题的多种解决方案的能力。

④ 能够分析计算机领域复杂工程问题解决过程中的关键影响因素,验证解决方案的合理性。

(3) 设计/开发解决方案:能够设计针对计算机及网络复杂工程问题的解决方案,设计满足特定需求的软硬件系统,并能够在设计环节中体现创新意识,考虑社会、健康、安全、法律、文化以及环境等因素。

① 掌握程序设计理论与方法,并具备软件开发能力。

② 具备基本的硬件系统设计与开发能力。

③ 能够在安全、隐私、环境、法律、文化等现实约束条件下,对设计方案的可行性进行研究,并对系统设计方案进行优选和改进,体现创新意识。

④ 能够通过建模对计算机应用系统进行设计与规划。

⑤ 能够对解决方案进行测试和评价,并用可视化、报告或软硬件等形式呈现设计成果。

(4) 研究:能够基于科学原理并采用科学方法对计算机复杂工程问题进行研究,包括设计实验、分析与解释数据、并通过信息综合得到合理有效的结论。

① 能够运用科学方法对计算机复杂工程问题进行需求和功能分析。

② 能够基于计算机基础理论,选择研究路线,设计可行的实验方案。

③ 选用或搭建开发环境进行软硬件实现并验证。

④ 能正确采集、整理实验数据,对实验结果进行关联、分析和解释,获取合理有效的结论。

(5) 使用现代工具:能够针对复杂工程问题,开发、选择与使用恰当的技术、资源、现代工程工具和信息技术工具,包括对复杂工程问题的预测与模拟,并能够理解其局限性。

① 了解信息领域主要资料来源及获取方法,能够利用网络查询与检索本专业文献、资料及相关软件工具。

② 能够使用和开发现代工具,对复杂工程问题进行预测与模拟,并理解其局限性。

③ 选择与使用恰当的技术、资源和现代工程工具来解决复杂工程问题。

(6) 工程与社会:能够基于工程相关背景知识进行合理分析,评价计算机专业工程实践和复杂工程问题解决方案对社会、健康、安全、法律以及文化的影响,并理解应承担的责任。

① 了解计算机行业的特性与发展历史,以及信息化相关产业的基本方针、政策和法规。

② 能合理评价计算机工程问题对社会、健康、安全、法律以及文化的影响,并理解应承担的责任。

(7) 环境和可持续发展:能够理解和评价针对计算机复杂工程问题的工程实践对环境、社会可持续发展的影响。

① 了解计算机及信息技术发展前沿和趋势。

② 能够评价计算机工程实践对环境可持续发展的影响。

③ 能够理解和评价计算机安全与隐私问题对社会健康发展的影响。

(8) 职业规范:具有人文社会科学素养、社会责任感,能够在工程实践中理解并遵守工程职业道德和规范,履行责任。

① 理解世界观、人生观及个人在历史、社会及自然环境中的地位。

② 具备科学素养,能够理解计算机工程师的职业性质与责任。

③ 能够理解计算机领域职业道德的含义并履行责任。

(9) 个人和团队:能够在多学科背景下的团队中承担个体、团队成员以及负责人的角色。

① 能够理解多学科背景下的团队中每个角色的定位与责任,能够胜任个人承担的角色任务。

② 能够与团队其他成员有效沟通,听取并综合团队其他成员的意见与建议,能够胜任负责人的角色。

(10) 沟通:能够就复杂工程问题与业界同行及社会公众进行有效沟通和交流,包括撰写报告和设计文稿、陈述发言、清晰表达或回应指令。具备一定的国际视野,能够在跨文化背景下进行沟通和交流。

① 具备良好的表达沟通能力,能够通过口头表达或书面方式进行有效沟通和交流。

② 能够将计算机专业知识应用到撰写报告和设计文稿中,并能够就相关问题陈述发言、清晰表达或回应指令。

③ 能够在跨文化背景下进行沟通和交流,具备一定国际视野。

(11) 项目管理:理解并掌握工程管理原理与经济决策方法,并能在多学科环境中应用。

① 理解工程管理的基本理念与经济决策方法,并应用于多学科环境中。

② 掌握项目与产品的设计流程和管理方法。

(12) 终身学习:具有自主学习和终身学习的意识,有不断学习和适应发展的能力。

① 能够认识到终身学习的重要性,掌握正确的学习方法,树立适合自己发展的规划和目标。

② 养成正确的生活、学习习惯,具备良好的身心素质。

四、学制与授予学位

1. 基本学制:4 年。

2. 授予学位:工学学士学位。

五、大类分流要求

(1) 大类分流时间:第二学期末。

(2) 大类分流要求:满足计算机类培养方案第一学期和第二学期的课程和学分等要求;对于未选修该类学分,而又进入该专业学习的学生,需要补修相应课程和学分并制定补修计划。

(3) 专业方向分流时间:第四学期末。

(4) 专业方向分流要求:本专业的主要方向是计算机科学的理论、技术以及应用,重点对计算机软硬件和网络的理论学习和实际应用能力的培养。本专业培养方案分为"计算机软件与理论""大数据智能""网络与信息安全"和"嵌入式系统"4 个方向,学生根据自身的具体情况选择方向课程模块。

①"计算机软件与理论"方向：掌握计算机基础理论、软件体系结构、多种计算平台软件开发过程和软件开发基本方法；具备从事计算机理论与系统的研究能力；具有一定的工程意识，具备全面的软件开发和工程实践技能；具备解决复杂软件工程问题的能力，能够根据软件需求制订软件开发方案，并完成软件程序、维护和文档工作。

②"大数据智能"方向：掌握计算机大数据、人工智能和视觉数据处理的基本理论、数据检索、知识挖掘和图像处理、视觉计算等基本工具和开发方法；具有一定的工程意识，具备大数据相关软件的设计与开发的工程实践技能；针对大数据应用复杂问题，具备寻找和使用合适工具的能力，能够根据需求制订实施方案，并完成大数据的处理、分析工作。

③"网络与信息安全"方向：掌握计算机网络和安全的基本理论；具备从事计算机网络研究、信息安全和信息系统规划设计及运维的能力；具有一定的工程意识，具备项目管理和工程质量管理的基本知识；具备解决网络与安全复杂问题的能力，能够根据需求制订网络方案，完成网络部署和调试维护工作。

④"嵌入式系统"方向：掌握嵌入式系统的基本理论和系统的设计、开发的基本方法和技术以及常用工具；具备从事嵌入式系统开发和设计的能力。具有一定的工程意识，具备项目管理和工程质量管理的基本知识；具备解决复杂嵌入式工程问题的能力，能够制订方案，选择开发环境，实施嵌入式工程方案，完成嵌入式软硬件开发工作。

六、专业特色课程

（1）课程编号：CS006001X

课程名称：计算机导论与程序设计（Computer Introduction and Programming）

学时：64　　学分：4

内容简介：通过计算机导论部分的学习，掌握图灵机的基本原理、计算机的基本组成与原理；了解计算机各个领域的发展历史、现状与发展趋势等；从系统层面了解数据结构与算法、计算机网络、操作系统、数据库等软件系统的基本常识；通过实践环节熟练掌握计算机基本操作和应用。通过程序设计部分的学习，培养并形成逻辑思维与程序设计思想，重点培养学生分析问题和使用高级语言进行程序设计以解决实际问题的能力；掌握 C 语言基础知识、程序结构、语法及函数库，以及简单算法和数据结构的基本设计方法。

（2）课程编号：CS203003X

课程名称：数据结构（Data Structures）

学时：68　　学分：4

内容简介：数据结构是计算机学科的专业基础课程。课程的任务是为学生系统地介绍计算机学科相关的各种基本数据结构和算法，为进一步学习相关学科知识打下坚实的基础。通过本课程的学习，学生应掌握各种基本数据结构的概念、实现方法及涉及的基本算法，并能熟练使用这些数据结构或设计新的数据结构解决相关的应用问题。

（3）课程编号：CS203013X

课程名称：离散数学（I）（Discrete Mathematics（I））

学时:52　　　　学分:3

内容简介:离散数学是研究离散数量关系和离散结构数学模型的数学分支的统称。它不仅是计算机科学与技术、网络工程和物联网工程专业的最为重要的核心基础课程,而且是学习专业理论知识的必不可少的数学工具。数理逻辑是用符号化的方法研究推理的规律,集合论是现代集合论的基础,图论在计算机学科及其他学科有着广泛的应用。本课程的主要教学任务与目标是:系统地介绍现代数学的观点和方法,使学生掌握处理离散结构所必需的描述工具和方法,培养学生的抽象思维和严密的推理判断与概括能力,学会用数学模型的方法分析问题和解决问题,为专业基础课和专业课的学习打下坚实的理论基础。

(4) 课程编号:CS203005

课程名称:微机原理与系统设计(Microcomputer Principle and System Design)

学时:54　　　　学分:3

内容简介:本课程为计算机科学与技术专业的专业基础课,是计算机硬件教学的主干课。本课程涉及微机系统、单片机系统相关知识,实践性强,主要讲述微机系统基本结构与工作原理、微机应用系统的设计方法,并将相关知识扩展到单片机系统。目标是使学生掌握利用微型计算机和单片机构成应用系统的技术和设计方法,具有系统的工程实践学习经历,了解本专业的前沿发展现状和趋势。本课程开设有随课实验(16学时)和课程设计(一周),其综合实验由"单片机电路设计与开发"课程完成。

(5) 课程编号:CS203006

课程名称:计算机组织与体系结构(Computer Organization and Architecture)

学时:88　　　　学分:5.5

内容简介:本课程为计算机科学与技术、网络工程和物联网工程专业的专业基础课。根据专业培养计划,由计算机组成原理、计算机系统结构等课程内容综合而成,知识面较宽,难度较大。本课程主要讲述计算机基本组成、各大组成部件的结构及工作原理、指令执行过程及 CPU 微体系结构、流水线技术、并行计算机体系结构、提高计算机部件和整机性能的途径、先进计算机体系结构等内容,目标是培养具有创新和实际动手能力、真正理解和掌握计算机基本组成与结构、掌握计算机系统软硬件综合设计技术的人才。

(6) 课程编号:CS203007X

课程名称:操作系统(Operating System)

学时:68　　　　学分:4

内容简介:操作系统是计算机科学与技术专业、教育技术学专业的一门专业基础课,是本科学生的必修课程。在计算机系统中,操作系统是所有软件的基础,是软件的根本,是计算机系统中的核心系统软件,专门控制和管理计算机系统中的各种软硬件资源,提供用户与计算机之间的接口,其性能直接影响到计算机系统的工作效率。通过本课程的学习,使学生能够系统地掌握操作系统基本概念、主要功能、工作原理和实现技术,具有使用操作系统和分析操作系统的能力。通过实践,理解和掌握现代流行的 UNIX、Windows、Linux 操作系统的基本工作原理,为以后在操作系统平台上开发各种应用软件或系统软件打下坚实的基础。

(7) 课程编号:CS203008X

课程名称：计算机通信与网络（Computer Communication and Network）

学时：68　　　　学分：4

内容简介：本课程在全面讲述计算机通信与网络基本知识的基础上，以 Internet 的 TCP/IP 体系结构来介绍计算机通信与网络的基本原理，对数据通信的理论基础、数据链路控制、媒体介质访问机制、网络互联机制、传输控制机制等内容进行系统教学，对 SONET、xDSL、千兆以太网、IP 组播技术、3G 移动通信等新的技术进行介绍，并同时进行路由器与交换机的配置实验和协议设计与测试的分析实验。通过本课程的学习，学生可系统地掌握数据通信和计算机通信与网络的基本概念和基本原理，理解 OSI 和 TCP/IP 体系结构和数据通信的有关理论、计算机通信与网络的主要协议的操作原理和有关标准、IEEE 局域网标准及其应用、IPv4、IPv6 和网络互联的原理以及传输控制拥塞控制等网络控制机制、常见网络设备的配置与使用、关键网络协议的分析与设计等，使学生能充分运用并掌握先进的网络设计、分析、规划与管理方法和手段，为学生从事计算机网络的设计、分析、开发与管理等相关工作打下坚实的基础。

(8) 课程编号：CS203009

课程名称：数据库系统（Database System）

学时：48　　　　学分：3

内容简介：数据库系统与技术是现代计算机信息处理的重要设施，是分布式数据库、并行数据库、数据挖掘等研究方向的基础。因此，掌握数据库系统及其相关技术是至关重要的。本课程的教学目标是：通过本课程的学习，学生能够系统地掌握数据库系统的基础理论、基本技术和基本方法。要求熟悉数据库系统体系结构，掌握关系数据库的基本理论及设计方法，了解主流的数据库管理系统，能熟练使用 SQL 语言，具备使用数据库管理系统、设计数据库模式以及开发数据库应用系统的基本能力。主要内容包括：数据库系统的基本概念、数据模型、体系结构；关系数据模型及 SQL、数据库安全性和完整性；关系规范化理论、数据库设计方法；数据库恢复和并发控制等。

(9) 课程编号：CS203010

课程名称：人工智能导论（Introduction to Artificial Intelligence）

学时：32　　　　学分：2

内容简介：人工智能是研究如何利用计算机来模拟人脑所从事的感知、推理、学习、思考、规划等人类智能活动来解决需要用人类智能才能解决的问题，以延伸人类智能的科学。本课程帮助学生掌握人工智能的基本概念、基本原理、知识的表示、推理机制和求解技术，以及机器学习的技术方法；掌握人工智能的一个问题和三大技术，即通用问题求解和知识表示技术、搜索技术、推理技术。

(10) 课程编号：CS203011

课程名称：软件工程（Software Engineering）

学时：32　　　　学分：2

内容简介：本课程是计算机科学与技术专业的专业课，是从管理和技术两个方面研究如何更好地开发和维护计算机软件的一门新兴学科，国内外的软件开发与应用单位都将其作为软件专业技术人员的必备素质来要求。本课程的核心内容是阐述软件工程的基本原理和基本技术,使学生具备软件开发过程和工程化的基础知识,学习软件开发的技术和方法。了解软件项目的计划、管理、质量保证等环节的作用和手段,为以后从事软件开发和技术支持打下扎实的基础。

七、毕业最低要求及学分分布

毕业最低完成 178 学分,并符合学校毕业要求相关规定。

计算机科学与技术专业毕业最低要求及学分分配表

课程类别		最低毕业要求		
		课内学分	总学分	占学分比例
通识教育课程	通识教育基础课程	62.5	57	32.02%
	通识教育核心课程	5	5	2.81%
	通识教育选修课程	8	8	4.49%
大类基础课程		17.5	19.5	10.96%
专业教育课程	专业核心课程	25	27.5	15.45%
	专业选修课程	27	29	16.29%
集中实践环节		0	21	11.80%
拓展提高		0	11	6.18%
合计		128	178	100%

注:课内学分不包含集中实践、课内实践、线上环节以及拓展提高学分。

八、教学进程计划表

计算机科学与技术专业教学进程计划表

课程类别	课程性质	课程编号	课程名称	总学分	课内学分	总学时	授课形式					考核方式	开课学期	应修学分
							面授				线上			
							讲授	实验	上机	实践				
通识教育课程	通识教育基础课程 必修	MC006001	思想道德与法治	3	3	48	48					考试	1	57
	必修	MC006002	中国近现代史纲要	3	3	48	48					考试	2	
	必修	MC006003	马克思主义基本原理	3	3	48	48					考试	3	

续表

课程类别	课程性质	课程编号	课程名称	总学分	课内学分	总学时	讲授	实验	上机	实践	线上	考核方式	开课学期	应修学分
通识教育课程	通识教育基础课程	MC006004	毛泽东思想和中国特色社会主义理论体系概论	3	3	48	48					考试	4	
		MC006019	习近平新时代中国特色社会主义思想概论	2	2	32	32					考试	4	
		MC006005	形势与政策	2	1	64	32			32		考查	1–8	
		MC006007	思想政治理论实践课	2		32				32		考查	4	
		AM006001	军事理论	2	1.5	32	24			8		考试	1	
		AM006002	军事训练	1		2周				2周		考查		
		MC006006	大学生心理健康教育	1	0.5	16	8			8		考查	2	
		TS003012	新生研讨课	1	1	16	16					考查	1	57
	英语分级普通班必修课程	FL006001	大学英语（Ⅰ）	2	2	32	32					考试	1	
		FL006002	大学英语（Ⅱ）	2	2	32	32					考试	2	
		FL006003	大学英语中级（Ⅰ）	2	1.5	32	24				8	考试	3	
		FL006004	大学英语中级（Ⅱ）（未通过国家英语四级修读）	2	1.5	32	24				8	考试	4	
		与"大学英语中级（Ⅱ）"二选一	高级英语选修系列课程（通过国家英语四级后修读）	2	2	32						考试	4	
	英语	FL006003	大学英语中级（Ⅰ）	2	1.5	32	24				8	考试	1	

课程类别	课程性质	课程编号	课程名称	总学分	课内学分	总学时	授课形式 面授 讲授	实验	上机	实践	线上	考核方式	开课学期	应修学分
通识教育课程	分级中级班必修课程	FL006004	大学英语中级（Ⅱ）	2	1.5	32	24				8	考试	2	57
			高级英语选修系列课程	2	2	32	32					考试	3	
			高级英语选修系列课程	2	2	32	32					考试	4	
	英语分级高级班必修课程	FL006005	高级英语（Ⅰ）	2	1.5	32	24				8	考试	1	
		FL006006	高级英语（Ⅱ）	2	1.5	32	24				8	考试	2	
			高级英语选修系列课程	2	2	32	32					考试	3~4	
	必修	HE006007~HE006014	大学体育（Ⅰ）–大学体育（Ⅷ）	4		120	俱乐部＋自主锻炼模式，根据体育俱乐部教学改革方案实施					考试	1–8	
	必修	MS006001	高等数学 A（Ⅰ）	5	5	80	80				16	考试	1	
	必修	MS006002	高等数学 A（Ⅱ）	5	5	80	80				16	考试	2	
	必修	MS006007	线性代数	2.5	2.5	40	38			4		考试	2	
	必修	MS006008	概率论与数理统计	2.5	2.5	40	40					考试	3	
	必修	PY006001	大学物理（Ⅰ）	3.5	6.5	58	54				4	考试	2	
	必修	PY006002	大学物理（Ⅱ）	3.5		54	50				4	考试	3	
	必修	PY006003	物理实验（Ⅰ）	1	1	27		27				考查	2	
	必修	PY006004	物理实验（Ⅱ）	1	1			27				考查	3	
	小计			75	62.5	1267+2周	950	54	0	84+2周	88			57

注：左侧纵向合并单元格为"通识教育基础课程"（课程性质）。

续表

课程类别	课程性质	课程编号	课程名称	总学分	课内学分	总学时	授课形式 讲授	授课形式 实验	授课形式 上机	授课形式 实践	线上	考核方式	开课学期	应修学分
通识教育课程	必修	TS001001	工程概论（Ⅰ）	1	1	16	16					考查	2	
	必修	TS001002-03	工程概论（Ⅱ）	1	1	16	16					考查	3	
	必修	TS001003-03	工程概论（Ⅲ）	1	1	16	16					考查	5	5
	必修	TS001004-03	工程概论（Ⅳ）	1	1	16	16					考查	7	
	必修	TS002012	学科导论	1	1	16	16					考查	2	
	小计			5	5	80	80							5
	学校任选		人文社科											
	学校任选		自然科学	8	8	根据学校课程列表选修,每个学生至少选修8学分并覆盖三个模块,学生可选修MOOC形式的课程								8
	学校任选		国际双创											
	小计			8	8									8
大类基础课程	必修	CS006001X	计算机导论与程序设计	4	3.5	64	36		40		8	考试	1	
	必修	CS203013X	离散数学（Ⅰ）	3	2.5	52	44				8	考试	2	
	必修	IB006001	电路分析基础	4	3	64	48			16	8	考试	3	19.5
	必修	IB006007-03/IB006008-03	电子线路实验（Ⅰ、Ⅱ）	2	2	32		64				考查	4-5	
	必修	IB006006-03	数字电路与逻辑设计	3	3	48	48					考试	3	
	必修	CS203012	模拟电子技术基础	3.5	3.5	60	60					考试	4	
	小计			19.5	17.5	320	236	64	40	16	24			19.5

续表

课程类别	课程性质	课程编号	课程名称	总学分	课内学分	总学时	授课形式 面授 讲授	实验	上机	实践	线上	考核方式	开课学期	应修学分
专业教育课程	必修	CS203003X	数据结构	4	4	68	44		24		12	考试	3	
	必修	CS203006	计算机组织与体系结构	5.5	5.5	88	78		20			考试	4	
	必修	CS203007X	操作系统	4	3.5	68	44		24		12	考试	4	
	必修	CS203008X	计算机通信与网络	4	3.5	68	44		24		12	考试	4	27.5
	必修	CS203005	微机原理与系统设计	3	3	54	46		16			考试	5	
	必修	CS203009	数据库系统	3	2.5	48	34		16		6	考试	5	
	必修	CS203010	人工智能导论	2	1.5	32	26				6	考试	6	
	必修	CS203011	软件工程	2	1.5	32	22		8		6	考试	6	
	小计			27.5	25	458	338	0	132	0	54			27.5
	计算机软件与理论方向													
专业选修课程（方向4选1）	专业限选	CS205101	面向对象程序设计	2.5	2.5	40	28		16		4	考试	5	
	专业限选	CS205102	算法分析与设计	2.5	2	40	20		16		12	考试	5	
	专业限选	CS205103	编译原理	3	2.5	48	30		16		10	考试	6	
	专业限选	CS205104	网络应用程序设计	2.5	2	40	26		16		6	考试	6	14
	专业限选	CS205105	分布式计算	2.5	2.5	40	28		16		4	考试	6	
	专业限选	CS205106	软件与理论方向综合工程设计	1	1	16周		16周				考查	7	
	小计			14	12.5	208+16周	132	16周	80		36			14

续表

课程类别	课程性质	课程编号	课程名称	总学分	课内学分	总学时	授课形式 讲授	授课形式 实验	授课形式 上机	授课形式 实践	线上	考核方式	开课学期	应修学分
							面授	面授	面授	面授				
专业教育课程	专业选修课程（方向4选1）		大数据智能方向											
		CS205201	计算机视觉	3	2.5	48	34		16		6	考试	5	
		CS205105	分布式计算	2.5	2.5	40	28		16		4	考试	6	
		CS205203	机器学习	2.5	2	40	26		12		8	考试	6	14
		CS205204	数据挖掘	2.5	2.5	40	26		16		6	考试	5	
		CS205209	多媒体数据处理	2.5	2.5	40	28		12		6	考试	6	
		CS205206	大数据智能方向综合工程设计	1	1	16周		16周				考查	7	
			小计	14	13	208+16周	142	16周	72		30			14
			网络与信息安全方向											
		CS205307	大数据安全与隐私	2.5	2	40	24		16		8	考试	6	
		CS205302	离散数学（Ⅱ）	2	1.5	32	26				6	考试	5	
		CS205202	计算机安全导论	3	2.5	48	36				12	考试	5	14
		CS205303	随机过程与排队论	2	2	32	32					考试	6	
		CS205304	应用密码学与网络安全	3.5	3	56	36		24		8	考试	6	
		CS205306	网络与信息安全方向综合工程设计	1	1	16周		16周				考查	7	
			小计	14	12	208+16周	154	16周	40		34			14

续表

课程类别	课程性质	课程编号	课程名称	总学分	课内学分	总学时	授课形式					考核方式	开课学期	应修学分
							面授				线上			
							讲授	实验	上机	实践				
专业教育课程	专业选修课程（方向 4 选 1）				嵌入式系统方向									
		专业限选	CS205407	自主可控嵌入式系统设计	2.5	2	40	22		20		8	考试	5	14
		专业限选	CS205402	数字信号处理	3.5	3	54	40		12		8	考试	5	
		专业限选	CS205403	SOC 微体系结构设计	3.5	3	56	28		40		8	考试	6	
		专业限选	CS205404	嵌入式应用综合设计	1	1	16 周		16 周				考查	6	
		专业限选	CS205405	嵌入式程序设计	2.5	2.5	40	28		16		4	考试	6	
		专业限选	CS205406	嵌入式方向综合工程设计	1	1	16 周		16 周				考查	7	
		小计		14	12.5	190+32 周	118	32 周	88		28			14	
	专业选修课程				学院公共任选课									
		学院任选	ME006002	图学基础与计算机绘图	2	2	32	28		8			考试	1	15
		学院任选	IB006002-03	信号与系统	3.5	3.5	56	56					考试	4	
		学院任选	IB006003/IB006004	电路、信号与系统实验（Ⅰ、Ⅱ）	1	1	16		32				考查	3-4	
		学院任选	CS205510	虚拟现实	2	1.5	32	18		16		6	考查	6	
		学院任选	CS205507	计算机图形学	3	3	48	34		20		4	考试	5	
		学院任选（2 选1）	CS205501X	JAVA 程序设计	3	2.5	48	26		28		8	考试	2	
			CS205502X	Python 程序设计	3	2.5	48	26		28		8	考试	2	
		学院任选	CS205505	软件体系结构	3	2.5	48	42				6	考试	6	
		学院任选	CS205506	人机交互技术	2	2	36	26		12		4	考试	6	

续表

课程类别	课程性质	课程编号	课程名称	总学分	课内学分	总学时	授课形式				线上	考核方式	开课学期	应修学分
							面授							
							讲授	实验	上机	实践				
专业教育课程	专业选修课程	学院任选	CS205503	组合数学	2	2	32	32					考查	5	15
		学院任选	CS205508	计算机控制	3	3	48	48					考查	5	
		学院任选	CS205509	网络存储技术	1.5	1.5	24	24					考试	6	
		学院任选	CS205512	协议分析与设计	2	2	32	18		16		6	考查	7	
		学院任选	CS205511	云计算与虚拟化	2	2	34	26		16			考查	6	
		学院任选	CS205516	图论与网络科学	2.5	2.5	40	28		16		4	考试	5	
		学院任选	CS205504	移动互联网导论	2	1.5	32	24				8	考查	5	
		学院任选	CS205301	组网与运维	2.5	2.5	44	28		32			考试	5	
		学院任选	CS225605	信息物理系统	2	1.5	32	16		16		8	考查	6	
		学院任选	CS205519	智能软件概论	2	1.5	32	24				8	考查	5	
		学院任选	CS205520	量子信息与量子计算	2	2	32	20		8	8	4	考查	6	
		学院任选	CS205521	计算智能导论	2	1.5	32	24				8	考查	6	
		学院任选	CS205522	生物信息学算法	1	1	16	6		12		4	考查	6	
		学院任选	CS205523	大数据优化建模与算法	2	2	32	24		8		4	考查	5	
		学院任选	CS205524	数据可视化	2	2	32	16		24		4	考查	5	
		学院任选	CS265609	IT 职业资格培训	2	2	32				64		考查	8	
		小计			55	51	890	614	32	260	72	94			15

续表

课程类别	课程性质	课程编号	课程名称	总学分	课内学分	总学时	讲授	实验	上机	实践	线上	考核方式	开课学期	应修学分
集中实践环节	必修	CS204007	程序设计基础课程设计	1		1周				1周		考查	2	21
	必修	CS204002	电子技术应用课程设计	1		1周				1周		考查	5	
	必修	CS204003	操作系统课程设计	1		1周				1周		考查	5	
	必修	CS204004	计算机组织与体系结构课程设计	1		1周				1周		考查	5	
	必修	CS204005	微机原理与系统设计课程设计	1		1周				1周		考查	6	
	必修	CS204006	毕业设计	16		16周				16周		考查	7-8	
小计				21		21周				21周				21
拓展提高	素质能力拓展课程	必修	TS006010	新生网上前置教育	1		16					16	考查	1	1
		必修	TS006011	写作与沟通	1		16					16	考查	1-6	9
		必修	TS006029	劳动教育	1		16	8				8	考查	1-8	
		必修	TS006028	劳动教育实践	1		16				32		考查	1-6	
		必修	TS006013	"红色筑梦"实践基础Ⅰ	0.5		8				8	4	考查	4-8	
		必修	TS006019	"红色筑梦"实践基础Ⅱ	1		16	2			24	2	考查	5-8	
		必修	EM001001	创业基础	2		32	8				24	考查	3-4	
		必修	TS006025	大学生职业发展	1		16	4			8	8	考查	1-8	
		必修	TS006026-03	就业指导	1.5		24	16			16		考查	6	

续表

课程类别	课程性质	课程编号	课程名称	总学分	课内学分	总学时	授课形式				线上	考核方式	开课学期	应修学分
							面授							
							讲授	实验	上机	实践				
拓展提高	必修	II006020–II006025	实验实践能力达标测试	0.5								考查	2–8	
	必修	FL007003	国家英语四级	0.3								考试	2–8	1
		FL007004	校内英语四级									考试	8	
	必修	HE006016	体育能力达标测试	0.2								考查	1–8	
达标模块			小计	11										11

注：

1. 大学英语系列课程采用分级教学，分普通班、中级班和高级班，具体实施以英语分级方案为准。

2. 达标模块包括实验实践能力达标测试、国家英语四级／校内英语四级、体育能力达标测试，三门课均为必修，且全部通过之后计1学分。

3. 国家英语四级通过后不修校内英语四级。

中国人民大学

图灵实验班(信息学拔尖人才实验班)培养方案

一、培养目标

　　本实验班旨在培养计算机科学与技术(包含互联网、大数据、人工智能等)领域的德才兼备的国际化领军人才。学生将具有扎实的数学和计算机科学与技术基础,具备独立分析和深入研究能力,能从事计算机科学研究和产业实践领域的精尖人才和能够从事各领域的计算机与信息系统开发、应用、管理、建模与分析的交叉复合型研究型或工程型领军人才。

二、培养要求

　　具有扎实的数学和计算机基础,掌握各专业的深入知识,深刻了解计算机专业的发展趋势和前沿知识,具备较强的应用数学和计算机技术解决计算机相关领域的复杂工程问题的能力。坚持四项基本原则,具有强烈的社会责任感,严谨务实的工作作风,强烈的求知欲,追求真理、勇于探索的科学精神;善于沟通协作,具有健康的体质和人格,达到"学生体质健康标准"。

三、学制与授予学位

　　学制 4 年,授予工学学士学位。

四、课程与学分修读要求(总学分 164 学分)

课程模块		课程修读要求		最低学分要求	
通识教育	思想政治理论课程	必修模块	完成必修模块全部课程	18	44
		选修模块	在思想政治理论课程的选修模块课程和经典历史著作阅读课程中任选 2 学分课程	2	
		经典历史著作阅读课程			

续表

课程模块			课程修读要求	最低学分要求
通识教育	基础技能	公共外语课程	▲普通班：完成对应级别必修课程，计 8 学分；在普通班的"拓展类－技能／文化／文学"模块中选修 2 学分课程 ▲实验班：完成实验班必修课程，计 12 学分；在实验班的"拓展类(第二外语)"模块中选修 2 学分课程	10
	公共体育		▲第一学年和第二学年：完成核心基础课程"太极拳"和"游泳"，计 2 学分；在专项基础课程中选修 2 学分课程； ▲第三学年：要求在体育提高课中选修 2 门课程，不计学分； ▲第四学年：根据个人兴趣，可选择修读一般选修课程，不计学分	4
	通识课程		▲在通识核心课程、一般通识课程中共选修 8 学分课程，其中要求在通识核心课程的"社会科学类"课程中至少选修 4 学分课程； ▲根据个人兴趣，自主选听通识讲座，不计学分	8
	国际小学期全英文课		选修 2 学分课程	2
专业教育	部类核心课程	部类共同课程	完成部类共同课程的所有课程	22
		部类基础课程	选修 4 学分课程	4
	专业核心课程		完成专业核心课程的所有课程	49
	个性化选修课程		①模块限选课 15 学分，选修。 可以在图灵实验班的 10 个个性化选修课程模块中任选，也可在理工学科大类"信息管理与信息系统""软件工程""信息安全""数据科学与大数据技术(工学)"4 个专业的专业核心课程中任选，其中要求： ▲在个性化选修课程模块"1 计算机理论与技术基础"中任选 5 学分课程； ▲在个性化选修课程模块"3 系统与网络"中至少选修 1 门课程； ▲在个性化选修课程模块"4 人工智能"或"5 大数据技术"或"6 多媒体技术"中至少选修 1 门课程； ▲在个性化选修课程模块"7 软件工程与系统开发"中至少选修 1 门课程； ②个性化任选课 3 学分，选修。 可在全校各学科大类开设的部类核心课程、专业核心课程、个性化选修课程中任选	18

最低学分要求合计栏：通识教育 44；专业教育 93。

续表

课程模块		课程修读要求	最低学分要求
创新研究与实践	社会研究与创新训练	必修	2
	社会实践与志愿服务	必修	2
	专业实习	▲要求完成程序设计编程集训,集训时间为第一学年暑期两周时间,对应课程为"综合设计",计 2 学分; ▲学生在第 7 学期开始进行专业实习,于第 8 学期的 4 月前结束,计 2 学分;实习结束后,填写实习总结表,并在指导老师指导下完成不少于 3 000 字的实习报告	4
	毕业论文	第 4 学年撰写一篇毕业论文(15 000 字左右)	4
	其他专业实践活动	第 3 学期完成"程序设计实践"	2
素质拓展与发展指导	新生研讨课程	必修	2
	公共艺术教育课程	选修 2 学分课程	2
	劳动教育课程	必修	1
	心理健康教育课程	必修	1
	军事课程	必修	4
	职业生涯规划课程	必修	1
	发展指导课程	选修 2 学分课程	2

注:"创新研究与实践"最低学分要求为 14,"素质拓展与发展指导"最低学分要求为 13。

五、课程体系

1. 通识教育

(1) 思想政治理论课程[1]

1　详见《中国人民大学思想政治理论课培养方案》。

课程模块	课程名称	课程编码	学分	开课学期
必修模块	思想道德与法治	BIAPIP0002	3	1
	中国近现代史纲要	BBMCIP0001	3	2
	马克思主义基本原理	BBPMIP0002	3	3
	毛泽东思想和中国特色社会主义理论体系概论(理论)	BSCCIP0001	3	3
	毛泽东思想和中国特色社会主义理论体系概论(实践)	BSCCIP0002S	2	4
	习近平新时代中国特色社会主义思想概论	BSSMIP0001	2	5
	形势与政策	BIAPIP0002	2	E
选修模块	社会主义五百年	BMATIP0001	2	秋
	中国共产党一百年	BPBCIP0001	2	秋
	中华优秀传统文化概论	BCCSMS0093	2	秋

(2) 经典历史著作阅读课程[1]

课程名称	课程编码	学分	开课学期
经典历史著作阅读(通史、断代史)	BHISCR0001	1	2
经典历史著作阅读(专门史)	BSTHCR0001	1	3

(3) 基础技能——公共外语课程[2]

课程级别/课程模块			课程名称	课程编码	学分	开课学期
普通班	A级必修		大学英语听说 A	BELLCEA002	2	1
			大学英语读写 A	BELLCEA001	2	1
			学术英语视听说	BELLCE0006	2	2
			英语演讲	BELLCE0010	2	3
	B级必修		大学英语听说 B	BELLCEB002	2	1
			大学英语读写 B	BELLCEB001	2	1
			学术英语视听说	BELLCE0006	2	2
			英语演讲	BELLCE0010	2	3
	拓展类	技能	高级英语写作	BELLCF0001	2	2
			英汉翻译基础	BELLCF0002	2	2
		文化	英语国家社会与文化	BWDHCF0001	2	2
			中国文化	BWDHCF0002	2	2
		文学	英美小说选读	BELLCF0003	2	2

1　详见《中国人民大学经典历史著作阅读课培养方案》。

2　详见《中国人民大学公共外语课培养方案》。

续表

课程级别/课程模块		课程名称	课程编码	学分	开课学期
实验班	必修模块	学术英语听说 Ⅰ	BELLCE0007	2	1
		学术英语读写 Ⅰ	BELLCE0004	2	1
		英语演讲	BELLCE0010	2	1
		学术英语听说 Ⅱ	BELLCE0008	2	2
		学术英语读写Ⅱ	BELLCE0005	2	2
		英语辩论	BELLCE0009	2	2
	拓展类(第二外语)	基础法语	BFLLCF0001	2	3
		基础德语	BGLLCF0001	2	3
		基础日语	BJLLCF0001	2	3
		基础西班牙语	BSLLCF0001	2	3
		基础俄语	BRLLCF0001	2	3

(4) 公共体育课程[1]

课程模块			课程名称	课程编码	学分	开课学期
核心基础课程			太极拳	BCPEQD0002	1	
			游泳	BCPEQD0003	1	
专项基础课程	体能类		田径	BCPEQD0012	1	
			体质健康	BCPEQD0019	1	
	技能类	技能健美型项目	健美操	BCPEQD0009	1	
			瑜伽	BCPEQD0010	1	
			体育舞蹈	BCPEQD0013	1	
			健美	BCPEQD0016	1	
			中华韵	BCPEQD0017	1	
			太极剑	BCPEQD0020	1	
		技能球类项目	篮球	BCPEQD0004	1	1,2,3,4
			足球	BCPEQD0005	1	
			排球	BCPEQD0006	1	
			乒乓球	BCPEQD0007	1	
			网球	BCPEQD0008	1	
			羽毛球	BCPEQD0015	1	
			高尔夫	BCPEQD0021	1	
		技能对抗型项目	散打	BCPEQD0011	1	
			跆拳道	BCPEQD0022	1	
综合拓展类			拓展训练	BCPEQD0014	1	
			篮球裁判	BCPEQD0018	1	
体育提高课						5,6
一般选修课						7,8

---

1 详见《中国人民大学公共体育课培养方案》。

（5）通识课程 [1]

课程模块		
通识核心课程	社会科学类	哲学与伦理
		历史与文化
		思辨与表达
		审美与诠释
		世界与中国
	自然科学类	科学与技术
		实证与推理
		生命与环境
一般通识课程	通识教育大讲堂	
	原著原典选读	
通识讲座	由学生自主选听，不计学分；具体讲座以每学期实际开设为准	

（6）国际小学期全英文课程 [2]

课程模块	
中国研究系列	中国政治
	中国经济
	中国文化
	中国社会
	中国发展
学科通识和学科前沿系列	政治
	经济
	人文
	社会
	管理
	理工
国际组织与全球治理系列	国际组织
	全球治理
语言培训系列	英语口语

---

1 详见《中国人民大学通识课培养方案》。
2 详见《中国人民大学国际小学期全英文课培养方案》。

2. 专业教育

(1) 部类核心课程

课程模块 / 课程级别			课程名称	课程编码	学分	开课学期
部类共同课程	数学类	分析部分 B	高等数学Ⅰ	BBSMMSC001	5	1
			高等数学Ⅱ	BBSMMSC002	5	2
		代数部分 A	高等代数Ⅰ	BBSMMSB001	4	1
			高等代数Ⅱ	BBSMMSB002	4	2
	物理类		普通物理B	BTPSMS0015	4	2
部类基础课程	实验科学类		大学物理实验	BBSMMS0012	2	2
			普通化学	BICHMS0002	4	1,2
			普通心理学Ⅰ	BPSYMS0001S	4	1
			环境学基础	BECOMS0005S	4	2

(2) 专业核心课程

课程名称	课程编码	学分	开课学期
程序设计Ⅰ荣誉课程	BCSTMSA001S	4	1
程序设计Ⅱ荣誉课程	BCSTMSA002S	2	2
计算机系统基础Ⅰ	BCSAMS0005S	3	3
计算机系统基础Ⅱ	BCSAMSA001SH	4	4
概率论与数理统计	BPTMMSC001	4	3
数据结构与算法Ⅰ荣誉课程	BCSTMSA005SH	4	3
数据结构与算法Ⅱ荣誉课程	BCSTMSA007	3	4
离散数学荣誉课程	BCSTMSA004H	4	3
数据科学导论	BBSEMS0006	3	4
数据库系统概论荣誉课程	BCSTMSA006SH	4	5
编译原理	BCSAMS0001S	3	4
机器学习与计算智能Ⅰ	BBSEMS0001	3	5
计算机系统实现Ⅰ	BCSAMS0014	3	5
计算机系统实现Ⅱ	BCSAMS0015	3	6
计算理论导论荣誉课程	BCSCMS0009	2	6

(3) 个性化选修课程[1]

课程类别 / 课程模块		课程名称	课程编码	学分	开课学期
计算机类	1 计算机理论 与技术基础	计算思维能力培养	BCSTMS0001	2	5
		数字逻辑与数字电路	BCSAMS0007S	3	3
		运筹学建模与算法	BCSTMS0004	3	4
		图论	BORCMS0001	2	4
	2 信息系统 理论基础	管理学概论	BMSEMS0013	2	3
		管理经济学 A	BTEMMSA001	3	4
		信息系统理论基础	BMSEMS0032B	2	4
		信息资源管理	BMSEMS0034	2	5
	3 系统与网络	移动平台应用开发	BCSAMS0008S	2	4
		分布式系统与云计算	BCSAMS0003S	2	6
		无线通信技术	BCATMS0018S	2	6
		现代通信技术	BCATMS0020S	2	7
	4 人工智能	人工智能导论	BCATMS0014S	3	5
		自然语言处理	BCATMS0023S	2	7
		智能计算系统	BBSEMS0018	2	6
		迁移学习	BBSEMS0024	2	5
		机器人感知技术基础	BCATMS0007S	2	5
	5 大数据技术	实用数据库开发	BBSEMS0003S	2	5
		网络群体与市场	BCATMS0017	2	5
		信息检索导论	BBSEMS0008S	2	6
		统计学习	BBSEMS0007S	2	6
		数据仓库与数据挖掘	BBSEMS0004S	2	6
	6 多媒体技术	多媒体技术	BCATMS0005S	2	5
		口语处理技术	BCATMS0001ES	2	6
		模式识别与计算机视觉	BCATMS0013S	2	6
		人机交互与可用性测试	BCATMS0016S	2	5
	7 软件工程与 系统开发	现代软件工程	BSEGMS0006	3	6
		Java 程序设计	BMSEMS0004S	3	4
		JSP 实用技术	BMSEMS0005	3	6
		Python 数据分析与机器学习	BMSEMS0006	3	4
		分布式应用程序设计	BMSEMS0010S	3	6

1　个性化选修课程开课学期根据实际情况可能会有所调整。

续表

课程类别 / 课程模块		课程名称	课程编码	学分	开课学期
计算机类	8 信息安全	程序设计安全	BISYMS0001S	2	5
		密码技术及应用	BISYMS0002S	2	5
		软件安全分析	BISYMS0003S	3	6
		信息内容安全	BISYMS0010S	2	6
		信息安全管理	BISYMS0008S	2	5
	9 电子商务与商业创新	电子商务规划与管理	BCSCMS0006E	2	3
		电子商务案例	BMSEMS0008	2	4
		IT 创新创业模式及系统实现	BMSEMS0002	3	5
		ERP 与企业运营模拟	BMSEMS0001	3	5
		网络空间与智慧治理	BISYMS0011	2	5
		商业知识图谱技术与应用	BMSEMS0040	2	5
		区块链商业应用基础	BMSEMS0020	2	6
	10 金融信息系统	互联网金融概论	BMSEMS0014	2	4
		金融信息管理	BMSEMS0018	2	4
		金融大数据分析	BMSEMS0015	2	5
		金融风险管理	BMSEMS0016	2	5
		金融技术与实践	BMSEMS0017	2	5
		现代投资学	BMSEMS0027	2	6

3. 创新研究与实践

(1) 社会研究与创新训练 [1]

课程名称	课程编码	学分	开课学期
社会研究与创新训练	BSIERP0001S	2	E

(2) 社会实践与志愿服务 [2]

课程名称	课程编码	学分	开课学期
社会实践与志愿服务	BSVERP0001S	2	E

(3) 专业实习 [3]

课程名称	课程编码	学分	开课学期
专业实习	BPIERP0001S	4	6,7

1　详见《中国人民大学社会研究和创新训练学分认定办法 (修订)》。
2　详见《中国人民大学社会实践和志愿服务学分认定办法 (修订)》。
3　详见《中国人民大学本科学生专业实习管理办法》。

(4) 毕业论文(设计)[1]

课程名称	课程编码	学分	开课学期
毕业论文(设计)	BGTERP0001S	4	7,8

(5) 其他专业实践活动

除学校统一要求外,本实验班依据专业特色及人才培养需要设置相应课外实践教学课程及活动,详见专业修读指导计划。

4. 素质拓展与发展指导

(1) 新生研讨课程

课程名称	课程编码	学分	开课学期
新生研讨课程 I (数字时代的科学与技术)	BSFEQD0002	1	1
新生研讨课程 II	BSFEQD0001	1	2

(2) 公共艺术教育课程[2]

课程模块
美术与书法
设计与摄影
戏剧与影视
艺术学理论
音乐与舞蹈

(3) 劳动教育课程[3]

课程名称	课程内容		学时	课程编码	学分	开课学期
劳动教育	理论教育	马克思主义劳动观、劳动法则教育、专业相关劳动教育、劳动模范人物先进事迹学习/研习经典书籍文献、劳动教育实践相关前置学习/专题讲座	10	BEHEQD0001S	1	3,4
	劳动实践	集体性的劳动教育实践活动	22			根据实际安排

---

1 详见《中国人民大学本科学生毕业论文(设计)管理办法(修订)》。

2 详见《中国人民大学公共艺术课培养方案》。

3 详见《中国人民大学劳动教育课培养方案》。

（4）心理健康教育课程

课程名称	课程编码	学分	开课学期
大学生心理健康	BMHEQD0001	1	1，2

（5）军事课程[1]

课程名称	课程编码	学分	开课学期
军事理论	BNDEQD0001	2	1，2
军事技能	BNDEQD0002	2	一般在大一暑假

（6）职业生涯规划课程

课程名称	课程编码	学分	开课学期
职业生涯规划	BCDPQD0001	1	2

（7）发展指导课程

课程模块	
基础技能强化与拓展	第二外国语学习
	方法与工具
	写作与表达
	英语能力强化
职业发展与就业指导	职业技能强化
	职业生涯规划与职业修养
心理素质与心理健康	心理健康指导
	心理素质教育
创新创业指导	/
研究与实践指导	学科竞赛指导
研究生课程预修	/
国际学习指导	/
兴趣与爱好	/

1　详见《中国人民大学军事课培养方案》。

北京交通大学

计算机科学与技术专业培养方案

一、培养目标

计算机科学与技术专业培养学生德、智、体、美全面发展,知识、能力、素质兼备,通过良好的素质教育与专业培养,使学生在其专业拓展和职业发展方面打下坚实基础。在综合素质方面,培养学生具有较高的道德文化修养和科学研究素质;同时具有良好的沟通、表达与写作能力,较强的社会责任感和终身学习能力。具有坚实的外语、数理、电子等理论基础,较深入地掌握计算机系统、技术及应用的专业基础理论和现代专业技术,具有较强的实践能力、创新意识和团队协作精神。学生毕业后,能从事计算机系统级和应用级的科学研究、系统开发、技术应用、系统集成,以及教学和管理等工作,能够解决复杂工程问题,成为具有较强可持续发展潜质和社会适应能力的高级专门人才。

本专业以学校人才培养总体要求为目标,面向信息技术行业以及轨道交通等相关领域的发展和需求,培养系统掌握计算机系统研究的基础理论、计算机应用研发的现代技术,具有创新意识、实践能力、团队协作精神和一定国际视野的工程技术人才。本专业的培养目标具体如下:

(1) 能鉴定、分析和解决与计算机科学与技术专业相关的关键技术问题,适应独立和团队工作环境,承担计算机系统设计、开发和实现的相应工作。

(2) 能鉴定、分析和研究与计算机科学与技术专业相关的基础科学问题,适应独立和团队工作环境,承担计算机科学与技术以及相关学科领域的科学研究工作。

(3) 具有较宽的国际视野和一定的国际竞争与合作能力,具有良好的职业素养和较强的社会服务意识,能在一个设计、研发或科研团队中担任组织管理角色。

(4) 在具备专业知识、技术能力与综合素质的基础上,具有通过继续教育或终身学习途径拓展知识的能力,能够初步适应其他领域的工作,进一步适应现代科学技术与社会发展的需求。

二、毕业要求及指标点分解

计算机科学与技术专业的毕业要求分为 13 条,细化为 31 个指标条目。具体如下。

(1) 品德修养:理解并掌握科学的世界观和方法论,具有良好的思想品德和社会公德,具有家国情怀和社会责任感,能够践行社会主义核心价值观。

① 学生应理解并掌握科学的世界观和方法论,具有良好的思想品德和社会公德。

② 学生应理解并践行社会主义核心价值观,了解国情,具有维护国家利益、推动民族复兴和社会进步的使命感和责任感。

(2) 工程知识:能够将数学、自然科学、工程基础和专业知识用于解决计算机科学与技术相关的复杂工程问题。

① 学生应理解与掌握数学、物理等自然科学的基础知识,并具有一定的现代科学与技术方法论意识。

② 学生应理解与掌握计算机科学与技术的基础知识和基本方法,理解计算机应用系统中的基本工程知识,了解交通运输工程领域的初步知识及工程技术,并具有一定的计算思维能力。

③ 学生应能够在课程考核、实践环节、科技活动以及毕业设计(论文)等中,应用数学与自然科学、工程基础和专业知识解决计算机系统及应用中的复杂工程问题。

(3) 问题分析:能够应用数学、自然科学和工程科学的基本原理,识别、表达、并通过文献分析与研究计算机科学与技术中的复杂工程问题,以获得有效结论。

① 学生应能够通过应用数学、自然科学、计算机科学与技术的基本理论与方法,分析与识别相关实际工程应用问题的复杂性,并进行清晰的描述与表示。

② 学生应具有运用多种文献检索方式查找所需参考文献的能力,同时具有相关文献综述与分析的能力。

③ 学生应能够在课程考核、实践环节、科技活动,以及毕业设计(论文)等中,应用数学、自然科学、计算机科学与技术的方法对相关复杂工程问题进行分析、表述、推理与验证等。

(4) 解决方案:能够设计满足特定需求的系统或单元(部件)以及针对复杂计算机工程问题的解决方案,能够在设计环节中体现创新意识,并考虑社会、健康、安全、法律、文化以及环境等因素。

① 学生应掌握计算机科学与技术应用工程问题的基本设计原理与方法,能够针对相关复杂工程问题设计合理的解决方案。

② 学生应能够从设计方法学上理解与掌握计算机科学与技术及其应用的相关复杂工程问题的解决方法,并在解决过程中体现出一定的创新思维能力。

③ 学生应能够在课程考核、实践环节、科技活动,以及毕业设计(论文)等中,树立综合考虑社会与文化、健康与安全、伦理与法律、环境与发展等诸多因素的意识。

(5) 科学研究:能够基于科学原理并采用科学方法对复杂工程问题进行研究,包括设计实验、分析与解释数据,并通过信息综合得到合理有效的结论。

① 学生应理解与掌握计算机科学与技术的基本理论与方法,并从科学技术方法论角度理解本专业的基本研究方法。

② 学生应能够针对复杂计算机工程问题运用相关的理论和方法建立定性或定量模型,进行分析与比较;能够掌握原始数据收集与处理方法、参数分析方法、实验结果检验方法与综合分析方法。

③ 学生应能够在课程考核、实践环节、科技活动以及毕业设计(论文)等中,通过一定数量的设计实验、仿真实验、研究性专题或项目等,研究与开发复杂工程问题的解决方案。

(6) 现代工具:能够针对复杂工程问题,开发、选择与使用恰当的技术、资源、现代工程工具和信息技术工具,包括对复杂工程问题的预测与模拟,并能够理解其局限性。

① 学生应能够熟练运用程序设计方法、环境与工具,包括软件开发集成环境,实验数据分析工具,模拟与仿真工具等。

② 学生应能够熟练掌握计算机系统的应用环境与开发工具等,包括数据库系统环境与工具、操作系统与编译系统、计算机网络环境与互联网平台、计算机系统部件模拟与评价等。

③ 学生应能够选择与运用计算机科学与技术的方法、环境与工具,针对复杂工程问题的解决方案进行分析与比较、预测与模拟,并能够理解与表述问题解决方案的局限性。

(7) 工程与社会:能够基于工程相关背景知识进行合理分析,评价专业工程实践和复杂工程问题解决方案对社会、健康、安全、法律以及文化的影响,并理解应承担的责任。

① 学生应理解社会、安全、健康、伦理、法律等方面的基本知识,并理解其与计算机科学与技术应用系统工程的相互影响。

② 在解决复杂工程问题的过程中,学生应能够从人文与社会、健康与安全、伦理与法律等方面进行分析、比较与评价,能够体现应尽义务、操守与责任。

(8) 环境与发展:能够理解和评价针对计算机及其应用系统中复杂工程问题的工程实践环节对环境、社会可持续发展的影响。

① 学生应具有环境与可持续发展的基本知识与意识,能够理解计算机科学与技术及其应用对当前社会环境与自然环境,以及可持续发展的影响与重要性。

② 学生应能够理解复杂工程问题的任何工程实践都有可能对环境与可持续发展产生影响,针对具体问题的解决方案能够进行环境与可持续发展影响方面的分析与评价。

(9) 职业规范:具有人文社会科学素养、社会责任感,能够在计算机科学与技术工程实践中理解并遵守工程职业道德和规范,履行责任。

① 学生应理解与当前社会发展状况相关的人文与社会科学基本知识,在实际问题解决方案中体现出健康心理、正确价值观,以及人文社会科学知识与素养。

② 学生应能够理解复杂工程问题的实践活动有可能涉及人文与社会环境、职业道德和规范,能够在工程实践中遵守专业工程师职业道德和规范,履行社会责任。

(10) 个人和团队:能够在多学科背景下的团队中理解与承担个体、团队成员以及负责人的角色,并发挥相应的作用。

① 学生应理解尊重个人权利与利益的重要性,理解个人、团队、社会的关系,理解个人和团队的利益统一性,以及团队不同成员及负责人的作用。

② 学生应参加一定的跨院系、跨专业的社团组织或竞赛等科技活动,或参加一定的工程实习、社会实践、公益活动、调研等,并能够在其中发挥应有的作用。

(11) 表达与沟通:能够就复杂工程问题与业界同行及公众进行有效沟通和交流,包括撰写报告、陈述发言、清晰表达等,能够在跨文化背景下进行沟通和交流,具备一定的国际视野。

① 学生应具有计算机科学与技术专业方面的外语文献阅读与文献检索能力,具有专业外语交流与写作能力,具有国际视野,能够在跨文化背景下进行沟通和交流。

② 学生应能够在各种教学和实践环节中,针对复杂工程问题解决方案与同学、同行及公众进行有效沟通和交流,包括撰写报告和设计文稿、陈述发言、清晰表达观点,准确回应提问等。

(12) 项目管理:能够理解并掌握计算机应用系统分析与设计问题的工程管理原理与经济决策方法,并能在多学科环境中应用。

① 学生应理解与掌握一般工程项目规划与管理、工程决策与经济的基本知识与方法,并对当前计算机科学与技术的相关产业有一定的认识。

② 学生应能够在课程考核、实践环节、科技活动以及毕业设计(论文)等中,理解并运用工程管理原理和经济决策方法等多学科知识解决相关复杂工程问题。

(13) 终身学习:具有较强的自主学习和终身学习的意识,具有在科学研究与技术应用过程中不断学习和适应发展的能力。

① 学生应能够理解自主学习和终身学习的重要性与必要性,掌握一定的自主学习和终身学习的方法。

② 学生应能够在本专业的各种教学和实践环节中体现出自主学习和终身学习意识,在复杂工程问题的解决方案中体现出一定的自主学习和终身学习的能力。

三、学制授予学位及总学分要求

标准学制:4 年;学习年限:3~6 年。

总学分要求:165 学分。

授予工学学士学位。

四、课程体系框架

本专业培养方案课程体系及学分学时统计如下所示。

课程体系及学分学时统计

课程类别	课程模块	总学分	总学时	按照课程必修、选修性质统计		按照学分统计		按照学时统计	
				必修学分	选修学分	理论学分	实践学分	理论学时	实践学时
综合素质教育平台	思想政治模块	16	256	16		16		200	56
	军事模块	4	148	4		1	3	36	112
	体育模块	4	256	4			4	48	208
	通识教育模块	11	192	2	9	10	1	160	32
	小计	35	852	26	9	27	8	444	408

续表

课程类别	课程模块	总学分	总学时	按照课程必修、选修性质统计		按照学分统计		按照学时统计	
				必修学分	选修学分	理论学分	实践学分	理论学时	实践学时
基础能力教育平台	语言能力模块	9	142		9	9		142	
	数学能力模块	18	288	18		18		288	
	设计能力模块	2	32	2		2		32	
	小计	31	29	462	20	9	29	0	462
专业教育平台	学科基础课程模块	26	480	26		23	3	330	150
	专业核心必修课程模块	35	560	35		35		416	144
	专业拓展选修课程模块	17	272		17	15	2	176	96
	小计	73	78	1 312	61	17	73	5	922
创新实践教育平台	创新创业实践模块	2	32		2		2		32
	综合实践模块	4	128	4			4	24	104
	实习实训与劳动实践模块	2	64	2			2		64
	毕业设计模块	15	480	15			15		480
	小计	23	704	21	2	0	23	24	680
	总计	165	3 330	128	37	129	36	1 852	1 478
	分布比例/%			77.58	22.42	78.18	21.82	55.62	44.38

五、课程设置及教学进程计划

学科基础核心课程：大学物理（A）Ⅰ、物理实验Ⅰ、大学物理（A）Ⅱ、物理实验Ⅱ、离散数学（A）Ⅰ、离散数学（A）Ⅱ、电工技术、计算机类专业导论、C语言程序设计、程序设计分组训练、工程经济与项目管理。

专业核心必修课程：数字系统基础、数据结构（A）、计算机组成原理、汇编与接口技术、操作系统、计算机体系结构、编译原理、计算机网络原理、数据库系统原理。

课程设置及教学进程计划

课程平台	课程模块	课程名称	课程号	课程性质	记分方式	学分要求	总学时	理论学时	实践学时	开课学期
综合素质教育平台（35学分）	思政类课程（16学分）	思想道德修养与法律基础	A109001B	必修	五级制	3	48	40	8	1
		中国近现代史纲要	A109002B	必修	五级制	2	32	26	6	2
		马克思主义基本原理	A109003B	必修	五级制	3	48	40	8	3

续表

课程平台	课程模块	课程名称	课程号	课程性质	记分方式	学分要求	总学时	理论学时	实践学时	开课学期
综合素质教育平台（35学分）	思政类课程（16学分）	毛泽东思想和中国特色社会主义理论体系概论	A109004B	必修	五级制	2	32	24	8	4
		习近平新时代中国特色社会主义思想概论	A109005B	必修	五级制	2	32	28	4	1
		思想政治理论课社会实践	A109006B	必修	五级制	2	32	8	24	夏季 S1、S2
		形势与政策	A109007B	必修	五级制	2	32	26	6	1–8
	军事课（4学分）	军事理论	A123001B	必修	五级制	2		36		S1
		军事训练	A123002B	必修	五级制	2	112		112	S1
	体育课（必修4学分）	体育 I	A121001B	必修	五级制	0.5	32	4	28	1
		体育专项课		必修	五级制	0.5	32	4	28	2–4
		体育健康教育与测试 I	A121002B	必修	五级制	0.5	32	8	24	1–2
		体育健康教育与测试 II	A121003B	必修	五级制	0.5	32	8	24	3–4
		体育健康教育与测试 III	A121004B	必修	五级制	0.5	32	8	24	5–6
		体育健康教育与测试 IV	A121005B	必修	五级制	0.5	32	8	24	7–8
	通识素质教育模块（11学分）	核心价值观与公民素养教育	A123003B	必修	五级制	1	16	16		1
		学生综合素质实践	A123004B	必修	五级制	1	32		32	1–6
		身心素养类课程		选修（必选）		≥1				
		社会素养类课程		选修						
		美育素养类课程		选修（必选，艺术类专业除外）						
		人文素养类课程		选修		≥8				
		科学素养类课程		选修						
		工程素养类课程		选修						
		创新创业素养类课程		选修						
		轨道交通特色类课程		选修						

续表

课程平台	课程模块	课程名称	课程号	课程性质	记分方式	学分要求	总学时	理论学时	实践学时	开课学期
基础能力教育平台（29学分）	英语语言能力（9学分）	综合英语基础	C112001B	选修	百分制	3	48	48		1
		初级综合英语	C112002B	选修	百分制	3	48	48		2
		中级综合英语	C112003B	选修	百分制	3	48	48		1–3
		高级综合英语	C112004B	选修	百分制	3	48	48		1–3
		大学英语拓展课程		选修		3	48	48		1–3
		北京交通大学英语水平考试		必修						1–8
	数学能力（18学分）	微积分（B）Ⅰ	C108001B	必修	百分制	6	96	96		1
		微积分（B）Ⅱ	C108002B	必修	百分制	5	80	80		2
		几何与代数（B）	C108004B	必修	百分制	3.5	56	56		1
		概率论与数理统计（B）	C108005B	必修	百分制	3.5	56	56		4
	设计能力（2学分）	设计与审美概论	C111001B	选修	百分制	2	32	32		2
		工业产品创新设计	C211001B	选修	百分制	2	32	32		3–4
		媒体与交互设计	C211003B	选修	百分制	2	32	32		3–4
		艺术与科学	C111002B	选修	百分制	2	32	32		3–4
专业教育平台（78学分）	学科基础课程（26学分）	理科基础课（16学分） 大学物理（A）Ⅰ	M108001B	必修	百分制	4	64	64		2
		物理实验Ⅰ	M108003B	必修	百分制	1	32		32	2
		大学物理（A）Ⅱ	M108002B	必修	百分制	4	64	64		3
		物理实验Ⅱ	M108004B	必修	百分制	1	32		32	3
		离散数学（A）Ⅰ	M202005B	必修	百分制	3	48	48		3
		离散数学（A）Ⅱ	M202006B	必修	百分制	3	48	48		4
		工科基础课（8学分） 电工技术	M201050B	必修	百分制	2	32	26	6	2
		计算机类专业导论	M202001B	必修	百分制	1	32	8	24	1
		C语言程序设计	M202002B	必修	百分制	4	64	32	32	1
		程序设计分组训练	M202003B	必修	百分制	1	32	8	24	2
		经管基础课（2学分） 工程经济与项目管理	M202004B	必修	百分制	2	32	32		2

续表

课程平台	课程模块	课程名称	课程号	课程性质	记分方式	学分要求	总学时	理论学时	实践学时	开课学期
专业教育平台（78学分）	专业核心必修课程（35学分）	数字系统基础	M302001B	必修	百分制	4	64	48	16	3
		数据结构（A）	M302002B	必修	百分制	4	64	48	16	3
		计算机组成原理	M302003B	必修	百分制	4	64	48	16	4
		汇编与接口技术	M302004B	必修	百分制	4	64	48	16	4
		操作系统	M302005B	必修	百分制	4	64	48	16	5
		计算机体系结构	M302006B	必修	百分制	3	48	32	16	5
		编译原理	M302007B	必修	百分制	4	64	48	16	5
		计算机网络原理	M302008B	必修	百分制	4	64	48	16	6
		数据库系统原理	M302009B	必修	百分制	4	64	48	16	6
	专业拓展选修课程（17学分） A-基础选修课程	面向对象程序设计与 C++	M402001B	选修（2选1）	百分制	3	48	16	32	3、4
		Java 语言程序设计	M402002B		百分制	3	48	16	32	3、4
		算法设计与分析 I	M402003B	选修（2选1）	百分制	2	32	24	8	4、5
		软件工程	M402004B		百分制	2	32	24	8	4、5
	B1-智能技术	人工智能导论（B）	M402005B	选修	百分制	2	32	32		4
		机器学习 I	M402006B	选修	百分制	2	32	20	12	5
		自然语言处理	M402007B	选修	百分制	2	32	24	8	6
	B2-数据科学	计算方法	M402008B	选修	百分制	2	32	24	8	4
		深度学习	M402009B	选修	百分制	2	32	16	16	5
		大数据技术	M402010B	选修	百分制	2	32	20	12	6

续表

课程平台	课程模块		课程名称	课程号	课程性质	记分方式	学分要求	总学时	理论学时	实践学时	开课学期
专业教育平台（78学分）	专业拓展选修课程（17学分）	B3–媒体计算	计算机图形学	M402011B	选修	百分制	2	32	24	8	4
			数字图像处理	M402012B	选修	百分制	2	32	24	8	5
			计算机视觉基础	M402013B	选修	百分制	2	32	24	8	6
		B4–嵌入式系统	VHDL及设计实践	M402014B	选修	百分制	2	32	22	10	4
			嵌入式系统设计	M402015B	选修	百分制	2	32	24	8	5
			移动应用开发	M402016B	选修	百分制	2	32	16	16	6
		B5–高性能计算	高性能计算导论	M402017B	选修	百分制	2	32	16	16	4
			虚拟化与云计算	M402018B	选修	百分制	2	32	16	16	5
			分布式系统	M402019B	选修	百分制	2	32	24	8	6
		C–任意选修课	IT职业英语	M402020B	选修	百分制	2	32	16	16	5
			程序设计模式	M402021B	选修	百分制	2	32	16	16	5
			软件测试	M402022B	选修	百分制	2	32	16	16	5
			计算机控制技术	M402023B	选修	百分制	2	32	16	16	6
			人机交互技术	M402024B	选修	百分制	2	32	16	16	6
			数据挖掘技术与实践	M402050B	选修	百分制	2	32	24	8	6
			多媒体技术（B）	M402025B	选修	百分制	2	32	24	8	7
创新实践平台（23学分）	创新创业实践模块（2学分）		创新创业实践		必修	五级制	2				
	综合实践模块（4学分）		计算思维综合训练	P202001B	必修	五级制	1	32	8	24	夏季学期S1
			Python编程实训	P202002B	必修	五级制	1	32	8	24	夏季学期S1
			软件开发综合训练	P402001B	必修	五级制	1	32	8	24	夏季学期S2
			专业实践与训练(计算机科学与技术)	P402002B	必修	五级制	1	32		32	夏季学期S2
	实习实训与劳动实践模块（2学分）		专业实习与实训	P402003B	必修	五级制	2	64		64	夏季学期S3、7
	毕业设计模块（15学分）		毕业设计（论文）	P402004B	必修	五级制	15	480		480	8

计算机科学与技术专业培养方案(2019 级)

一、培养目标

本专业旨在培养具有"家国情怀、全球视野、创新精神、实践能力"的计算机相关领域研发、设计和管理的高素质、复合型人才,包括能够研发复杂计算机系统、基础软件、高端应用软件的人才(我国未来 20 年内计算机领域最为紧缺的人才),能够应用软硬件协同设计解决复杂工程问题的高端交叉学科人才等。

所培养的学生具有崇高的社会责任感和高尚的职业道德,具有宽厚的基础理论知识、突出的系统设计能力和软件开发能力,分析问题能力强,工程实践能力强,知识面宽广,具有良好的工程素养以及项目组织与管理能力,能够系统地应用包括计算机硬件、软件与应用的基本理论、基本知识和基本技能解决计算机相关领域的复杂工程问题。毕业生可在科研机构、政府机关、企事业单位等从事计算机及相关领域的工程研究、技术开发、运行维护、项目管理以及信息服务等工作;也可继续深造,攻读本专业及相关专业或交叉学科的硕士和博士学位。

经过 5 年左右的职业实践,本专业的毕业生能够独立承担计算机及相关领域的复杂工程项目,并成为团队的核心成员或项目负责人,达到如下培养目标:

(1) 具有家国情怀、卓越的个人能力、严谨的专业态度和优秀的专业素质及社会责任感。

(2) 具备扎实的数学、自然科学、计算机信息技术、人文、法律和工程管理等方面的知识、良好的科学素养以及突出的工程实践能力。

(3) 能够理解和分析与自身专业职位相关的复杂工程问题,并能在计算机及信息领域的复杂工程设计、技术开发、科学研究、生产组织和管理、设备管理和维护等方面熟练应用与本专业相关的科学、技术及工程基础知识。

(4) 具有国际视野,能在多学科多文化合作团队里工作,并能有效交流,具有出色的组织能力、决策能力与沟通协调能力。

(5) 具备在职业工作和社会环境中自主学习能力和终身学习意识,紧跟计算机及信息领域的技术发展趋势,勇于创新,能够利用最新的技术手段解决实际工程任务中所遇到的技术难题,保持职业竞争力。

二、学制与授予学位

学制 4 年,授予工学学士学位。

三、毕业要求

(1) 品格。具有家国情怀,在实践中能够正确认知自我,知行合一、实事求是、激情自信、勇于承担风险,具有面对困难时坚韧不拔的意志。

① 具有家国情怀,在实践中正确认识自我的能力、兴趣、优势和不足,做到敢为人先、知行合一、实事求是。

② 面对学习和工作充满激情和自信,敢于承担所遇到的各种挑战、困难和风险,并且具有坚韧不拔的意志。

(2) 思维。能够运用创造思维、批判思维、系统思维、设计思维、多学科交叉创新思维,在工程实践中探索与发现事物的本质联系和规律性,进行高级认知,提高分析和创造性解决复杂问题的能力。

① 能够整合思维,在工程实践中探索与发现事物的本质联系和规律性。

② 能够依据事物的本质联系和规律进行高级认知,提高分析和创造性解决复杂问题的能力。

(3) 工程知识。能够将数学、自然科学、工程基础和专业知识用于解决复杂计算机科学与技术领域中的复杂工程问题。

① 能够理解与掌握数学、物理等自然科学的基础知识,并具有一定的现代科学与技术方法论意识。

② 能够理解和掌握计算机科学与技术领域的专业知识、基本方法和工程知识,并具有计算思维能力和系统能力。

③ 能够在集中实践、实习实训、毕业设计等教学环节中,应用数学、自然科学、工程基础和专业知识解决计算机系统设计及应用开发中的复杂工程问题。

(4) 问题分析。能够应用数学、自然科学和计算机科学与技术的基本原理识别、表达,并通过文献研究分析复杂工程问题,以获得有效结论。

① 能够运用数学、自然科学和计算机科学与技术的基本知识对复杂工程问题进行识别,并进行清晰的描述与表示。

② 能够借助文献查阅分析复杂计算机工程问题的影响因素,对问题进行抽象,并建立合理的模型。

③ 能够对复杂计算机工程问题的数学模型进行求解,分析结果的合理性、验证结构的有效性。

(5) 设计 / 开发 / 建造。能够设计针对复杂计算机工程问题的解决方案,设计满足特定需求计算机系统或软硬件模块,并能够在设计环节中体现创新意识,考虑社会、健康、安全、法律、文化以及环境等因素。

① 能够熟练应用计算机科学与技术领域的基本原理和方法,设计针对复杂计算机工程问题的合理解决方案。

② 能够设计满足特定需求的计算机系统或软硬件模块,并在其中体现创新意识。

③ 能够在解决复杂计算机工程问题的过程中评估社会、健康、安全、法律、文化以及环境等因素的影响。

(6) 研究。能够基于科学原理并采用科学方法对复杂计算机工程及其相关领域问题进行研究，包括设计实验、分析与解释数据，并通过信息综合得到合理有效的结论。

① 基于基本科学原理掌握针对复杂计算机工程问题的科学研究方法。

② 能够根据专业知识为复杂计算机工程问题设计可行的实验方案，包括数据收集和处理、实验流程的设计、实验参数分析、实验结果检验和综合等。

③ 能够对实验现象和数据进行归纳、分析及深入研究，并得出有效结论。

(7) 使用现代工具。能够针对复杂工程问题开发、选择与使用恰当的技术、资源、现代工程工具和信息技术工具，包括对复杂工程问题的预测与模拟，并能够理解其局限性。

① 能够针对复杂计算机工程问题的不同需求，开发、选择与使用恰当的技术、资源和软硬件工具。

② 能够针对复杂计算机工程问题选用或开发合适的软硬件工具，通过实验进行预测和模拟，并理解其适用范围。

(8) 工程与社会。能够基于工程相关背景知识进行合理分析，评价软件工程实践和复杂工程问题解决方案对社会、健康、安全、法律以及文化的影响，并理解应承担的责任。

① 理解与计算机工程有关的社会、健康、安全、法律及文化方面的知识。

② 在复杂计算机工程问题的过程中，能够考虑社会、健康、安全、法律及文化的影响并理解应承担的责任。

(9) 环境和可持续发展。能够理解和评价针对复杂计算机工程问题的工程实践对环境、社会可持续发展的影响。

① 了解计算机科学发展趋势，能够理解复杂工程问题解决方案对环境和可持续发展的影响。

② 能够正确评价复杂工程问题解决方案对环境和可持续发展的影响。

(10) 职业规范。具有人文社会科学素养、社会责任感，能够在计算机工程实践中理解并遵守工程职业道德和规范，履行责任。

① 具有人文社会科学素养和社会责任感。

② 具备社会公德和职业道德，能够在计算机工程实践中理解并遵守工程职业道德和法律法规，履行责任。

(11) 个人与团队。能够在多学科背景下的团队中承担个体、团队成员以及负责人的角色。

① 理解在计算机工程实践中个人和团队的关系，理解个人和团队的利益统一性，以及团队中不同成员和负责人的作用。

② 能够在由计算机及相关学科领域成员组成的多学科背景团队中承担个体、团队成员或负责人的角色。

(12) 沟通。能够就复杂工程问题与业界同行及社会公众进行有效沟通和交流，包括撰写报告和设计文稿、陈述发言、清晰表达或回应指令。具备一定的国际视野，能够在跨文化背景下进行沟通和交流。

① 具有沟通和交流的基本素养,能够就复杂计算机工程问题进行清晰的书面和口头表达,与同行和社会公众进行有效的沟通。

② 能够使用一门外语针对专业问题与同行进行沟通和交流,具有跨语种、跨文化的交流和学习能力以及国际视野。

(13) 项目管理。具备项目管理能力,理解计算机工程实践项目管理的原理与经济决策方法,并能够在多学科环境中应用。

① 理解工程管理原理,具备项目管理能力,能够选择恰当的管理方法将复杂计算机工程问题进行模块化分解并分步实施。

② 理解并掌握计算机工程实践中的经济决策方法,并能在多学科环境中应用。

(14) 终身学习。具有自主学习和终身学习的意识,有不断学习和适应发展的能力。

① 具有自主学习和终身学习的意识,具有不断学习和适应发展的能力。

② 能够了解计算机及相关行业的发展动态,能够不断适应和学习计算机理论与技术的新发展和前沿动态,适应个人职业发展的要求。

四、主干学科与相近专业

主干学科:计算机科学与技术一级学科。

相近专业:网络工程、物联网工程、软件工程、人工智能等专业。

五、核心课程

离散数学、程序设计原理、数据结构、计算机系统、计算机网络、算法设计与分析、数字逻辑与数字系统、操作系统原理、数据库原理、计算机组成与系统结构、软件工程、人工智能基础、并行计算、编译原理与技术。

六、毕业学分

毕业最低学分要求为 161.5+8 学分。其中,通识教育 79.5 学分(其中 10 学分为教育部规定的通识教育课程和新工科通识课程学分),专业教育 79 学分(大类基础课程 25 学分,专业核心课程 12 学分,专业选修课程 9 学分,实践教学课程 33 学分),创新创业教育 3 学分,课外实践课程 8 学分。

七、课程逻辑图（图 3-7）

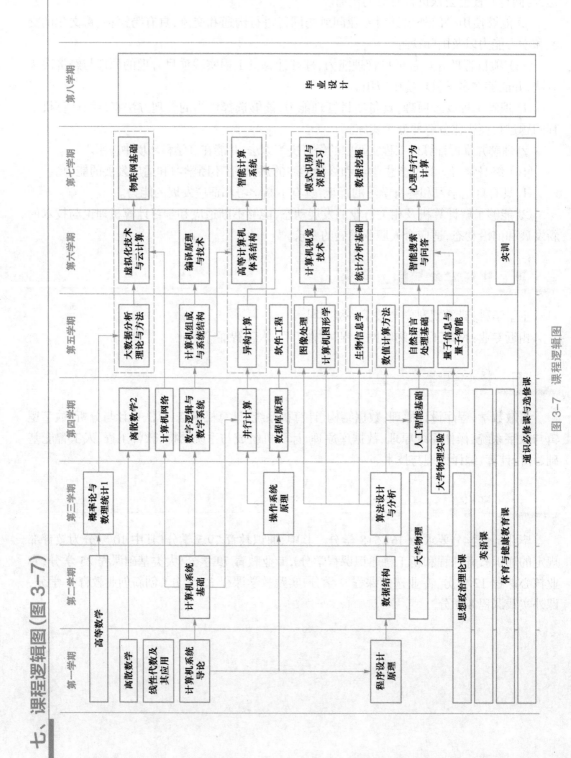

图 3-7　课程逻辑图

八、课程设置与学分分布

1. 通识教育 （79.5学分）

（1）思想政治理论课程 （16学分）

课程名称	学分	开课学期	建议修读学期
思想道德修养与法律基础	3	春/秋	1
中国近现代史纲要	3	春/秋	2
马克思主义基本原理概论	3	春/秋	3
毛泽东思想和中国特色社会主义理论体系概论	5	春/秋	6
形势与政策	2	春/秋	1、8

（2）专项教育课程 （50学分）

课程名称	学分	开课学期	建议修读学期
军事理论1	2	春/秋	2
集中军事训练	2	春/秋	3
健康教育	0.5	春/秋	1
体育A–D	4	春/秋	1–4
体育锻炼1–7	0	春/秋	1–7
大学英语1	2	春/秋	1
大学英语2	2	春/秋	2
大学英语3	2	春/秋	3
大学英语4	2	春/秋	4
高等数学2A	6	春/秋	1
高等数学2B	5	春/秋	2
线性代数及其应用	3.5	春/秋	1
离散数学	4	春/秋	1
概率论与数理统计1	3	春/秋	3
离散数学2	3	春/秋	4
大学物理2A	4	春/秋	2
大学物理2B	3	春/秋	3
物理实验A	1	春/秋	3
物理实验B	1	春/秋	4

(3) 通识核心必修课程 （5.5 学分）

课程名称	学分	开课学期	建议修读学期
法制安全教育	0.5	春 / 秋	1
大学生心理健康（上）	1	春 / 秋	1
诚信教育	1	春 / 秋	1
大学计算机基础 1	0	春 / 秋	1
大学生心理健康（下）	1	春 / 秋	2
择业指导	2	春 / 秋	5

(4) 通识选修课程 （8 学分）

课程名称	学分	开课学期	建议修读学期
新工科通识教育（选）	2	春 / 秋	1–8
社会与哲学（选）	2	春 / 秋	1–8
艺术与美学（选）	2	春 / 秋	1–8
自然科学通识（选）	2	春 / 秋	1–8
思维培养与沟通表达（选）	2	春 / 秋	1–8

2. 专业教育 （79 学分）
(1) 大类基础课程 （25 学分）

课程名称	学分	开课学期	建议修读学期
计算机系统导论	2	春 / 秋	1
程序设计原理	4	春 / 秋	1
数据结构	3	春 / 秋	2
计算机系统基础	3	春 / 秋	2
算法设计与分析	3	春 / 秋	3
操作系统原理	3	春 / 秋	3
计算机网络	2	春 / 秋	4
数据库原理	2	春 / 秋	4
数字逻辑与数字系统	3	春 / 秋	4

(2) 专业核心课程 （12学分）

课程名称	学分	开课学期	建议修读学期
人工智能基础	2	春 / 秋	4
并行计算	2	春 / 秋	4
计算机组成与体系结构	2	春 / 秋	5
软件工程	2	春 / 秋	5
数值计算方法	2	春 / 秋	5
编译原理与技术	2	春 / 秋	6

(3) 专业选修课程 （9学分）
① 未来网络方向

课程名称	学分	开课学期	建议修读学期
大数据分析理论与方法	1.5	春 / 秋	5
虚拟化技术与云计算	1.5	春 / 秋	6
物联网基础	1.5	春 / 秋	7

② 视觉计算方向

课程名称	学分	开课学期	建议修读学期
计算机图形学	1.5	春 / 秋	5
图像处理	1.5	春 / 秋	5
计算机视觉技术	1.5	春 / 秋	6
模式识别与深度学习	1.5	春 / 秋	7

③ 自然语言处理方向

课程名称	学分	开课学期	建议修读学期
自然语言处理基础	1.5	春 / 秋	5
量子信息与量子智能	1.5	春 / 秋	5
智能搜索与问答	1.5	春 / 秋	6
心理与行为计算	1.5	春 / 秋	7

④ 生物信息学方向

课程名称	学分	开课学期	建议修读学期
生物信息学	1.5	春 / 秋	5
统计分析基础	1.5	春 / 秋	6
数据挖掘	2	春 / 秋	7

⑤ 计算机体系结构方向

课程名称	学分	开课学期	建议修读学期
异构计算	1.5	春 / 秋	5
高等计算机体系结构	1.5	春 / 秋	6
智能计算系统	1.5	春 / 秋	7

⑥ 公共选修课

课程名称	学分	开课学期	建议修读学期
形式语言与自动机	2	春 / 秋	5
神经网络与深度学习	1.5	春 / 秋	5
最优化方法	1.5	春 / 秋	6
可信计算	2	春 / 秋	6
嵌入式系统(翻转)	1.5	春 / 秋	6
知识图谱	1.5	春 / 秋	7
网络安全	2	春 / 秋	7
可视语言与信息可视化	1.5	春 / 秋	7
软件体系结构	1.5	春 / 秋	7

注：专业选修课至少选 9 学分,要求自各专业方向中任意一个方向选择至少 4.5 学分,其余学分自其他专业方向或公共选修课选择。

（4）实践教学课程 （33 学分）

课程名称	学分	开课学期	建议修读学期
程序设计综合实践	1.5	春 / 秋	2
计算机系统综合实践	1.5	春 / 秋	3
数据库实践	2	春 / 秋	5
计算机网络实践	3	春 / 秋	5(短)
计算机组成与系统结构实践	2	春 / 秋	6
综合实训	8	春 / 秋	6
编译实践	3	春 / 秋	7(短)
毕业设计(论文)	12	春 / 秋	8

3. 创新创业教育 （3学分）

课程名称	学分	开课学期	建议修读学期
计算机产业前沿与创新创业	1	春 / 秋	3
创新创业实践（创业实践、学科竞赛、科研实践三选一）	2	春 / 秋	–

注：创新创业课 1 学分；学科竞赛、创业实践或科研实践 2 学分。

4. 课外实践课程 （8学分）

课程名称	学分	开课学期	建议修读学期
人文学术讲座	2	春 / 秋	–
社团组织经历	2	春 / 秋	–
选修	4	春 / 秋	–

大连理工大学

计算机科学与技术专业本科人才培养方案（2020级）

一、培养目标

1. 培养定位

培养具有人文素养和创新精神，具备计算机宽厚理论知识基础，掌握现代计算机前沿技术，具有在计算机系统、计算机应用、计算机软件与理论、云计算、物联网、大数据与人工智能等行业和领域从事工程科学研究、新技术研发、工程创新设计等方面能力的一流创新人才，能够成为社会主义事业德智体美劳全面发展的高水平建设者和高度可靠接班人。

2. 培养目标

（1）具有宽厚的人文社科、自然科学和计算机科学与技术专业基础和前沿技术领域的知识。

（2）具有综合应用计算机专业知识、使用现代信息化工具与前沿计算机技术，分析解决关于计算机领域的设计、开发、项目管理等方面复杂工程问题的能力，具有实践创新能力。

（3）具有健全的人格、良好的人文素养和高度的社会责任感，遵守工程职业道德规范，树立正确的工程伦理观。

（4）具有优秀的团队精神、国际视野和国际竞争力，具有不断学习和适应发展的能力。

二、毕业要求

（1）工程知识：能够将数学、物理、化学、力学、工程基础和专业知识用于解决计算机领域中的复杂工程问题。

（2）问题分析：能够应用数学、自然科学和计算机科学的基本原理，并通过文献研究，识别、表达、分析复杂计算机工程问题，以获得有效结论。

（3）设计/开发解决方案：针对复杂工程问题，能够应用计算机领域的基本理论和方法，设计满足特定需求的计算机软硬件系统和制造工艺，开发解决方案，并能够在设计环节中体现创新意识，考虑社会、健康、安全、法律、文化以及环境等因素。

（4）研究：能够基于领域相关的科学原理并采用相应的科学方法进行研究，通过设计实验、分析数据及信息综合解决复杂计算机工程问题，并得到合理有效的结论。

（5）使用现代工具：在解决复杂计算机工程问题过程中，能够开发、选择与使用恰当的技术、资源、现代计算机工程类设计与开发工具、信息技术工具，包括对复杂工程问题的预测与模拟，并能够理解其局限性。

（6）工程与社会：能够基于工程相关背景知识进行合理分析，评价计算机工程实践和复杂工程问题解决方案对社会、健康、安全、法律以及文化的影响，理解应承担的责任。

（7）环境和可持续发展：能够理解和评价针对复杂计算机工程问题的工程实践对环境、社会可持续发展的影响。

（8）职业规范：具有人文社会科学素养、社会责任感，能够在计算机工程实践中理解并遵守工程职业道德和规范，履行责任。

（9）个人和团队：能够在多学科背景团队中承担个体、团队成员以及负责人的角色。

（10）沟通：能够就复杂计算机工程问题与业界同行及社会公众进行有效沟通和交流，包括撰写报告和设计说明书、陈述发言、清晰表达。具备一定的国际视野，能够在跨文化背景下进行沟通和交流。

（11）项目管理：理解并掌握工程管理原理与经济决策方法，并能够在多学科环境中应用。

（12）终身学习：具有自主学习和终身学习的意识，有不断学习和适应发展的能力。

（13）价值观：树立和践行社会主义核心价值观，能够阐释正确的价值观对计算机工程和社会实践活动的影响。

三、培养目标与毕业要求关系矩阵

毕业要求	培养目标			
	培养目标 1	培养目标 2	培养目标 3	培养目标 4
毕业要求 1	●			
毕业要求 2	●	●		
毕业要求 3		●	●	
毕业要求 4		●		
毕业要求 5		●		
毕业要求 6			●	●
毕业要求 7		●		
毕业要求 8	●			●
毕业要求 9				●
毕业要求 10				●
毕业要求 11		●	●	
毕业要求 12		●		●
毕业要求 13	●		●	

四、毕业学分要求

课程体系		学分要求		
		必修	选修	合计
公共基础与通识课程	思想政治类	14（+2）		68
	军事体育类	8		
	通识类		6	
	外语类	8		
	数学与自然科学类	32		
大类、专业基础类与专业类课程	计算机类	3		48.5
	学科与大类基础课程	6		
	专业基础课程	14		
	专业主干必修课程	18.5		
	专业方向选修模块课程		7	
	本研衔接选修课程			
专业实践与毕业设计（论文）	专业实验、实习、实训、课程设计	26.5		39.5
	毕业设计（论文）	13		
创新创业教育与个性发展课程	创新创业教育课程		2	4
	大学生创新创业计划项目		2	
	个性发展课程			
第二课堂（不计入总学分）	健康教育	0.5		8
	大学生心理健康教育	2		
	社会实践	1		
	国家安全教育	1		
	劳动教育	2		
	讲座、社团活动		1.5（课外）	
专创融合荣誉课程（不计入总学分）	创新创业实践类荣誉证书课程		15（课外）	15
合计		143	17	160

五、学制与授予学位

学制 4 年，授予工学学士学位。

六、主干学科

一级学科：计算机科学与技术。
二级学科：计算机应用技术、计算机软件与理论和计算机系统结构。

七、专业核心课程

　　离散数学、数字逻辑、数据结构与算法、计算机组成原理、高级程序设计语言、编译原理、操作系统、计算机网络、数据库系统原理、人工智能、软件工程、计算机系统结构。

八、专业课程体系及教学计划

课程 类别		课程名称	课程 属性	课内 学分	课内学时或周数					课外		学分 要求
					授课	实践环节				学分	学时	
						实验	上机	实践	设计			
公共基础与通识课程	思想政治类	思想道德修养与法律基础	必修	2.5	32			8		0.5	8	必修 14（+2） 学分
		中国近现代史纲要	必修	2.5	40					0.5	8	
		马克思主义基本原理	必修	2.5	40					0.5	8	
		毛泽东思想和中国特色社会主义理论体系概论（一）	必修	2	32					0.5	8	
		习近平新时代中国特色社会主义思想概论	必修	2.5	32			8				
		形势与政策	必修	2	24			8				
	军事体育类	军事理论	必修	2	32							必修 8 学分
		军训	必修	2				2–3 周				
		体育 – 基础	必修	1				32				
		体育 – 专项	必修	2				64				
		体育 – 竞赛	必修	1				32				

续表

课程类别		课程名称	课程属性	课内学分	课内学时或周数					课外		学分要求
					授课	实践环节				学分	学时	
						实验	上机	实践	设计			
公共基础与通识课程	通识类	通识课程	选修	6								选修6学分
	外语类	大学英语1	必修	2	32							必修8学分
		大学英语2	必修	2	32							
		大学英语3	必修	2	32							
		大学英语4	必修	2	32							
	数学与自然科学类	工科数学分析基础1	必修	5	80							必修32学分
		工科数学分析基础2	必修	6	96							
		线性代数与解析几何	必修	3.5	56							
		概率与统计A	必修	3	48							
		复变函数	必修	2	32							
		积分变换与场论	必修	2	32							
		大学物理A1	必修	3.5	56							
		大学物理A2	必修	3	48							
		大学物理实验1	必修	1	4	24						
		大学物理实验2	必修	1		24						
		工程制图D	必修	2						0.5	8	
大类、专业基础类与专业类课程	计算机类	程序设计基础A	必修	3								必修3学分
	学科与大类基础	电路理论1	必修	3	48							必修6学分
		模拟电子线路	必修	3	48							
	专业基础	计算机科学技术导论	必修	2	32							必修14学分
		离散数学	必修	3.5	56							
		数字逻辑	必修	2.5	40							
		数据结构与算法	必修	3	48							
		计算机组成原理	必修	3	48							
	专业主干必修	高级程序设计语言（C++）	必修（2选1）	2	24		12					必修18.5学分
		高级程序设计语言（Java）										
		计算机网络	必修	2.5	40							
		人工智能	必修	2.5	40							

续表

课程 类别		课程名称	课程 属性	课内 学分	课内学时或周数					课外		学分 要求
					授课	实践环节				学分	学时	
						实验	上机	实践	设计			
大类、专业基础类与专业类课程	专业主干必修	编译原理	必修	2.5	40							必修 18.5 学分
		操作系统	必修	2.5	40							
		数据库系统原理	必修	2.5	40							
		软件工程	必修	2	32							
		计算机系统结构	必修	2	32							
	系统开发专业方向选修模块	智能机器人系统设计	选修	2.5	24	16						选修 ≥7 学分
		物联网技术	选修	2.5	32	8						
		现代网络技术概论	选修	2	32							
	软件技术专业方向选修模块	算法分析与设计	选修	2	32							
		大数据分析技术	选修	2.5	32	8						
		计算机图形学	选修	2	32							
	人工智能专业方向选修模块	信息安全	选修	2.5	32	8						
		机器学习及其应用	选修	2.5	32		12					
		数字图像处理	选修	2	32							
		信息检索	选修	2.5	32		12					
	前沿技术专业方向选修模块	数据科学导论	选修	2	32							
		区块链技术	选修	2	32							
		深度学习原理与应用	选修	2	32							
		深度强化学习	选修	2	32							
	本研衔接选修	云计算与分布式系统概论	选修	2	32							
		分布式数据库	选修	2	32							
		矩阵与数值分析	选修	3	48							

续表

课程类别		课程名称	课程属性	课内学分	课内学时或周数					课外		学分要求
					授课	实践环节				学分	学时	
						实验	上机	实践	设计			
专业实践与毕业设计（论文）	专业实验、实习、实训、课程设计	电路实验	必修	1		24						必修39.5学分
		模拟电子线路综合设计实验	必修	1.5		36						
		数字逻辑实验	必修	1		24						
		计算机组成原理实验	必修	1		24						
		人工智能实验	必修	0.5		12						
		计算机网络实验	必修	1.5		36						
		计算机系统结构实验	必修	1		24						
		程序设计基础 A 课程设计	必修	1					1周			
		数据结构与算法课程设计	必修	1					24			
		编译原理课程设计	必修	1.5					36			
		操作系统课程设计	必修	1.5					36			
		软件工程课程设计	必修	1					1周			
		电类创新实践训练	必修	1				24				
		工程训练 B	必修	2				2周				
		创新实践综合训练	必修	2				2周				
		高级程序设计综合训练	必修	2				2周				
		智能系统开发综合训练	必修	2				2周				
		软件技术应用综合训练	必修	2				2周				
		生产实习	必修	2				2周				
	毕业设计（论文）	毕业设计	必修	13					13周			
创新创业教育与个性发展课程		创新创业教育课程	选修	2								选修2学分
		大学生创新创业训练计划	选修	2								选修2学分
		个性发展课程	选修	2								

续表

课程类别	课程名称		课程属性	课内学分	课内学时或周数					课外		学分要求
					授课	实践环节				学分	学时	
						实验	上机	实践	设计			
第二课堂	健康教育		必修	0.5	8							
	大学生心理健康教育		必修	2	32							
	社会实践		必修	1				1周				
	国家安全教育		必修	1	16							
	劳动教育	劳动1(社区、宿舍劳动)	劳动1-1	必修	0.5			12				必修8学分
			劳动1-2	必修	0.5			12				
			劳动1-3	必修	0.5			12				
		劳动2	劳动2(后勤劳动)	选修	0.5			12				
			劳动2(校外劳动)	选修	0.5			12				
			劳动2(校园劳动)	选修	0.5			12				
	讲座		选修							0.5		
	社团活动		选修							1		
专创融合荣誉课程	电子技术综合创新类课程	物联网与嵌入式技术	选修							2	32	修满15学分可获得创新创业实践类荣誉证书,不计入毕业总学分
		VR虚拟现实设计实践	选修							1.5	36	
		水下机器人设计与应用实验	选修							1.5	36	
		SOPC技术实践	选修							2	48	
		实用单片机技术与实践	选修							1	24	
		电子系统仿真实验	选修							1	24	
		电子设计创新实战	选修							3	72	
		软件系统创新实战	选修							3	72	
		实时嵌入式智能系统创新实验	选修							3	72	

续表

课程类别		课程名称	课程属性	课内学分	课内学时或周数					课外		学分要求
					授课	实践环节				学分	学时	
						实验	上机	实践	设计			
专创融合荣誉课程	人工智能综合创新类课程	人工智能基础－上	选修							2	40	修满15学分可获得创新创业实践类荣誉证书,不计入毕业总学分
		人工智能基础－下	选修							3	64	
		人工智能研究－上	选修							3	64	
		人工智能研究－下	选修							3	64	
		分布式群体智能协同创新实验	选修							3	72	
		机器人视觉系统创新实验	选修							3	72	
		机器人抓取系统创新实验	选修							3	72	
	深度学习综合创新类课程	深度学习基础(一)	选修							2	40	
		深度学习基础(二)	选修							3	64	
		深度学习进阶(一)	选修							3	64	
		深度学习进阶(二)	选修							3	64	
		图像智能处理系统创新实验	选修							3	72	
		人机交互系统创新实验	选修							3	72	
建议每学期修读学分												160

注:

1. "形势与政策"课程由马克思主义学院统一组织开课,纳入学校教学计划。按照在校学习期间开课不断线的要求,一二学年完成理论教学,三学年完成实践教学。前三学年每学年都有成绩考核,四学年上下学期登录学生最终考核成绩。《形势与政策学习手册》参与教学管理和平时考核,学生要按照课程要求完成每学年规定的教学任务。每学期课程安排由马克思主义学院负责组织、通知。

2. 学生自主选择修读,获得学分可计入"专业方向选修模块课程"学分,也可不计入毕业总学分,直接带入本校研究生阶段,申请减免研究生培养阶段的学分。

3. ①学生须从"创新创业教育课程一览表"中至少选修一门创新创业类课程。

②参加"大学生创新创业训练计划"的学生,项目通过后可获得 2 学分;未参加该计划的学生,可通过参加其他科研创新实践活动获得相应学分。

③学生可自主选择跨学科交叉课程、通识类课程、全校公共选修课程等课程学习获得相应学分。

4. 第二课堂教学环节共 8 学分,内容包括劳动教育,必修,2 学分;健康教育,必修,0.5 学分;大学生心理健康教育,必修,2 学分;社会实践,必修,1 学分;国家安全教育,必修,1 学分;讲座(含两组学习)、社团活动,选修,1.5 学分。不计入毕业总学分,但须完成相应的课程学分方可毕业,课程成绩载入学籍成绩单。

5. 学生可免费修读专创融合的项目式课程,并获得荣誉学分(不计入本科毕业总学分);修满 15 学分后,可获得学校颁发的创新创业实践类荣誉证书。

6. 劳动课程作为必修课程,2 学分,分为劳动 1、劳动 2。

① 劳动 1(社区、宿舍劳动)作为基本日常生活劳动,是必选基础模块,分为劳动 1-1、1-2、1-3,大一到大三全学年开课,每学年下学期(春季学期)选课并获得成绩,每学年 0.5 学分,三年共计 1.5 学分。

② 劳动 2(包括后勤劳动、校外劳动、校园劳动)作为服务性和生产性劳动,是选修模块,大一到大四贯通开课,学生任选一个项目课程即可,计为 0.5 学分,可重复参与但不重复获得学分。

③学生在本科期间获得必选模块 1.5 学分和选修模块 0.5 学分,共计 2 学分,方可取得毕业资格。

九、课程体系拓扑图（先修关系）（图3-8）

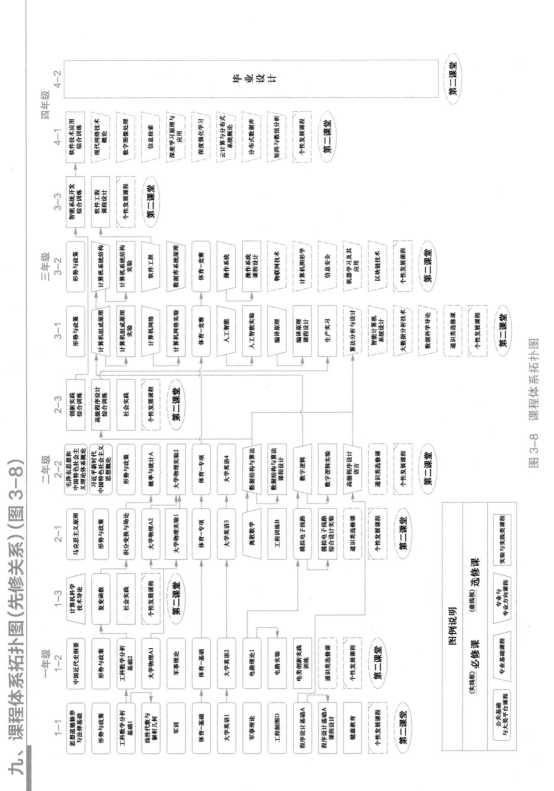

图3-8　课程体系拓扑图

十、课程修读要求

本专业第一学年和第二学年的秋季学期执行电子信息大类培养方案,从第二学年的春季学期开始专业课程学习。4 年修读总学分数为 160 学分。

复旦大学

计算机科学与技术专业"2+X"教学培养方案

一、培养目标及培养要求

本专业培养学生德智体美劳全面发展,具有良好的政治素质与道德修养,能够从事计算机科学、技术和应用各领域的有关教学、科研、开发和应用的复合型人才。

要求学生掌握必要的数学、物理基础知识;具有扎实的计算机软硬件基本理论、基本知识和基本实践技能,并在计算机软件与理论、计算机系统结构、计算机应用技术等分支学科有较为深入的专门知识和专门技能;熟练掌握一门外语;具有较强的分析问题、解决问题和独立工作能力,以及适应社会需求的能力;具有扎实的基础知识,知识面广、实践能力强,有创新能力、良好的心理素质、坚实的业务素质、自学更新知识的能力和自身发展的潜力。

二、毕业要求及授予学位类型

本专业学生毕业时须满足通识教育课程(含通识教育核心课程和专项教育课程)45学分、专业培养课程79学分(含毕业论文6学分)和多元发展路径课程的修读要求,总学分不少于159学分(含实践学分不少于40学分、美育学分不少于2学分、劳动教育不少于32学时,并满足劳动周教育要求),达到学位要求者授予理学学士学位。选择不同学业路径将获得不同标注的学士学位证书。

三、课程设置与修读要求

1. 通识教育课程(45学分)

(1)通识教育核心课程。要求修读26学分(思想政治理论课程模块修读18学分,七大模块修读8学分。七大模块8学分中每模块最多选读2学分,同时回避第五模块"科学探索与技术创新",即修读第五模块将不计入七大模块8个学分中)。

(2)专项教育课程。要求修读19学分,课程设置详见专项教育课程和计算机科学与技术专业修读建议(本书未收录)。

2. 专业培养课程(79学分)

(1)大类基础课程。要求修读技术科学类基础课程30学分,课程设置详见大类基础课程和本专业修读建议(本书未收录)。

(2)专业核心教育课程。要求修读49学分,课程设置如下。

类别	课程名称	课程代码	学分	周学时	含实践学分	含美育学分	含劳动教育总学时
专业核心教育课程	面向对象程序设计	COMP130135	2	2	1		
	集合与图论	COMP130149	3	3+1			
	数据结构	COMP130004	4	3+2	2		
	数字逻辑与部件设计	COMP130002	3	3+2	1		
	计算机系统基础	COMP130201	3	3+2	2		
	代数结构与数理逻辑	COMP130005	3	3+1			
	计算机组成与体系结构	COMP130191	4	4+2	2		
	数据库引论	COMP130010	3	3+2	1		
	操作系统	COMP130144	3	3+2	1		
	概率论与数理统计	COMP130006	4	4+1			
	计算机网络	COMP130136	3	3+2	1		
	算法设计与分析	COMP130011	3	3+1			
	软件工程	COMP130015	3	3			
	专业实践与生产实习	COMP130203	2		2		32
	毕业论文	COMP130020	6		6		

3. 多元发展路径课程

多元发展路径包括专业进阶(含荣誉项目)、跨学科发展(含辅修学士学位项目)和创新创业等不同路径,要求在院系专业导师指导下选择一条发展路径,按路径要求修读课程。

(1) 专业进阶路径

修满 35 学分。要求在完成本专业进阶模块课程中修读至少 30 学分(其中专业进阶 Ⅰ 和专业进阶 Ⅱ 分别修读 15 学分),其余不足学分可在全校所有本科生课程中任意选修。完成专业进阶路径修读要求的学生,可以向计算机学院申请推免直研资格,毕业时获得计算机科学与技术专业毕业证书及学士学位证书。

专业进阶模块课程设置如下。

① 专业进阶模块 Ⅰ (15 学分)

类别	课程名称	课程代码	学分	周学时	含实践学分	含美育学分	含劳动教育总学时
专业进阶模块Ⅰ	计算理论基础	COMP130023	3	3			
	编译	COMP130014	3	3+2	1		
	并行分布计算	COMP130192	3	3			
	计算机图形学 A	COMP130018	3	3			
	人工智能 A	COMP130031	3	3			

② 专业进阶模块 Ⅱ (15 学分)

学生应在 A、B、C、D 组课程中任选一组课程修读,修满 15 学分。

类别	课程名称	课程代码	学分	周学时	含实践学分	含美育学分	含劳动教育总学时
A 组课程	信息安全原理	COMP130021	3	3			
	程序设计语言原理	COMP130022	2	2			
	计算理论进阶	COMP130181	3	3			
	面向对象技术	COMP130024	2	2			
	软件体系结构	COMP130025	2	2			
	数学建模	COMP130075	2	2			
	机器学习	COMP130172	3	3	2		
	数据挖掘技术	COMP130148	3	3			
	领域数据学	COMP130180	3	3			
	软件化工程开发	COMP130112	2	1+2	2		
B 组课程	数字信号处理	COMP130139	3	3			
	信息论基础	COMP130029	2	2			
	模式识别	COMP130030	3	3			
	数字图像处理	COMP130032	3	3			
	自然语言处理	COMP130141	2	2	1		
	计算机视觉	COMP130124	3	3	2		
	机器人学导论	COMP130062	3	3			
	计算机可视化	COMP130174	2	2			
	计算机可视化 – 进阶实践	COMP130175	1	2	1		
	机器学习	COMP130172	3	3			
C 组课程	编程方法与技术	COMP130176	3	3	2		
	互联网体系结构	COMP130177	3	3			
	移动互联网	COMP130140	3	3			
	互联网:协议与应用	COMP130178	2	2			
	物联网与边缘计算	COMP130179	3	3	2		
	机器学习	COMP130172	3	3	2		
	信息系统安全	COMP130166	3	3			
	并发理论	COMP130146	3	3			
	网络存储导论	COMP130105	2	2+1	0.5		

续表

类别	课程名称	课程代码	学分	周学时	含实践学分	含美育学分	含劳动教育总学时
D 组课程	计算复杂性与密码学	COMP130145	3	3			
	数字图像处理	COMP130032	3	3			
	模式识别与机器学习	COMP130137	3	3			
	计算机视觉	COMP130124	3	3	2		
	移动互联网	COMP130140	3	3			
	系统安全技术	COMP130147	3	3			
	人机交互	COMP130138	2	2	1		
	并发理论	COMP130146	2	2			
	智能信息处理的统计方法	COMP130142	3	3			
	大数据分析技术	COMP130125	2	2			
	算法竞赛导论	COMP130150	3	3	1		
	算法竞赛进阶	COMP130151	4	4	2		

（2）荣誉项目路径

荣誉项目课程设置和修读要求详见复旦大学教务处网页。

（3）跨学科发展路径

修满 35 学分。要求修读 2 个非本专业独立开设的学程，学分不足部分可在全校所有本科生课程中任意选修。完成跨学科发展路径的学生，毕业时将获得计算机科学与技术（跨学科）毕业证书及学士学位证书，但不能向计算机院系申请推免直研资格，计算机学院也不为其提供专业排名。

学程课程详见复旦大学教务处学程项目网页。完成学程修读要求的学生可获得相应的学程证书。

（4）辅修学士学位路径

要求至少修读 1 个本专业进阶模块（Ⅰ或Ⅱ）和 1 个外院系开设的辅修学士学位项目。

辅修学士学位项目课程设置详见复旦大学教务处辅修学士学位项目网页。完成双学位项目修读要求，且达到学校毕业和学位授予要求的学生可获得相应的双学位证书。完成双学位路径的学生，毕业时将获得计算机科学与技术（跨学科）毕业证书、学士学位证书及双学位证书，但不能向计算机院系申请推免直研资格，计算机院系也不为其提供专业排名。

（5）创新创业路径

修满 35 学分。要求修读 1 个非本专业独立开设的学程和 1 个创新创业学院开设的创新创业学程，学分不足部分可在全校所有本科生课程中任意选修。完成创新创业路径的学生，毕业时将获得计算机科学与技术毕业证书及学士学位证书，但不能向计算机院系申请推免直研资格，计算机院系也不为其提供专业排名。创新创业学程课程详见复旦大学教务处创新创业学程网页。

(6) 其他

① 第 5 学期结束,学生须确定选课路径,毕业时将按照所选择的路径对应的修读要求进行严格审核,不满足路径对应的修读要求将审核不通过。

② 选择多元发展课程模块和学程时,专业进阶课程模块和双学位项目可以冲抵学程,专业培养和多元发展路径共享的课程只计算一次学分。

③ 完成 1 个本专业进阶模块(至少 15 学分)和 1 个非本专业独立开设的学程的学生,仍被视作选择跨学科发展路径,毕业时将获得计算机科学与技术毕业证书及学士学位证书,但不能向计算机院系申请推免直研资格,计算机院系也不为其提供专业排名。

华东师范大学

计算机科学与技术专业全育人培养方案

一、指导思想

计算机科学技术为人类文明的极速发展提供了强劲引擎;为自然、社会、思维等领域问题提供了创造性解决方案,具有极强的工程应用性,这决定了国家对计算机专业人才尤其高端人才的需求,必然具有战略性、持续性和长效性。与此同时,计算机科技自身也处在迅猛的发展、变革之中,理论、方法推陈出新,技术、产品日新月异,极大地提高了人才的培养难度。本专业历经40年不懈探索,创新与借鉴并重,培养了大批优秀计算机科技人才,积累了丰富的育人经验,凝练出五"性"合一的卓越人才培养理念。其中五"性"包括:

(1) 广博性。开展广泛的"通识"学习和实践,既是国家"三全育人""五育并举"及华东师范大学"全人"养成的要求,也因为计算机科技的应用场景几乎不受限制,需要领域人才成为"通才"。

(2) 系统性。作为核心特征,既要求系统地兼顾学生特点、学科特色、教学内容、教学过程等多重育人要素,强调目标导向,个性化育人,也以培养软硬件兼修的系统级人才作为基本定位。

(3) 科学性。培养方法本身要符合科学规律,不可拔苗助长,避免功利主义倾向,也要让学生"知其然也知其所以然",不偏废必要的理论、知识学习,为后期发展拓展广阔空间。

(4) 实践性。教学过程要突出实践环节,育人过程要提供足够的实践、创新训练,这由专业特点和新工科属性所决定。

(5) 前沿性。教学内容应对接国家战略需求,及时调整课程设置,引入最新技术和前沿知识。本培养方案将以加强数理基础为前提,推出人工智能系列课程。

二、培养目标

培养:① 遵纪守法,身心健康,具有深厚家国情怀和担当精神,具备全球视野和终身学习意识;② 掌握科学尤其自然科学与数学的基础知识,能建立实际问题的数学模型或解决方案;③ 掌握计算机科学技术的基本理论、基本知识和基本技能,能构建计算机工程问题的解决方案;④ 具备显著批判性思维、创造性思维和深厚的计算机专业素养,能鉴别解决方案的优劣并提出优化的初步方案;⑤ 具有突出的计算机系统设计、研发能力和解决复杂工程问题的能力,能引领项目研发并解决关键问题;⑥ 对接国家战略,具备关键新兴技术领域实践、创新、引领能力的栋梁之材。在计算机科学与技术相关岗位中,担任科研、教学、研发、管理等核心工作的计算机科学家、研究型卓越工程师和创业精英。

三、毕业要求

毕业要求	指标点
能力导向	**1.1　工程知识**:能够将数学、自然科学、工程基础和专业知识用于解决复杂工程问题
	1.2　问题分析:能够应用数学、自然科学和工程科学的基本原理,识别、表达并通过文献研究分析复杂工程问题,以获得有效结论
	1.3　设计 / 开发解决方案:能够设计针对复杂工程问题的解决方案,设计满足特定需求的系统、单元(部件)或工艺流程,考虑社会、健康、安全、法律、文化以及环境等因素;敢于挑战,不断尝试新事物
	1.4　研究:能够基于科学原理并采用科学方法对复杂工程问题进行研究,包括设计实验、分析与解释数据,并通过信息综合得到合理有效的结论;运用已有知识探索未知世界
	1.5　使用现代工具:能够针对复杂工程问题,开发、选择与使用恰当的技术、资源、现代工程工具和信息技术工具,包括对复杂工程问题的预测与模拟,并能够理解其局限性
素质导向	**2.1　工程与社会**:能够基于工程相关背景知识进行合理分析,评价专业工程实践和复杂工程问题解决方案对社会、健康、安全、法律以及文化的影响,并理解应承担的责任;注重个人修养,具有深厚的家国情怀,关心民族和人类社会的发展;了解世界主要的文明、文化和政治制度,能够立足中国熟悉世界,也能够立足世界看中国
	2.2　环境和可持续发展:能够理解和评价工程实践对环境、社会可持续发展的影响;能够立足中国理解与关心世界、关心人类发展
	2.3　职业规范:具有人文社会科学素养、社会责任感,能够在工程实践中理解并遵守工程职业道德和规范,履行责任
	2.4　个人和团队:能够在多学科背景下的团队中承担个体、团队成员以及负责人的角色
	2.5　沟通:能够就复杂工程问题与业界同行及社会公众进行有效沟通和交流,包括撰写报告和设计文稿,陈述发言,清晰表达或回应指令等,并具备一定的国际视野,能够在跨文化背景下进行沟通和交流
	2.6　项目管理:理解并掌握工程管理原理与经济决策方法,并能在多学科环境中应用
	2.7　终身学习:具有自主学习和终身学习的意识,有不断学习和适应发展的能力;追求前沿知识,具有深厚的专业素养

四、毕业要求与培养目标关系矩阵

毕业要求	培养目标					
	目标 1	目标 2	目标 3	目标 4	目标 5	目标 6
工程知识		√	√			
问题分析		√	√		√	
设计 / 开发解决方案	√			√	√	
研究				√	√	
使用现代工具				√		√
工程与社会	√			√	√	√
环境和可持续发展	√			√		√
职业规范	√					√
个人和团队	√					√
沟通	√					√
项目管理	√					√
终身学习	√					

五、课程体系学分构成及修读建议

1. 课程体系学分设置
(1) 总学分:148。
(2) 公共必修课程:36 学分,占 24.3%。
(3) 通识教育课程:12 学分,占 8.1%。
(4) 学科基础课程:35.5 学分,占 24%。
(5) 专业教育课程:64.5 学分,占 43.6%。
2. 修读要求
(1) 至少完成 148 学分的课程教育。
(2) 通识教育课程须选修天地生、文史哲、音体美方向,防止思维的单一和趋同化。
(3) 学制 4 年,最长修读年限为 6 年(含休学)。
(4) 达到学士学位授予条件者,可以获得工学学士学位。

3. 修读建议

（1）建议学生在一年级选课平均不超过每学期24学分，但不少于每学期20学分；三、四年级平均不超过每学期25学分，不少于每学期18学分。

（2）对科研感兴趣，有志于成为计算机科学家的学生，建议重点关注问题分析、研究（包括反思探究）、使用现代工具、个人和团队、沟通、终身学习（包括持续发展）等板块的课程和活动，同时建议加入院级"青春@计"人才俱乐部。

（3）对工程实践感兴趣，有志于成为研究型卓越工程师的学生，建议重点关注工程知识、问题分析、设计／开发解决方案、研究（包括反思探究）、使用现代工具、工程与社会（包括明德乐群、国际视野）、个人和团队、沟通、项目管理等板块的课程和活动，同时建议加入院级"AI"人才俱乐部。

（4）对创新创业感兴趣，有志于成为创业精英的学生，建议重点关注工程与社会（包括明德乐群、国际视野）、环境和可持续发展、职业规范、个人和团队、沟通、项目管理、终身学习（包括持续发展）等板块的课程和活动，同时建议积极关注并参与学院"双创"俱乐部发布的相关双创活动和竞赛。

六、课程体系

类别		课程名称	学分	各学期周课时								暑期短学期			总学时				
				1	2	3	4	5	6	7	8	1	2	3	理论	实验	实践	上机	合计
公共必修课程		英语类	10																
		思政类	18																
		体育类	4																
		军事理论	2																
		劳动与创造	2																
		学分要求	36																
通识教育课程	人类思维与学科史论	人类思维与学科史论																	
		学分要求	2																
	经典阅读	伟大的智慧																	
		学分要求	2																

续表

类别		课程名称	学分	各学期周课时								暑期短学期			总学时				
				1	2	3	4	5	6	7	8	1	2	3	理论	实验	实践	上机	合计
通识教育课程	核心	理性、科学与发展																	
		实践、技术与创新																	
		思辨、推理与判断																	
		文化、审美与诠释																	
		传统、社会与价值																	
		伦理、教育与沟通																	
		学分要求	4																
	分布式	科学技术系列																	
		社会人文系列																	
		文艺体育系列																	
		教育心理系列																	
		学分要求	4																
		学分要求	12																
学科基础课程		计算机导论	2	2												36				36
		程序设计原理与 C 语言	3	4												36			36	72
		数据结构	4.5			5										72			18	90
		数字逻辑及实验	4			5										54	36			90
		大学物理 B（一）	2	2												36				36
		数学分析（一）	5	6												72	36			108
		大学物理 B（二）	4		4											72				72
		数学分析（二）	5		6											72	36			108
		线性代数	3		3											72				72
		离散数学	3			3										54				54
		学分要求	35.5	13	12	13										576	108		54	738
专业教育课程	专业必修	概率论与数理统计 A	3			3										54				54
		人工智能	3				4									36	36			72
		编程思维与实践	2		3											18			36	54

续表

类别		课程名称	学分	各学期周课时								暑期短学期			总学时				
				1	2	3	4	5	6	7	8	1	2	3	理论	实验	实践	上机	合计
专业教育课程	专业必修	计算机组成与实践	3				3								36	36			72
		操作系统	4				5								54	36		36	90
		计算机系统结构	4					4							54	36			90
		计算机网络	3.5					4							54	18			72
		嵌入式系统原理与实践	4					5							54	36			90
		数据库系统原理与实践	4					5							54	36			90
		编译原理与实践	4						5						54	36			90
		信息工程伦理	1							1					18				18
		专业实习	2							2							72		72
		毕业论文	6								12						216		216
		学分要求	43.5	0	3	3	15	14	5	1	12				504	234		252	990
		计算机基础实践	1	2														36	36
		面向对象程序设计（基于Java）	3		4										36			36	72
		面向对象程序设计（基于C++）	3		4										36			36	72
		算法分析与设计	2.5				3								36			18	54
		问题求解与程序设计	3			5									18			72	90
		信号与系统	2			2									36				36
		并行计算	3					4							36			36	72
		计算机网络工程	3						4						36	36			72
		物联网技术与应用	2						2						36				36
		大数据系统	2						2						36				36
		存储技术基础	2							2					36				36
		云计算与实践	2											2	18	36			54
		多媒体技术	3				4								36	36			72
		信息系统安全概论	2					2							36				36
		网络安全基础	3						4						36	36			72
		现代软件工程	2							2					36				36

续表

类别		课程名称	学分	各学期周课时								暑期短学期			总学时				
				1	2	3	4	5	6	7	8	1	2	3	理论	实验	实践	上机	合计
专业教育课程	专业选修	服务器维护及网站建设	2											3	18	36			54
		多平台应用开发	3				4								36	36			72
		最优化方法	2.5			3									36	18			54
		数学建模	2					2							36				36
		数值计算及其计算机实现	3					4							36			36	72
		计算机图形学	2.5			3									36	18			54
		数字图像处理	3				4								36	36			72
		虚拟现实和增强现实	2					2							36				36
		计算机动画	2						2						36				36
		自然语言处理导论	3					3							36	36			72
		计算机视觉	2.5					3							36	18			54
		数据挖掘	3						4						36	36			72
		模式识别与机器学习	2						2						36				36
		可信机器学习	2						2						36				36
		统计学习算法导论	2.5						3						54				54
		深度学习基础与导论	2							2					36				36
		强化学习基础	2							2					36				36
		AIOT 系统设计与实践	1							2						36			36
		多智能体系统与实践	2						3						18	36			54
		信息检索与搜索引擎	2						3						18	36			54
		智能推荐系统	2						2						36				36
		人机交互技术	2				2								36				36

续表

类别		课程名称	学分	各学期周课时								暑期短学期			总学时				
				1	2	3	4	5	6	7	8	1	2	3	理论	实验	实践	上机	合计
专业教育课程	专业选修	游戏项目实践	2					3							18			36	54
		计算机新技术前沿	1										1		18				
		现代 CAD 技术	3					4							36			36	72
		生物信息学	2					2							32	4			36
		视觉感知与前沿技术	2.5						3						36	18			54
		数据可视化	2.5				3								36	18			54
		创新创业基础与实践	3			5									18		72		
		专业英语	2											2	36				36
		写作与表达	1							1					18				18
		学分要求	21																
		学分要求	64.5																
		总计	148																
		备注																	

七、专业核心课程

课程代码	课程名称	学分
COMS0031131026	计算机导论	2
COMS0031161001	大学物理 B(一)	2
COMS0031161000	大学物理 B(二)	4
COMS0031121013	数学分析 I	5
COMS0031121014	数学分析 II	5
COMS0031121004	程序设计原理与 C 语言	3
COMS0031131032	线性代数	3
COMS0031121009	数据结构	4.5
COMS0031121010	数字逻辑及实验	4
COMS0031131013	离散数学	3

续表

课程代码	课程名称	学分
COMS0031131043	编程思维与实践	2
STAT0031121004	概率论与数理统计 A	3
COMS0031131050	计算机系统结构	4
COMS0031131049	计算机组成与实践	3
COMS0031131042	人工智能	3
COMS0031131990	操作系统	4
COMS0031131051	数据库系统原理与实践	4
COMS0031131036	计算机网络	3.5
COMS0031131037	嵌入式系统原理与实践	4
COMS0031131048	编译原理与实践	4
COMS0031131047	信息工程伦理	1
COMS0031131052	专业实习	2

八、基于全育人理念的养成教育方案

　　本专业针对毕业要求,结合第二课堂常规工作模块(人文素养、创新创业、社会实践、生涯发展、心理健康、志愿服务、专业实习、美育教育、体育教育、劳动教育、全球胜任力、安全教育),对标设计第二课堂活动,为不同学生提供个性化素质教育,促进学生的整体和谐发展。

活动模块	活动系列	参与要求	达标要求
思想素质	新生入学教育	必选	新生需完整参与,辅导员定性审核
	团校	任选	按照各系列的子活动记录次数
	党章学习小组	任选	按照各系列的子活动记录次数
	党校	任选	按照各系列的子活动记录次数
	班团主题活动	必选	在校期间至少参加 10 次
	毕业生离校教育	必选	毕业生需完整参与,辅导员定性审核
	形势与政策课程	必选	毕业生需完整参与,辅导员定性审核
	其他思想素质专题活动	任选	积极参与,记录次数
人文素养	人文经典导读	必选	在校期间至少参加 2 次
	计算机经典导读	必选	在校期间至少参加 2 次
	人文类学术讲座	必选	在校期间至少参加 3 次
	其他人文素养教育活动	任选	积极参与,记录次数

续表

活动模块	活动系列	参与要求	达标要求
创新创业	双创能力启蒙讲座	必选	在校期间至少参加 2 次
	双创能力提升计划——三早进活动	任选	在校期间至少参加 4 次
	双创能力提升计划——项目培育活动	任选	
	双创能力提升计划——实习参访活动	任选	
	双创能力提升计划——人才俱乐部活动	任选	
	其他双创能力提升活动	任选	
社会实践	人工智能科普活动	任选	在校期间至少参加 1 次
	支教社会实践活动	任选	
	其他社会实践活动	任选	
生涯发展	就业服务——培训指导	必选	在校期间至少参加 1 次
	就业服务——竞赛训练	任选	
	学业帮扶——新生学导	任选	
	学业帮扶——学霸课堂	任选	
	其他生涯发展活动	任选	
心理健康	心理健康测试	必选	新生参加,1 次达标
	心理健康教育讲座	任选	在校期间至少参加 1 次
	心理健康专题活动	任选	
	其他心理健康活动	任选	
志愿服务	院校各类志愿服务	必选	在校期间至少参加 16 小时,辅导员定性审核
	其他志愿服务	任选	积极参与,半天认定为 1 次
美育教育	美育教育周活动	任选	在校期间至少参加 1 次
	其他美育教育活动	任选	
体育教育	健康教育周活动	任选	在校期间至少参加 1 次
	其他体育教育活动	任选	
劳动教育	寝室文化建设活动	任选	在校期间至少参加 1 次
	其他劳动教育活动	任选	
全球胜任力	英文能力提升计划	任选	在校期间至少参加 5 次
	非母语学术讲座	任选	
	其他全球胜任力活动	任选	
安全教育	安全教育	必选	在校期间至少参加 2 次

计算机科学与技术本科专业培养方案(2020 级)

一、培养目标

　　本专业坚持立德树人,面向国家经济社会发展需要,培养身心健康,遵守法律法规,具有家国情怀、国际视野、社会和环境意识,掌握数学与自然科学基础知识以及计算机科学与技术领域的理论知识、技能与方法,具备包括计算思维在内的科学思维能力、解决与计算相关的科学与复杂工程问题的能力,具有良好的表达沟通能力、团队合作精神、开拓创新意识,胜任计算机领域相关的科学研究、设计开发和行业管理工作,具有突出竞争力并能够引领未来发展的卓越专业人才。

　　毕业 5 年左右的预期目标:

　　(1) 能够运用计算科学原理及专业知识解决计算系统相关领域的复杂问题。

　　(2) 在团队工作和行业交流中担任骨干及领导角色,并发挥重要作用。

　　(3) 在计算机相关专业领域具有较强竞争力和可持续学习能力。

　　(4) 具有良好的职业道德,愿意并有能力服务国家和社会。

二、毕业生应具有的知识、能力、素质

　　1. 毕业基本要求

　　(1) 工程知识:掌握数学、自然科学、工程基础和专业知识,能够将这些知识用于解决计算机领域复杂工程问题。

　　(2) 问题分析:能够应用数学、自然科学和工程科学的基本原理,识别、表达并通过文献研究分析计算机领域复杂工程问题,以获得有效结论。

　　(3) 设计 / 开发解决方案:能够设计针对计算机领域复杂工程问题的解决方案,设计满足信息获取、传输、处理或使用等需求的系统、部件或流程,并能够在设计环节中体现创新意识,考虑社会、健康、安全、法律、文化以及环境等因素。

　　(4) 研究:能够基于科学原理并采用科学方法对计算机领域复杂工程问题进行研究,包括设计实验、分析与解释数据,并通过信息综合得到合理有效的结论。

　　(5) 使用现代工具:能够针对计算机领域复杂工程问题,开发、选择与使用恰当的技术、资源、现代工程工具和信息技术手段,包括对复杂工程问题的预测与模拟,并能够理解其局限性。

　　(6) 工程与社会:能够基于计算机工程相关背景知识进行合理分析,评价专业工程实践

和复杂工程问题解决方案对社会、健康、安全、法律以及文化的影响,并理解应承担的责任。

(7) 环境和可持续发展:能够理解和评价针对计算机领域复杂工程问题的工程实践对环境、社会可持续发展的影响。

(8) 职业规范:具有人文社会科学素养、社会责任感,能够在计算机工程实践中理解并遵守工程职业道德和规范,履行责任。

(9) 个人和团队:能够在多学科背景团队中承担个体、团队成员以及负责人的角色。

(10) 沟通:能够就计算机领域复杂工程问题与业界同行及社会公众进行有效沟通和交流,包括撰写报告和设计文稿、陈述发言、清晰表达或回应指令,并具备一定的国际视野,能够在跨文化背景下进行沟通和交流。

(11) 项目管理:理解并掌握计算机软硬件工程项目的管理原理与经济决策方法,并能在多学科环境中应用。

(12) 终身学习:具有自主学习和终身学习的意识,有不断学习和适应发展的能力。

2. 知识要求

(1) 数学与自然科学知识:掌握从事本专业工作所需的数学(包含数学分析、概率论与数理统计、离散数学等)、自然科学(力学、电磁学、光学与现代物理等)知识、理论与方法。

(2) 人文社会科学知识:掌握经济、管理、环境、法律、文化、安全、伦理等基础知识。

(3) 计算机大类基础知识:掌握程序设计语言、数字逻辑电路、计算机组成原理、数据结构、操作系统等基础概念、理论与方法,奠定专业能力基础。

(4) 计算机学科专业知识:掌握计算机系统结构、编译原理、算法设计与分析、计算机网络、数据库原理、软件工程、数字图像处理等核心内容和知识结构,并根据个人志趣在特定方向上有所拓展。

3. 能力要求

(1) 计算思维与运用能力:具备包括问题抽象、系统抽象、数据抽象等能力在内的计算思维能力,能够运用计算思维分析、设计并实现基于计算原理的模型和系统,解决复杂的科学与工程问题并对结果进行分析。

(2) 算法设计与分析能力:掌握计算机科学和软件工程的基础知识,能够基于数学与自然科学原理建立问题抽象模型,设计求解问题相关的算法,并能分析算法的正确性与复杂性。

(3) 程序开发与实现能力:掌握程序设计语言的基本原理,能够基于数据抽象和分析,有效地使用软件开发工具或计算平台,完成相关算法或解决方案的程序设计、实现与评测。

(4) 系统建模与构造能力:能够综合运用所掌握的知识、方法和技术,进行复杂问题分析和计算模型表达,设计构造满足特定需求和条件约束的解决方案及计算机硬件、软件或网络系统。

(5) 工程实践与评价能力:针对计算相关的问题解决方案和系统,能够通过工程实践或设计实验进行分析和评价,考虑社会、安全、法律、文化等影响,提出持续改进的意见和建议。

(6) 组织协调与管理能力:具备较强的组织协调或项目管理能力、独立工作能力、团队协作能力和人际交往能力,能够就复杂问题与业界同行及社会公众进行有效沟通和交流。

(7) 独立思考与创新能力:了解计算机学科发展的历史、现状和趋势,善于独立思考,具有质疑、批判和创新精神,具备科学创新、技术创新、应用创新和产品创新的初步能力。

(8) 终身学习与发展能力:具备自主学习能力、终身学习意识,能够运用现代信息技术获取相关信息和新技术、新知识,能够通过自学、继续教育或其他终身学习途径持续拓展自己的能力。

4. 素质要求

(1) 社会素质:树立社会主义核心价值观,有理想抱负和社会责任感;了解与本专业相关的职业和行业的重要法律法规、方针政策,自觉遵守社会公德和职业道德规范;了解信息化对社会的影响,特别是对知识产权保护、信息安全等有基本认识。

(2) 人文素质:具有良好的人文和社会科学素养,在从事工程设计和实践时能综合考虑经济、环境、法律、伦理等各种制约因素;能够分析、评价专业工程实践和复杂问题解决方案对环境、健康、安全、法律、文化及社会可持续发展的影响,并理解应承担的责任。

(3) 身心素质:掌握体育运动的一般知识和基本方法,形成良好的体育锻炼和卫生习惯;具有健全的人格、乐观向上的生活态度,掌握调节心态的方式和方法,有较强的抗压、抗挫折能力。

(4) 科学素质:掌握数学和自然科学的基本理论与实验方法,培养包括计算思维在内的科学思维能力;对未知世界充满好奇心和研究兴趣,善于发现和提出问题;能够运用科学原理和方法对实际问题进行识别、表达、建模与分析,并通过文献调研、实验设计、解释数据等综合手段获得有效结论。

(5) 工程素质:具有良好的工程意识和系统观,理解并掌握工程管理的基本原理与经济决策方法,并能在多学科环境中应用;能够运用工程基础和专业知识,使用合适的模型表达和分析硬件、软件或网络等计算系统相关的复杂工程问题;能够开发、选择与使用恰当的技术、资源、工具,对科学和工程问题进行预测与模拟,并理解其局限性。

(6) 个性素质:具有自主学习、自我完善、终身学习和跟踪前沿的意识与习惯;具有领导潜质、组织管理和独立工作能力,能够在多学科背景下的团队中承担个体、团队成员以及负责人的角色;具有良好的中英文书面表达及口语表达与沟通能力,具有国际视野及跨文化交流、竞争与合作能力。

三、主干学科与相近专业

主干学科:计算机科学与技术。

相近专业:软件工程、人工智能、网络空间安全、信息工程、电子科学与技术、信息与计算科学。

四、主要课程

1. 通识教育基础课程

思想政治德育及文化素质教育类课程、大学英语、工科数学分析、线性代数、复变函数、概率论与数理统计、大学物理。

2. 大类学科基础课程

程序设计基础及语言Ⅰ / Ⅱ（双语）、离散数学（双语）、数字逻辑电路、数据结构（双语）、计算机组成原理、操作系统（双语 / 全英文）。

3. 专业主干课程

计算机系统结构、编译原理（双语 / 全英文）、计算机网络（双语 / 全英文）、数据库原理（双语 / 全英文）、数字图像处理、算法设计与分析、软件工程（双语）。

五、主要实践环节

数字逻辑电路实验、C语言课程设计、专业阅读与写作（研讨）、领导力素养（校企）、专业技能实训（校企）、专业生产实习（校企）、社会实践、文化素质教育实践、大学生课外研学、计算机组成原理专题实践、编译原理专题实践、操作系统专题实践、计算机网络专题实践、实用数据库系统实践（校企）、数据结构与算法专题实践、计算机系统综合课程设计、软件开发综合课程设计、毕业设计。

六、双语教学课程

程序设计基础及语言Ⅰ / Ⅱ（双语）、离散数学（双语）、数据结构（双语）、操作系统（双语）、编译原理（双语）、计算机网络（双语）、数据库原理（双语）、软件工程（双语）、感知与人机交互（双语）、互联网金融（双语）、虚拟现实与数据可视化（双语、研讨）、大数据处理（双语、研讨）、XML技术（双语、研讨）、信息检索（双语、研讨）、数据仓库与数据挖掘（双语、研讨）、二进制代码分析（双语、研讨）、概率图模型（双语）、强化学习（双语）。

七、全英文教学课程

操作系统（全英文）、编译原理（全英文）、计算机网络（全英文）、数据库原理（全英文）、网络与信息安全（全英文、研讨）、数据中心网络（全英文、研讨）、高级数据结构（全英文、研讨）、计算机与社会（全英文、研讨）、IT系统管理（全英文、研讨）、分布式系统（全英文、研讨）、软件缺陷定位与修复（全英文、研讨）、模式识别（全英文、研讨）、知识表示与推理（全英文、研讨）。

八、系列研讨课程

1. 研讨型选修课程

能源互联网信息技术、物联网导论、分布计算新技术、网络与信息安全、移动互联网导论、计算机图形学、多媒体技术、机器视觉与应用、语音信息处理、组合数学、运筹学、量子信息处理与几何、计算机接口技术、Java设计模式、软件项目管理与实践、软件智能化方法、软件体系结构、深度学习与应用、机器学习、人工智能、分布式智能与社会网络、知识图谱及应用。

2. 研讨 + 设计类课程

语言课程设计、专业阅读与写作(研讨)、领导力素养(校企)、计算机组成原理专题实践、编译原理专题实践、操作系统专题实践、计算机网络专题实践、实用数据库系统实践(校企)、数据结构与算法专题实践、计算机系统综合课程设计、软件开发综合课程设计。

九、毕业学分要求及学士学位学分绩点要求

参照东南大学全日制本科学生学分制管理办法,修满本专业最低计划学分要求 165 学分,且根据教育关于印发的《高等学校体育工作基本标准》(教体艺〔2014〕4 号),每年须进行《国家学生体质健康标准》测试,毕业时按照毕业当年度的成绩 × 50%+(前几年的平均成绩)× 50% ≥ 50,方可毕业。同时,根据东南大学全日制本科学生学士学位授予条例,满足平均学分绩点 ≥ 2.0、外语达到东南大学外语学习标准等条件者,可获得工学学士学位。

十、各类课程学分与学时分配

课程类型	学分	学时	学分比例
通识教育基础课程	67.5	1 268	40.91%
专业相关课程	65.5	1 246	39.70%
集中实践环节(含课外实践)& 短学期课程	32	228+ 课程周数:71	19.39%
总计	165	2 742+ 课程周数:71	100%

十一、课程体系

1. 通识教育基础课程

(1) 思政类课程

课程编号	课程名称	学分	授课学时	实验学时	讨论学时	课外学时	周学时	授课学年	授课学期	考核类型	备注
B15M0030	中国近现代史纲要	3	48	0	0	0	3	1	1	+	
B15M0040	思想道德修养与法律基础	3	48	0	0	0	3	1	1	+	
B15M0070	形势与政策(1)	0.25	8	0	0	0	2	1	1	−	
B15M0080	形势与政策(2)	0.25	8	0	0	0	2	1	3	−	
B15M0010	马克思主义基本原理概论	3	48	0	0	0	3	2	1	+	
B15M0090	形势与政策(3)	0.25	8	0	0	0	2	2	1	−	
B15M0100	形势与政策(4)	0.25	8	0	0	0	2	2	3	−	

续表

课程编号	课程名称	学分	授课学时	实验学时	讨论学时	课外学时	周学时	授课学年	授课学期	考核类型	备注
B15M0160	毛泽东思想和中国特色社会主义理论体系概论	3	48	0	0	0	3	2	3	+	
B15M0180	思想政治理论实践课	2	8	0	0	24	2	2	3	−	
B15M0110	形势与政策(5)	0.25	8	0	0	0	2	3	1	−	
B15M0120	形势与政策(6)	0.25	8	0	0	0	2	3	3	−	
B88M0010	就业导论	0.5	16	0	0	0	1	3	3	−	
B15M0130	形势与政策(7)	0.25	8	0	0	0	2	4	1	−	
B15M0140	形势与政策(8)	0.25	8	0	0	0	2	4	3	−	
合计		16.5	280	0	0	24					

(2) 军体类课程

课程编号	课程名称	学分	授课学时	实验学时	讨论学时	课外学时	周学时	授课学年	授课学期	考核类型	备注
B15M0060	军事理论	2	32	0	0	0	2	1	1	−	
B18M0010	体育 Ⅰ	0.5	32	0	0	0	2	1	1	−	
B18M0020	体育 Ⅱ	0.5	32	0	0	0	2	1	3	−	
B18M0030	体育 Ⅲ	0.5	32	0	0	0	2	2	1	−	
B18M0040	体育 Ⅳ	0.5	32	0	0	0	2	2	3	−	
B18M0050	体育 Ⅴ	0.5	0	0	0	0	0	3	1	−	
									3	−	
B18M0060	体育 Ⅵ	0.5	0	0	0	0	0	4	1	−	
合计		5	160	0	0	0					

(3) 外语类课程

课程编号	课程名称	学分	授课学时	实验学时	讨论学时	课外学时	周学时	授课学年	授课学期	考核类型	备注
B17M0010	大学英语 Ⅱ	2	32	0	32	0	4	1	1	+	2 级起点
B17M0020	大学英语 Ⅲ	2	32	0	32	0	4	1	3	+	
B17M0030	大学英语 Ⅳ	2	32	0	32	0	4	2	1	+	
B17M0020	大学英语 Ⅲ	2	32	0	32	0	4	1	1	+	3 级起点
B17M0030	大学英语 Ⅳ	2	32	0	32	0	4	1	3	+	
B17M0040	大学英语高级课程 1	2	32	0	0	32	2	2	1	+	
B17M0030	大学英语 Ⅳ	2	32	0	32	0	4	1	1	+	4 级起点
B17M0040	大学英语高级课程 1	2	32	0	0	32	2	1	3	+	
B17M0050	大学英语高级课程 2	2	32	0	0	32	2	2	1	+	
合计		6	96	0	96	32					

（4）自然科学类课程

课程编号	课程名称	学分	授课学时	实验学时	讨论学时	课外学时	周学时	授课学年	授课学期	考核类型	备注
B07M1050	工科数学分析Ⅰ	6	96	4	0	0	6	1	1	+	
B07M2040	线性代数	4	64	0	0	0	4	1	1	+	
B07M1060	工科数学分析Ⅱ	6	96	4	0	0	6	1	3	+	
B10M0140	大学物理实验(理工)Ⅰ	1	0	32	0	0	2	1	3	−	
B10M0240	大学物理(B)Ⅰ	3	64	0	0	0	4	1	3	+	
B07M4010	复变函数	2	32	0	0	0	2	2	1	+	
B10M0150	大学物理实验(理工)Ⅱ	1	0	32	0	0	2	2	1	+	
B10M0250	大学物理(B)Ⅱ	3	64	0	0	0	4	2	1	+	
B07M3010	概率论与数理统计	3	48	0	0	0	3	2	3	+	
	合计	29	464	72	0	0					

（5）通识选修课程

课程编号	课程名称	学分	授课学时	实验学时	讨论学时	课外学时	周学时	授课学年	授课学期	考核类型	备注
B00TL030	人文社科类通识选修课(4学分)	4	64	0	0	0	0				
B00TL070	自然科学类通识选修课(2学分)	2	32	0	0	0	0				
B00TL090	创新创业类通识选修课(2学分)	2	32	0	0	0	0				
B00TL100	心理健康教育类通识选修课(2学分)	2	32	0	0	0	0				
	合计	10	160	0	0	0					

（6）新生研讨课程

课程编号	课程名称	学分	授课学时	实验学时	讨论学时	课外学时	周学时	授课学年	授课学期	考核类型	备注
BJSL0010	计算机大类新生研讨	1	16	0	16	0	2	1	1	−	
	合计	1	16	0	16	0					

2. 专业相关课程

(1) 大类学科基础课程

课程编号	课程名称	学分	授课学时	实验学时	讨论学时	课外学时	周学时	授课学年	授课学期	考核类型	备注
BJSL0020	程序设计基础及语言 I（双语）	2	32	32	16	0	3	1	1	+	
BJSL0041	离散数学（双语）	4	64	0	0	0	4	1	3	+	
BJSL0030	程序设计基础及语言 II（双语）	2	32	32	16	0	3	1	3	+	
BJSL0050	数字逻辑电路	3	48	0	8	0	4	1	3	+	
BJSL0060	数据结构（双语）	4	64	16	0	16	4	2	1	+	
BJSL0070	计算机组成原理	4	64	16	0	16	4	2	1	+	
BJSL0080	操作系统（双语）	4	64	8	0	16	4	2	3	+	2选1
BJSL0081	操作系统（全英文）	4	64	8	0	16	4	2	3	+	
	合计	23	368	104	40	48					

注：在大类学科基础课程、专业主干课程、专业方向及跨学科选修课程中，必须至少选择全英文课程2门(或≥4学分)。

(2) 专业主干课程

课程编号	课程名称	学分	授课学时	实验学时	讨论学时	课外学时	周学时	授课学年	授课学期	考核类型	备注
B09H0010	计算机系统结构	4	64	16	0	16	4	2	3	+	
B09T0010	算法设计与分析	3	32	32	0	16	3	2	3	+	
B09G0010	数字图像处理	3	48	16	0	16	3	3	1	+	
B71S0030	编译原理（双语）	4	64	8	0	16	4	3	1	+	2选1
B71S0031	编译原理（全英文）	4	64	8	0	16	4	3	1	+	
B09N0010	计算机网络（双语）	3	48	8	0	16	3	3	1	+	2选1
B09N0011	计算机网络（全英文）	3	48	8	0	16	3	3	1	+	
B09D0010	数据库原理（双语）	3	48	16	0	16	3	3	1	+	2选1
B09D0011	数据库原理（全英文）	3	48	16	0	16	3	3	1	+	
B09S0060	软件工程（双语）	3	48	16	0	16	3	3	3	+	
	合计	23	352	112	0	112					

（3）专业方向及跨学科选修课程

课程编号	课程名称	学分	授课学时	实验学时	讨论学时	课外学时	周学时	授课学年	授课学期	考核类型	备注
B09G1010	信号与系统	3	48	16	0	0	3	2	3	+	
B09T1010	IT 新技术讲座（校企）	0.5	16	0	0	0	1	3	3	−	
B07M4030	数学建模与数学实验	2	48	16	0	0	3	2	3	+	
B58A1070	自动控制原理	2	32	0	0	0	2	2	3	+	
B0493020	通信电子线路基础（跨学科选课）	2	32	0	0	0	2	3	1	+	跨学科选修 2 门及以上
B1604101	能源互联网信息技术(研讨)	2	16	0	16	0	2	3	1	−	
B0493010	通信原理(跨学科选课)	2	32	0	0	0	2	3	3	−	
B0812130	感知与人机交互（双语）	2	24	16	4	16	2	3	3	−	
B1450640	互联网金融(双语)	2	32	0	0	0	2	3	3	−	
B2204570	虚拟现实与数据可视化(双语、研讨)（外系）	2	16	0	16	16	2	3	3	−	
B09N1020	物联网导论(研讨)	2	24	0	24	0	3	2	3	−	
B09N1030	分布计算新技术（研讨）	2	24	0	24	0	3	3	1	−	
B09N1040	网络与信息安全（全英文、研讨）	2	32	0	16	0	3	3	3	−	A 组:网络与分布计算
B09N1041	网络与信息安全（研讨）	2	24	0	24	0	3	3	3	−	
B09N1070	移动互联网导论（研讨）	2	24	0	24	0	3	3	3	−	
B09N1080	数据中心网络（全英文、研讨）	2	24	0	24	0	3	3	3	−	
B09D1010	高级数据结构（全英文、研讨）	2	24	0	24	0	3	3	3	−	A 组:现代数据管理
B09D1020	大数据处理（双语、研讨）	2	24	0	24	0	3	3	1	−	

续表

课程编号	课程名称	学分	授课学时	实验学时	讨论学时	课外学时	周学时	授课学年	授课学期	考核类型	备注
B09D1030	XML 技术（双语、研讨）	2	24	0	24	0	3	3	3	−	A 组：现代数据管理
B09D1050	信息检索（双语、研讨）	2	24	0	24	0	3	3	3	−	
B09D1060	数据仓库与数据挖掘（双语、研讨）	2	24	0	24	0	3	3	3	−	
B09G1030	计算机图形学（研讨）	2	24	0	24	0	3	3	1	−	A 组：图形与图像处理
B09G1040	多媒体技术(研讨)	2	24	0	24	0	3	3	1	−	
B09G1060	语音信息处理（研讨）	2	24	0	24	0	3	3	1	−	
B58A1040	深度学习与应用（研讨）	2	24	0	24	0	3	3	1	−	
B09G1050	机器视觉与应用（研讨）	2	24	0	24	0	3	3	3	−	
B09T1020	组合数学(研讨)	2	24	0	24	0	3	2	3	−	B 组：计算理论、系统结构等
B09T1030	运筹学(研讨)	2	24	0	24	0	3	2	3	−	
B09T1040	量子信息处理与几何(研讨)	2	24	0	24	0	3	2	3	−	
B09H1010	计算机接口技术（研讨）	2	32	0	16	0	3	3	1	−	
B09H1020	嵌入式系统设计	2	32	32	0	0	2	3	1	−	
B09T1050	可计算性理论	2	32	0	0	0	2	3	1	−	
B09T1070	计算机与社会（全英文、研讨）	2	32	0	16	0	3	3	1	−	
B71S1020	Python 编程	2	32	16	0	0	3	2	1	+	B 组：软件理论与实践
B09S1030	Java 程序设计	2	32	16	0	0	3	2	3	+	
B71S1040	Java 设计模式（研讨）	2	24	0	24	0	2	3	1	−	
B71S1050	IT 系统管理（全英文、研讨）	2	32	0	16	0	3	3	1	−	

续表

课程编号	课程名称	学分	授课学时	实验学时	讨论学时	课外学时	周学时	授课学年	授课学期	考核类型	备注
B71S1060	软件项目管理与实践(研讨)	2	24	0	24	0	3	3	1	-	B 组:软件理论与实践
B71S1130	二进制代码分析(双语、研讨)	2	24	0	24	0	3	3	1	-	
B09S1110	软件体系结构(研讨)	2	24	0	24	0	3	3	3	-	
B09S1150	软件测试	2	32	0	0	0	2	3	3	-	
B71S1080	分布式系统(全英文、研讨)	2	24	0	24	0	3	3	3	-	
B71S1090	软件缺陷定位与修复(全英文、研讨)	2	24	0	24	0	3	3	3	-	
B71S1100	软件智能化方法(研讨)	2	24	0	24	0	3	3	3	-	
B58A1020	概率图模型(双语)	2	32	0	0	0	2	2	3	-	B 组:人工智能及应用
B09A1110	机器学习(研讨)	2	24	0	24	0	3	3	1	-	
B09A1120	人工智能(研讨)	2	24	0	24	0	3	3	1	-	
B09A1130	模式识别(全英文、研讨)	2	32	0	16	0	3	3	1	-	
B58A1170	知识表示与推理(全英文、研讨)	2	32	0	16	0	3	3	1	-	
B58A1060	强化学习(双语)	2	32	0	0	0	2	3	3	-	
B58A1090	分布式智能与社会网络(研讨)	2	24	0	24	0	3	3	3	-	
B58A1100	知识图谱及应用(研讨)	2	24	0	24	0	3	3	3	-	
	合计	19.5	304	112	76						

注:

1. 在上述课程中,由导师指导形成个性化学习方案,所选课程达到 6—8 学分。

2. 在上述 A 组 3 个方向中任选其一,且选修 2 门及以上课程;在 B 组所有方向中任选 4 门以上课程。

3. 在上述专业方向及跨学科选修课程中,要求选修研讨课程学分≥ 12 学分。

3. 集中实践环节(含课外实践)& 短学期课程

课程编号	课程名称	学分	授课学时	实验学时	讨论学时	课外学时	周学时	授课学年	授课学期	考核类型	备注
B85M0020	军训	2	0	0	0	0	(3)	1	1	–	B组:人工智能及应用
B84M0200	数字逻辑电路实验	1	0	32	0	32	3	1	3	–	B组:人工智能及应用
BJSL0090	C 语言课程设计	2	0	0	0	0	(4)	1	4	–	B组:人工智能及应用
BJSL0100	专业阅读与写作(研讨)	2	24	0	24	0	12	1	4	–	B组:人工智能及应用
B09H1030	计算机组成原理专题实践	1	8	24	0	0	2	2	3	–	任选3门以上
B09H1040	操作系统专题实践	1	8	24	0	0	2	3	1	–	任选3门以上
B09T1060	数据结构与算法专题实践	1	8	24	0	0	2	3	1	–	任选3门以上
B09D1070	实用数据库系统实践(校企)	1	8	24	0	0	2	3	3	–	任选3门以上
B09N1090	计算机网络专题实践	1	8	24	0	0	2	3	3	–	任选3门以上
B71S1120	编译原理专题实践	1	8	24	0	0	2	3	3	–	任选3门以上
B09P0040	专业技能实训(校企)	2	0	0	0	0	(4)	2	4	–	
BJSL0110	领导力素养(校企)	2	24	0	24	0	12	2	4	–	
B09P0010	社会实践	1	0	0	0	0		3	3	–	
B09P0020	文化素质教育实践	1	0	0	0	0		4	3	–	
B09P0030	大学生课外研学	2	0	0	0	0		4	3	–	
B09P0060	专业生产实习(校企)	2	0	0	0	0	(4)	3	4	–	
B09P0080	计算机系统综合课程设计	2	16	48	0	0	16	4	1	–	计算机专业必修
B09P0090	软件开发综合课程设计	2	16	48	0	0	16	4	1	–	计算机专业必修
B09P0050	毕业设计	8	0	0	0	0	(16)	4	3	–	计算机专业必修
B09P0070	毕业实习(校企)	6	0	0	0	0	(24)	4	1	–	卓工必修
B09P0051	毕业设计(校企)	8	0	0	0	0	(16)	4	3	–	卓工必修
	合计	32	104	200	48		(71)				

计算机科学与技术专业培养方案（2020 版）

一、专业简介

计算机科学与技术专业面向产业和学科发展需求，在夯实工程教育基础上，注重研究性、创新性教育，培养方案和课程设置突出体现基础坚实、知识宽广、能力卓越的研究型、创新型人才培养特点，系统提升学生的问题求解能力、计算机系统能力、创新思维和创新能力。学生毕业后可以进入国内外知名高校或科研机构深造，或在国内外知名 IT 企业和大型行业、事业单位从事计算机前沿技术研究、软硬件系统研发、应用开发等工作。

二、培养目标

本专业面向国家重大战略需求，培养具有高度的使命感和责任心、良好的人文素养和职业道德，具有坚实的数理基础、良好的科学思维与科学研究能力，具有系统的计算机科学理论知识、卓越的工程实践能力，具有开阔的国际视野、洞察学科发展前沿的能力、自主学习和终身学习的能力，具有良好的团队合作和组织管理能力，富有创新创业精神和能力的一流本科生。

毕业 5 年后，能够成为具有较强研究和开发能力的研究人员、高级工程师或项目主管，在国内外知名信息技术企业承担技术攻关、系统设计、软件研发等核心工作，或在国内外知名高校或科研机构承担重要科研工作。未来能够成为计算机领域的科技领军人才或卓越工程师。

三、毕业要求

本专业毕业生应达到如下毕业要求。

（1）工程知识：具备扎实的数学、自然科学知识，系统掌握计算机领域的工程基础和专业知识，能够将各类知识用于解决计算机领域复杂工程问题。

① 掌握数学与自然科学的基本概念、基本理论和基本技能，培养逻辑思维和逻辑推理能力。

② 具备扎实的计算机工程基础知识，掌握使用计算机解决复杂工程问题的基本方法，并能够遵循复杂系统开发的工程化基本规范。

③ 系统掌握计算机基础理论及专业知识，包括计算机硬件、软件及系统等方面内容，具

备理解计算机复杂工程问题的能力,能够运用所学知识进行计算机问题求解。

④ 能够将数学、自然科学、工程基础和专业知识等综合应用于解决计算机领域复杂工程问题。

(2) 问题分析:能够应用数学、自然科学和工程科学的基本原理,进行抽象分析与识别、建模表达并通过文献研究分析计算机领域复杂工程问题,以获得有效结论。

① 能够针对一个系统或者过程进行抽象分析与识别,选择或建立一种模型抽象表达,并进行推理、求解和验证。

② 能够判别计算机系统的复杂性,分析计算机系统优化方法。

③ 能够从给出的实际工程案例中发现问题、提出问题及分析问题。

④ 能够针对计算机领域复杂工程对系统的要求进行需求分析和描述。

⑤ 能够针对具体的计算机领域复杂工程问题的多种可选方案,进一步根据约束条件进行分析评价,通过文献研究等方法给出具体指标和有效结论。

(3) 设计 / 开发解决方案:能够设计针对计算机领域复杂工程问题的解决方案,设计满足特定需求的软硬件系统、模块或算法流程,并能够在设计环节中体现创新意识,考虑社会、健康、安全、法律、文化以及环境等因素。

① 理解计算机硬件系统从数字电路、计算机组成到计算机系统结构的基本理论与设计方法。

② 能够合理地组织数据、有效地存储和处理数据,正确地进行算法设计及算法分析和评价。

③ 在掌握基本算法和硬件架构基础上,能够理解软硬件资源的管理以及建立在此基础上的各类系统的概念、原理及其在计算机领域的主要体现。

④ 在充分理解计算机软硬件及系统的基础上,能够设计针对计算机领域复杂工程问题的解决方案,设计或开发满足特定需求和约束条件的软硬件系统、模块或算法流程,并能够进行模块和系统级优化。

⑤ 在设计 / 开发解决方案过程中,具有追求创新的态度和意识,能够考虑计算机复杂工程问题相关的社会、健康、安全、法律、文化及环境等因素。

(4) 研究:能够基于计算机领域科学原理并采用科学方法对复杂的计算机软硬件及系统工程问题进行研究,包括设计实验、分析与解释数据、并通过信息综合得到合理有效的结论。

① 具有计算机软硬件及系统相关的工程基础实验设计与实现能力,能够对实验数据进行解释与对比分析,给出实验的结论。

② 针对计算机领域复杂工程问题,具有根据解决方案进行工程设计与实施的能力,具有系统的工程研究与实践经历。

③ 针对设计或开发的解决方案,能够基于计算机领域科学原理对其进行分析,并能够通过理论证明、实验仿真或者系统实现等多种科学方法说明其有效性、合理性,并对解决方案的实施质量进行分析,通过信息综合得到合理有效的结论。

(5) 使用现代工具:能够针对计算机领域复杂工程问题,开发、选择与使用恰当的技术、软硬件及系统资源、现代工程研发工具和信息检索工具,包括对复杂工程问题的预测与模拟,并能够理解其局限性。

①　能够通过多途径和利用多种工具进行资料查询、文献检索,掌握运用现代信息技术和工具获取相关信息的基本方法,了解计算机专业重要资料与信息的来源及其获取方法。

②　能够在计算机领域复杂工程问题的预测、建模、模拟或解决过程中,开发、选择与使用恰当的技术、软硬件及系统资源、现代工程研发工具,提高解决复杂工程问题的能力和效率。

③　善于利用所使用的技术、资源和工具的优势,并能分析和把握其局限性,以更好地用于复杂工程求解。

(6)　工程与社会:能够基于计算机工程领域相关背景知识进行合理分析,评价计算机专业工程实践和复杂工程问题解决方案对社会、健康、安全、法律以及文化的影响,并理解应承担的社会责任。

①　掌握基本的社会、身体和心理健康、安全、法律等方面知识和技能,能够把握计算机领域活动与之相关性。

②　在计算机相关领域开展工程实践和复杂工程问题的解决过程中,能够基于计算机工程领域相关背景知识进行合理分析,思考和评价工程对社会、健康、安全、法律以及文化的影响。

③　能够理解计算机相关领域工程实践中应承担的社会责任。

(7)　环境和可持续发展:能够理解和评价针对计算机领域复杂工程问题的专业工程实践对环境、社会可持续发展的影响。

①　了解信息化相关产业及其相关的方针、政策和法律法规,理解环境和可持续发展以及个人的责任。

②　了解信息化与环境保护的关系,能够理解和评价计算机专业工程实践对环境、社会可持续发展的影响。

③　正确认识计算机工程实践对于客观世界和社会的贡献和影响,理解用技术手段降低其负面影响的作用与局限性。

(8)　职业规范:具有良好的人文社会科学素养,社会责任感强,能够在工程实践中理解并遵守工程职业道德和规范,履行责任。

①　具有较为宽广的人文社会科学知识,具有良好的人文社会科学素养。

②　理解计算机领域相关的职业道德,具有较强的社会责任感。

③　能够在计算机领域工程实践中遵守工程职业道德和规范,履行责任。

(9)　个人和团队:能够在多学科背景下的团队中承担个体、团队成员以及负责人的角色。

①　能够正确认识自我,理解个人素养的重要性,并具有团体意识。

②　能够理解团队中每个角色的含义以及角色在团队中的作用。

③　能够在团队中做好自己所承担的个体、团队成员以及负责人等各种角色。

④　具备多学科背景知识,能够在多学科背景下的团队中与团队成员沟通,了解团队成员想法,并能够协调和组织。

(10)　沟通:能够就复杂工程问题与业界同行及社会公众进行有效沟通和交流,包括撰写报告和设计文稿、陈述发言、清晰表达或回应指令。并具备一定的国际视野,能够在跨文化背景下进行沟通和交流。

① 具有良好的英语听、说、读、写能力,针对计算机专业领域具有一定的跨文化沟通和交流能力。

② 能够主动了解计算机领域及其行业内的国际发展趋势,主动把握计算机专业相关的技术热点,并能够发表观点看法。

③ 能够就计算机领域复杂工程问题与业界同行及社会公众,通过撰写报告和设计文稿、陈述发言、清晰表达或回应指令等方式,进行有效的沟通与交流。

(11) 项目管理:理解并掌握工程管理原理与经济决策方法,熟悉计算机工程项目管理的基本方法和技术,并能在多学科环境中应用。

① 了解工程管理原理、经济管理与决策等知识。

② 掌握计算机工程项目过程管理的基本方法、相关技术和适用工具。

③ 能够在多学科环境中应用工程管理原理与经济决策方法,能够将工程管理理论和方法应用在实践中解决复杂工程问题,具备初步的计算机工程项目管理经验与能力。

(12) 终身学习:具有自主学习和终身学习的意识,有不断学习和适应计算机技术快速发展的能力。

① 了解计算机技术发展中取得重大突破的历史背景,能持续关注计算机领域内的热点问题,对信息技术发展的前沿和趋势具有较强的敏感性。

② 具有自主学习和终身学习的意识,认同自主学习和终身学习的必要性,能够采用合适的方法,通过学习并消化吸收和改进,进行自身发展。

③ 能够主动学习并适应新的热点或者运用现代化教育手段学习新技术、新知识,具有不断学习和适应计算机技术快速发展的能力。

四、核心课程设置

计算导论与程序设计、离散数学、数据结构与算法、数据库系统、计算机系统原理、计算机组成与设计、操作系统、计算机网络、算法设计与分析、编译原理与技术、计算机图形学、计算机体系结构。

五、主要实践性教学环节(含主要专业实验)

大学物理实验、电路与电子技术基础实验、数字逻辑实验等单独设课的实验课程;计算导论与程序设计、高级语言程序设计、数据结构与算法、数据库系统、计算机系统原理、计算机组成与设计、操作系统、计算机网络、计算机图形学、编译原理与技术、计算机体系结构等专业课程实验;数据结构与算法课程设计、计算机组成与设计课程设计、操作系统课程设计、软件工程与实践等课程设计,以及认知实习、程序设计思维与实践、创新创业教育实践、大学生科技学术活动(创新设计)、生产实习(毕业实习)、毕业设计(论文)等实践环节。

六、学制、授予学位及毕业学分

标准学制为 4 年，允许最长修业年限 6 年。授予工学学士学位。毕业学分要求 155 学分。

七、课程体系结构设置

培养方案	课程体系	课程结构	课程（模块）	学分
专业培养计划	通识教育课程	通识教育必修课程	思想政治理论课	16
			大学体育	4
			大学英语	8
		通识教育核心课程	国学修养	2
			艺术审美	2
			创新创业	2
			人文学科	4
			社会科学	
			科学素养	
			信息技术	
		通识教育选修课程	通识教育选修课程	2
	学科平台基础课程	学科平台基础课程		31.5
	专业教育课程	专业必修课程		71.5
		专业选修课程		12
重点提升计划	重点提升课程	重点提升必修课程	习近平新时代中国特色社会主义思想概论	2
			形势与政策	2
			军事技能	2
			大学生心理健康教育	2
创新实践计划	创新实践课程（项目）	创新创业荣誉课程	稷下创新讲堂	4
			齐鲁创业讲堂	
		创新学分项目	创新实践成果	

续表

培养方案	课程体系	课程结构	课程（模块）	学分	
拓展培养计划	拓展培养项目	主题教育		1	8
		学术活动		0/1	
		身心健康		0/1	
		文化艺术		0/1	
		研究创新		0/1/2	
		就业创业		0/1	
		社会实践		2	
		志愿服务		1	
		社会工作		0/1	
		社团经历		0/1	

注：

1. 培养方案的毕业学分由专业培养计划学分、重点提升计划学分、创新实践计划学分、拓展培养计划学分 4 部分构成。其中，专业培养计划学分为收费学分，重点提升计划学分、创新实践计划学分、拓展培养计划学分为免费修读学分。学生须于规定修业年限内完成各部分规定的毕业要求学分，方可获得毕业资格。

2. 毕业总学分须包含至少 2 个"国际学分"，学生须通过国（境）外学习或在校内修读由学校认定的国际化课程，方可获得该学分。

3. 建议第二学期选修通识教育核心课程中创新创业课程模块的"数学建模"课程。

八、专业培养计划课程学时学分比例

课程性质	课程类别		学分		学时或周数		占总学分百分比	
必修课程	通识教育必修课程	理论教学	22.5	28	384	792	14.52%	18.07%
		实验教学 课内实验课程						
		实验教学 独立设置实验课程						
		实践教学 课内实践课程	1.5		176		0.97%	
		实践教学 独立设置实践课程	4		128		2.58%	
	学科平台基础课程	理论教学	27.5	31.5	440	568	17.74%	20.32%
		实验教学 课内实验课程	1		32		0.64%	
		实验教学 独立设置实验课程	3		96		1.94%	
		实践教学 课内实践课程						
		实践教学 独立设置实践课程						
	专业必修课程	理论教学	40	71.5	640	912+30周	25.81%	46.13%
		实验教学 课内实验课程	8.5		272		5.48%	
		实验教学 独立设置实验课程						
		实践教学 课内实践课程						
		实践教学 独立设置实践课程	23		30 周		14.84%	

续表

课程性质	课程类别			学分		学时或周数		占总学分百分比	
选修课程	专业选修课程	实验教学	理论教学	8	12	128	320	5.16%	15.48%
			课内实验课程	4		128		2.58%	
			独立设置实验课程						
		实践教学	课内实践课程						
			独立设置实践课程						
	通识教育核心课程	实验教学	理论教学	10	10	160	160	6.45%	
			课内实验课程						
			独立设置实验课程						
		实践教学	课内实践课程						
			独立设置实践课程						
	通识教育选修课程			2	2	32	32	1.29%	
	毕业要求总合计			155		2552+30 周 =3512		100%	

注：专业选修课程只需填写最低修业要求学分与学时数据。

九、专业培养计划课程设置及学时分配

课程类别	课程号 /课程组	课程名称	学分数	总学时	总学时分配			考核方式	开设学期	备注
					课内教学	实验教学	实践教学			
通识教育必修课程	sd02810450	毛泽东思想和中国特色社会主义理论体系概论	5	96	64		32		1—6	
	sd02810380	思想道德修养与法律基础	3	48	48				1—6	
	sd02810350	马克思主义基本原理概论	3	48	48				1—6	
	sd02810460	中国近现代史纲要	3	64	32		32		1—6	
	sd02810390	当代世界经济与政治	2	32	32				1—4	选修
	00070	大学英语课程组	8	240	128		112		1—2	课外112学时
	sd02910630	体育（1）	1	32			32		1	
	sd02910640	体育（2）	1	32			32		2	
	sd02910650	体育（3）	1	32			32		3	

续表

课程类别	课程号 / 课程组	课程名称	学分数	总学时	总学时分配			考核方式	开设学期	备注
					课内教学	实验教学	实践教学			
通识教育必修课程	sd02910660	体育(4)	1	32			32		4	
	sd06910010	军事理论	2	32	32				1—2	
	小计		28	688	384		304			课外112学时
通识教育核心课程	00051	国学修养课程模块	2	32	32				1—6	任选2学分
	00052	创新创业课程模块	2	32	32				1—6	任选2学分
	00053	艺术审美课程模块	2	32	32				1—6	任选2学分
	00054(00056)	人文学科(或自然科学)课程模块	2	32	32				1—6	任选2学分
	00055(00057)	社会科学(或工程技术)课程模块	2	32	32				1—6	任选2学分
	小计		10	160	160					
通识教育选修课程	00090	通识教育选修课程组	2	32	32				1—8	任选2学分
	小计		2	32	32					
学科平台基础课程	sd00920120	高等数学(1)	5	80	80			考试	1	
	sd01331730	线性代数	3.5	56	56			考试	1	
	sd01331720	计算导论与程序设计	4.5	88	56	32		考试	1	
	sd00920130	高等数学(2)	5	80	80			考试	2	
	sd99320020	大学物理	3	48	48			考试	2	
	Sd99320000	大学物理实验	1	32			32	考查	2	
	sd01331870	电路与电子技术基础	2	32	32			考试	2	

续表

课程类别	课程号 / 课程组	课程名称	学分数	总学时	总学时分配			考核方式	开设学期	备注
					课内教学	实验教学	实践教学			
学科平台基础课程	sd01320230	电路与电子技术基础实验	1	32		32		考查	2	
	sd01331830	概率与统计	3.5	56	56			考试	3	
	sd01331770	数字逻辑	2	32	32			考试	3	
	sd01320760	数字逻辑实验	1	32		32		考查	3	
		小计	31.5	568	440	128				
专业教育课程	专业必修课程 sd01331710	新生研讨课	2	32	32			考查	1	
	sd01331750	高级语言程序设计	3.5	80	32	48		考试	2	
	sd01331760	离散数学	4	64	64			考试	2	
	sd01331840	数据结构与算法	5	96	64	32		考试	3	
	sd01331460	计算机系统原理	3.5	64	48	16		考试	3	
	sd01331850	数据库系统	4.5	88	56	32		考试	3	
	sd01331470	计算机组成与设计	4.5	88	56	32		考试	4	
	sd01331810	计算机网络	4.5	88	56	32		考试	4	
	sd01331930	操作系统	4	72	56	16		考试	5	
	sd01331940	算法设计与分析	3	48	48			考试	5	
	sd01331450	计算机图形学	3	64	32	32		考试	5	
	sd01331270	编译原理与技术	3.5	64	48	16		考试	6	
	sd01331440	计算机体系结构	3.5	64	48	16		考试	6	
		小计	48.5	912	640	272				
	专业选修课程 sd01331421	机器学习	3	64	32	32		考试	5	至少选3学分
	sd01331150	数值计算	3	64	32	32		考试	5	
	sd01331410	汇编语言	3	64	32	32		考试	5	
	sd01332010	计算理论	3	48	48			考试	5	
	sd01331980	可视化技术	3	64	32	32		考试	5	
	sd01331950	组合优化	3	48	48			考试	6	
	sd01331960	大数据管理与分析	3	64	32	32		考试	6	
	sd01331520	模式识别	3	64	32	32		考试	6	

续表

课程类别		课程号/课程组	课程名称	学分数	总学时	总学时分配			考核方式	开设学期	备注
						课内教学	实验教学	实践教学			
专业教育课程	专业选修课程	sd01331581	数字信号处理原理	3	64	32	32		考试	6	至少选3学分
		sd01331620	信息检索技术	3	64	32	32		考试	6	
		sd01331970	信息安全导论	3	64	32	32		考试	6	
		sd01332240	云计算技术	3	64	32	32		考试	6	
		sd01332250	并行算法设计与优化	3	64	32	32		考试	6	
		sd01331110	嵌入式系统原理与应用	3	64	32	32		考试	6	
		sd01331120	人工智能	3	64	32	32		考试	7	至少选6学分
		sd01331130	人机交互技术	3	64	32	32		考试	7	
		sd01331170	网络攻击与防范	3	64	32	32		考试	7	
		sd01331160	数字图像处理	3	64	32	32		考试	7	
		sd01331610	现代软件开发技术	3	64	32	32		考试	7	
		sd01332190	社交网络与舆情分析	3	64	32	32		考试	7	
		sd01332290	现代生物信息学	3	64	32	32		考试	7	
			小计	63	1312	704	608				
创新实践课程		sd01331990	认知实习	1	1周				考查	3	集中进行
		sd01331900	数据结构与算法课程设计	2	2周				考查	4	分散进行
		sd01331680	程序设计思维与实践	3	3周				考查	4	分散进行
		sd01331920	创新创业教育实践	1	1周				考查	5	分散进行
		sd01331480	计算机组成与设计课程设计	2	2周				考查	5	分散进行
		sd01320190	操作系统课程设计	2	2周				考查	6	分散进行
		sd01332270	软件工程与实践	3	3周				考查	6	分散进行
		sd01332260	大学生科技学术活动(创新设计)	1	1周				考查	2—6	参加数学建模竞赛、ACM-ICPC竞赛、CCF大数据与计算智能大赛、大学生电子设计竞赛等,或参与教师科研项目
		sd01332000	生产实习(毕业实习)	1	1周				考查	8	集中进行
		sd01330120	毕业设计(论文)	7	14周				考查	8	集中进行
			小计	23	30周						

十、专业学习进程图（图 3-9）

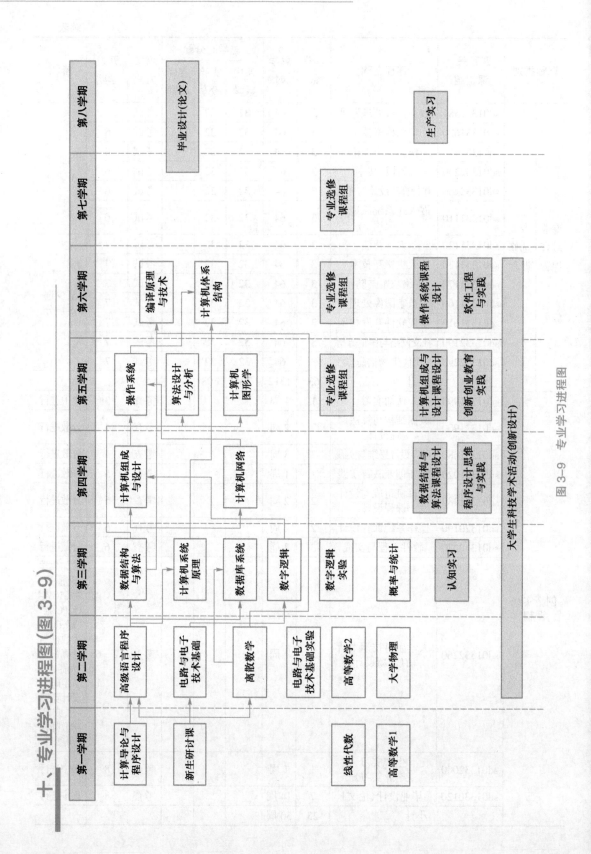

图 3-9　专业学习进程图

计算机科学与技术专业培养方案

一、专业简介

计算机科学与技术专业面向国家战略、产业需求、学校定位，坚持以"学生为先、能力为本"的办学理念与"厚基础、重思维、求创新"为专业发展特色，以培养具有良好人文素养、科学精神和创新能力的新时代高素质人才为目标。本专业将学科特点与国家发展需求紧密结合，依托国家超级计算长沙中心，突出算法和算力优势，围绕计算科学、数据科学、计算机系统、计算机应用4个特色方向，坚持产出导向、能力为本，构建以学生为中心、贯彻导师制、符合现代计算机学科发展特点的产教融合、协同育人的人才培养体系。毕业生去向主要为大型信息技术公司、政府部门和企事业单位的实务部门和研究部门，或在国内外顶尖教育科研机构继续攻读更高学位。

二、培养目标

本专业致力于培养面向计算机科学与技术行业、服务区域经济、社会发展、经济建设全球化需求的具有创新意识和良好素质的优秀人才，培养一批具有扎实的计算机基础理论和应用技能的计算机科学与技术领域的高水平人才，使学生成为德智体美劳全面发展的社会主义接班人。本专业学生毕业后5年内达到以下目标：

（1）掌握扎实的计算机科学与技术的基础知识和技能、基本理论和基本方法，具备复杂工程系统的分析与设计能力。

（2）具有前瞻性、全局性、创新性思维、研究能力、国际视野的信息技术高素质人才。

（3）具备人文素养、社会责任感，遵守职业道德和相关法律法规，成为德智体美劳全面发展的社会主义建设者和接班人。

三、毕业要求

本专业毕业要求如下。

（1）工程知识：具备应用数学、自然科学、工程基础和计算机科学与技术专业理论的能力，并运用于解决计算机领域复杂工程问题。

（2）问题分析：在信息收集、文献检索的基础上，应用本学科领域必需的数学、自然科学和工程基础与专业知识，对计算机领域复杂工程问题进行分析和识别，表达和解决复杂计算机工程问题,获得有效结论。

(3) 设计/开发解决方案:能够设计系统、组件或软件,并能够在计算机系统设计环节中具有创新意识,考虑社会、健康、安全、法律、文化以及环境等因素。

(4) 研究:能够基于科学原理并采用科学方法对计算机复杂工程问题进行研究,具有设计并进行实验、分析与解释数据的能力,并得到合理的结论,为解决计算机工程复杂问题提供支撑。

(5) 使用现代工具:能够针对计算机复杂工程问题,开发、选择与使用恰当的技术、资源、现代工程工具和信息技术工具,包括对计算机复杂工程问题的预测与模拟,并能够理解其局限性。

(6) 工程与社会:能够基于计算机工程相关背景知识进行合理分析,评价计算机科学与技术专业工程实践和复杂工程问题解决方案对社会、健康、安全、法律以及文化的影响,并理解应承担的责任。

(7) 环境和可持续发展:能够理解和评价针对复杂计算机工程问题的专业工程实践对环境、社会可持续发展的影响。

(8) 职业规范:具有人文社会科学素养、社会责任感,能够在工程实践中理解并遵守工程职业道德和规范,履行责任。

(9) 个人和团队:能够在多学科背景团队中承担个体、团队成员以及负责人的角色。

(10) 沟通:能够就复杂计算机工程问题与业界同行及社会公众进行有效沟通和交流,包括撰写报告和设计文稿、陈述发言、清晰表达的能力,并具备一定的国际视野,能够在跨文化背景下进行沟通和交流。

(11) 项目管理:理解并掌握工程管理原理与经济决策方法,并能够在多学科环境中应用。

(12) 终身学习:具有自主学习和终身学习的意识,有不断学习和适应发展的能力。

培养目标 – 毕业要求矩阵表

毕业要求	培养目标											
	工程知识	问题分析	设计/开发解决方案	研究	使用现代工具	工程与社会	环境和可持续发展	职业规范	个人和团队	沟通	项目管理	终身学习
掌握扎实的计算机科学与技术的基础知识和技能、基本理论和基本方法,具备复杂的工程系统的分析与设计能力	●	●	●	●	●	●	●			●		

续表

毕业要求	培养目标											
	工程知识	问题分析	设计/开发解决方案	研究	使用现代工具	工程与社会	环境和可持续发展	职业规范	个人和团队	沟通	项目管理	终身学习
具有前瞻性、全局性、创新性思维、研究能力、国际视野的信息技术业界或学界的高素质人才						●	●	●	●		●	●
具备人文素养、社会责任感,遵守职业道德规范,成为德智体美劳全面发展的社会主义建设者和接班人								●	●	●	●	●

四、学制、毕业学分要求及学位授予

(1) 本科基本学制 4 年,弹性学习年限 3—6 年,按照学分制度管理。

(2) 计算机科学与技术专业学生毕业最低学分数为 168 学分,其中各类别课程及环节要求学分数如下:

课程类别	通识必修	学门核心	学类核心	专业核心	个性培养	通识选修	实践环节	合计
学分数	30	24	29	19	24	8	34	168

(3) 学生修满培养方案规定的必修课程、选修课程及有关环节,达到规定的最低毕业学分数,《国家学生体质健康标准》测试成绩达标,德智体美劳全面发展,即可毕业。根据《湖南大学学士学位授予工作细则》(湖大教字〔2018〕22 号),满足学位授予条件的,授予工学学士学位。

五、课程设置及学分分布

1. 通识教育课程(必修 30 学分 + 选修 8 学分)

通识教育课程包括必修和选修两部分。通识选修课程按《湖南大学通识教育选修课程修读办法》实施,通识必修课程如下:

编码	课程名称	学分	备注
GE01150	毛泽东思想和中国特色社会主义理论体系概论	3	
GE01174	习近平新时代中国特色社会主义思想概论	2	
GE01152	思想道德修养与法律基础	3	
GE01155（–162）	形势与政策	2	
GE01153	中国近现代史纲要	3	
GE01154	马克思主义基本原理	3	
GE01151	思政实践	2	
GE01012（–015）	大学英语	8	实行弹性学分、动态分层、模块课程教学，总学分为 8 学分，设置 4、6、8 三级学分基本要求，不足学分可以通过相关外语水平等级测评或外语学科竞赛成绩获取
GE01089（–092）	体育	4	
合计		30	

2. 学门核心课程（24 学分）

编码	课程名称	学分	备注
GE03025	高等数学 A（1）	5	
GE03026	高等数学 A（2）	5	
GE03003	线性代数 A	3	
GE03004	概率论与数理统计 A	3	
GE03005	普通物理 A（1）	3	
GE03006	普通物理 A（2）	3	
GE03007	普通物理实验 A（1）	1	
GE03008	普通物理实验 A（2）	1	
合计		24	

3. 学类核心课程（29 学分）

编码	课程名称	学分	备注
CS04029	程序设计	5	
CS04030	离散数学	4	
CS04031	数据结构与算法	5	
CS04032	电路与电子学	5	
CS04033	计算机系统	5	
CS04034	操作系统	5	
合计		29	

4. 专业核心课程（19 学分）

编码	课程名称	学分	备注
CS05101	计算机与通信工程导论		
CS05102	人工智能	3	
CS05106	计算机体系结构	3	
CS05103	计算机网络	3	
CS05105	编译原理	3	
CS05107	算法设计与分析	3	
CS05104	数据库系统	3	
合计		19	

5. 个性培养课程（24 学分）

个性培养课程采用方向分组与任选相结合的方式实施,共选修 8 门课程。学生首先选定某一分组的 4 门课程,然后任选 4 门课程(鼓励院内跨组选择)。总计 24 学分,课程及分组如下:

编码	课程名称	学分	备注
CS06140	计算方法	3	
CS06200	计算理论	3	
CS06201	认知科学	3	计算科学组
CS06204	多传感器信息融合	3	
CS06203	智能优化算法	3	
CS06202	计算模型与计算复杂性	3	

编码	课程名称	学分	备注
CS06071	数据挖掘	3	数据科学组
CS06144	机器学习	3	
CS06205	深度学习	3	
CS06143	社交网络分析	3	
CS06206	信息检索	3	
CS06267	生物信息学	3	
CS06142	云计算技术	3	计算机系统组
CS06207	并行算法设计与分析	3	
CS06208	软件工程	3	
CS06148	分布式与云计算系统	3	
CS06209	分布式数据管理	3	
CS06210	分布式系统与数据处理	3	
CS06211	模式识别	3	计算机应用组
CS06212	计算机图形学	3	
CS06213	计算机视觉	3	
CS06214	信息可视化	3	
CS06161	数字图像处理	3	
CS06147	路由与交换技术	3	
CS06215	自动驾驶与车联网	3	

6. 实践环节(34 学分)

编码	课程名称	学分	备注
GE09048(-049)	军事理论与军事技能	3	
CS10046	创新创业	2	
CS10048	电子测试平台与工具 1	2	
CS10049	电子测试平台与工具 2	1	
CS10050	软件能力实训	4	
CS10051	电子与计算机系统工程实训	4	
CS10021	专业综合设计	4	
CS10052	毕业设计(含毕业实习)	14	
	合计	34	

中山大学

计算机科学与技术专业主修培养方案(2021 级)

一、培养目标

　　本专业坚持社会主义办学方向,以习近平新时代中国特色社会主义思想为指导,全面贯彻党的教育方针,全面落实立德树人根本任务,深入推动"五个融合",努力培养德智体美劳全面发展的社会主义建设者和接班人,造就能够系统掌握计算机科学与技术专业基础理论、基础知识和基本技能与方法,具有较好的计算机工程实践能力、较强的学习能力和一定的科学研究素质,能够从事计算机、高性能计算及其相关技术与产业领域的系统设计与开发、项目管理与维护、科学研究与教学的复合型人才。

二、培养规格和要求

　　(1) 具有扎实的数理基础知识,系统掌握计算机硬件和软件方面的基本理论,基础知识和基本技能与方法,并了解本专业的发展现状和趋势。

　　(2) 对计算机技术、超级计算机与高性能计算、人工智能与大数据等实际应用有较好的了解,具有比较全面的计算机软件项目工程实践经验,具有较强的计算机软件系统分析和设计能力。

　　(3) 掌握一门外语,能熟练阅读本专业有关的外文资料,具有一定的国际视野,具备国际交流、合作与竞争能力。

三、授予学位与修业年限

　　按要求完成学业者授予工学学士学位。修业年限为 4 年。

四、毕业总学分及课内总学时

　　主修毕业学分要求:

课程类别	课程细类	细类 学分要求	类别 学分要求	细类 所占比例	类别 所占比例	备注
公共必修课程		0	37	0%	21.14%	

续表

课程类别	课程细类	细类 学分 要求	类别 学分 要求	细类 所占 比例	类别 所占 比例	备注
公共选修课程		0	8	0%	4.57%	修读总学分不少于 8 学分，其中须包含 2 个学分"艺术与审美"课程
专业必修课程	专业基础课程	64	92	36.57%	52.57%	
	专业核心课程	20		11.43%		
	专业提升课程	8		4.57%		
专业选修课程	专业提升课程	38	38	21.71%	21.71%	
毕业总学分（实践教学学分）				175（44.5）		

五、课程设置及教学计划

1. 公共必修课

课程细类	序号	课程编码	课程名称	总学分	总学时	理论学时	实践（含实验）	周学时	开课学期
公共必修课	1	FL1201	大学英语 I	2	36	36	0	2	2021-1
	2	MAR103	中国近现代史纲要	3	54	54	0	3	2021-1
	3	MAR112	思想道德与法治	3	54	54	0	3	2021-1
	4	PE101	体育	1	36	0	36	2	2021-1
	5	PUB121	军事课	4	64	36	2	4	2021-1
	6	MAR113	形势与政策	2	72	72	0	4	2021-1~2024-2
	7	PUB178	劳动教育	1	36	4	32	1	2021-1~2024-2
	8	PUB199	国家安全教育	1	27	9	18	1	2021-1~2024-2
	9	FL1202	大学英语 II	2	36	36	0	2	2021-2
	10	MAR107	习近平新时代中国特色社会主义思想概论	2	36	36	0	2	2021-2
	11	MAR108	四史（改革开放史）	1	18	18	0	2	2021-2
	12	PE102	体育	1	36	0	36	2	2021-2

续表

课程细类	序号	课程编码	课程名称	总学分	总学时	理论学时	实践(含实验)	周学时	开课学期
公共必修课	13	FL2201	大学英语Ⅲ	2	36	36	0	2	2022-1
	14	MAR202	马克思主义基本原理	3	54	54	0	3	2022-1
	15	PE201	体育	0.5	18	0	18	2	2022-1
	16	FL2202	大学英语Ⅳ	2	36	36	0	2	2022-2
	17	MAR205	毛泽东思想和中国特色社会主义理论体系概论	5	82	54	2	3	2022-2
	18	PE202	体育	0.5	18	0	18	2	2022-2
	19	PE305	体育	0.5	18	0	18	2	2023-1
	20	PE302	体育	0.5	18	0	18	2	2023-2

学分要求	课程门数	总学分数	总学时数	理论学时数	实践(含实验)学时数
37	20	37	785	535	198

2. 专业必修课

课程细类	序号	课程编码	课程名称	总学分	总学时	理论学时	实践(含实验)	周学时	开课学期
专业基础课	1	DCS203	概率论与数理统计	3	54	54	0	3	2022-1
	2	DCS207	计算机组成原理	4	72	72	0	4	2022-1
	3	DCS209	计算机组成原理实验	1	36	0	36	2	2022-1
	4	DCS211	数据结构与算法	3	54	54	0	3	2022-1
	5	DCS213	数据结构与算法实验	1	36	0	36	2	2022-1
	6	DCS241	工程基础训练	1	18	18	0	1	2022-1
	7	DCS216	操作系统原理	4	72	72	0	4	2022-2
	8	DCS218	操作系统原理实验	1	36	0	36	2	2022-2
	9	DCS234	信号与系统	3	54	54	0	3	2022-2
	10	DCS3026	软件工程	3	54	54	0	3	2023-2
	11	DCS103	高等数学一(I)	5	90	90	0	5	2021-1
	12	DCS111	程序设计I	3	54	54	0	3	2021-1
	13	DCS113	程序设计I实验	1	36	0	36	2	2021-1
	14	DCS119	线性代数	4	72	72	0	4	2021-1
	15	EIT113	工程制图与CAD(二)	2	54	18	36	3	2021-1

续表

课程细类	序号	课程编码	课程名称	总学分	总学时	学时分配		周学时	开课学期
						理论学时	实践(含实验)		
专业基础课	16	EIT115	电路理论基础	4	72	72	0	4	2021-1
	17	EIT149	电路理论基础实验	1	36	0	36	2	2021-1
	18	DCS104	高等数学一(Ⅱ)	5	90	90	0	5	2021-2
	19	DCS110	程序设计Ⅱ	2	36	36	0	2	2021-2
	20	DCS112	程序设计Ⅱ实验	1	36	0	36	2	2021-2
	21	DCS120	离散数学基础	4	72	72	0	4	2021-2
	22	EIT116	数字电路与逻辑设计	3	54	54	0	3	2021-2
	23	EIT118	数字电路与逻辑设计实验	1	36	0	36	2	2021-2
	24	PHY145	大学物理(工)	4	72	72	0	4	2021-2
专业核心课	25	DCS311	人工智能	3	54	54	0	3	2022-2
	26	DCS315	人工智能实验	1	36	0	36	2	2022-2
	27	DCS222	计算机网络	3	54	54	0	3	2023-1
	28	DCS224	计算机网络实验	1	36	0	36	2	2023-1
	29	DCS281	数据库系统原理	3	54	54	0	3	2023-1
	30	DCS283	数据库系统实验	1	36	0	36	2	2023-1
	31	DCS290	编译原理	3	54	54	0	3	2023-2
	32	DCS292	编译器构造实验	1	36	0	36	2	2023-2
	33	DCS3022	并行程序设计与算法	3	54	54	0	3	2023-2
	34	DCS320	并行程序设计与算法实验	1	36	0	36	2	2023-2
专业提升课	35	DCS432	毕业论文	8	288	0	288	14	2024-2

学分要求	课程门数	总学分数	总学时数	理论学时数	实践(含实验)学时数
92	35	92	2034	1278	756

3. 专业选修课

课程细类	序号	课程编码	课程名称	总学分	总学时	学时分配		周学时	开课学期
						理论学时	实践(含实验)		
专业提升课	1	DCS2691	代数结构	2	36	36	0	2	2022–1
	2	DCS271	组合数学与数论	2	36	36	0	2	2022–1
	3	DCS280	数理逻辑	3	54	54	0	3	2022–1
	4	DCS2004	超级计算机原理与操作实验	1	36	0	36	2	2022–2
	5	DCS202	数值计算方法	3	54	54	0	3	2022–2
	6	DCS236	图论及其应用	3	54	54	0	3	2022–2
	7	DCS244	超级计算机原理与操作	3	54	54	0	3	2022–2
	8	DCS2011	计算机图形学	2	36	36	0	2	2023–1
	9	DCS227	数据与计算机科学讲座	2	36	36	0	2	2023–1
	10	DCS229	数字图像处理	3	54	54	0	3	2023–1
	11	DCS253	数字图像处理实验	1	36	0	36	2	2023–1
	12	DCS255	计算机图形学实验	1	36	0	36	2	2023–1
	13	DCS257	算法设计与分析实验	1	36	0	36	2	2023–1
	14	DCS3013	计算机体系结构	3	54	54	0	3	2023–1
	15	DCS310	机器学习与数据挖掘	3	54	54	0	3	2023–1
	16	DCS317	算法设计与分析	3	54	54	0	3	2023–1
	17	DCS325	分布式系统	3	54	54	0	3	2023–1
	18	DCS3431	形式语言与自动机	2	36	36	0	2	2023–1
	19	DCS3491	移动互联网编程实践	2	36	36	0	2	2023–1
	20	DCS369	现代控制系统	3	54	54	0	3	2023–1
	21	DCS387	分布式系统实验	1	36	0	36	2	2023–1
	22	DCS440	最优化理论	3	54	54	0	3	2023–1
	23	DCS2006	信息安全技术实验	1	36	0	36	2	2023–2
	24	DCS2012	云计算技术实验	1	36	0	36	2	2023–2
	25	DCS2014	多媒体安全技术	2	36	36	0	2	2023–2

续表

课程细类	序号	课程编码	课程名称	总学分	总学时	学时分配 理论学时	学时分配 实践(含实验)	周学时	开课学期
专业提升课	26	DCS2016	多媒体安全技术实验	1	36	0	36	2	2023-2
	27	DCS273	计算复杂性理论	3	54	54	0	3	2023-2
	28	DCS299	模式识别	3	54	54	0	3	2023-2
	29	DCS3014	人工神经网络	3	54	54	0	3	2023-2
	30	DCS3015	人工智能实践	3	54	54	0	3	2023-2
	31	DCS3016	云计算技术	2	36	36	0	2	2023-2
	32	DCS3018	大数据原理与技术	3	54	54	0	3	2023-2
	33	DCS3024	VLSI 设计导论	3	54	54	0	3	2023-2
	34	DCS3032	专业技术综合实践	2	54	18	36	3	2023-2
	35	DCS314	智能算法及应用	3	54	54	0	3	2023-2
	36	DCS361	机器人导论	2	36	36	0	2	2023-2
	37	DCS363	机器人导论实验	1	36	0	36	2	2023-2
	38	DCS3651	人工神经网络实验	1	36	0	36	2	2023-2
	39	DCS394	通信原理	3	54	54	0	3	2023-2
	40	DCS397	信息安全技术	2	36	36	0	2	2023-2
	41	DCS210	信息论与编码	2	36	36	0	2	2024-1
	42	DCS245	强化学习与博弈论	2	36	36	0	2	2024-1
	43	DCS3001	自然语言处理	2	36	36	0	2	2024-1
	44	DCS389	自然语言处理实验	1	36	0	36	2	2024-1
	45	DCS391	虚拟现实与可视化技术实验	1	36	0	36	2	2024-1
	46	DCS401	生产实习	1	36	0	36	2	2024-1
	47	DCS445	虚拟现实与可视化技术	2	36	36	0	2	2024-1
本研贯通课	48	DCS6270	边缘计算	2	36	36	0	2	2024-2
	49	DCS6290	区块链原理与技术	2	36	36	0	2	2024-2
	50	DCS6654	量子计算	2	36	36	0	2	2024-2

学分要求	课程门数	总学分数	总学时数		理论学时数	实践(含实验)学时数
38	50	106	2160		1656	504

华南理工大学

计算机科学与技术专业培养方案

一、培养目标

以立德树人为根本,培养家国情怀和全球视野兼备、"三力"(学习力、思想力、行动力)卓越、德智体美劳全面发展的"三创型"(创新、创造、创业)人才。毕业生具有独立开展计算机领域工程实践的能力,能从事计算机科学与技术相关的科学和工程问题的分析、设计、实施和管理工作,能在计算机科学或专门技术上取得创新型成果,能够自觉践行社会主义核心价值观,综合素质良好,具备终身学习能力。要求毕业生:

(1) 能够在工业界、学术界、教育界成功地开展信息技术领域的工作,适应独立和团队工作环境。

(2) 能够在社会大背景下理解、分析和解决计算机相关领域复杂工程实践问题。

(3) 能够通过自主学习和终身学习适应职业发展,在计算机领域具有职场竞争力。

以上培养目标强调了培养在知识、能力、素质等方面全面发展的计算机领域人才,可进一步细分为:

培养目标1(工程知识):具有计算机领域专业的基本理论、专门知识和技能。

培养目标2(复杂工程问题解决能力):具有工程应用能力和系统解决计算机专业复杂工程问题的综合能力,能够在计算机软件开发、高性能计算、人工智能与智能计算、多媒体技术等计算机相关领域从事科学研究、工程设计、技术开发、项目管理、系统运行管理与维护工作。

培养目标3(素质与国际视野):具有社会责任感,具有良好的职业道德和敬业精神,具有信息收集、沟通和表达能力,具备良好的团队合作与沟通交流能力,具有一定的国际视野和国际交流能力。

培养目标4(终身学习能力):具有引领行业技术发展的潜质,具有终身学习并适应计算机技术发展的能力。

二、毕业要求

(1) 工程知识:能够将数学、自然科学、工程基础和专业知识用于解决计算机复杂工程问题。

① 掌握数学、自然科学、工程基础和计算机专业知识,并能够用这些知识表述计算机工程问题,并建立具体对象的数学模型以及求解。

② 能够应用计算机工程基础和专业知识解释模型的数理含义,对模型进行正确的推理,对专业工程问题进行专业分析。

③ 能够将相关知识和数学模型方法用于计算机专业工程问题解决方案的比较与综合。

(2) 问题分析: 能够应用数学、自然科学和工程科学的基本原理,识别、表达,并通过文献研究分析计算机复杂工程问题,以获得有效结论。

① 能够应用数学、自然科学和工程科学的基本原理,识别和判断计算机专业的复杂工程问题的关键环节,表述计算机专业的复杂工程问题。

② 能够基于数学、自然科学和工程科学的基本原理和数学模型,并借助文献研究分析复杂工程问题的特性。

③ 能认识到解决复杂工程问题有多种方案可选择,能通过文献寻求可能的解决方案。

(3) 设计 / 开发解决方案: 能够设计针对与计算机相关复杂工程问题的解决方案,设计满足特定需求的系统、单元(部件)或工艺流程,并能够在设计环节中体现创新意识,考虑社会、健康、安全、法律、文化以及环境等因素。

① 能够设计满足计算机复杂工程特定需求和功能的系统、单元(部件)或计算机系统研发的全生命周期过程。

② 能够运用多种知识提出解决计算机复杂工程问题的多种方案,对多种设计方案进行比较,提出的方案体现创新意识。

③ 能够在设计环节中考虑社会、健康、安全、法律、文化以及环境等因素。

(4) 研究: 能够基于科学原理并采用科学方法对与计算机相关复杂工程问题进行研究,包括设计实验、分析与解释数据,并通过信息综合得到合理有效的结论。

① 能够基于科学原理,通过文献研究或相关方法,调研和分析计算机复杂工程问题的解决方案。

② 能够针对计算机工程相关的各种控制规律、环节和系统,设计和实施实验方案。

③ 能够基于科学原理和科学方法对实验结果进行分析与解释数据,并通过信息综合得到有效的结论。

(5) 使用现代工具: 能够针对与计算机相关复杂工程问题,开发、选择与使用恰当的技术、资源、现代工程工具和信息技术工具,包括对复杂工程问题的预测与模拟,并能够理解其局限性。

① 能够熟练使用编程语言、数据资源、算法、软件工程与信息技术工具,并能理解其局限性,分析计算机系统规律、典型环节和系统特性。

② 能够选择与使用恰当的编程语言、数据资源、算法、软件工程等工具对计算机相关复杂工程问题进行分析、计算,设计和开发计算机系统。

③ 能够开发或者选用满足特定需求的现代工具,仿真和模拟计算机工程问题,并能够分析其局限性。

(6) 工程与社会: 能够基于工程相关背景知识进行合理分析,评价计算机专业工程实践和复杂计算机工程问题解决方案对社会、健康、安全、法律以及文化的影响,并理解应承担的责任。

① 了解计算机领域相关的技术标准、知识产权、产业政策和法律法规,了解企业的管理体系;理解工程师应承担的责任。

② 能够基于工程背景知识进行合理分析,评价计算机新产品、新技术的开发和应用方案,以及计算机工程实践对社会、健康、安全、法律以及文化的潜在影响。

(7) 环境和可持续发展:能够理解和评价计算机相关复杂工程问题的专业工程实践对环境、社会可持续发展的影响。

① 树立绿色设计、制造的理念,正确评估计算机复杂工程问题的工程实践对环境、社会可持续发展的影响。

② 能够在计算机新产品、新技术的开发和应用等工程实践中重视节能减排,理解社会可持续性发展对计算机工程师的要求。

(8) 职业规范:具有人文社会科学素养、社会责任感,能够在工程实践中理解并遵守工程职业道德和规范,履行责任。

① 具有扎实的人文社会科学知识与素养,具有正确的价值观和社会责任感、健康的体魄和心理。

② 能够在计算机工程项目实践中理解并践行职业道德和规范,勇于担当、贡献国家、服务社会。

(9) 个人和团队:能够在计算机跨学科背景团队中承担个体、团队成员以及负责人的角色。

① 在多学科背景下,能够根据阶段及整体目标,主动与他人沟通、合作,实施团队的组建、协调、指挥能力,提高团队积极性和凝聚力。

② 能够在多学科背景下独立或合作开展工作,完成团队中分配的任务。

(10) 沟通:能够就计算机相关复杂工程问题与业界同行及社会公众进行有效沟通和交流,包括撰写报告和设计文稿、陈述发言、清晰表达或回应指令,并具备一定的国际视野,能够在跨文化背景下进行沟通和交流。

① 能够针对计算机复杂工程问题、新技术、新产品与同行和公众进行有效沟通,通过与团队成员的讨论撰写需求分析、设计文档、可行性和技术报告、发布陈述报告,以及倾听并回应公众意见。

② 能够跟进专业领域的国际发展趋势、研究热点,具备跨文化交流的语言和书面表达能力,能就专业问题进行基本沟通和交流。

(11) 项目管理:理解并掌握与计算机相关的工程管理原理与经济决策方法,并能在多学科环境中应用。

① 掌握工程项目管理原理与经济决策的基本原理和方法。

② 能够将管理原理、经济决策应用于计算机系统的开发、系统设计和生产过程控制等。

(12) 终身学习:具有自主学习和终身学习的意识,有不断学习和适应计算机发展的能力。

① 能够理解技术进步和发展对于知识和能力的影响和要求,具有终身学习的意识。

② 能够针对个人和职业发展需求,采用合适的方法自主学习,能够适应计算机相关技术的不断发展。

三、学制及授予学位

学制：4 年，授予学位：工学学士学位。

四、核心课程及特色课程

(1) 核心课程：高级语言程序设计、离散数学、数据结构、数字逻辑、计算机组成与体系结构、编译原理、操作系统、数据库、软件工程、算法设计与分析、计算机网络、计算方法。

(2) 新生研讨课程：面向"互联网 +"的数据安全技术、新一代网络体系结构。

(3) 双语 / 全英课程：计算机科学概论、数据结构、计算机图形学与虚拟现实、数据仓库与数据挖掘、计算机网络。

(4) MOOC：Python 语言程序设计、数据结构、移动终端开发进阶版——Android 应用设计与开发（腾讯模块课）。

(5) 学科前沿课：IT 前沿技术、智能算法及应用、多媒体技术。

(6) 本研共享课：数据库、操作系统、人工智能。

(7) 校企合作课程：移动应用开发（Android）（Google）、Web 程序设计（Google）、高性能计算与云计算（Google，IBM）、移动终端开发进阶版——Android 应用设计与开发（腾讯）。

(8) 竞教结合课程：高级语言程序设计、算法分析与设计、数据结构。

(9) 创新实践课程：嵌入式课程设计、软件工程课程设计。

(10) 创业教育课程：IT 商业模式与创业（"三个一"课程）。

(11) 工作坊或专题设计课程：本科生导师制。

(12) 劳动教育课程：电子工艺实习Ⅱ。

五、各类课程学分登记

1. 课程学分统计

课程类别	课程要求	学分	学时或周数	备注
公共基础课程	必修	62.5	1220	
	通识	10.0	160	
专业基础课程	必修	44.5	792	
选修课程	选修	18.0	288	
合计		135.0	2460	
集中实践教学环节（周）	必修	33.0	38 周	
	选修	2.0	2 周	
毕业学分要求		135.0+35.0=170.0		

注：学生毕业时须修满专业教学计划规定学分，并取得第二课堂 3 个人文素质教育学分和 4 个创新能力培养学分。

2. 学时学分汇总表

学时					学分						
总学时数	必修学时	选修学时	理论教学学时	实验教学学时	总学分数	必修学分	选修学分	集中实践教学环节学分	理论教学学分	实验教学学分	创新创业教育学分
2460	2012	448	2034	426	170	140	30	35	122	13	8

六、课程设置

类别	课程代码	课程名称		课程性质	学时数或周数				学分数	开课学期	毕业要求
					总学时	实验	实习	其他			
公共基础课程	031101371	中国近现代史纲要		必修课程	40			4	2.5	1	8,12
	031101661	思想道德与法治			40			4	2.5	2	8,12
	031101522	马克思主义基本原理			40			4	2.5	3	8,12
	031101423	毛泽东思想和中国特色社会主义理论体系概论			72			24	4.5	4	8,12
	031101331	形势与政策			128				2.0	1—8	6,7,8,12
	044101382	学术英语（一）	英语A班修读		48				3.0	1	2,4,10,12
	044102453	学术英语（二）			48				3.0	2	2,4,10,12
	044103681	大学英语（一）	英语B、C班修读		48				3.0	1	2,4,10,12
	044103691	大学英语（二）			48				3.0	2	2,4,10,12
	052100332	体育（一）			36			36	1.0	1	12
	052100012	体育（二）			36			36	1.0	2	12
	052100842	体育（三）			36			36	1.0	3	12
	052100062	体育（四）			36			36	1.0	4	12
	006100112	军事理论			36			18	2.0	2	8
	040101211	工科数学分析（一）			80				5.0	1	1,2,4,12
	040100641	工科数学分析（二）			112				7.0	2	1,2,4,12
	040100401	线性代数与解析几何			48				3.0	1	1,2,4,12
	040100023	概率论与数理统计			48				3.0	2	1,2,4,12
	041101151	大学物理Ⅲ（一）			64				4.0	2	1,2
	041100341	大学物理Ⅲ（二）			64				4.0	3	1,2
	041100671	大学物理实验（一）			32	32			1.0	2	1,2,3,4,5
	041101051	大学物理实验（二）			32	32			1.0	3	1,2,3,4,5

续表

类别	课程代码	课程名称	课程性质	学时数或周数				学分数	开课学期	毕业要求
				总学时	实验	实习	其他			
公共基础课程	045100452	高级语言程序设计（C++）（一）	必修课程	64	16			3.5	1	2,3
	045101991	高级语言程序设计（C++）（二）		32	6			2.0	2	2,3
	074102992	工程制图		48				3.0	2	1,3
		人文科学、社会科学领域	通识课程	128				8.0		8
		科学技术领域		32				2.0		8
	合计			1380	86		198	72.5		
专业基础课程	045101443	计算机科学概论	必修课程	16				1.0	1	2,3,10
	045101451	IT 前沿技术		16				1.0	1	2,3,4,6,11
	045100831	信息安全导论		16				1.0	1	1
	045100011	离散数学		64				4.0	1	1,2,3
	045101213	数字逻辑		32	8			2.0	2	1,3
	045100293	编译原理		56	16			3.0	3	2,3,5
	024100152	电路与电子技术		64				4.0	3	1,2
	045100612	计算机组成与体系结构 II		64	16			3.5	3	1,3,5
	045100162	数据结构		64	16			3.5	3	2,3
	045100122	算法设计与分析		64	16			3.5	4	3,5
	024100162	电路与电子技术实验		32	32			1.0	4	1,2,3
	045101182	操作系统		64	16			3.5	4	2,3,5
	045101052	计算机网络		64	16			3.5	4	2,3,4,5
	045100892	数据库		64	16			3.5	4	2,3,5
	045100314	软件工程		48	16			2.5	5	2,3,5,7,10,11
	045101691	计算方法		48	8			3.0	6	1,2,3,5
	045101631	IT 商业模式与创业		16				1.0	7	2,3,4,6,11
	合计			792	176			44.5		
选修课程	人工智能模块									
	045102831	智能算法及应用	选修课程	32				2.0	4	4,5,6,7
	045101492	人工智能		40	8			2.5	5	3
	045102721	机器学习		32				2.0	6	4,5,6,7

续表

类别	课程代码	课程名称	课程性质	学时数或周数				学分数	开课学期	毕业要求
				总学时	实验	实习	其他			
选修课程	045100931	数据仓库与数据挖掘	选修课程	48	16			2.5	7	3,4
	045102711	神经网络与深度学习		32				2.0	5	4,5,6,7
	045101671	智能机器人技术		48	12			2.5	8	3
	045101151	模式识别导论		40	8			2.5	8	3
	多媒体模块									
	045101831	计算机图形学与虚拟现实	选修课程	48	16			2.5	5	1,2,3,4,5
	045101712	多媒体技术		40	8			2.5	6	3
	045101133	数字图像处理		32	8			2.0	7	3
	软件开发模块									
	045101652	软件设计与体系结构	选修课程	32	8			2.0	5	3
	045100432	软件测试与质量保证		32	8			2.0	6	5,9,10
	045102751	大数据技术		40	12			2.5	7	2,3
	045101751	软件项目管理		48	8			3.0	7	2,3,9,11
	其他选修课程									
	045102841	面向"互联网+"的数据安全技术	选修课程	16				1.0	2	2,3,10
	045102851	新一代网络体系结构		16				1.0	2	2,3,10
	045100701	信息安全数学基础		48				3.0	3	1,2
	045100741	Java 程序设计		40	8			2.5	5	3,6
	045102812	Python 语言程序设计		32	8			2.0	5	3,5
	045101911	高性能计算与云计算		48	16			2.5	5	3,4
	045102741	网络应用开发		48	16			2.5	5	3,5
	045101341	数学建模与实验		40	16			2.0	5	1,2,3,4
	045102731	数据通信原理		64	16			3.5	5	1,2,3
	045102141	嵌入式系统		64	16			3.5	6	3
	045100801	移动应用开发（Android）		48	16			2.5	6	1,2,3,4,5,6
	045102221	移动终端开发进阶版——Android 应用设计与开发		32				2.0	7	3,5
	045101931	Web 程序设计		48	16			2.5	6	3,5
	045102091	计算机安全 I		48	16			2.5	7	3,4

续表

类别	课程代码	课程名称	课程性质	学时数或周数				学分数	开课学期	毕业要求
				总学时	实验	实习	其他			
选修课程	045100471	网络信息检索	选修课程	48	16			2.5	8	3
	020100051	创新研究训练		32				2.0	7	
	020100041	创新研究实践 I		32				2.0	7	
	020100031	创新研究实践 II		32				2.0	7	
	020100061	创业实践		32				2.0	7	
合计				选修课修读最低要求 18.0 学分						

注:

1. 学生可选修人工智能、多媒体、软件开发三个模块课中的一个作为主方向,学生在主方向至少选修 3 门模块课程。允许学生自愿选修主方向之外的其他模块课程。"面向'互联网+'的数据安全技术"和"新一代网络体系结构"为新生研讨课,学生可自由选择不超过一门进行修读。

2. 学生根据自己开展科研训练项目、学科竞赛、发表论文、获得专利和自主创业等情况申请折算为一定的专业选修课学分(创新研究训练、创新研究实践 I、创新研究实践 II、创业实践等创新创业课程)。每个学生累计申请为专业选修课总学分不超过 4 个学分。经学校批准认定为选修课学分的项目、竞赛等不再获得对应第二课堂的创新学分。

七、集中实践教学环节

课程代码	课程名称	课程性质	学时数或周数		学分数	开课学期	毕业要求
			实践	授课			
006100151	军事技能	必修课程	2 周		2.0	1	9
045101571	高级语言程序设计大作业		2 周		2.0	2	3,5,9,10,11
031101551	马克思主义理论与实践		2 周		2.0	3	8
030100702	工程训练 I		2 周		2.0	3	1,2,5,9,10
045101681	数据结构大作业		1 周		1.0	4	3,5,9,10,11
041100131	电子工艺实习 II		2 周		2.0	4	1,2,5,9,10
045100851	操作系统课程设计		2 周		2.0	5	3,5,9,10,11
045102191	软件工程课程设计		2 周		2.0	6	3,5,9,10,11
045100391	数字系统创意设计		2 周		2.0	1	3,5,9,10,11
045102071	计算机组成原理和体系结构课程设计		2 周		2.0	4	3,5,9,10,11
045101532	数据库课程设计		2 周		2.0	5	3,5,9,10,11
045102821	网络应用开发课程设计		1 周		1.0	6	3,5,9,10,11
045100171	嵌入式系统课程设计		2 周		2.0	6	3,5,9,10,11

续表

课程代码	课程名称	课程性质	学时数或周数		学分数	开课学期	毕业要求
			实践	授课			
045101021	毕业实习	必修课程	8 周		8.0	7	6,8,9,10,11,12
045100784	毕业设计		15 周		10.0	8	2,3,6,8,9,10,11,12
合计			38 周		33.0		
			选修课程修读最低要求 2.0 学分				

八、第二课堂

第二课堂由人文素质教育和创新能力培养两部分组成。

1. 人文素质教育基本要求

学生在取得专业教学计划规定学分的同时,还应结合自己的兴趣适当参加课外人文素质教育活动,参加活动的学分累计不少于 3 个学分。其中,大学体育教学团队开设课外体育课程,高年级本科生必修,72 学时,1 学分,纳入第二课堂人文素质教育学分。

2. 创新能力培养基本要求

学生在取得本专业教学计划规定学分的同时,还必须参加国家创新创业训练计划、学院本科生导师制、广东省创新创业训练计划、SRP (学生研究计划)、百步梯攀登计划或一定时间的各类课外创新能力培养活动(如学科竞赛、学术讲座等),参加活动的学分累计不少于 4 个学分,其中学院本科生导师制不少于 2 学分。

计算机科学与技术专业本科人才培养方案

一、培养目标

　　培养适应现代信息社会需要,具有良好的社会责任感、人文素养、国际视野和职业道德,掌握扎实的数学、物理等自然科学基础知识和计算机专业知识,具备创新意识、团队管理、实践能力、研究能力和终身学习能力,能在科研院所、高等院校、信息产业从事计算机科学与技术及相关领域的研究、设计、开发和管理等工作的高素质人才。

　　上述培养目标可细分为下列 5 个目标点:

　　目标 1：具备良好的社会责任感、人文素养和职业道德,以及职业相关的经济、管理和法律知识。

　　目标 2：掌握扎实的数学、物理等自然科学基础知识和计算机专业知识,具有设计、开发计算机软硬件系统和计算机应用系统能力,能够用系统的观点分析、处理科学技术问题。

　　目标 3：能够综合应用自然科学、工程技术、计算机专业的理论和方法进行独立思考,能够在科研院所、高等院校、信息产业从事计算机科学与技术及相关领域的研究、设计、开发和管理等工作的高素质人才。

　　目标 4：具有创新意识、国际视野和团队协作能力,可以组织计算机相关领域新产品、新技术、新服务和新系统的开发、设计和实施。

　　目标 5：具备终身学习能力,能够开展自主学习更新知识,实现能力和技术水平的提升。具有将专业知识用于解决具体实践问题的工程实践能力和不断学习适应社会发展和行业竞争的能力。

二、培养规格

　　计算机科学与技术专业学生的培养规格,即在大学毕业时应达到的专业培养要求(毕业要求),包括如下 12 个大类 38 个二级指标点。

毕业要求	毕业要求二级指标点
1. 工程知识： 具有从事计算机科学与技术所需的扎实的数学、自然科学、工程基础和专业知识，并能够综合应用这些知识解决计算机科学与技术领域复杂工程问题	1.1 能够将数学、自然科学基础知识、计算机专业所需的信息科学基础知识应用到实际工程问题的形式化表述
	1.2 能够针对具体的对象建立数学模型并求解
	1.3 能够将相关知识和数学模型方法用于推演、分析计算机领域复杂工程问题
	1.4 能够将相关知识和数学模型方法用于计算机领域复杂工程问题解决方案的比较与综合
2. 问题分析： 能够应用数学、自然科学和工程科学的基本原理，识别、表达，并通过文献研究分析计算机科学与技术领域复杂工程问题，以获得有效结论	2.1 掌握应用数学和自然科学的基本方法，能够结合计算机专业知识对复杂工程问题进行识别和表达
	2.2 能够应用计算机软硬件技术，针对复杂计算机工程问题选择恰当的数学、自然科学和计算机科学等相关知识进行分析，得到相关工程问题的解决途径
	2.3 能够应用计算机科学与技术的基本原理，通过文献研究，深入分析复杂计算机工程问题，以获得有效的结论
3. 设计／开发解决方案： 能够综合运用理论和技术手段，针对计算机科学与技术领域复杂工程问题，设计／实现满足信息获取、传输、处理或使用等需求的单元（部件），设计／实现系统级解决方案，并能够在设计环节中体现创新意识，考虑社会、健康、安全、法律、文化以及环境等因素	3.1 能够针对特定的复杂计算机工程问题进行调研完成需求分析
	3.2 能够针对特定需求进行算法和软硬件功能模块设计，并对设计方案和开发流程可行性进行研究
	3.3 能够针对特定需求进行软硬件系统设计，在设计中体现创新意识
	3.4 能够针对特定需求进行工程设计，综合考虑社会、健康、安全、法律、文化以及环境等因素
4. 研究： 能够基于科学原理并采用科学方法对计算机科学与技术领域复杂工程问题进行研究，包括设计实验、分析与解释数据、并通过信息综合得到合理有效的结论	4.1 掌握复杂计算机工程问题研究的基本方法，能够对计算机科学原理进行验证
	4.2 能够基于科学原理并采用专业科学的方法，针对复杂计算机工程问题进行实验设计
	4.3 针对复杂计算机工程问题实验，能够进行数据收集、分析与解释
	4.4 能够理解复杂计算机工程问题所涉及的技术指标，并通过信息综合得到合理有效的结论
5. 使用现代工具： 能够针对计算机科学与技术领域复杂工程问题，开发、选择与使用恰当的技术、资源、现代工程工具和信息技术工具，并能够理解其局限性	5.1 了解解决计算机科学与技术领域复杂工程问题所需的软硬件开发工具的发展现状，并根据应用需求与工具特点进行选择
	5.2 针对复杂计算机工程问题，能够运用图书馆、互联网、数据库等多种资源，检索和分析所需的软硬件开发工具的相关资料，熟练掌握开发环境与工具的使用方法
	5.3 能够使用合适的软硬件开发工具对复杂工程问题进行预测和仿真模拟，并对结果进行合理评价
	5.4 能够理解计算机软硬件开发工具在计算机工程实践中的局限性

续表

毕业要求	毕业要求二级指标点
6. 工程与社会： 能够基于计算机科学与技术相关背景知识进行合理分析，评价专业工程实践和计算机科学与技术领域复杂工程问题解决方案对社会、健康、安全、法律以及文化的影响，并理解应承担的责任	6.1 熟悉计算机软硬件开发、系统分析设计等计算机工程实践过程和复杂计算机工程问题解决方案领域相关的技术标准，了解知识产权保护、行业政策和法律法规
	6.2 能判别和评价计算机软硬件开发、系统分析设计等计算机工程实践过程和复杂计算机工程问题解决方案对法律、安全、健康、伦理与文化所产生的潜在影响
	6.3 具有计算机工程实践中的风险意识，理解应承担的责任
7. 环境和可持续发展： 能够理解和评价针对计算机科学与技术领域复杂工程问题的专业工程实践对环境、社会可持续发展的影响	7.1 能够了解计算机工程实践中环境、可持续发展方面的方针、政策与法律法规，正确认识计算机工程实践与环境、可持续发展之间的关系
	7.2 能够理解、分析和评价计算机技术和工程实践对环境、社会可持续发展所产生的影响
8. 职业规范： 具有人文社会科学素养、社会责任感，能够在计算机科学与技术实践中理解并遵守工程职业道德和规范，履行责任	8.1 树立正确的人生观、价值观和世界观，具有人文社会科学素养和社会责任感
	8.2 理解可持续发展的科学发展道路和个人责任，具备良好的道德修养
	8.3 能够拥有健康的体质，良好的心理素质、意志品质和社会责任感
	8.4 能够在计算机科学与技术实践中理解并遵守工程职业道德和规范，履行责任
9. 个人和团队： 能够在多学科背景团队中承担个体、团队成员以及负责人的角色	9.1 具有团队意识，能够与其他学科的团队成员有效沟通，合作共事，理解一个团队中每个角色对于整个团队的意义和作用
	9.2 能够以个人的专业知识和素养建立团队信任，适应多学科背景的团队合作方式，具备一定的组织管理能力，并能够综合团队成员的意见，进行合理决策
10. 沟通： 能够就计算机科学与技术领域复杂工程问题与业界同行及社会公众进行有效沟通和交流，包括撰写报告和设计文稿、陈述发言、清晰表达或回应指令，并具备一定的国际视野，能够在跨文化背景下进行沟通和交流	10.1 具备一定的外语听说读写能力，能够用外语进行交流
	10.2 具备较好的计算机专业知识表述能力，能够就复杂计算机工程问题与业界同行及社会公众进行沟通和交流
	10.3 了解计算机发展趋势与前沿技术，能够在跨文化背景下就计算机工程问题和方案发表意见并进行交流
11. 项目管理： 理解并掌握工程管理原理与经济决策方法，并能在多学科环境中应用	11.1 能够理解计算机系统、软硬件设计开发以及计算机科学研究等计算机工程项目的特点，掌握成本、进度、范围、质量、风险等计算机工程项目管理原理和经济决策方法
	11.2 能够将计算机工程管理方法与经济决策方法应用于具有实际应用背景、多学科环境的计算机系统、软硬件设计开发以及计算机科学研究等计算机工程项目

续表

毕业要求	毕业要求二级指标点
12. 终身学习： 具有自主学习和终身学习的意识,有不断学习和适应发展的能力	12.1 具有查找和阅读计算机专业文献的能力,能够主动查找、阅读、理解专业文献内容并形成合理结论
	12.2 能够发现实践过程中存在的问题和涉及的方法技术,并能够通过多种现代教育手段不断学习计算机专业新知识和技术,对问题试图进行解决
	12.3 了解个人成长和职业发展需求之间的差距以及拓展知识和能力的途径,具有计算机新理论、新技术理解能力、归纳总结和提出问题的能力,具有终身学习的意识

三、核心课程

离散数学,程序设计基础,数据结构与算法,数字逻辑,网络空间安全概论,计算机组成与结构,数据库系统,操作系统,计算机网络,软件工程,编译原理,机器学习基础,大数据架构与技术。

四、毕业学分要求及学分分布

课程类别	必修课程	选修课程	备注
公共基础课程	12	0	思政类
	2	0	军事类
	0	8	外语类 (英语类课程根据入学分级考试结果培养,最低学分要求为8学分,卓越班要求必须选修学术英语写作)
	17	3	数学类
	4	0	物理类
	3	0	计算机类
	1	3	体育类 ("体育与健康"系列课程要求学生在校期间必须获得4个体育学分,按照学期学分制进行修读;课程采取"1+1+2"模式,其中第一学期为必修课程(大学体育核心素质课),第二学期为兴趣选项引导课程,第三、四学期为一个完整的选项主干课程)
	2	0	"形势与政策"课程总共2学分,采用每学期上8学时,最后一学期根据前7学期的成绩综合测评,获得2学分
大类基础课程	10	1	

续表

课程类别	必修课程	选修课程	备注
通识教育课程	6	2	选修经济或管理类课程 2 学分
专业基础课程	15	0	
专业课程	16	14	核心选修课程模块的修读学分不能低于 9 学分
实践环节	2	0	思政类
	31	0	
个性化模块	0	8	
最低毕业学分	160		
备注	实践教学环节占比:28.82%(集中实践 33 学分,实验 11.125 学分,创新实践 2 学分);实践教学环节包含:实验(上机)、各类实习、课程设计、毕业设计(论文)、科研训练、工程训练、社会实践等		

五、课程设置

计算机科学与技术专业课程设置一览表

课程代码	课程名称	学分	总学时	学时分配		课外学时	推荐学期	备注
				理论	实验/实践			
	1. 公共基础课程							

要求:

(1)"形势与政策"课程总共 2 学分,采用每学期上 8 学时,最后一学期根据前 7 学期的成绩综合测评,获得 2 学分;

(2) 英语类课程根据入学分级考试结果培养,最低学分要求为 8 学分;

(3)"体育与健康"系列课程要求学生在校期间必须获得 4 个体育学分,按照学期学分制进行修读;课程采取"1+1+2"模式,其中第一学期为必修课程(大学体育核心素质课),第二学期为兴趣选项引导课程,第三、四学期为一个完整的选项主干课程

必修课程

课程代码	课程名称	学分	总学时	理论	实验/实践	课外学时	推荐学期	备注
MT	形势与政策	2	32	32	0	0	1–8	【课程集】
MET11002	军事理论	2	32	32	0	0	1	
NSE1100	国家安全教育	0	16	12	4	0	1	
MT10200	中国近现代史纲要	3	48	48	0	0	1	
MATH10821	高等数学 Ⅱ -1	5	80	80	0	0	1	
MATH10862	线性代数 Ⅱ	3	48	48	0	0	1	
CST11103	程序设计基础	3	48	32	32	0	1	
PESS21001	大学体育核心素质课	1			32	24	1	

续表

课程代码	课程名称	学分	总学时	理论	实验/实践	课外学时	推荐学期	备注
MT10101	思想道德与法治	2	32	32	0	0	2	
MATH10822	高等数学Ⅱ-2	6	96	96	0	0	2	
PHYS10016	大学物理Ⅲ	4	64	64	0	0	2	
MT20300	马克思主义基本原理	3	48	48			3	
MT20400	毛泽东思想和中国特色社会主义理论体系概论	4	64	64	0	0	4	
MATH20850	数学实验	3	48	32	32		4	
	小计	41						

选修课程

课程代码	课程名称	学分	总学时	理论	实验/实践	课外学时	推荐学期	备注
EUS1	学业素养英语课程集1	2	32				1	
EUS2	学业素养英语课程集2	2	32				2	
PESS1	体育自选项目1	1					2	根据爱好自选项目
PESS2	体育自选项目2	1					3	根据爱好自选项目
PESS3	体育自选项目3	1					4	根据爱好自选项目
EGP	英语拓展课程集	4	64				3-4	
STAT21811	概率与数理统计Ⅰ	3	48	48			3	2选1
STAT20812	概率与数理统计Ⅱ	3	48	48			3	
	小计	14						

2. 通识教育课程

要求：选修经济或管理类课程2学分

必修课程

课程代码	课程名称	学分	总学时	理论	实验/实践	课外学时	推荐学期	备注
HG00081	文明经典系列B	3	48	48			1	
HG00080	文明经典系列A	3	48	48			2	

选修课程

课程代码	课程名称	学分	总学时	理论	实验/实践	课外学时	推荐学期	备注
	经济或管理类课程	2	32					

续表

课程代码	课程名称	学分	总学时	理论	实验／实践	课外学时	推荐学期	备注
	小计	8						

3. 大类基础课程

必修课程

课程代码	课程名称	学分	总学时	理论	实验／实践	课外学时	推荐学期	备注
SEM8804	新生研讨课	1	16	16	0	0	1	
CSE10011	工程师职业素养	2	32	32	0	0	1	
EE10000	电路原理（I-1）	4	64	64	0	0	2	
SE10009	离散数学	3	48	48	0	0	2	
	小计	10						

选修课程

课程代码	课程名称	学分	总学时	理论	实验／实践	课外学时	推荐学期	备注
	创新实践课程	1	16				S1	小学期
	小计	1						

4. 专业基础课程

必修课程

课程代码	课程名称	学分	总学时	理论	实验／实践	课外学时	推荐学期	备注
CST21115	数据结构与算法	4.5	72	56	32	0	3	
CST21116	数字逻辑	3	48	40	16	0	3	
CST21117	计算机组成与结构	4.5	72	56	32	16	4	
CST31212	网络空间安全概论	3	48	40	16	0	6	
	小计	15						

5. 专业课程

要求：必修 16 学分；选修 ≥ 14 学分，其中核心选修课模块的修读学分不能低于 9 学分

必修课程

课程代码	课程名称	学分	总学时	理论	实验／实践	课外学时	推荐学期	备注
CST21118	数据库系统	3	48	40	16	0	4	
CST31115	操作系统	3.5	56	48	16	0	5	
CST31119	计算机网络	3.5	56	48	16	0	5	
CST31108	软件工程	3	48	40	16	0	5	
CST31110	编译原理	3	48	40	16	0	6	

续表

课程代码	课程名称	学分	总学时	学时分配		课外学时	推荐学期	备注
				理论	实验/实践			
	小计	16						
选修课程								
CST30106	机器学习基础	3	48	40	16	0	4	核心选修课程模块
CST31214	大数据架构与技术	3	48	40	16	0	5	
CST31213	软件测试	3	48	40	16	0	6	
CST41209	智能系统	3	48	40	16	0	6	
CST31215	Java 企业级应用	3	48	32	32	0	6	
CST31217	数值计算与最优化技术	3	48	40	16	0	4	
CST23103	程序设计进阶实践	2			2 周		4	
CST31222	移动应用软件开发	3	48	40	16	0	5	
CST31216	自然语言处理	3	48	40	16	0	6	
CST31218	Linux 操作系统	3	48	40	16	0	6	
CST31219	多媒体与智能交互	3	48	40	16	0	6	
CST31220	边缘计算	3	48	32	32	0	6	
CST31211	深度学习	3	48	40	16	0	6	
CST31221	软件项目管理	3	48	32	32	0	7	
CST41212	云计算技术	3	48	40	16	0	7	
CST41213	并行与分布式计算	3	48	40	16	0	7	
CST41214	机器视觉	3	48	40	16	0	7	
CST41215	数字电路高层次综合设计	3	48	32	32	0	7	
	小计	53						

6. 实践环节

要求：
依托专业实践教育（各类实习实践）、社会实践活动、创新创业活动等相关课程和培养环节,统筹安排劳动教育课内外时间,累计总学时不少于 32 学时

必修课程

MET11001	军事技能	2			3 周		1	

续表

课程代码	课程名称	学分	总学时	学时分配		课外学时	推荐学期	备注
				理论	实验/实践			
MT13100	思想道德与法治实践	1					2	
MT23400	毛泽东思想和中国特色社会主义理论体系概论实践	1			1周		4	
CST23101	软件综合设计	3			3周		S2	小学期
CST33101	硬件综合设计	3			3周		5	
CST43201	专业综合设计	3			3周		7	
CST42102	毕业设计	16			16周		8	
	小计	29						
劳动教育学时								
CST32101	毕业实习	4			4周		S3	小学期
	小计	4						
7. 个性化模块								
创新实践课程								
IPC18001	深度学习实训	2	32	10	22		7	
IPC18002	物联网大数据应用创新实践	2	32	4	28		7	
IPC18003	敏捷开发创新实践	2	32	4	28		7	
IPC18004	区块链技术与应用	2	32	10	22		7	
IPC18005	人工智能技术与行业应用	2	32	4	28		7	
	小计	10						

要求：在读期间至少修读8学分

说明：其组成包含非限制选修课程、交叉课程、短期国际交流项目、创新实践环节、第二课堂等

非限制选修课程：至少修读1门课程（编码为IDUE的课程）

创新实践环节：至少获得2学分，不超过4学分

专业基本能力测试：学院统一安排，2学分，具体见《关于个性化模块学分修读要求的说明》

注：

1. 在课程名称后标注 Ⅰ，表示难度大、多学时的课程，Ⅱ次之；在课程名称后标注 1、2、3 等，表示分学期讲授的系列课程。

2. 总学时 = 理论学时 + 实验学时；学分 = 理论学时 /16 + 实验学时 /32。

3. 前三年（四年制）/ 前四年（五年制）夏季短教学周（19—21 周）的学期标识分别为 S1、S2、S3/S1、S2、S3、S4。

4. 四年制 / 五年制的秋季学期、春季学期的长教学周（1—18 周）的学期标识按照顺序从 1—8/1—10 依次编排。

六、课程关系拓扑图（图 3-10）

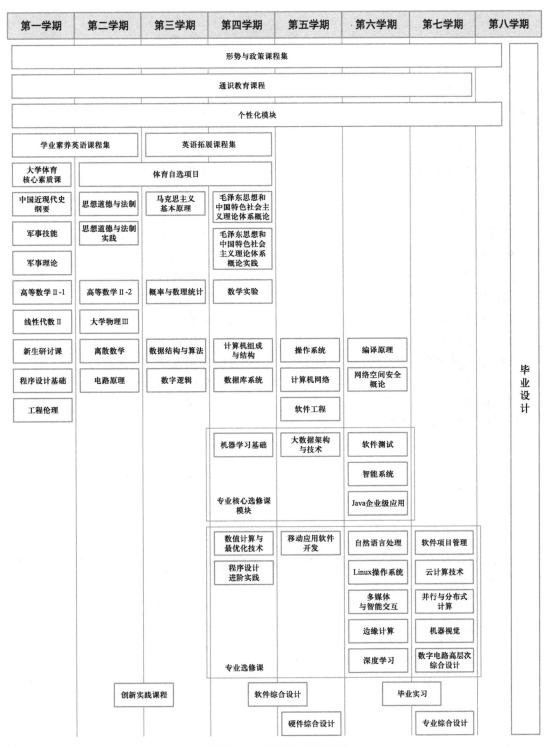

图 3-10　课程关系拓扑图

附录 A "101 计划"工作组(33 所试点高校名单)

1. 北京大学
2. 清华大学
3. 北京航空航天大学
4. 北京理工大学
5. 哈尔滨工业大学
6. 上海交通大学
7. 南京大学
8. 浙江大学
9. 华中科技大学
10. 电子科技大学
11. 西安交通大学
12. 国防科技大学
13. 北京邮电大学
14. 中国科学院大学
15. 吉林大学
16. 同济大学
17. 中国科学技术大学
18. 武汉大学
19. 中南大学
20. 西北工业大学
21. 西安电子科技大学
22. 中国人民大学
23. 北京交通大学
24. 天津大学
25. 大连理工大学
26. 复旦大学
27. 华东师范大学
28. 东南大学
29. 山东大学
30. 湖南大学
31. 中山大学
32. 华南理工大学
33. 重庆大学

附录 B　核心课程体系建设参与人员名单

1. 计算概论课程组

战德臣、张丽杰、谷松林、李戈、陈宇峰、余月、高晓沨、潘理、洪义、王韫博、师斌、左兴权、王鹏飞、黄海、袁宝库、徐志伟、孙广中、李兵、张锡宁、林馥、张昀、邓磊、李骏扬、夏小俊、罗娟、蔡宇辉

2. 数据结构课程组

俞勇、张同珍、郑冠杰、张铭、赵海燕、黄群、邓俊辉、韩文弢、李荣华、何钦铭、陈越、戴波、朱允刚、王志海、喻梅、孙未未、李佳

3. 算法设计与分析课程组

汪小林、罗国杰、蒋婷婷、姜少峰、孔雨晴、李彤阳、王捍贫、刘田、童咏昕、邓婷、潘祎诚、许可、王宏志、张炜、张开旗、陈翌佳、任庆生、张驰豪、尹一通、郑朝栋、刘景铖、张国川、叶德仕、张亚英、刘钦源、程大伟、刘娟、田纲、董文永、喻丹丹、刘斌、王峰、魏哲巍、张静、王永才、李清勇、李强、张英俊、王征、刘春凤、彭超、程鹏、卜天明、姜海涛、时阳光、朱大铭、郭炅

4. 离散数学课程组

王捍贫、曹永知、刘田、马昱春、王宏、崔勇、杜博文、刘琼昕、骆源、陈玉泉、姚鹏晖、林冰凯、仲盛、傅彦、王丽杰、高辉、张永刚、欧阳丹彤、叶育鑫、许胤龙、刘峰、姚昱、阚海斌、李弋、吴永辉、王智慧、周晓聪、陈琼、马千里、陈伟能

5. 计算机系统导论课程组

袁春风、苏丰、唐杰、汪亮、张悠慧、刘宏伟、史先俊、郑贵滨、刘松波、吴锐、臧斌宇、姜晓红、陆洪毅、陈微、余子濠、安虹、龚奕利、韩波、李清安、蔡朝晖、何璐璐、安建峰、柴云鹏、章亦葵、王立、李幼萌、李雪威、申兆岩、贾智平、赵欢、黄丽达、肖雄仁、谢国琪

6. 操作系统课程组

陈向群、郭耀、陈渝、向勇、李国良、任炬、王雷、孙海龙、姜博、原仓周、王良、沃天宇、宋红、马锐、李治军、夏文、刘国军、吴帆、吴晨涛、寿黎但、申文博、邵志远、张杰、蒲晓蓉、刘杰彦、秦科、薛瑞尼、罗宇、文艳军、孟祥武、薛哲、包云岗、王卅、蒋德钧、何炎祥、郑鹏、蒋晶珏、胡志刚、宋虹、李玺、郑美光、沈海澜、杨兴强、韩芳溪、潘润宇、陈鹏飞、黄聃

7. 计算机组成与系统结构课程组

刘卫东、李山山、陆游游、陈康、汪东升、张悠慧、陆俊林、易江芳、刘先华、高小鹏、万寒、杨建磊、刘宏伟、舒燕君、张展、王鸿鹏、袁春风、吴海军、武港山、戴海鹏、王炜、姜晓红、秦磊华、谭志虎、纪禄平、张春元、沈立、汪文祥、章隆兵、常轶松、张科、陈永生、秦国锋、张冬冬、龚奕利、蔡朝晖、贺莲、王党辉、张萌、安建峰、魏继增、李幼萌、任国林、陈志广

8. 编译原理课程组

张莉、蒋竞、史晓华、刘先华、张路、陈渝、姚海龙、翟季冬、王生原、计卫星、王贵珍、陈鄞、

单丽莉、郭勇、李旭涛、臧斌宇、许畅、陈林、冯洋、谭添、田玲、张栗粽、王挺、黄春、张昱、袁梦霆、杜卓敏、何炎祥、陈志刚、姚鑫、江贺、徐秀娟、周勇、任志磊、贾棋、黄波、窦亮、谢瑾奎、郑艳伟

9. 计算机网络课程组

吴建平、徐明伟、崔勇、边凯归、严伟、许辰人、张力军、刘轶、张辉、李全龙、聂兰顺、刘亚维、朱燕民、孔令和、陈妍、王志文、张未展、高占春、蒋砚军、程莉、胡亮、霍严梅、王峰、杨超、杨力、张俊伟、赵增华、申彦明、刘倩、孙伟峰、刘波、李伟、胡鹏飞、章宦乐、张广辉、袁华、王昊翔、黄敏

10. 数据库系统课程组

杜小勇、陈红、卢卫、张孝、陈晋川、高军、陈立军、李红燕、李国良、冯建华、邹兆年、陈刚、高云君、金培权、彭煜玮、李宁、李晖、周烜、徐立臻、倪巍伟、王帅、彭朝晖、刘玉葆

11. 软件工程课程组

毛新军、董威、孙艳春、裴丹、谭鑫、范国祥、曹健、尹建伟、彭蓉、梁鹏、李青山、褚华、王良、刘青、边耐政、张毅、雷晏

12. 人工智能引论课程组

吴飞、况琨、王东辉、赵洲、陈立萌、李文新、刘家瑛、刘洋、李建民、黄河燕、毛先领、李侃、史树敏、李钦策、李海峰、张宇、张丽清、高岳、何琨、李文、宋井宽、鲍军鹏、相明、朱晓燕、辛景民、魏平、苗夺谦、张红云、赵才荣、武妍、王俊丽、谢榕、彭敏、焦李成、慕彩红、刘若辰、李阳阳、危辉、邱锡鹏、许莹

参考文献

［1］ 周志丹,郭剑波.基于服务创新的金融信息化人才需求变化与培养途径探索［J］.高等理科教育,2009
    (6):88–91.

［2］ Zhang,X.and Prybutok,V.R.How the mobile communication markets differ in China,the US,and Europe.
    Communications of the ACM,2005(3):111–114.

［3］ 杨国富,余敏杰.新工科背景下学科交叉建设研究的国际比较——以计算机学科为例.高等工程教育
    研究,2019(3):57–61.

［4］ 洪志生,秦佩恒,周城雄.第四次工业革命背景下科技强国建设人才需求分析［J］.中国科学院院刊,
    2019(5):522–531.

［5］ 欧阳日辉.万众一心,不断做强做优做大我国数字经济［J］.科技与金融,2021(11):6–8.

［6］ 中华人民共和国教育部.学位授予和人才培养学科目录(2018 年 4 月更新)［EB/OL］.(2018–04–18)
    ［2021–08–29］.

［7］ 国家自然科学基金委员会.2022 年度国家自然科学基金项目指南［EB/OL］.［2022–01–19］.

［8］ 中国计算机学会.专委简介 – 中国计算机学会［EB/OL］.［2021–12–28］.

［9］ 中国科学技术协会.全国学会 – 中国科学技术协会［EB/OL］.［2022–04–07］.

［10］ 美国教学计划分类(Classification of Instructional Programs,CIP)［EB/OL］.［2022–09–10］.

［11］ About the National Science Foundation.Retrieved November 22,2011.

［12］ ACM's Special Interest Groups(SIGs).Retrieved April 7,2022.

［13］ Learn About IEEE Society Memberships.Retrieved April 7,2022.

［14］ 清华大学.清华学堂计算机科学实验班(姚班).［2022–04–07］.

［15］ 北京大学.北京大学图灵人才培养计划.［2022–04–07］.

［16］ 俞勇.携手:上海交通大学 ACM 班十年风雨路［M］.上海:上海交通大学出版社,2012.

［17］ 中国科学技术大学少年班学院.少年班学院简介［EB/OL］.［2019–12–30］.

［18］ 郭俊.书院制教育模式的兴起及其发展思考［J］.高等教育研究,2013(8):76–83.

［19］ 吴爱华,侯永峰,陈精锋,刘晓宇.深入实施“拔尖计划”探索拔尖创新人才培养机制［J］.师资建设,
    2014(6):76–80.

［20］ 张铭.计算机教育的科学研究与展望［J］.计算机教育,2017(12):5–10.

［21］ 薛小瑞,张晓帅.计算机专业就业现状分析与趋势探究［J］.科技资讯,2021(18):154–156.

［22］ 北京大学信息科学技术学院本科生课程体系研究组.北京大学信息科学技术学院本科生课程体系
    ［M］.北京:清华大学出版社,2012.

［23］ 张铭,陈娟,等.ACM/IEEE 计算课程体系规范 CC2020 对中国计算机专业设置的启发［J］.中国计算
    机学会通讯,2020(12).

郑重声明

高等教育出版社依法对本书享有专有出版权。任何未经许可的复制、销售行为均违反《中华人民共和国著作权法》,其行为人将承担相应的民事责任和行政责任;构成犯罪的,将被依法追究刑事责任。为了维护市场秩序,保护读者的合法权益,避免读者误用盗版书造成不良后果,我社将配合行政执法部门和司法机关对违法犯罪的单位和个人进行严厉打击。社会各界人士如发现上述侵权行为,希望及时举报,我社将奖励举报有功人员。

反盗版举报电话　(010)58581999　58582371
反盗版举报邮箱　dd@hep.com.cn
通信地址　北京市西城区德外大街4号　高等教育出版社法律事务部
邮政编码　100120

读者意见反馈

为收集对教材的意见建议,进一步完善教材编写并做好服务工作,读者可将对本教材的意见建议通过如下渠道反馈至我社。

咨询电话　400-810-0598
反馈邮箱　gjdzfwb@pub.hep.cn
通信地址　北京市朝阳区惠新东街4号富盛大厦1座
　　　　　高等教育出版社总编辑办公室
邮政编码　100029

防伪查询说明

用户购书后刮开封底防伪涂层,使用手机微信等软件扫描二维码,会跳转至防伪查询网页,获得所购图书详细信息。

防伪客服电话　(010)58582300